21世纪高等学校计算机规划教材

21st Century University Planned Textbooks of Computer Science

Excel数据处理与分析应用教程

Data Processing and Analysis with Excel

郑小玲 主编

赵丹亚 副主编

人 民 邮 电 出 版 社

北 京

图书在版编目（CIP）数据

Excel数据处理与分析应用教程 / 郑小玲主编. -- 北京 : 人民邮电出版社, 2010.10（2015.1 重印）
21世纪高等学校计算机规划教材
ISBN 978-7-115-22458-3

Ⅰ. ①E… Ⅱ. ①郑… Ⅲ. ①电子表格系统, Excel－高等学校－教材 Ⅳ. ①TP391.13

中国版本图书馆CIP数据核字(2010)第051159号

内 容 提 要

本书使用简明的语言、清晰的步骤和丰富的实例，详尽介绍了 Excel 的主要功能、使用方法和操作技巧，并通过贯穿全书的 3 个精典案例介绍了 Excel 在管理、金融、统计、财务、决策等领域的数据处理与分析方面的实际应用。

全书分为 4 篇：第 1 篇为应用基础篇，主要介绍 Excel 的基本功能和基本操作，包括 Excel 基础知识、建立工作表、编辑工作表、美化工作表和打印工作表；第 2 篇为数据处理篇，主要介绍使用公式和函数实现数据处理的方法，以及直观显示数据的方法，包括使用公式计算数据、使用函数计算数据和使用图表显示数据；第 3 篇为数据分析篇，主要介绍 Excel 数据管理、数据分析方面的基本功能和分析方法，包括管理数据、透视数据和分析数据；第 4 篇为拓展应用篇，主要介绍宏和协同功能，包括设置更好的操作环境和使用 Excel 的协同功能。

本书可作为高等院校相关课程的教材或参考书，也可作为读者自学教材，还可作为社会各类学校的培训教材。

21 世纪高等学校计算机规划教材

Excel 数据处理与分析应用教程

◆ 主　　编　郑小玲
副 主 编　赵丹亚
责任编辑　贾　楠
◆ 人民邮电出版社出版发行　　北京市丰台区成寿寺路 11 号
邮编　100164　　电子邮件　315@ptpress.com.cn
网址　http://www.ptpress.com.cn
大厂聚鑫印刷有限责任公司印刷
◆ 开本：787×1092　1/16
印张：15.25　　2010 年 10 月第 1 版
字数：396 千字　　2015 年 1 月河北第 6 次印刷

ISBN 978-7-115-22458-3

定价：28.00 元

读者服务热线：(010)81055256　印装质量热线：(010)81055316
反盗版热线：(010)81055315

前言

Excel是Microsoft Office软件包中最重要的应用软件之一，是一个功能强大、技术先进、使用方便的电子数据表软件。通过它用户可以进行数据计算、数据管理、数据分析等各种操作。Excel采用表格的形式对数据进行组织和处理，直观方便，符合人们日常工作的习惯。Excel预先定义了数学、财务、统计、查找和引用等各种类别的计算函数，可以通过灵活的计算公式完成各种复杂的计算和分析。Excel提供了形如柱形图、条形图、折线图、散点图、饼图等多种类型的统计图表，可以直观地展示数据的各方面指标和特性。Excel还提供了数据透视表、模拟运算表、规划求解等多种数据分析与辅助决策工具，可以高效地完成各种统计分析、辅助决策的工作。所有这一切使得Excel成为当今最受欢迎的应用软件之一。

目前，很多高校开设了Excel相关课程。为了使学生更好地理解Excel的相关知识和理论，掌握Excel的实际应用和操作技巧，特别是为了帮助学生应用Excel更加高效地完成与本专业相关的数据处理与数据分析工作，我们编写了本书。

本书以培养学生应用Excel解决实际问题的能力为目标，强调理论与实际应用相结合。不仅全面、系统地介绍了Excel的主要功能、使用方法和操作技巧，而且通过贯穿全书的3个精典案例介绍Excel在管理、金融、统计、财务、决策等领域的数据处理与分析方面的实际应用。

全书共4篇：第1篇为应用基础篇，主要介绍Excel的基本功能和基本操作，包括Excel基础知识、建立工作表、编辑工作表、美化工作表和打印工作表；第2篇为数据处理篇，主要介绍使用公式和函数实现数据处理的方法，以及直观显示数据的方法，包括使用公式计算数据、使用函数计算数据和使用图表显示数据；第3篇为数据分析篇，主要介绍Excel数据管理、数据分析方面的基本功能和分析方法，包括管理数据、透视数据和分析数据；第4篇为拓展应用篇，主要介绍宏和协同功能，包括设置更好的操作环境和使用Excel的协同功能。

本书通过3个经典案例从不同的方面反映Excel的主要应用："工资管理"主要侧重工作表的建立与计算，通过实现第1章、第2章、第6章和第7章中应用实例部分介绍的操作，完成工资表建立、数据输入和计算；"人事档案管理"主要侧重工作表建立和管理，通过实现第1章、第3章、第4章、第5章、第6章和第9章中应用实例部分介绍的操作，完成人事档案表的建立、编辑、美化、排序、查询和打印输出；"销售管理"主要侧重函数应用、数据分析和界面设置，通过实现第7章、第8章、第9章、第10章和第12章中应用实例部分介绍的操作，实现销售业绩的计算、直观显示和销售情况分析，并完成有关销售管理用户界面的创建。

为适应课堂教学或自学需要，也为使学生更好地掌握Excel应用功能，提高解决实际问题的能力，本书还为每章配备了习题和实训。

本书由郑小玲组织编写并统稿。全书共13章，其中，第1章、第2章、第5

章、第 6 章、第 7 章由郑小玲编写，第 3 章、第 4 章由石新玲编写，第 8 章、第 13 章由郑小玲和邵丽编写，第 9 章、第 10 章由赵丹亚编写，第 11 章由孟毅芳编写，第 12 章由刘威编写。参加本书编写工作的还有卢山、张宏等。

由于编写时间紧，加之编者水平有限，书中难免有疏漏和不足之处，恳请读者提出宝贵意见。

编　者

2009 年 12 月

目 录

第1篇 应用基础篇

第3篇 数据分析篇

第 4 篇　拓展应用篇

第 1 篇　应用基础篇

第1章 Excel基础

内容提要

本章主要介绍 Excel 的启动与退出、Excel 的操作界面以及工作簿的基本操作。重点是通过建立工资管理工作簿和人事档案管理工作簿，深入了解 Excel 的工作窗口，掌握工作簿的创建方法，掌握应用 Excel 输入大批量数据的方法。本章是学习使用 Excel 的重要基础。

主要知识点

- Excel 窗口的组成
- 工作簿的基本概念
- 工作簿的创建
- 工作簿的打开与关闭
- 工作簿的保护

Excel 是 Office 软件包中最重要的应用软件之一，是一款功能强大、技术先进、使用方便的电子数据表软件。它可以进行数据计算、数据管理以及数据分析等各种操作。为了能够更好地使用 Excel 提供的各种功能，需要首先了解 Excel 的操作界面，掌握 Excel 的启动与退出方法，掌握工作簿的基本操作。

1.1 Excel 启动与退出

使用 Excel 时，首先应启动 Excel，然后才能在其工作环境下进行各种处理操作。当处理完成后，应将其退出，这样可以减少系统资源的占用空间。

1.1.1 启动 Excel

启动 Excel 的方法有很多种，常用的方法是使用“开始”菜单和快捷方式。

（1）使用“开始”菜单。单击开始菜单“开始”→“程序”→“Microsoft Office”→“Microsoft Office Excel 2003”。

（2）使用快捷方式。如果在 Windows 桌面上创建了 Excel 的快捷方式，双击桌面上的快捷方式图标。

1.1.2　退出 Excel

退出 Excel 可以采用以下几种方法。

（1）使用“关闭”按钮。单击 Excel 窗口标题栏上的“关闭”按钮。

（2）使用菜单命令。单击菜单“文件”→“退出”。

（3）使用快捷键。直接按下【Alt】+【F4】组合键。

（4）使用窗口控制菜单。单击 Excel 窗口标题栏上的控制菜单图标，在弹出的下拉菜单中选择“关闭”命令；或直接双击控制菜单图标。

1.2　Excel 操作界面

启动 Excel 后，即可进入 Excel 的操作界面，如图 1-1 所示。

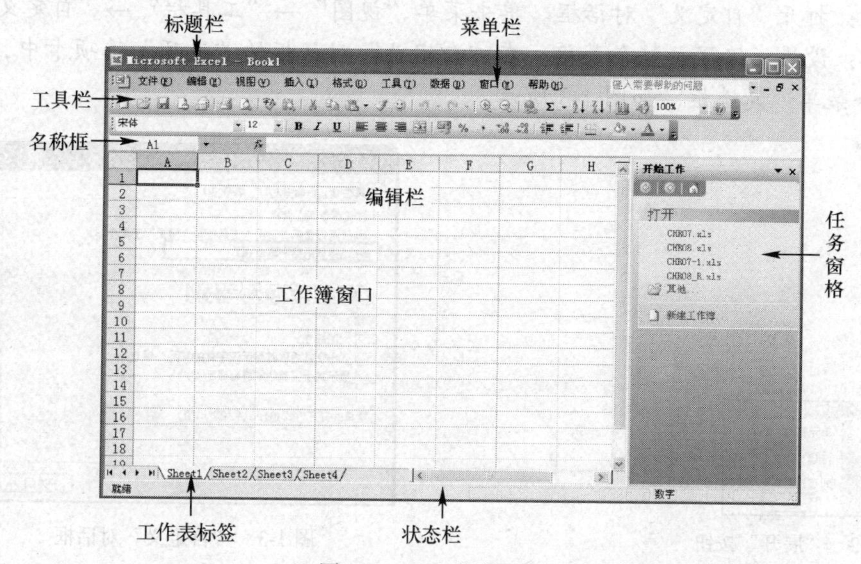

图 1-1　Excel 操作界面

Excel 的操作界面主要由标题栏、菜单栏、工具栏、名称框、编辑栏、工作表标签、状态栏和任务窗格等组成。

1.2.1　标题栏

标题栏位于窗口最上方，用于显示打开的文档名称和应用程序名称。标题栏最左端有控制菜单图标，最右端有程序窗口按钮，包括“最小化”按钮、“最大化”按钮、“还原”按钮和“关闭”按钮。单击控制菜单图标，在弹出的下拉菜单中，可以选择相应的菜单命令执行相应的操作，如最大化、还原、最小化、关闭等。单击“最小化”按钮，可以将窗口最小化为任务栏中的一个图标。单击“最大化”按钮，可以将窗口最大化，同时该按钮变为“还原”按钮，单击“还原”按钮，窗口将恢复至原来的大小。单击“关闭”按钮，可以退出 Excel 应用程序。

1.2.2 菜单栏

菜单栏位于标题栏下方，是 Excel 的主要控制菜单，包括菜单栏控制按钮、各项菜单和工作簿窗口按钮等。其中菜单栏控制按钮和工作簿窗口按钮的功能与上面介绍的 Excel 程序窗口中的控制按钮相似，不同的是控制对象变为工作簿窗口。Excel 的菜单项共有 9 项，包括文件、编辑、视图、插入、格式、工具、数据、窗口和帮助。当用鼠标单击某一菜单项时，会弹出相应的下拉菜单，包含有相应的下级命令。

小技巧：

Excel 菜单为"自适应菜单"，它会根据用户的操作记录，只在顶部显示最常用的几个命令，而其他的菜单命令需要通过单击"展开"按钮显示出来，如图 1-2 所示。

如果希望 Excel 总是显示完整的菜单，可按以下步骤进行设置。

步骤 1：打开"自定义"对话框。单击菜单"视图"→"工具栏"→"自定义"。

步骤 2：设置始终显示整个菜单。在"自定义"对话框的"选项"选项卡中，勾选"始终显示整个菜单"复选框，如图 1-3 所示。

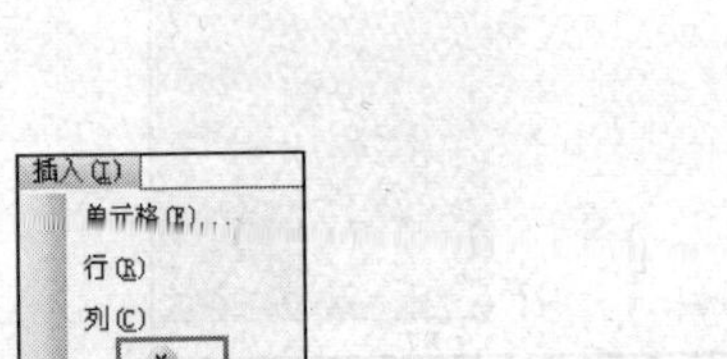

图 1-2 "展开"按钮

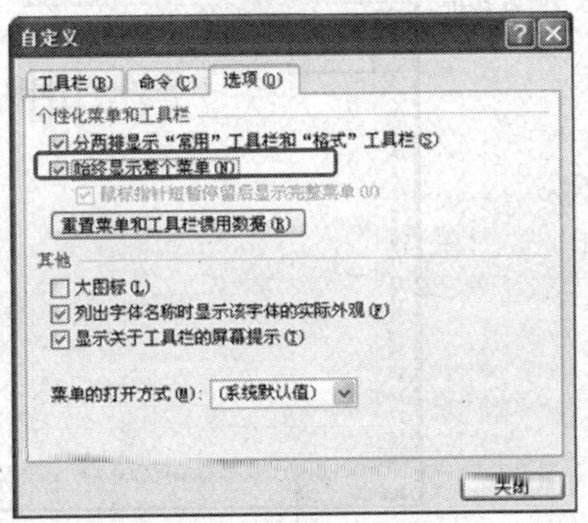

图 1-3 "自定义"对话框

步骤 3：关闭"自定义"对话框。单击"关闭"按钮，关闭"自定义"对话框。

注意： 这个设置将影响到其他所有 Office 组件。

1.2.3 工具栏

工具栏的设置是为了方便用户操作。工具栏位于菜单栏的下方，以图形按钮取代菜单命令，单击工具栏上的图形按钮，可以进行相应的操作。通常 Excel 只显示"常用"和"格式"两个工具栏。如果需要，也可以选择显示其他工具栏。显示工具栏的方法是：单击菜单"视图"→"工具栏"，在打开的"工具栏"下级菜单中选择要显示的工具栏名称。或者右键单击已经显示的工具栏的任意位置，在弹出的快捷菜单中选择要显示的工具栏名称。

1.2.4 编辑栏

编辑栏位于工具栏下方，是一个长条矩形框。编辑栏左侧有 3 个按钮“✕”为取消按钮，单击该按钮取消输入的内容；“✓”为输入按钮，单击该按钮确认输入或编辑的内容；“fx”为插入函数按钮，单击该按钮，在编辑栏中显示一个等号“=”，同时弹出“插入函数”对话框，可以输入一个函数。编辑栏用于输入或编辑数据、公式。如果选定了某一单元格，然后在编辑栏中输入数据或公式，那么就会在该单元格中显示相应的内容；如果在当前单元格或活动单元格中输入内容，那么也会在编辑栏中显示这些内容。利用编辑栏，可以很方便地编辑公式和较长的数据。

1.2.5 名称框

名称框位于工具栏下方的左侧，显示当前单元格地址、对象名称、区域范围以及为单元格或单元格区域定义的名称，如图 1-1 所示的“A1”。在名称框内单击，可以编辑名称框中的内容；在名称框内输入单元格地址，可以快速定位到相应的单元格或单元格区域；单击名称框右侧的下拉箭头，可以从下拉列表中选择经过定义的单元格或单元格区域名称。

1.2.6 工作表标签

工作表标签位于工作簿窗口的左下方，它代表着工作簿中的每一张工作表。一个工作簿中可以插入多张工作表，并且每张工作表的名称都会显示在标签中。但默认情况下，每个新建的工作簿中只包含 3 张工作表，默认的工作表名称分别为“Sheet1”、“Sheet2”、“Sheet3”等。

1.2.7 状态栏

状态栏位于 Excel 应用程序窗口的最下方，主要用于显示操作进程中的一些信息。例如，未进行任何操作时，显示“就绪”信息；输入数据时，显示“输入”信息；当执行某个菜单命令或单击工具栏上的命令按钮时，显示相应的功能和帮助信息。状态栏右侧的矩形框内显示快速统计结果、键盘功能键的状态以及工作表的操作状态等。

1.2.8 任务窗格

任务窗格位于 Excel 应用程序窗口右侧，是 Excel 应用程序提供常用命令的窗口，包括“开始工作”、“剪贴画”、“新建工作簿”、“Excel 帮助”等。单击任务窗格顶端的下拉箭头，可以在下拉菜单中选择不同功能的任务窗格。任务窗格能够根据调用的不同功能而变化，具有提示和引导作用，可以使数据处理工作更加便捷。单击菜单“视图”→“任务窗格”，可以打开或关闭任务窗格。

1.3 工作簿基本操作

工作簿的基本操作包括工作簿的建立、打开、保存、保护和关闭等。

1.3.1 认识工作簿

工作簿是一个 Excel 文件，其文件扩展名为.xls，主要用于计算和存储数据。在一个工作簿中可以管理各种类型的数据和信息，将每种类型的数据存储在一个表格中，称为工作表。一个工作簿最多可以包含 255 张工作表，在默认情况下，每个新建的工作簿包含 3 张工作表，如果希望改变默认的工作表数，可按以下步骤进行设置。

步骤 1：打开“选项”对话框。单击菜单“工具”→“选项”，打开“选项”对话框，单击“常规”选项卡。

步骤 2：设置新工作簿内的工作表数。在“新工作簿内的工作表数”右侧微调框中输入工作表数，如图 1-4 所示。单击“确定”按钮。

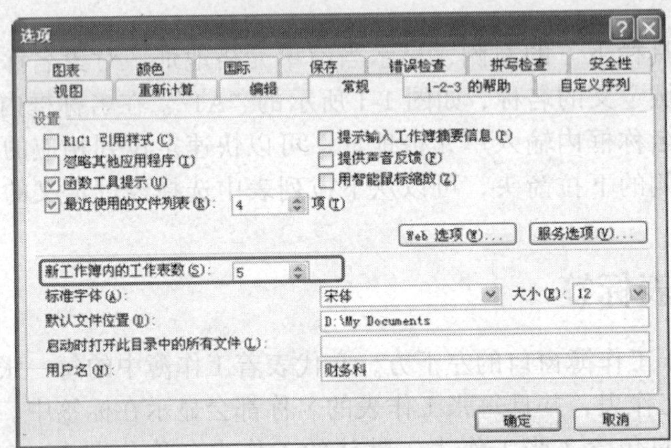

图 1-4 新工作簿内工作表数设置结果

1.3.2 创建工作簿

通常情况下，在 Excel 中新建一个空白工作簿，可以采用以下几种方法。

（1）启动 Excel 应用程序时，系统会自动打开一个新的工作簿。

（2）使用菜单命令。单击菜单“文件”→“新建”，在弹出的“新建工作簿”任务窗格中单击“空白工作簿”链接。

（3）使用工具按钮。单击“常用”工具栏上的“新建”按钮。

（4）使用模板。单击菜单“文件”→“新建”，在弹出的“新建工作簿”任务窗格中单击“本机上的模板”链接，在弹出的“模板”对话框的“常用”选项卡中，单击“工作簿”选项，然后单击“确定”按钮。

1.3.3 保存工作簿

通常情况下，在新建的工作簿中输入数据后，需要将其保存起来，便于今后使用。保存工作簿，可以采用以下几种方法。

1. 初次保存工作簿

如果初次保存新建的工作簿，可以按如下步骤进行操作。

步骤 1：打开“另存为”对话框。单击菜单“文件”→“保存”。

步骤 2：设置保存位置及文件名。在弹出的“另存为”对话框中，单击“保存位置”下拉箭头，从弹出的下拉列表中，选择存放文件的位置；在“文件名”文本框中输入文件名。

步骤 3：关闭“另存为”对话框。单击“保存”按钮。

注意：　可以直接单击“常用”工具栏上的“保存”按钮。

2. 另存为工作簿

将工作簿以“另存为”方式保存，可以有效地保护源工作簿的数据。另存为工作簿的操作步骤如下。

步骤 1：打开“另存为”对话框。单击菜单“文件”→“另存为”。

步骤 2：设置保存位置及文件名。在弹出的“另存为”对话框的“保存位置”下拉列表中，选择存放文件的位置；在“文件名”文本框中输入文件名，然后单击“保存”按钮。

3. 自动保存工作簿

Excel 提供的“自动保存”功能可以每隔一段时间自动保存正在编辑的工作簿。如果希望改变自动保存间隔的时间，可以按以下步骤进行设置。

步骤 1：打开“选项”对话框。单击菜单“工具”→“选项”，打开“选项”对话框，单击“保存”选项卡。

步骤 2：设置自动保存间隔的时间。勾选“保存自动恢复信息，每隔”复选框，并在其右侧的微调框中输入间隔的时间数，如图 1-5 所示。单击“确定”按钮结束设置。

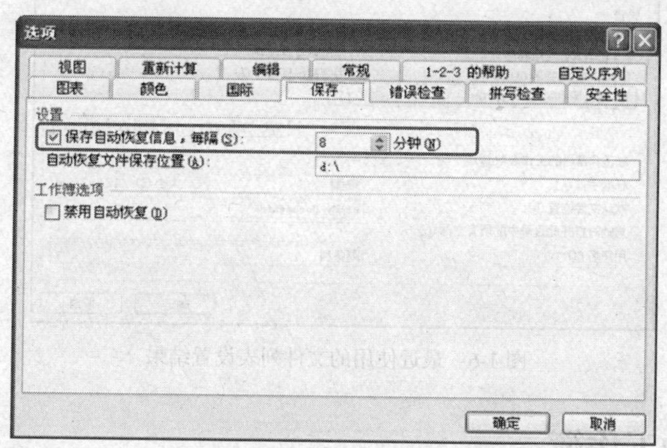

图 1-5　自动保存间隔时间设置结果

注意：　“保存”与“另存为”两个命令，虽然名称和功能都非常相似，但实际上有一定的区别。对于新创建的工作簿，在第一次执行保存操作时，“保存”与“另存为”命令的功能完全相同，它们都将调出“另存为”对话框，供用户选择路径、设置文件名等。但如果对已经保存过的工作簿进行操作，“保存”命令不会调出“另存为”对话框，而是直接将编辑后的内容保存到当前工作簿中，工作簿的文件名、路径不会发生任何改变。“另存为”命令将会调出“另存为”对话框，允许用户重新设置存放路径和文件名，操作后得到的是当前工作簿的副本。

1.3.4 打开工作簿

如果需要对已经建立的工作簿进行查看或编辑，首先必须打开工作簿。打开工作簿，可以采用以下几种方法。

（1）使用菜单命令。单击菜单“文件”→“打开”，在弹出的“打开”对话框中，找到文件所在位置和需要打开的工作簿文件，双击该文件。

（2）使用“开始工作”任务窗格。启动 Excel 后，在“开始工作”任务窗格中会显示出最近使用过的工作簿文件，单击需要打开的工作簿文件。

（3）使用文件列表。如果需要打开最近使用过的工作簿文件，还可以单击“文件”菜单项，在弹出的下拉菜单底部将显示最近使用过的工作簿文件，单击需要打开的文件。通常情况下，Excel 在“文件”菜单底部显示 4 个最近使用过的文件，如果希望改变显示的文件个数，可以按以下步骤进行设置。

步骤 1：打开“选项”对话框。单击菜单“工具”→“选项”，打开“选项”对话框，单击“常规”选项卡。

步骤 2：设置最近使用的文件列表。勾选“最近使用的文件列表”复选框，并在其右侧的微调框中输入文件数，如图 1-6 所示。单击“确定”按钮完成设置。

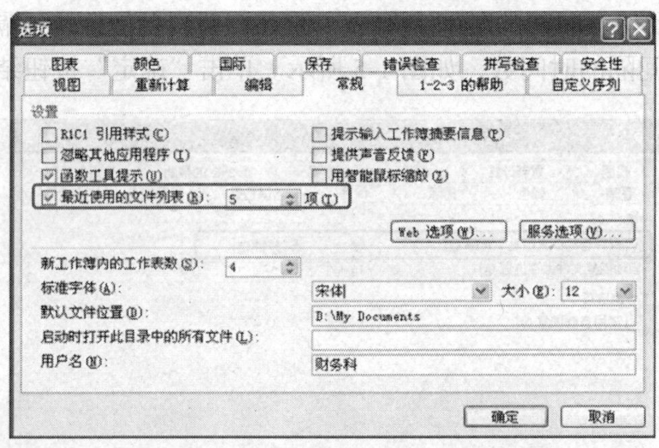

图 1-6 最近使用的文件列表设置结果

1.3.5 保护工作簿

为了防止他人随意使用或更改工作簿的结构，可以对其进行保护，以确保工作簿的安全。保护工作簿包括两个方面：一是保护工作簿中的元素；二是保护工作簿文件不被查看和更改。

1. 保护工作簿中的元素

保护工作簿中元素的操作步骤如下。

步骤 1：打开“保护工作簿”对话框。单击菜单“工具”→“保护”→“保护工作簿”。

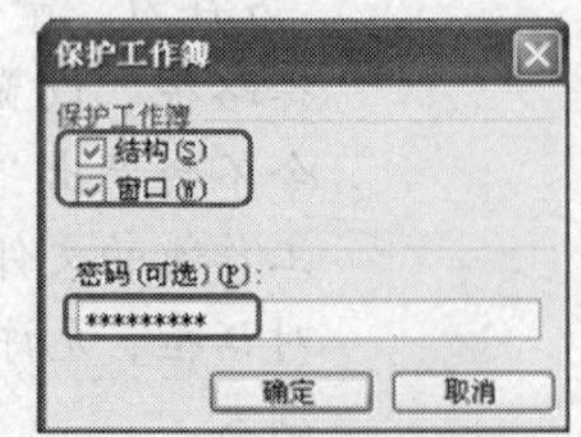

图 1-7 保护工作簿设置结果

步骤 2：设置保护内容。在弹出的“保护工作簿”对话框中，勾选“结构”和“窗口”复选框，并在“密码（可选）”文本框中输入密码，如图 1-7 所示，然后单击“确定”按钮；在弹出的“确认密码”对话框中的“重新输入密码”文本框中再次输入相同的密码，单击“确定”按钮。

注意：保护工作簿的“结构”，可以防止查看隐藏的工作表，还可以防止移动、删除、隐藏、或更改工作表名称等。保护工作簿的窗口，可以防止在工作簿打开时，更改工作簿窗口的大小和位置，还可以防止移动窗口、调整窗口大小或关闭窗口等。设置保护密码后，如果需要撤销对工作簿的保护，必须输入密码。

如果需要撤销对工作簿的保护，可以单击菜单“工具”→“保护”→“撤销保护工作簿”，在弹出的“撤销工作簿保护”对话框的“密码”文本框中输入设置的密码，然后单击“确定”按钮。

2. 添加打开和更改工作簿密码

使用“另存为”对话框可以为工作簿添加打开或更改密码。操作步骤如下。

步骤 1：打开“另存为”对话框。单击菜单“文件”→“另存为”。

步骤 2：打开“保存选项”对话框。在弹出的“另存为”对话框中，单击“工具”按钮向下箭头，从弹出的下拉菜单中选择“常规选项”命令，打开“保存选项”对话框。

步骤 3：设置保护密码。在“打开权限密码”和“修改权限密码”文本框中输入密码，如图 1-8 所示。

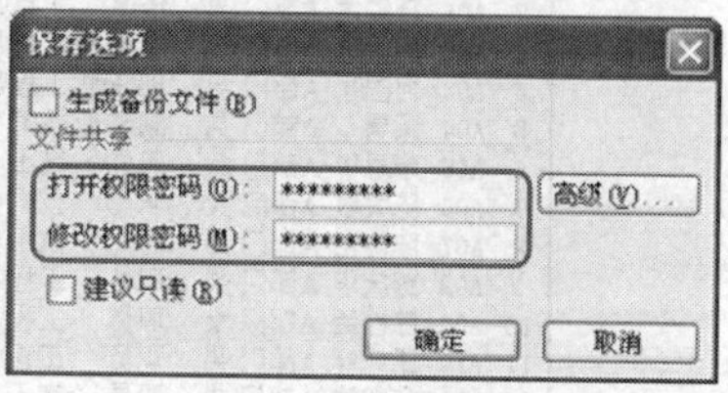

图 1-8 设置打开和更改工作簿的密码

步骤 4：确认保护密码。单击“确定”按钮，弹出“确认密码”对话框。在“重新输入密码”文本框中再次输入相同的打开权限密码，单击“确定”按钮，弹出“确认密码”对话框。在“重新输入修改权限密码”文本框中再次输入相同的修改权限密码。

步骤 5：保存设置。单击“确定”按钮返回“另存为”对话框，单击“完成”按钮。

1.3.6 关闭工作簿

当需要关闭工作簿时，可以采用以下几种方法。

（1）使用菜单命令。单击菜单“文件”→“关闭”。

（2）使用菜单栏控制按钮。单击菜单栏控制按钮，在弹出的下拉菜单中选择“关闭”命令。

（3）使用工作簿控制按钮。单击工作簿控制按钮中的关闭按钮。

（4）使用快捷键。直接按下【Alt】+【F4】组合键。

注意：如果需要同时关闭多个工作簿文件，可以按下【Shift】键，同时单击菜单“文件”→“关闭全部”。

1.4 应用实例——创建工资管理和人事档案工作簿

无论是企业单位还是政府部门，都需要对人员的工资和档案进行管理。工资和档案管理应用普遍，处理频繁，计算相对规范和简单，是最早应用计算机进行管理的领域之一。不同的企事业单位虽然在工资和档案管理方面有一定的差异，但是，管理的方式和步骤是相似的，基本上都是以二维表格的方式进行处理，使用 Excel 处理十分方便。本节将通过创建工资管理工作簿和人事档案管理工作簿，进一步说明创建工作簿的方法。

1.4.1 创建工资管理工作簿

通常工资管理所处理的数据包括人事信息、考勤信息、生产绩效信息以及其他工资信息等内容。考虑到不同单位的考勤计算方法和生产绩效信息的统计处理差异较大，本实例主要涉及人事信息和工资信息的处理。假设某公司由 A、B、C 3 个部门构成，有职工 130 名。有关的人事档案信息和工资信息存放在名为“工资管理.xls”的工作簿文件中的“人员清单”和“工资计算”两张工作表中，如图 1-9 和图 1-10 所示。

	A	B	C	D	E	F	G	H	I	J	K	L
1	序号	姓名	单位	性别	职务	职称	参加工作日期	出生日期	身份证号	基本工资	职务工资	岗位津贴
2	A01	孙家龙	A部门	男	经理	工程师	1984年08月03日	1964年08月08日	110102196408080138	800	450	500
3	A02	张卫华	A部门	男	副经理	工程师	1990年08月28日	1972年01月07日	110102197201070010	700	450	300
4	A03	何国叶	A部门	男	副经理	工程师	1996年09月19日	1974年08月08日	110101197408081117	700	450	300
5	A04	梁勇	A部门	男	副经理	技师	1996年09月01日	1968年08月08日	110101196808081836	800	400	300
6	A05	朱思华	A部门	女	职员	高工	1970年07月03日	1950年07月08日	110102195007081800	900	600	100
7	A06	陈关敏	A部门	女	职员	技术员	1998年08月02日	1980年05月12日	110101198005122100	650	300	30
8	A07	陈德生	A部门	男	职员	技术员	1998年09月12日	1979年11月08日	110101197911082430	700	300	50
9	A08	彭庆华	A部门	男	职员	工程师	1996年08月01日	1968年05月12日	110101196805123131	800	450	70
10	A09	陈桂兰	A部门	女	职员	工程师	1984年08月03日	1964年08月08日	110101196408082306	800	450	70
11	A10	王成祥	A部门	男	职员	工程师	1996年08月04日	1968年05月12日	110101196805123339	800	450	70
12	A11	何家強	A部门	男	职员	高工	1971年12月03日	1951年12月08日	110101195112083452	900	600	100
13	A12	曾伦清	A部门	男	职员	高工	1967年08月03日	1949年08月08日	110103194908083859	900	600	100
14	A13	张新民	A部门	男	副经理	高工	1990年08月25日	1962年05月12日	110101196205124051	800	600	300
15	A14	张跃华	A部门	男	职员	工程师	1990年09月13日	1971年12月12日	110101197112124151	700	450	50
16	A15	邓都平	A部门	男	职员	高工	1958年02月28日	1948年03月05日	110101194803054777	900	600	100
17	A16	朱京丽	A部门	女	职员	工程师	1993年07月17日	1974年08月08日	110104197408084824	700	450	50
18	A17	蒙继炎	A部门	男	职员	高工	1996年09月03日	1954年03月05日	110104195403054070	850	600	100
19	A18	王丽	A部门	女	职员	工程师	1976年08月03日	1956年08月08日	110101156908085328	850	450	100
20	A19	梁鸿	A部门	男	职员	高工	1984年02月01日	1964年02月06日	110101196402065470	800	600	70
21	A20	刘尚武	A部门	男	职员	高工	1991年05月22日	1964年02月06日	110101196402065775	800	600	70
22	A21	朱强	A部门	男	职员	高工	1974年08月03日	1954年08月08日	110101195408085975	850	600	100
23	A22	丁小飞	A部门	女	职员	技师	1998年06月14日	1975年11月18日	110101197511186241	700	400	50
24	A23	孙宝彦	A部门	男	职员	技术员	2004年09月27日	1980年03月08日	110101198003087171	650	300	30
25	A24	张港	A部门	男	职员	技师	1996年09月21日	1970年03月08日	110101197003087474	700	400	50
26	A25	郑柏青	A部门	女	职员	工程师	1990年08月12日	1968年05月12日	110101196805127268	800	450	70
27	A26	王秀明	A部门	男	职员	技术员	1997年05月17日	1980年03月08日	110101198003088197	650	300	30

图 1-9 “人员清单”表

	A	B	C	D	E	F	G	H	I	J	K	L	M	N	O	P	Q	R	S
1	序号	姓名	单位	基本工资	职务工资	岗位津贴	工龄补贴	交通补贴	物价补贴	洗理费	书报费	公积金	医疗险	养老险	其它	奖金	应发工资	所得税	实发工资
2	A01	孙家龙	A部门	800	450	500	250	22	50	30	60	125	25	50	0	3900	5862	479.3	5383
3	A02	张卫华	A部门	700	450	300	190	22	50	30	60	115	23	46	0	3180	4798	329.8	4468
4	A03	何国叶	A部门	700	450	300	130	22	50	30	60	115	23	46	0	3060	4618	311.8	4306
5	A04	梁勇	A部门	800	400	300	130	22	50	30	60	120	24	48	0	3200	4800	330	4470
6	A05	朱思华	A部门	900	600	100	300	22	50	50	60	150	30	60	100	3800	5742	461.3	5281
7	A06	陈关敏	A部门	650	300	30	110	22	50	50	40	95	19	38	0	2100	3200	170	3030
8	A07	陈德生	A部门	700	300	50	110	22	50	30	40	100	20	40	0	2220	3362	186.2	3176
9	A08	彭庆华	A部门	800	450	70	130	22	50	30	60	125	25	50	0	2800	4212	271.2	3941
10	A09	陈桂兰	A部门	800	450	70	250	22	50	50	60	125	25	50	0	2900	4452	295.2	4157
11	A10	王成祥	A部门	800	450	70	130	22	50	30	60	125	25	50	-50	2800	4162	266.2	3896
12	A11	何家強	A部门	900	600	100	300	22	50	30	60	150	30	60	0	3800	5622	443.3	5179
13	A12	曾伦清	A部门	900	600	100	300	22	50	30	60	150	30	60	0	3700	5522	428.3	5094
14	A13	张新民	A部门	800	600	300	190	22	50	30	60	140	28	56	0	3680	5508	426.2	5082
15	A14	张跃华	A部门	700	450	50	190	22	50	30	60	115	23	46	0	2680	4048	254.8	3793
16	A15	邓都平	A部门	900	600	100	300	22	50	30	60	150	30	60	0	3800	5622	443.3	5179
17	A16	朱京丽	A部门	700	450	50	160	22	50	50	60	115	23	46	200	2500	4058	255.8	3802
18	A17	蒙继炎	A部门	850	600	100	130	22	50	30	60	145	29	58	0	3260	4870	337	4533
19	A18	王丽	A部门	850	450	100	300	22	50	50	60	130	26	52	0	2900	4574	307.4	4267
20	A19	梁鸿	A部门	800	600	70	250	22	50	30	60	140	28	56	0	3340	4998	349.8	4648
21	A20	刘尚武	A部门	800	600	70	180	22	50	30	60	140	28	56	0	3200	4788	328.8	4459
22	A21	朱强	A部门	850	600	100	300	22	50	30	60	145	29	58	0	3700	5480	422	5058
23	A22	丁小飞	A部门	700	400	50	110	22	50	50	60	110	22	44	0	2420	3686	218.6	3467
24	A23	孙宝彦	A部门	650	300	30	50	22	50	30	40	95	19	38	-50	1900	2870	137	2733
25	A24	张港	A部门	700	400	50	130	22	50	30	60	110	22	44	0	2460	3726	222.6	3503
26	A25	郑柏青	A部门	800	450	70	190	22	50	50	60	125	25	50	0	2920	4412	291.2	4121
27	A26	王秀明	A部门	650	300	30	120	22	50	30	40	95	19	38	0	2100	3190	169	3021
28	A27	贺东	A部门	800	600	70	130	22	50	30	60	140	28	56	0	3100	4638	313.8	4324

图 1-10 “工资计算”表

其中，“工资计算”表中有些是原始数据，如序号、姓名、单位、基本工资、职务工资等；有些是计算得到的数据，如工龄补贴、公积金、应发工资等。若要使用 Excel 处理这两张表，可以先建立一个空白工作簿，然后输入所需数据。操作步骤如下。

步骤 1：建立空白工作簿。启动 Excel，此时系统自动打开一个新的工作簿，名称为“book1”。

步骤 2：修改工作表名称。双击工作表标签“Sheet1”，输入人员清单；双击工作表标签“Sheet2”，输入工资计算；右键单击工作表标签“Sheet3”，从弹出的下拉菜单中选择“删除”命令。

步骤 3：输入数据。单击工作表标签“人员清单”，在 A1:L140 单元格区域输入职工基本信息，如图 1-11 所示；单击工作表标签“工资计算”，在工作表中输入职工基本工资信息，如图 1-12 所示。

	A	B	C	D	E	F	G	H	I	J	K	L
1	序号	姓名	单位	性别	职务	职称	参加工作日期	出生日期	身份证号	基本工资	职务工资	岗位津贴
2		孙家龙	A部门				1984年08月03日	1964年08月08日		800	450	500
3		张卫华	A部门				1990年08月28日	1972年01月07日		700	450	300
4		何国叶	A部门				1996年09月19日	1974年08月08日		700	450	300
5		梁勇	A部门				1996年09月01日	1968年08月08日		800	400	300
6		朱思华	A部门				1970年07月03日	1950年07月08日		900	600	100
7		陈关敏	A部门				1998年08月02日	1980年05月12日		650	300	30
8		陈德生	A部门				1998年09月12日	1979年11月08日		700	300	50

图 1-11 “人员清单”表原始数据输入结果

	A	B	C	D	E	F	G	H	I	J	K	L	M	N	O	P	Q	R	S
1	序号	姓名	单位	基本工资	职务工资	岗位津贴	工龄补贴	交通补贴	物价补贴	洗理费	书报费	公积金	医疗险	养老险	其它	奖金	应发工资	所得税	实发工资
2		孙家龙	A部门	800	450	500									0	3900			
3		张卫华	A部门	700	450	300									0	3180			
4		何国叶	A部门	700	450	300									0	3060			
5		梁勇	A部门	800	400	300									0	3200			
6		朱思华	A部门	900	600	100									100	3800			
7		陈关敏	A部门	650	300	30									0	2100			
8		陈德生	A部门	700	300	50									0	2220			

图 1-12 “工资计算”表信息输入结果

步骤 4：保存工作簿。单击“常用”工具栏上的“保存”按钮，弹出“另存为”对话框，单击“保存位置”下拉列表，选择“D:\工资管理”文件夹；在“文件名”文本框中输入工资管理，然后单击“保存”按钮。

注意：在建立工作簿之前，最好先建立用于保存该工作簿文件的文件夹，用于保存工作簿。

此处只是建立了一个简单的“工资管理”工作簿，还需要输入更多的数据，也需要计算数据，这些操作将在后面的章节中继续完成。

1.4.2 创建人事档案管理工作簿

通常人事档案管理所处理的数据量都比较大，有时候还有很强的时效性。在这种情况下可以利用 Excel 的共享工作簿功能，由多人协作完成有关的数据处理任务。假设某公司职工的人事档案包括职工本人的基本信息和与公司相关的档案资料信息两部分，由甲、乙两人分别负责处理。甲负责职工本人的基本信息，如姓名、性别、出生日期、婚姻状况等；乙负责职工与公司相关的档案资料信息，如任职部门、职务、基本工资等。有关信息存放在名为“人事档案.xls”的工作簿文件的“人事档案”工作表中，如图 1-13 所示。

	A	B	C	D	E	F	G	H	I	J	K	L	M
1	序号	姓名	性别	出生日期	学历	婚姻状况	籍贯	部门	职务	职称	参加工作日期	联系电话	基本工资
2	7101	黄振华	男	1966-04-10	大专	已婚	北京	经理室	董事长	高级经济师	1982-11-23	64000872	2430
3	7102	尹洪群	男	1958-09-18	大本	已婚	山东	经理室	总经理	高级工程师	1981-04-18	65034080	2360
4	7104	扬灵	男	1973-03-19	博士	已婚	北京	经理室	副总经理	经济师	2000-12-04	66314390	1080
5	7107	沈宁	女	1977-10-02	大专	未婚	北京	经理室	秘书	工程师	1999-10-23	64272883	1150
6	7201	赵文	女	1967-12-30	大本	已婚	北京	人事部	部门主管	经济师	1991-01-18	64654756	1360
7	7203	胡方	男	1949-04-08	大本	已婚	四川	人事部	业务员	高级经济师	1968-12-24	61700659	2430
8	7204	郭新	女	1953-03-26	大本	已婚	北京	人事部	业务员	经济师	1971-12-12	67719683	1650
9	7205	周晓明	女	1951-06-20	大专	已婚	北京	人事部	业务员	经济师	1973-03-06	65805905	1360
10	7207	张淑纺	女	1968-11-09	大专	已婚	安徽	人事部	统计	助理统计师	2001-03-06	65761446	960
11	7301	李忠旗	男	1965-02-10	大本	已婚	北京	财务部	财务总监	高级会计师	1987-01-01	63035376	2280
12	7302	焦戈	女	1970-02-26	大专	已婚	北京	财务部	成本主管	高级会计师	1989-11-01	66032221	2280

图 1-13　人事档案原始资料

共享工作簿的操作主要包括下述过程。

1. 建立共享工作簿

首先需要在已连接到网络的某台计算机的特定文件夹下建立一个共享工作簿。这个文件夹应该是甲乙二人均可访问的共享文件夹。假设共享工作簿由甲负责建立，具体操作步骤如下。

步骤 1：建立工作簿文件。启动 Excel，双击工作表标签“Sheet1”，输入人事档案；在该工作表中输入表头信息，包括序号、姓名、性别、出生日期、学历、婚姻状况、籍贯、部门、职务、职称、参加工作日期、联系电话、基本工资等项；并输入所有人员的序号和姓名。

步骤 2：存储为共享工作簿。单击菜单“工具”→“共享工作簿”，在弹出的“共享工作簿”对话框中，勾选“允许多用户同时编辑，同时允许工作簿合并”复选框，如图 1-14 所示。

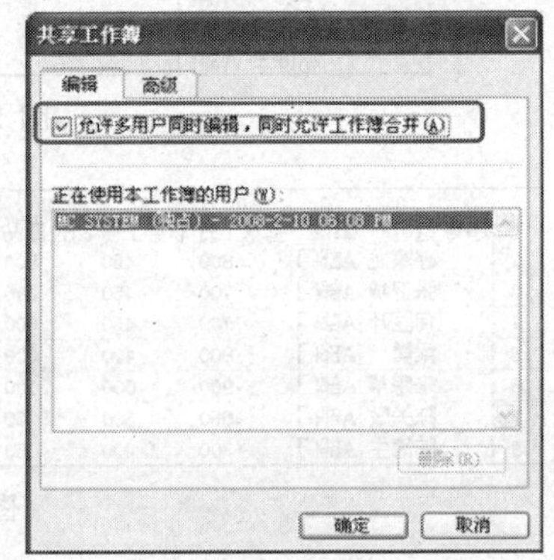

图 1-14　设置共享工作簿

步骤 3：结束设置。单击“确定”按钮。如果是新建的工作簿，系统自动弹出“另存为”对话框。选择已设置好的共享文件夹，并输入文件名人事档案.xls。如果是已保存过的工作簿，系统会提示“此操作将导致保存文档，是否继续？”，单击“确定”按钮。此时工作簿窗口的标题栏出现“共享”标志，如图 1-15 所示。

Microsoft Excel - 人事档案.xls [共享]

文件(F) 编辑(E) 视图(V) 插入(I) 格式(O) 工具(T) 数据(D) 窗口(W) 帮助(H)

	A	B	C	D	E	F	G	H	I	J	K	L	M
1	序号	姓名	性别	出生日期	学历	婚姻状况	籍贯	部门	职务	职称	参加工作日期	联系电话	基本工资
2	7101	黄振华											
3	7102	尹洪群											
4	7104	扬灵											
5	7107	沈宁											
6	7201	赵文											
7	7203	胡方											
8	7204	郭新											
9	7205	周晓明											
10	7207	张淑纺											
11	7301	李忠旗											
12	7302	焦戈											

图 1-15　共享工作簿设置结果

2. 建立副本工作簿

在已经建立好的共享工作簿的基础上，甲乙二人可以同时进行数据的输入工作。下面分别介绍甲乙二人的具体操作。

甲输入工作的具体操作步骤如下。

步骤 1：建立副本工作簿。甲通过网络访问“人事档案.xls”工作簿文件。打开文件后，单击菜单“文件”→“另存为”，弹出“另存为”对话框，在“保存位置”中选择原共享工作簿所在的共享文件夹，文件名输入人事档案_01.xls。单击“确定”按钮。

步骤 2：输入数据。在 C2:G64 单元格区域继续输入每位职工的性别、出生日期、学历、婚姻状况、籍贯等信息。结果如图 1-16 所示。

Microsoft Excel - 人事档案_01.xls [共享]

文件(F) 编辑(E) 视图(V) 插入(I) 格式(O) 工具(T) 数据(D) 窗口(W) 帮助(H)

宋体 12 100%

Z21

	A	B	C	D	E	F	G	H	I	J	K	L	M
1	序号	姓名	性别	出生日期	学历	婚姻状况	籍贯	部门	职务	职称	参加工作日期	联系电话	基本工资
2	7101	黄振华	男	1966-04-10	大专	已婚	北京						
3	7102	尹洪群	男	1958-09-18	大本	已婚	山东						
4	7104	扬灵	男	1973-03-19	博士	已婚	北京						
5	7107	沈宁	女	1977-10-02	大专	未婚	北京						
6	7201	赵文	女	1967-12-30	大本	已婚	北京						
7	7203	胡方	男	1949-04-08	大本	已婚	四川						
8	7204	郭新	女	1953-03-26	大本	已婚	北京						
9	7205	周晓明	女	1951-06-20	大专	已婚	北京						
10	7207	张淑纺	女	1968-11-09	大专	已婚	安徽						
11	7301	李忠旗	男	1965-02-10	大本	已婚	北京						
12	7302	焦戈	女	1970-02-26	大专	已婚	北京						

图 1-16 甲输入结果

步骤 3：保存工作簿。单击“常用”工具栏中的“保存”按钮，或者单击菜单“文件”→“保存”。

乙输入工作的具体操作步骤如下。

步骤 1：建立副本工作簿。打开文件后，单击菜单“文件”→“另存为”，弹出“另存为”对话框，在“保存位置”选择原共享工作簿所在的共享文件夹，文件名输入人事档案_02.xls。单击“确定”按钮。

步骤 2：输入数据。在 H2:M62 单元格区域继续输入每位职工的部门、职务、职称、参加工作日期、联系电话、基本工资等信息。乙输入完成的工作簿如图 1-17 所示。

Microsoft Excel - 人事档案_02.xls [共享]

文件(F) 编辑(E) 视图(V) 插入(I) 格式(O) 工具(T) 数据(D) 窗口(W) 帮助(H)

宋体 12 100%

Z21

	A	B	C	D	E	F	G	H	I	J	K	L	M
1	序号	姓名	性别	出生日期	学历	婚姻状况	籍贯	部门	职务	职称	参加工作日期	联系电话	基本工资
2	7101	黄振华						经理室	董事长	高级经济师	1982-11-23	64000872	2430
3	7102	尹洪群						经理室	总经理	高级工程师	1981-04-18	65034080	2360
4	7104	扬灵						经理室	副总经理	经济师	2000-12-04	66314390	1080
5	7107	沈宁						经理室	秘书	工程师	1999-10-23	64272883	1150
6	7201	赵文						人事部	部门主管	经济师	1991-01-18	64654756	1360
7	7203	胡方						人事部	业务员	高级经济师	1968-12-24	61700659	2430
8	7204	郭新						人事部	业务员	经济师	1971-12-12	67719683	1650
9	7205	周晓明						人事部	业务员	经济师	1973-03-06	65805905	1360
10	7207	张淑纺						人事部	统计	助理统计师	2001-03-06	65761446	960
11	7301	李忠旗						财务部	财务总监	高级会计师	1987-01-01	63035376	2280
12	7302	焦戈						财务部	成本主管	高级会计师	1989-11-01	66032221	2280

图 1-17 乙输入结果

步骤 3：保存工作簿。单击“常用”工具栏中的“保存”按钮，或者单击菜单“文件”→“保存”。

3. 合并工作簿

甲乙二人的输入工作完成后，即可进行合并工作簿的工作，其具体操作步骤如下。

步骤 1：选定要合并的工作簿。启动 Excel，打开共享工作簿文件“人事档案.xls”。单击菜单“工具”→“比较和合并工作簿”，弹出“将选定文件合并到当前工作簿”对话框，选定要合并的文件“人事档案_01.xls”和“人事档案_02.xls”，如图 1-18 所示。单击“确定”按钮，开始合并。

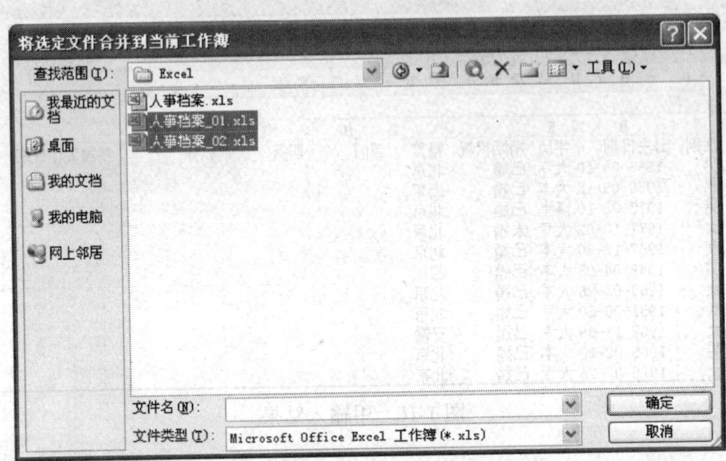

图 1-18　选择要合并的工作簿

步骤 2：保存合并结果。单击“常用”工具栏中的“保存”按钮，或者单击菜单“文件”→“保存”。合并结果如图 1-19 所示。

Microsoft Excel - 人事档案.xls　[共享]

序号	姓名	性别	出生日期	学历	婚姻状况	籍贯	部门	职务	职称	参加工作日期	联系电话	基本工资
7101	黄振华	男	1966-04-10	大专	已婚	北京	经理室	董事长	高级经济师	1982-11-23	64000872	2430
7102	尹洪群	男	1958-09-18	大本	已婚	山东	经理室	总经理	高级工程师	1981-04-18	65034080	2360
7104	扬灵	男	1973-03-19	博士	已婚	北京	经理室	副总经理	经济师	2000-12-04	66314390	1080
7107	沈宁	女	1977-10-02	大专	未婚	北京	经理室	秘书	工程师	1999-10-23	64272883	1150
7201	赵文	女	1967-12-30	大本	已婚	北京	人事部	部门主管	经济师	1991-01-18	64654756	1360
7203	胡方	男	1949-04-08	大本	已婚	四川	人事部	业务员	高级经济师	1968-12-24	61700659	2430
7204	郭新	女	1953-03-26	大本	已婚	北京	人事部	业务员	经济师	1971-12-12	67719683	1650
7205	周晓明	女	1951-06-20	大专	已婚	北京	人事部	业务员	经济师	1973-03-06	65805905	1360
7207	张淑纺	女	1968-11-09	大专	已婚	安徽	人事部	统计	助理统计师	2001-03-06	65761446	960
7301	李忠旗	男	1965-02-10	大本	已婚	北京	财务部	财务总监	高级会计师	1987-01-01	63035376	2280
7302	焦戈	女	1970-02-26	大专	已婚	北京	财务部	成本主管	高级会计师	1989-11-01	66032221	2280

图 1-19　合并结果

以上利用 Excel 共享工作簿的方式，两人协作建立好了公司人事档案工作簿。凡是需要输入大批量数据，特别是时间要求比较紧迫时都可以采用这种方式。另外，对于跨省市，甚至是跨国公司的实时信息管理，也可以采用共享工作簿方式，由多人在异地协同完成同一工作簿的数据处理工作。

本章小结

通过对本章的学习，读者应了解 Excel 的工作环境，理解工作簿的基本概念，掌握工作簿的基本操作，能够根据实际需要选择适当的方法创建并操作工作簿。

习题

1. Excel 窗口由哪几部分构成？
2. 什么是工作簿？如何保护工作簿？
3. 新建工作簿中默认的工作表数是多少？如何增加工作表数？
4. 如何显示完整的 Excel 菜单？
5. 多人协作建立工作簿的优势是什么？如何协作完成？

实训

某公司“办公信息”表如图 1-20 所示，按以下要求完成操作。

序号	工号	姓名	入职日期	职务	部门	办公电话	移动电话
1	CK01	孙家龙	1984-8-3	总经理	行政部	010-65971111	13311211011
2	CK02	张卫华	1990-8-28	副总经理	行政部	010-65971112	13611101010
3	CK03	何国叶	1996-9-19	会计	行政部	010-65971113	13511212121
4	CK04	梁勇	1996-9-1	出纳	行政部	010-65971113	13511212122
5	CK05	朱思华	1970-7-3	信息员	技术部	010-65971115	13511212123
6	CK06	陈关敏	1998-8-2	信息员	技术部	010-65971115	13511212124
7	CK07	陈德生	1998-9-12	信息员	技术部	010-65971115	13511212125
8	CK08	彭庆华	1996-8-1	信息员	技术部	010-65971115	13511212126
9	CK09	陈桂兰	1984-8-3	信息员	技术部	010-65971115	13511212127
10	CK10	王成祥	1996-8-4	技术员	技术部	010-65971120	13511212128
11	CK11	何家強	1971-12-3	技术员	技术部	010-65971120	13511212129
12	CK12	曾伦清	1967-8-3	技术员	技术部	010-65971120	13511212130
13	CK13	张新民	1990-8-25	技术员	技术部	010-65971120	13511212131
14	CK14	张跃华	1990-9-13	销售员	销售部	010-65971124	13511212132
15	CK15	邓都平	1958-2-28	销售员	销售部	010-65971125	13511212133
16	CK16	朱京丽	1993-7-17	销售员	销售部	010-65971126	13511212134
17	CK17	蒙继炎	1996-9-3	销售员	销售部	010-65971127	13511212135
18	CK18	王丽	1976-8-3	销售员	销售部	010-65971128	13511212136
19	CK19	梁鸿	1984-2-1	销售员	销售部	010-65971129	13511212137
20	CK20	刘尚武	1991-5-22	工程师	客服部	010-65971130	13511212138
21	CK21	朱强	1974-8-3	技术员	客服部	010-65971131	13511212139
22	CK22	丁小飞	1998-6-14	会计	客服部	010-65971132	13511212140
23	CK23	孙宝彦	2004-9-27	出纳	客服部	010-65971132	13511212141
24	CK24	张港	1996-9-21	经理	客服部	010-65971134	13511212142

图 1-20 “办公信息”表

1. 创建一个工作簿，文件名为“办公管理.xls”。要求工作簿中有一张工作表，表名为“办公信息”，表内容为空。

2. 两人合作创建一个工作簿，文件名为“办公管理-1.xls”。要求工作簿中有一张工作表，表名为“办公信息”，表内容如图 1-20 所示。

3. 对“办公管理-1.xls”工作簿进行保护，不允许增加或删除工作表，撤销工作簿保护时，要求输入密码。

第2章 建立工作表

内容提要

本章主要介绍 Excel 工作表的基本概念、应用 Excel 输入数据的方法和技巧。重点是通过输入人员清单和工资计算两张工作表的数据，理解 Excel 工作表的基本概念，掌握输入普通数据、特殊数据的方法，特别是掌握快速输入数据的技巧。这部分内容是应用 Excel 完成数据输入的重要内容，应用好这些方法，可以有效提高输入效率。

主要知识点

- 工作表、单元格的概念
- 各种类型数据的输入
- 自动填充数据
- 使用下拉列表
- 自动更正数据
- 查找与替换数据
- 设置数据的有效性
- 数据的导入

工作表是 Excel 用户输入和处理数据的工作平台。使用 Excel 处理数据，必须先将数据输入到工作表中，然后再根据需要输入计算公式，实现数据处理。数据有哪些类型、如何输入不同类型的数据，以及如何提高输入效率等，都将在本章简要介绍。

2.1 认识工作表

在 Excel 中，所有操作都是围绕工作簿和工作表进行的。每个工作簿可以包含多张工作表，每张工作表可以包含多个行和多个列数据，工作表中行与列交叉位置形成的矩形区域称为单元格。工作簿、工作表及单元格等是 Excel 的重要概念，对于这些概念的理解与掌握，将成为学习和使用 Excel 的重要基础。

2.1.1 工作表

工作表是 Excel 的主要操作对象，由 65 536 行和 256 列构成。其中，列标以“A、B、C、AA、AB…”等字母表示，其范围为 A~IV，对应着工作表中的每一列。行号以“1、2、3…”等数字表示，其范围为 1~65 536，对应着工作表中的每一行。

每张工作表具有一个标签，显示工作表名。当前选定的工作表标签，其颜色与其他工作表标签不同，呈反显状态，该工作表称为当前工作表，此时工作簿窗口中显示选定的工作表，用户可以对其进行各种操作。如果希望选定某张工作表，只需单击其工作标签即可。如果希望更改工作表名，可以双击要更名的工作表标签，然后输入新的工作表名。

2.1.2 单元格

工作表中行与列交叉位置形成的矩形区域称为单元格。单元格是存储数据的基本单元，其中可以存放文本、数字、逻辑值、计算公式等不同类型的数据。工作表中每个单元格的位置，称为单元格地址，一般用“列标+行号”来表示。例如，B5 表示工作表上第 2 列第 5 行的单元格。

进入 Excel 后，通常是打开一个名为“book1”的工作簿，并且将工作簿中第 1 张工作表“Sheet1”显示在屏幕上，此时在 A1 单元格周围有一个粗黑框，在编辑栏的名称框中显示了该单元格的地址，表示可以对 A1 单元格进行各种编辑操作，如输入或修改数据等。在 Excel 中，将被选定的单元格称为活动单元格，将当前可以操作的单元格称为当前单元格。如果活动单元格只有一个，那么该单元格就是当前单元格。如果活动单元格有多个，那么被选定的多个单元格中呈反白显示的单元格就是当前单元格，如图 2-1 所示。

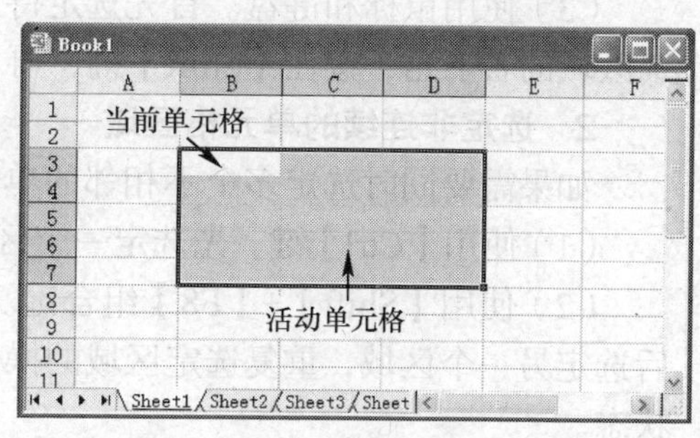

图 2-1 活动单元格及当前单元格

2.1.3 单元格区域

单元格区域是指由若干个单元格构成的矩形区域，其地址表示方法为：单元格地址:单元格地址。其中，第 1 个单元格地址为单元格区域左上角单元格的地址，第 2 个单元格地址为单元格区域右下角单元格的地址。例如，B3:D7 是以 B3 单元格为左上角、D7 单元格为右下角的矩形区域，共 15 个单元格。单元格区域中的所有单元格均为活动单元格，左上角单元格为当前单元格。

2.2 选定单元格

对单元格或单元格区域进行处理之前，需要先选定它，使其成为当前能够处理的对象。

2.2.1 选定单元格

选定单元格的方法有很多种，可以根据不同情况采用不同的方法。

（1）使用鼠标。将鼠标定位到要选定的单元格上，单击左键。

（2）使用菜单命令。单击菜单“编辑”→“定位”，打开“定位”对话框，在“引用位置”文本框中输入要选定的单元格地址，然后单击“确定”按钮。

（3）使用快捷键。直接按下【F5】键，打开“定位”对话框，在“引用位置”文本框中输入要选定的单元格地址，然后单击“确定”按钮。

2.2.2 选定单元格区域

可以选定连续的单元格区域，也可以选定不连续的单元格区域。

1. 选定连续的单元格区域

根据要选定的单元格区域的大小，选择相应的方法。如果需要选定的单元格区域比较小，则可以通过鼠标来完成。如果需要选定的单元格区域比较大，超出了屏幕可显示的范围，则可以使用键盘来完成。对于特别大的单元格区域，可以通过键盘和鼠标配合完成。

（1）使用鼠标。将鼠标定位到待选区域左上角的单元格上，然后按下鼠标左键并拖放至待选区域右下角的单元格上放开。

（2）使用键盘。首先选定待选区域左上角的单元格，然后按住【Shift】键，使用方向键或者【Home】键、【End】键、【PgUp】键、【PgDn】键来扩展选择的区域。

（3）使用鼠标和键盘。首先选定待选区域左上角的单元格，然后拖动工作表滚动条到待选区域的右下角，按住【Shift】键，再单击待选区域右下角的单元格。

2. 选定非连续的单元格区域

如果需要同时选定多个不相邻的单元格或单元格区域，可以使用下述方法。

（1）使用【Ctrl】键。先选定一个区域，然后按住【Ctrl】键，再用鼠标选定其他的区域。

（2）使用【Shift】+【F8】组合键。先选定一个区域，再按【Shift】+【F8】组合键；然后选定另一个区域，重复选定区域的操作，至到全部选定为止；最后按【Esc】键，取消选定状态。

2.3 输 入 数 据

使用 Excel 建立工作表时，经常需要输入不同类型的数据，如文本、数值、日期、时间等。

2.3.1 数据类型

在 Excel 中，数据分为 3 类，分别是数值型、文本型和逻辑型。一般情况下，数据的类型由用户输入数据的内容自动确定。

1. 数值型数据

数值型数据由数字 0~9 及正号（+）、负号（-）、小数点（.）、百分号（%）、千位分隔符（,）、货币符号（$、￥）、指数符号（E 或 e）、分数符号（/）等组成。数值型数据可以进行加、减、乘、除以及乘幂等各种数学运算。

数值型数据有两种特殊的数据形式，即日期型数据和时间型数据。

Excel 自动将所有日期存储为 1~2 958 465 的整数，称为序列值，分别对应 1900 年 1 月 1

日到 9999 年 12 月 31 日。例如，2008 年 8 月 8 日对应的序列值是 39 668。因此日期型数据是数值，可以进行数学运算。通常运算的形式如下。

（1）用一个日期减去另一个日期，结果为两个日期之间的天数。

（2）用一个日期加上或减去一个数，结果为该日期以后或以前若干天的日期。

Excel 自动将所有时间存储为小数，0 对应 0 时，1/24（0.041 6）对应 1 时，1/12（0.083）对应 2 时，1/1 440（0.000 649）对应 1 分，等等。例如，2008 年 8 月 8 日下午 8 时对应的是 39 668.833 333。

注意：日期型数据不能为负数，不能超过最大日期序列值，否则会显示一串填满单元格的#符号来表示错误。

2. 文本型数据

文本型数据由字母、汉字、空格及其他字符组成。例如，“姓名”、“Excel”、“A234”等都是文本型数据。文本型数据只有连接运算，其运算符为“&”，可以将若干个文本型数据首尾相连，形成一个新的文本型数据。例如，“中国”&“计算机用户”，运算结果为“中国计算机用户”。

3. 逻辑型数据

在 Excel 中，逻辑型数据只有两个，一个为“TRUE”，即为真；另一个为“FALSE”，即为假。

2.3.2 输入文本

文本是 Excel 工作表中非常重要的一种数据类型，工作表中的文本可以作为行标题、列标题或工作表说明。

在工作表中输入文本数据时，系统默认为左对齐。如果输入的数据是以数字开头的文本，系统仍视其为文本。Excel 规定，每个单元格中最多可以容纳 32 000 个字符，如果在单元格中输入的字符超过了单元格的宽度，Excel 自动将字符依次显示在右侧相邻的单元格上，如果相邻单元格中含有数据，文本字符将被自动隐藏。在工作表中输入文本，可以采用以下几种方法。

（1）在编辑栏中输入。选定待输入文本的单元格，单击编辑栏中的编辑框，输入文本，然后按【Enter】键或单击“输入”按钮✓。这时单元格周围出现黑粗框，表示该单元格为当前单元格。

（2）在单元格中输入。单击待输入文本的单元格，然后输入文本；或者双击待输入文本的单元格，然后输入文本。这两种方法的区别是，前者输入的数据将覆盖该单元格原有的数据。

当输入的文本比较长时，可以通过换行将输入的文本全部显示在当前单元格内。设置换行的方法有两种。

（1）使用组合键。输入文本时，如果需要换行，按【Alt】+【Enter】组合键。

（2）设置“自动换行”格式。选定待设置格式的单元格或单元格区域；单击菜单“格式”→“单元格”；在“单元格格式”对话框的“对齐”选项卡中，勾选“自动换行”复选框；然后单击“确定”按钮。

2.3.3 输入数值

数值是 Excel 工作表最重要的组成部分，进行数值计算是 Excel 最基本的功能。Excel 中的数值不仅包括普通的数字数值，而且包括小数型数值和货币型数值。在工作表中输入数值型数据时，系统默认的对齐方式为右对齐。

1. 输入普通数值

在单元格中输入普通数值，其方法与输入文本型数据相似，先选定待输入数值的单元格；然后在编辑框中输入数字，或在单元格中输入数字。

注意：如果单元格中数据显示为“########”，说明单元格的宽度不够。如果希望将数据显示出来，需要增加单元格的宽度。

2. 输入小数型数值

在输入数据过程中，在涉及价格等数据时，经常需要输入小数型数值。在单元格中输入小数型数值，可以采用以下两种方法。

（1）在单元格中输入。方法与输入普通数值相同。

（2）设置“小数位数”格式。在输入数据前，先设置单元格的“小数位数”，然后再输入。其操作步骤如下。

步骤 1：选定待设置格式的单元格或单元格区域。

步骤 2：打开“单元格格式”对话框。单击菜单“格式”→“单元格”；或右键单击选定的单元格区域，从弹出的快捷菜单中选择“设置单元格格式”。打开“单元格格式”对话框。

步骤 3：设置小数格式。单击“数字”选项卡，在“分类”列表框中选择“数值”选项，在“小数位数”微调框中输入 2，在“负数”列表框中选择“-1234.10”选项，如图 2-2 所示。单击“确定”按钮。

步骤 4：输入小数型数值。在单元格中输入小数型数值，此时可以发现在此单元格中输入的数据小数点后不足两位时自动补 0。

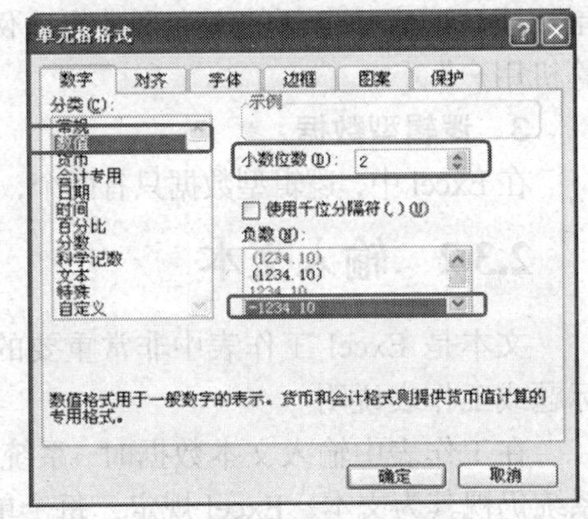

图 2-2　小数格式设置结果

3. 输入货币型数值

货币型数值属于特殊数据，往往需要在数值前加上货币符号，常规数据格式不适合这类数据。因此，需要在输入前设置单元格的数字类型，以保证数据的匹配。设置方法有以下两种。

（1）使用工具按钮。先选定待输入货币型数值的单元格，然后单击“格式”工具栏上的“货币样式”按钮，再输入货币数值。

（2）设置“货币”格式。在输入数据前，先将单元格设置为“货币”格式，然后再输入。操作步骤如下。

步骤 1：选定待设置格式的单元格或单元格区域。

步骤 2：打开“单元格格式”对话框。

步骤 3：设置“货币”格式。单击“数字”选项卡，在“分类”列表框中选择“货币”选项，在“货币符号”下拉列表框中选择“￥”选项，设置“小数位数”和“负数”，如图 2-3 所示。单击“确定”按钮。

步骤 4：输入货币型数值。在单元格中输入数值，

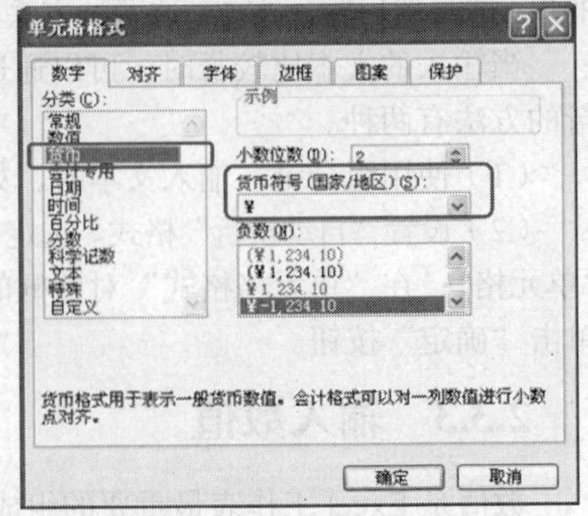

图 2-3　货币格式设置结果

此时可以发现在此单元格中输入的数值前面自动加上了货币符号“￥”。

2.3.4　输入日期和时间

日期和时间属于特殊数值型数据，与输入数值型数据不同，应遵循一定的格式。在工作表中输入日期和时间时，系统默认的对齐方式为右对齐。

1. 输入日期

Excel 对日期数据的处理有一定的格式要求，不符合要求的数据将被当作文本型数据处理，不能进行与日期有关的计算。Excel 默认的日期格式为“年-月-日”，“年/月/日”等格式也能够被识别。但是“年.月.日”或“月-日-年”等格式的数据则会被当作文本型数据处理。如果需要以这些形式显示日期，可以通过格式设置的方法实现。可以采用以下两种方法输入日期。

（1）在单元格中输入。使用“/”或“-”直接在单元格中输入。例如，输入 2009-10-1 或 2009/10/1。

（2）设置“日期”格式。在输入日期数据前，先将单元格设置为“日期”格式，然后再输入。操作步骤如下。

步骤 1：选定待设置格式的单元格或单元格区域。

步骤 2：打开“单元格格式”对话框。

步骤 3：设置“日期”格式。单击“数字”选项卡，在“分类”列表框中选择“日期”选项，在“类型”列表框中选择一种显示类型，如图 2-4 所示。单击“确定”按钮。

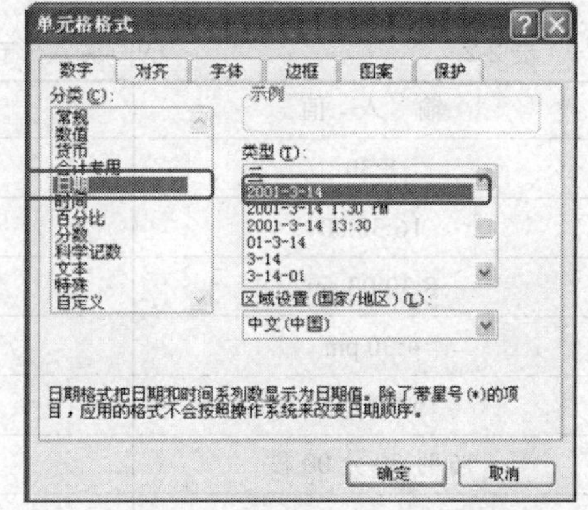

图 2-4　日期格式设置结果

步骤 4：输入日期数值。

注意：按照习惯可能会输入 2008.8.8 这样的日期值，但是系统并不能将这种数据识别为日期格式，而只能视其为文本数据。只有将操作系统“区域选项”设置中的“日期分隔符”设置为“.”，Excel 才能正确识别。

Excel 日期的输入形式所对应的显示值和存储值如表 2-1 所示。

表 2-1　日期输入形式及其所对应的显示值和存储值

输 入 值	显 示 值	存 储 值
10-1	10 月 1 日	2009-10-1（注：显示年份是当年年份）
09/10/1	2009-10-1	2009-10-1
2009/10/1	2009-10-1	2009-10-1
09-10-1	2009-10-1	2009-10-1
1-May	1-May	2009-5-1（注：显示年份是当年年份）
1-Aug-09	1-Aug-99	2009-8-1
2009 年 10 月 1 日	2009 年 10 月 1 日	2009-10-1

如果希望快速输入系统当前日期，可以按下【Ctrl】+【;】组合键。

2. 输入时间

与日期输入一样，时间输入也有多种固定的输入格式，输入时需要注意。可以采用以下两种方法输入时间。

（1）在单元格中输入。在单元格中输入时间时，系统默认按 24 小时制输入。如果需要按照 12 小时制输入时间，则输入的顺序为：时间→空格→AM（或 PM），其中“AM”表示上午，“PM”表示下午。例如，输入 10:20 AM。

（2）设置“时间”格式。在输入日期数据前，先将单元格设置为“时间”格式，然后再输入。操作步骤与设置“日期”格式相同，这里不再赘述。

Excel 时间的输入形式以及各种形式所对应的显示值和存储值如表 2-2 所示。

表 2-2　时间输入形式及其所对应的显示值和存储值

输　入　值	显　示　值	存　储　值
8:30	8:30	8:30:00
16:30:00	16:30:00	16:30:00
8:30:00 am	8:30:00 AM	8:30:00
4:30 pm	4:30 PM	16:30:00
16 时 30 分	16 时 30 分	16:30:00
16 时 30 分 00 秒	16 时 30 分 00 秒	16:30:00
下午 4 时 30 分	下午 4 时 30 分	16:30:00
上午 4 时 30 分 0 秒	上午 4 时 30 分 00 秒	4:30:00

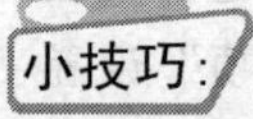

如果希望快速输入系统当前时间，可以按下【Ctrl】+【Shift】+【;】组合键。

2.3.5　输入分数值

输入分数时，输入顺序是：整数→空格→分子→正斜杠（/）→分母。例如要输入二又四分之一，则应在选定的单元格中输入 2 1/4。如果输入纯分数，整数部分的 0 不能省略，如输入四分之一的方法是 0 1/4。

2.3.6　输入百分比数值

输入百分比数值时，可以在输入数值后，直接输入百分号（%）；也可以按一般数值数据输入百分比数据，然后选定单元格，再单击“格式”工具栏上的“百分比样式”按钮%。两者的区别是：采用后一种方法时，Excel 会自动将输入的数据乘以 100。例如，要输入 45%，前一种方法是直接输入 45%，而后一种方法是先输入 0.45，选定该单元格，再单击“格式”工具栏上的“百分比样式”按钮。

2.3.7 输入身份证号码

中国的身份证号码一般为 18 位，如果在单元格中输入一个 18 位长度的身份证号码，Excel 将以科学记数法来显示，同时将其最后 3 位数字变为 0。原因是 Excel 将身份证号码作为数值数据来处理。Excel 能够处理的数值精度为 15 位，超过 15 位的数值则作为 0 来保存；超过 11 位的数值，则以科学记数法来表示。因此如果需要在单元格中正确输入身份证号码，应将其作为文本型数据来输入。将数值型数据强行转换为文本型数据有以下两种方法。

（1）使用前导符。在输入身份证号码之前，先输入一个单引号，然后再输入身份证号码。

（2）设置“文本”格式。在输入数据前，先将单元格设置为“文本”格式，然后再输入。操作步骤如下。

步骤 1：选定待输入身份证号码的单元格或单元格区域。

步骤 2：打开“单元格格式”对话框。

步骤 3：设置“文本”格式。单击“数字”选项卡，在“分类”列表框中选择“文本”选项，单击“确定”按钮。

步骤 4：输入身份证号码。

2.4 快速输入数据

数据输入是一项比较繁琐的工作，尤其是当输入的数据量比较大、重复的数据比较多时，输入的工作量很大，而且也容易出错。对此可以使用 Excel 提供的几项功能来减少输入错误，提高输入效率。

2.4.1 自动填充数据

在 Excel 中，有时需要输入一些相同的或者有规律的数据，这时可以利用自动填充的方法输入数据。下面将详细介绍使用自动填充实现数据输入的多种方法。

1. 填充相同数据

在连续的单元格中输入相同数据，操作步骤如下。

步骤 1：输入第 1 个数据。在单元格区域的第 1 个单元格中输入第一个数据。

步骤 2：选定单元格。选定已输入数据的单元格，这时该单元格周围有黑粗框，右下角有一个黑色小矩形，称作填充柄。

步骤 3：填充数据。将鼠标移至该单元格的填充柄处，此时指针会变成十字形状，按住鼠标左键不放拖动至所需单元格放开。

图 2-5 所示示例均可以使用这种方法。其中，第 1 行的数据是先输入的，第 2~6 行数据是填充得到的。

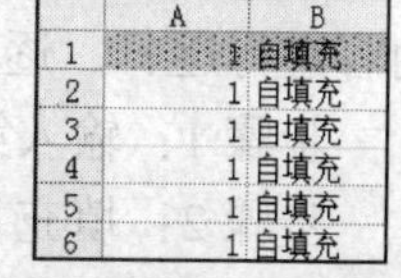

	A	B
1	1	自填充
2	1	自填充
3	1	自填充
4	1	自填充
5	1	自填充
6	1	自填充

图 2-5 填充相同数据

小技巧：

填充相同数据更快捷、简单的方法是在第 1 个单元格中输入数据后，双击第 1 个单元格填充柄。双击进行填充时，填充到最后一个单元格的位置，取决于左侧一列中第 1 个空单元格的位置，如果填充列是第 1 列，则取决于右侧一列中第 1 个空单元格的位置。

在非连续的单元格中输入相同数据，操作步骤如下。

步骤 1：选定单元格。选定要输入数据的单元格中的任一个，按住【Ctrl】键依次选定需要输入相同数据的多个单元格，如图 2-6 所示。

步骤 2：输入数据。选定的最后一个单元格反白显示，在这个白色单元格中输入需要的数据，然后按下【Ctrl】+【Enter】组合键，这时可以看到输入的数据自动地填充到选定的单元格中，如图 2-7 所示。

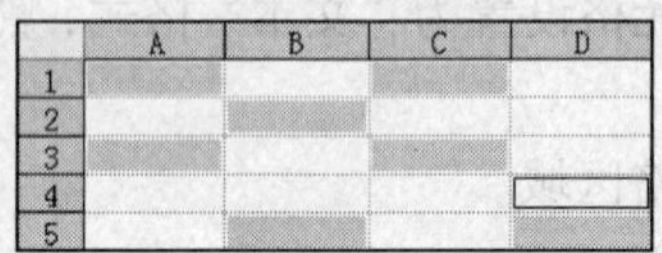

	A	B	C	D
1				
2				
3				
4				
5				

图 2-6　选定多个单元格

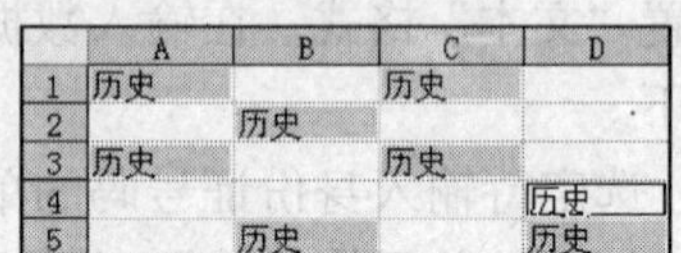

	A	B	C	D
1	历史		历史	
2		历史		
3	历史		历史	
4				历史
5		历史		历史

图 2-7　输入结果

2. 填充等差序列数据

所谓等差序列是指在单元格区域中两个相邻单元格的数据之差等于一个固定值。例如，1、3、5…，就是等差序列。要输入这样的数据序列，操作步骤如下。

步骤 1：输入序列中的前两个数据。在前两个单元格中输入序列中的前两个数据。

步骤 2：选定单元格。选定已输入数据的两个单元格。

步骤 3：填充数据。将鼠标移至第 2 个单元格的填充柄处，当鼠标指针变成十字形状时，按住鼠标左键不放拖动至所需单元格放开。

图 2-8 所示示例均可以使用这种方法。其中，第 1、2 行的数据是先输入的，第 3~7 行数据是填充得到的。

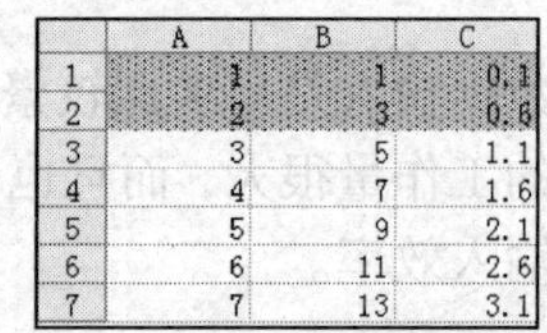

	A	B	C
1	1	1	0.1
2	2	3	0.6
3	3	5	1.1
4	4	7	1.6
5	5	9	2.1
6	6	11	2.6
7	7	13	3.1

图 2-8　等差序列数据填充结果

小技巧：

如果要填充的是一个 1、2、3…这样的等差序列数据，可以在第 1 个单元格中输入 1，然后按住【Ctrl】键同时拖动鼠标至最后一个单元格。

3. 填充日期数据

与数字的自动填充相比，Excel 提供的日期填充方法更加智能化，能够根据输入的日期内容进行逐日、逐月或逐年填充，也可以按工作日填充。其操作步骤如下。

步骤 1：输入第 1 个日期。

步骤 2：填充日期。将鼠标移至该单元格的填充柄处，指针变成十字形状后，按住鼠标右键不放拖动至所需单元格放开，此时弹出快捷菜单，如图 2-9 所示。选择相应的命令完成相应内容的填充。

图 2-10 所示示例均可以使用这种方法。其中，第 1 行的数据是先输入的，第 2~12 行数据是填充得到的。

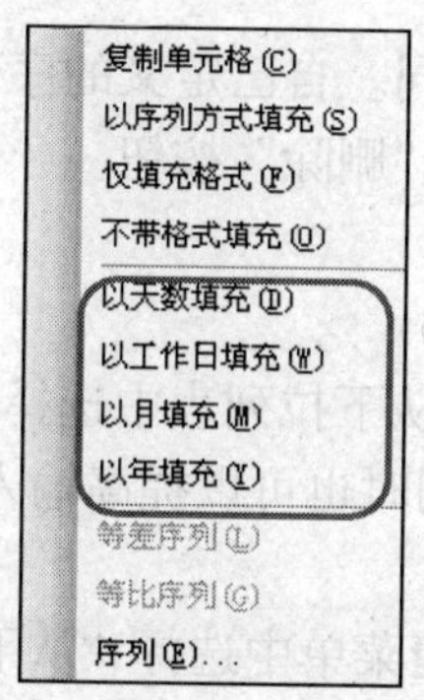

图 2-9　快捷菜

2009-1-9	2009-1-9	2009-1-9	2009-1-9
2009-1-10	2009-2-9	2010-1-9	2009-1-12
2009-1-11	2009-3-9	2011-1-9	2009-1-13
2009-1-12	2009-4-9	2012-1-9	2009-1-14
2009-1-13	2009-5-9	2013-1-9	2009-1-15
2009-1-14	2009-6-9	2014-1-9	2009-1-16
2009-1-15	2009-7-9	2015-1-9	2009-1-19
2009-1-16	2009-8-9	2016-1-9	2009-1-20
2009-1-17	2009-9-9	2017-1-9	2009-1-21
2009-1-18	2009-10-9	2018-1-9	2009-1-22
2009-1-19	2009-11-9	2019-1-9	2009-1-23
2009-1-20	2009-12-9	2020-1-9	2009-1-26

图 2-10　日期数据填充结果

4. 填充特殊数据

在实际工作中，有时需要填充一些特殊的数据，比如中英文星期、中英文月份、中文季度以及天干地支等。可以使用 Excel 已经定义的内置序列进行填充。方法是先输入第一个数据，然后使用鼠标拖动填充柄至所需单元格放开。

图 2-11 所示示例均可以使用这种方法。其中，第 1 行的数据是先输入的，第 2~12 行数据是填充得到的。

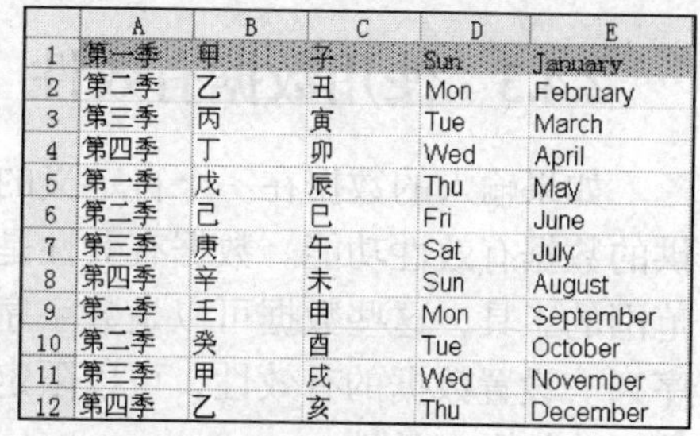

	A	B	C	D	E
1	第一季	甲	子	Sun	January
2	第二季	乙	丑	Mon	February
3	第三季	丙	寅	Tue	March
4	第四季	丁	卯	Wed	April
5	第一季	戊	辰	Thu	May
6	第二季	己	巳	Fri	June
7	第三季	庚	午	Sat	July
8	第四季	辛	未	Sun	August
9	第一季	壬	申	Mon	September
10	第二季	癸	酉	Tue	October
11	第三季	甲	戌	Wed	November
12	第四季	乙	亥	Thu	December

图 2-11　特殊数据填充结果

5. 填充自定义序列

如果需要填充的数据序列不在 Excel 已定义的内置序列中，可以根据实际需要自己定义。自定义序列的操作步骤如下。

步骤 1：打开“选项”对话框。单击菜单“工具”→“选项”，打开“选项”对话框，单击“自定义序列”选项卡。

步骤 2：输入自定义序列内容。在“自定义序列”列表框中选择“新序列”，单击“添加”按钮，在“输入序列”框中输入序列内容，每输入完一项，按【Enter】键，如图 2-12 所示。

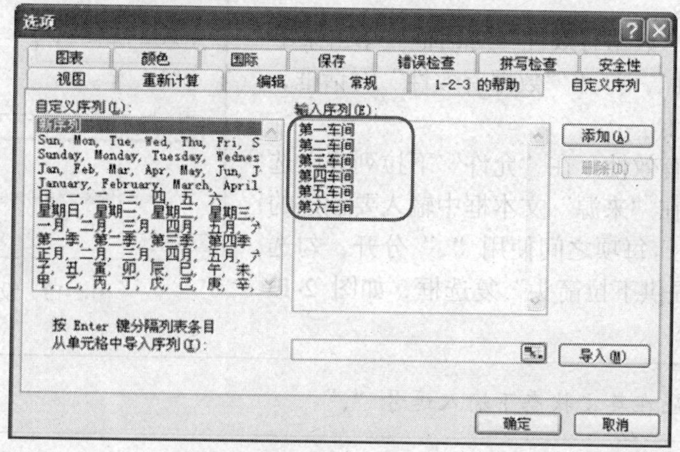

图 2-12　自定义序列设置结果

步骤 3：完成定义。单击“确定”按钮。

完成自定义序列后，就可以输入了，输入方法与前面相同。自己定义的序列，如果不再需要，可以在“自定义序列”列表框中将其选中，然后单击“删除”按钮。

2.4.2 使用下拉列表

当需要输入在同一列单元格已经输入过的数据时，可以从下拉列表中选择。使用下拉列表输入数据，可以避免因手工输入带来输入内容的不一致，同时也可以提高输入速度和效率。其操作步骤如下。

步骤 1：打开快捷菜单。右键单击单元格，从弹出的快捷菜单中选择“从下拉列表选择”命令。

步骤 2：选择输入项。在下拉列表中选择需要输入的数据值。

> 注意：使用下拉列表输入数据需要在同一列中已有所需数据，且只在同一列连续单元格内输入才有效，该方法适用于文本型数据的输入。

2.4.3 使用数据有效性

如果输入的数据在一个自定义的范围内，或取自某一组固定的值，则可以使用 Excel 提供的数据有效性功能。数据有效性是为一个特定的单元格或单元格区域定义可以接收数据的范围的工具，这些数据可以是数字序列、日期、时间、文本长度等，也可以是自定义的数据序列。设置数据的有效性，可以限定数据的输入范围、输入内容以及输入个数，以保证数据的正确性和有效性。

1. 在单元格中创建下拉列表

当需要输入重复数据时，可以使用 Excel 的数据“有效性”功能创建一个下拉列表。这样，可以直接从下拉列表中选择所需数据，既可以避免手工输入产生的错误，又可以提高输入效率。创建下拉列表的操作步骤如下。

步骤 1：选定单元格。选定待创建下拉列表的单元格或单元格区域。

步骤 2：打开“数据有效性”对话框。单击菜单“数据”→“有效性”，打开“数据有效性”对话框，单击“设置”选项卡。

步骤 3：设置有效性。在“允许”下拉列表中选择“序列”选项，在“来源”文本框中输入要创建的下拉列表中的选项，每项之间使用“,”分开，勾选“忽略空值”和“提供下拉箭头”复选框，如图 2-13 所示。

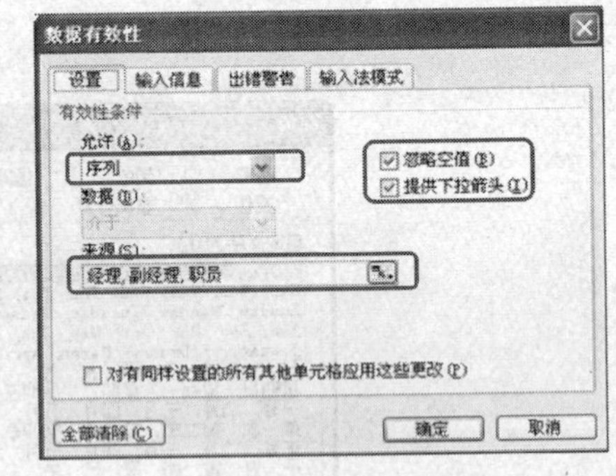

图 2-13　设置结果

> 注意：应在英文状态下输入逗号“,”。

步骤 4：完成设置。单击“确定”按钮，关闭“数据有效性”对话框。

完成上述设置后，当用户单击设置好的单元格时，单元格右侧会出现下拉箭头，单击该箭头，会弹出下拉列表，选择其中的选项即可完成输入。使用自己创建的下拉列表，输入时既方便、快捷，又能够保证输入的正确性。

2. 在单元格中设置数据的输入范围

在单元格中设置输入数值的范围，这样当在单元格中输入的数据超出设置的范围或者输入了其他内容的数据时，Excel 将视其为无效。其操作步骤如下。

步骤 1：选定单元格或单元格区域。

步骤 2：打开“数据有效性”对话框。

步骤 3：设置有效性。在“允许”下拉列表中选择“整数”选项，在“数据”下拉列表中选择“介于”选项，在“最小值”文本框中输入数据范围的下限值，在“最大值”文本框中输入数据范围的上限值，勾选“忽略空值”复选框，如图 1-14 所示。

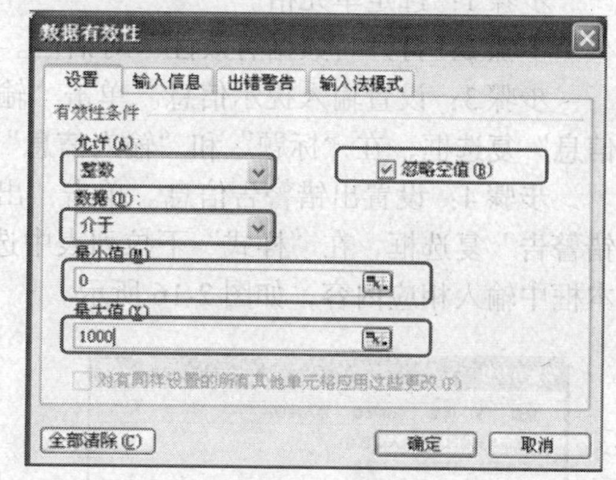

图 2-14　输入范围设置结果

步骤 4：完成设置。单击“确定”按钮，关闭“数据有效性”对话框。

完成上述设置后，当用户在设置好的单元格中输入数据时，Excel 自动对数据进行有效性检验。在“数据有效性”对话框的“允许”下拉列表框中列出了多种有效数据，有效数据不同，可以定义的有效性内容就不同。表 2-3 所示为“允许”列表框中有效数据的类型、含义及关系式。

表 2-3　“允许”列表框中有效数据的类型、含义及关系式

类型	含义	关系式	数据范围或来源	说明
任何值	对输入数据不做任何限制	无	无	不进行验证
整数	限制输入的数据必须是整数	介于、未介于、等于、不等于、大于、小于、大于或等于、小于或等于	介于最大值和最小值之间	在设定数据类型、关系式及数据范围之间进行验证
小数	限制输入的数据必须是数字或小数		介于最大值和最小值之间	
日期	限制输入的数据必须是日期		介于开始日期和结束日期之间	
时间	限制输入的数据必须是时间		介于开始时间和结束时间之间	
文本长度	限制输入的数据必须是指定的有效数据的字符数		介于最大值和最小值之间	
序列	限制输入的数据必须是指定的有效数据序列	无	选择或自行输入序列的数据来源	利用数据来源进行验证
自定义	允许使用公式、表达式或者引用其他单元格中的计算值来判定输入数值的正确性。公式得出的必须是“True”或“False”	无	公式	利用输入的公式进行验证

3. 设置提示信息

设置数据有效性后，如果输入的数据不符合设置的规则，Excel 将给出错误警告，并拒绝接收错误数据。但是，Excel 给出的警告信息比较单一，没有针对性。事实上，Excel 允许用户自己设置提示信息。其操作步骤如下。

步骤 1：选定单元格。

步骤 2：打开“数据有效性”对话框。

步骤 3：设置输入提示信息。单击“输入信息”选项卡，勾选“选定单元格时显示输入信息”复选框，在“标题”和“输入信息”文本框中输入相应内容，如图 2-15 所示。

步骤 4：设置出错警告信息。单击“出错警告”选项卡，勾选“输入无效数据时显示出错警告”复选框，在“样式”下拉列表中选择一种提示样式，在“标题”和“错误信息”文本框中输入相应内容，如图 2-16 所示。

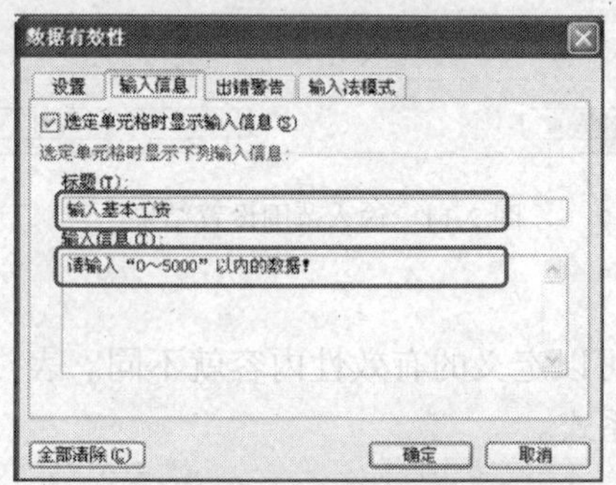

图 2-15　输入提示信息设置结果

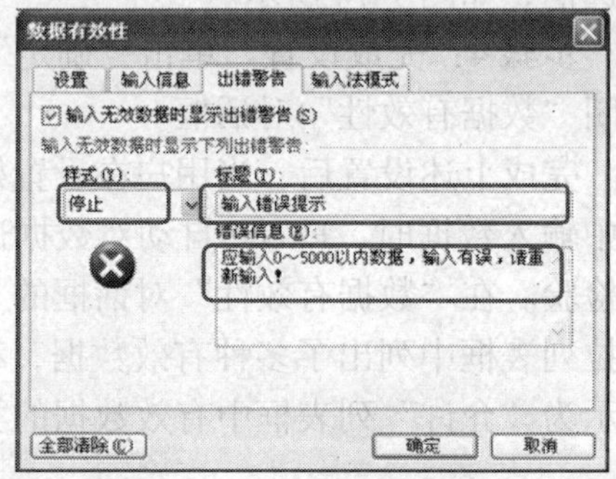

图 2-16　出错警告信息设置结果

注意： 设置的出错样式不同，对无效数据的处理将不一样。出错警告信息的样式由重到轻分为“停止”、“警告”和“信息”3 种。当使用“停止”时，无效的数据是绝不允许出现在单元格中；当使用“警告”时，无效的数据可以出现在单元格，但是会警告这样的操作可能会出现错误；当选择“信息”时，无效的数据只是被当作特殊的形式而被单元格接受，也只是给出出现这种“特殊”时的处理方案。在使用时，用户可以根据具体情况和需要，选择不同程度的出错样式。

步骤 5：完成设置。单击“确定”按钮，关闭“数据有效性”对话框。

2.4.4　自动更正数据

Excel 提供的“自动更正”功能不仅可以识别输入错误，而且能够在输入时自动更正错误。用户可以利用此功能作为辅助输入手段，来更加准确、快速地输入数据，提高输入效率。例如将经常输入的词汇定义为键盘上的一个特殊字符，当输入这个特殊字符时，Excel 自动将其替换为所需要的词汇。设置自动更正的操作步骤如下。

步骤 1：打开“自动更正”对话框。单击菜单“工具”→“自动更正”，打开“自动更正”对话框，单击“自动更正”选项卡。

步骤 2：设置自动更正内容。在“替换”文本框中输入被替换的字符，在“替换为”文本框中输入要替换的内容，单击“添加”按钮，将其添加到对话框下方的列表框中，如图 2-17 所示。

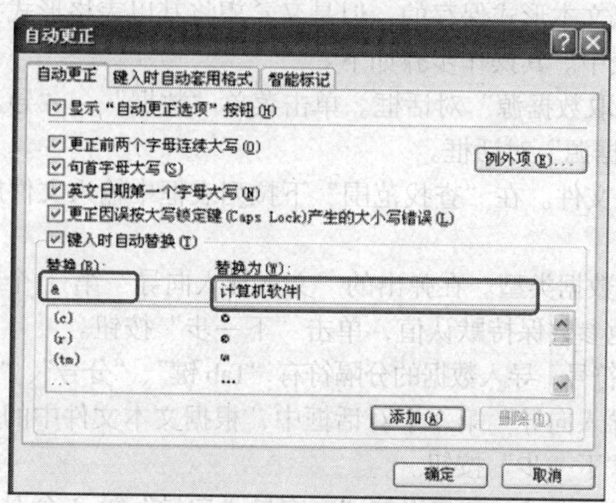

图 2-17　自动更正设置结果

步骤 3：完成设置。单击“确定”按钮，关闭“自动更正”对话框。

2.4.5　查找替换数据

查找是将光标定位在与查找数据相符的单元格上，替换是将与查找数据相符的单元格内原有数据替换为新的数据。利用 Excel 提供的查找与替换功能也可以实现多个重复词汇或短语的输入。比如将需要多次输入的词汇定义为键盘上一个特殊字符，输入这个词汇时用定义的特殊字符代替，然后使用查找替换功能，查找特殊字符，替换为需要输入的词汇。

其操作步骤如下。

步骤 1：打开“查找和替换”对话框。单击菜单“编辑”→“替换”，打开“查找和替换”对话框。

步骤 2：输入查找和替换的内容。在“查找内容”下拉列表框中输入要替换掉的数据，在“替换为”下拉列表框中输入要替换的数据。

步骤 3：查找并替换。若单击“全部替换”按钮，将文档中所有与“查找内容”中相符的单元格的内容全部替换为新内容；若单击“查找下一个”按钮，找到后再单击“替换”按钮，则只替换当前找到的数据。

查找替换功能是一种快速自动修改数据的好方法，尤其对长文档多处进行同样内容的修改时极为方便，并且不会发生遗漏。

2.5　导 入 数 据

在日常工作中，常常需要用到其他应用程序已建文档中的数据，这时可以使用 Excel 提供的导入功能，将这些数据直接输入到工作表中，而不必重新输入。在 Excel 中，可以导入的文件类型包括文本文件（.txt）、Access 文件（.mdb）等。

2.5.1 从文本文件导入数据

如果所需数据是以文本形式保存的，但是又希望将其以表格形式打印出来，就可以将其中的数据导入到工作表中。其操作步骤如下。

步骤 1：打开“选取数据源”对话框。单击菜单“数据”→“导入外部数据”→“导入数据”，打开“选取数据源”对话框。

步骤 2：选取导入文件。在“查找范围”下拉列表框中输入文件所在位置，在下方框中双击要导入的文件。

步骤 3：确定原始数据类型。在弹出的“文本导入向导”第 1 个对话框中，单击“分隔符号”单选按钮，其他参数保持默认值，单击“下一步”按钮。

步骤 4：选择分隔符号。导入数据的分隔符有“Tab 键”、“分号”、“逗号”、“空格”、“其他”等。在弹出的“文本导入向导”第 2 个对话框中，根据文本文件中的分隔符进行选择，勾选相应的复选框，单击“下一步”按钮。

步骤 5：确定列数据格式。在弹出的“文本导入向导”第 3 个对话框中，选择列数据格式，然后单击“完成”按钮。

步骤 6：确定数据存放位置。在弹出的“导入数据”对话框中，选择数据存放的位置，单击“确定”按钮。

2.5.2 从 Access 数据库导入数据

用户可以将 Access 数据库文件导入到 Excel 中。Excel 与 Access 文件之间的数据转换非常容易。其操作步骤如下。

步骤 1：打开导入文件。打开“选取数据源”对话框，选取并打开要导入的文件。

步骤 2：确定数据的存放位置。如果导入的数据文件中包含多个表，则弹出“选择表格”对话框，在该对话框中选择所需表格，然后单击“确定”按钮，弹出“导入数据”对话框，选择存放数据的位置；如果导入的数据库文件中只有一个表，则直接弹出“导入数据”对话框，选择存放数据的位置。

步骤 3：导入数据。单击“确定”按钮。

2.6 应用实例——输入工资管理基础数据

输入原始数据是工资管理最基础也是工作量最大的工作，如果原始数据输入有误将直接影响工资的计算。在第 1 章中，已经建立了“工资管理”工作簿，并输入了部分原始数据，但还有些基础数据尚未输入，这些数据大部分具有一定的规律性，可以根据相应数据的特点，灵活运用本章介绍的方法完成输入。

2.6.1 自动填充数据

在“人员清单”和“工资计算”两个表中，A 部门职工序号第 1 个字符是“A”，后面两个字符是按顺序排列的，依次为“01”、“02”等，B 部门与 C 部门职工序号与 A 部门职工序号组成相似。对于这样有规律的数据可以使用自动填充的方法快速输入，而不需要逐个手工输入。

1. 输入序号

使用自动填充功能输入职工序号，操作步骤如下。

步骤 1：输入 A 部门第 1 个职工的序号。在“人员清单”工作表的 A2 单元格中输入 A01，然后单击编辑栏中的确认按钮，如图 2-18 所示。

步骤 2：填充其他职工的序号。将鼠标移到 A2 单元格填充柄处，然后拖动鼠标到所需填充的单元格放开，即可填上顺序的序号，如图 2-19 所示。

	A	B	C	D	E	F
1	序号	姓名	单位	性别	职务	职称
2	A01	孙家龙	A部门			
3		张卫华	A部门			
4		何国叶	A部门			
5		梁勇	A部门			
6		朱思华	A部门			
7		陈关敏	A部门			
8		陈德生	A部门			

图 2-18　输入结果

	A	B	C	D	E	F
37	A36	张鹏	A部门			
38	A37	吴绪武	A部门			
39	A38	姜鄂卫	A部门			
40	A39	胡冰	A部门			
41	A40	朱明明	A部门			
42	A41	谈应霞	A部门			
43	A42	符智倍	A部门			
44	A43	孙连进	A部门			
45	A44	王永锋	A部门			

图 2-19　序号填充结果

步骤 3：输入其他部门职工的序号。在 A46 单元格输入 B 部门第 1 个职工的序号 B01，然后按照类似的操作步骤将其自动填充到 A47:A87 单元格。在 A88 单元格中输入 C 部门第 1 个职工的序号 C01，然后将其填充到 A89:A140 单元格。

步骤 4：使用相同的方法输入“工资计算”表中职工序号。

2. 输入交通补贴及物价补贴

分析“工资计算”表可以发现，“交通补贴”列除个别数据为 0 外，其他均为 22；“物价补贴”列除个别数据为 0 外，其他均为 50，并且不是计算得到的。可以使用自动填充功能输入此类数据。其具体操作步骤如下。

步骤 1：为“交通补贴”列填入数据 22。在 H2 单元格中输入 22，单击编辑栏中的确认按钮；然后将鼠标移到 H2 单元格填充柄处，拖动鼠标到所需填充的单元格放开。

步骤 2：修改“交通补贴”列数据。对照原表将不为 22 的单元格数据改为 0。

步骤 3：输入“物价补贴”列数据。在 I2 单元格输入 50，由于“物价补贴”列左侧已输入了数据，因此可以将鼠标移到 I2 单元格填充柄处，然后双击鼠标左键，即可将数据填上，如图 2-20 所示。

	A	B	C	D	E	F	G	H	I	J
1	序号	姓名	单位	基本工资	职务工资	岗位津贴	工龄补贴	交通补贴	物价补贴	洗理费
134	C47	严映炎	C部门	700	400	50		22	50	
135	C48	陈保才	C部门	800	450	70		0	50	
136	C49	彭德元	C部门	700	400	50		22	50	
137	C50	张小英	C部门	650	300	30		22	50	
138	C51	熊金春	C部门	800	450	70		22	50	
139	C52	叶国邦	C部门	700	300	50		22	50	
140	C53	钟成江	C部门	850	600	100		22	50	
141										

图 2-20　物价补贴数据填充结果

步骤 4：修改“物价补贴”列数据。对照原表将不为 50 的单元格数据改为 0。

2.6.2　查找替换数据

在“人员清单”表中，“性别”只有“男”、“女”两种值，如果逐个输入比较烦琐，可以先用两个容易输入但工作表中不用的特殊符号代表，例如用“/”表示“男”，用“\”表示“女”，待全部职工数据输入完毕后，再用 Excel 的替换命令，分别将其替换为“男”、“女”。查找替换的具体操作步骤如下。

步骤 1：选择“性别”数据所在的列。这里单击“D”列标。

步骤 2：打开“查找和替换”对话框。单击菜单“编辑”→“替换”，这时将弹出“查找和替换”对话框。

步骤 3：执行查找替换操作。在“查找内容”框中输入/；在“替换为”框中输入男；如图 2-21 所示。然后单击“全部替换”按钮，即可将工作表指定列中所有的“/”替换成 “男”。

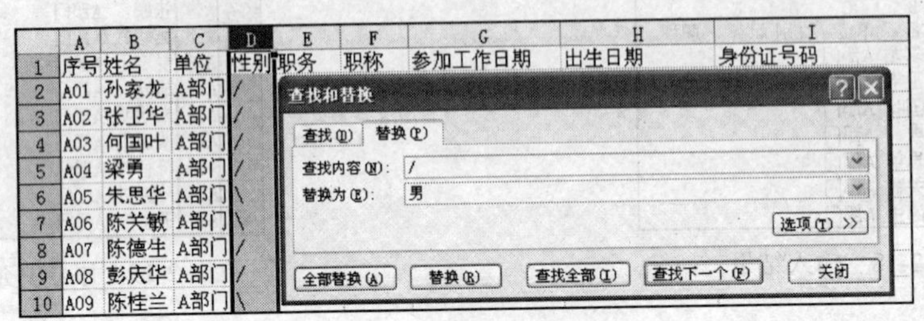

图 2-21　查找替换设置

类似地，按上述步骤将“\”替换成“女”。

使用查找替换实现数据输入，一般适用于数据种类不多的情况。当数据种类较多时，每种数据均需要使用一种特殊字符代表，输入时不容易记忆，也容易出现混乱。此时使用下拉列表更为方便。

2.6.3　使用下拉列表

在“人员清单”表中，“职务”、“职称”等列数据取自于一组固定的值，并且数据种类较多。比如“职务”的取值为“经理”、“副经理”和“职员”，“职称”的取值为“高工”、“工程师”、“技师”和“技术员”。可以通过选择下拉列表输入此类数据。使用下拉列表有两种途径，一是直接使用 Excel 提供的“从下拉列表中选择”命令；二是使用 Excel 提供的“有效性”功能自己创建下拉列表。一般情况下，如果输入的数据不多，采用前一种方法比较方便，否则使用后者更为快捷。下面将分别使用两种方法输入“职务”和“职称”两列数据。

1. 输入职务

使用 Excel 提供的“从下拉列表中选择”命令输入职务数据。其具体操作步骤如下。

步骤 1：输入若干名职工的职务。按一般方法输入若干名职工的职务。

步骤 2：打开快捷菜单。在需要输入某个前面已经输入过的职务时，可以直接用鼠标右键单击该单元格，然后在弹出的快捷菜单中选择“从下拉列表中选择”命令，如图 2-22 所示。

步骤 3：选择输入项。在下拉列表中选择需要输入的职务，如图 2-23 所示。

2. 输入职称

在上面使用“从下拉列表中选择”命令输入职务数据时，每个数据均需要通过执行该命令来选择下拉列表中的数据，如果输入的数据量比较大，此方法就显得较为烦琐，可以使用 Excel 提供的“有效性”功能自己创建下拉列表。其具体操作步骤如下。

步骤 1：选定单元格。选定 F2:F140 单元格区域。

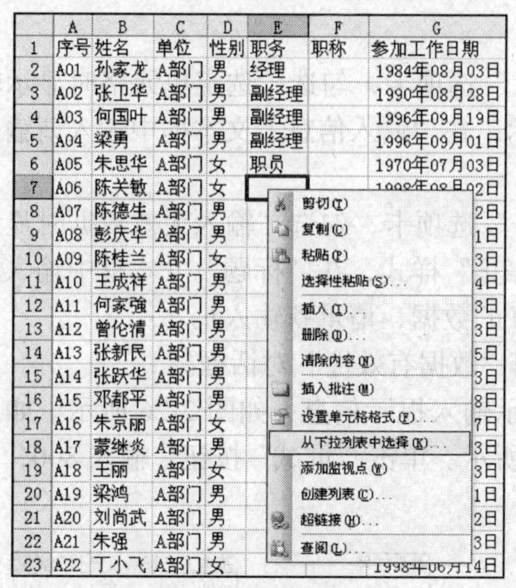

	A	B	C	D	E	F	G
1	序号	姓名	单位	性别	职务	职称	参加工作日期
2	A01	孙家龙	A部门	男	经理		1984年08月03日
3	A02	张卫华	A部门	男	副经理		1990年08月28日
4	A03	何国叶	A部门	男	副经理		1996年09月19日
5	A04	梁勇	A部门	男	副经理		1996年09月01日
6	A05	朱思华	A部门	女	职员		1970年07月03日
7	A06	陈关敏	A部门	女			
8	A07	陈德生	A部门	男			
9	A08	彭庆华	A部门	男			
10	A09	陈桂兰	A部门	女			
11	A10	王成祥	A部门	男			
12	A11	何家強	A部门	男			
13	A12	曾伦清	A部门	男			
14	A13	张新民	A部门	男			
15	A14	张跃华	A部门	男			
16	A15	邓都平	A部门	男			
17	A16	朱京丽	A部门	女			
18	A17	蒙继炎	A部门	男			
19	A18	王丽	A部门	女			
20	A19	梁鸿	A部门	男			
21	A20	刘尚武	A部门	男			
22	A21	朱强	A部门	男			
23	A22	丁小飞	A部门	女			1998年06月14日

图 2-22　快捷菜单

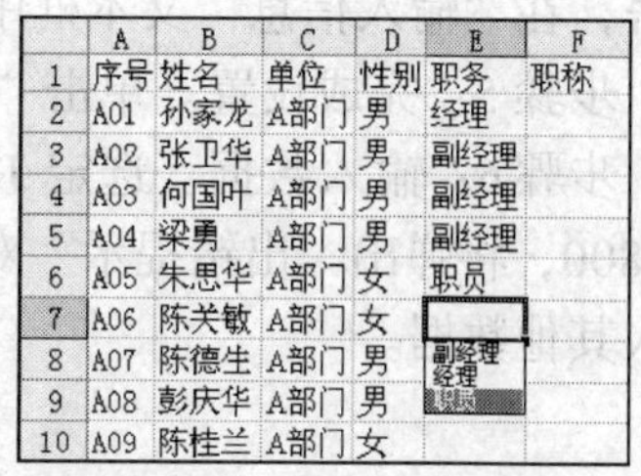

	A	B	C	D	E	F
1	序号	姓名	单位	性别	职务	职称
2	A01	孙家龙	A部门	男	经理	
3	A02	张卫华	A部门	男	副经理	
4	A03	何国叶	A部门	男	副经理	
5	A04	梁勇	A部门	男	副经理	
6	A05	朱思华	A部门	女	职员	
7	A06	陈关敏	A部门	女		
8	A07	陈德生	A部门	男		
9	A08	彭庆华	A部门	男		
10	A09	陈桂兰	A部门	女		

图 2-23　选择输入项

步骤 2：创建下拉列表。单击菜单“数据”→“有效性”，打开“数据有效性”对话框，单击“设置”选项卡，在“允许”下拉列表中选择“序列”选项，在“来源”文本框中输入高工,工程师,技师,技术员，勾选“忽略空值”和“提供下拉列表箭头”复选框，如图 2-24 所示。单击“确定”按钮，关闭“数据有效性”对话框。

步骤 3：输入数据。单击 F2 单元格，单击右侧下拉箭头，从弹出的下拉列表中选择“工程师”，如图 2-25 所示。重复此步骤，完成其他数据的输入。

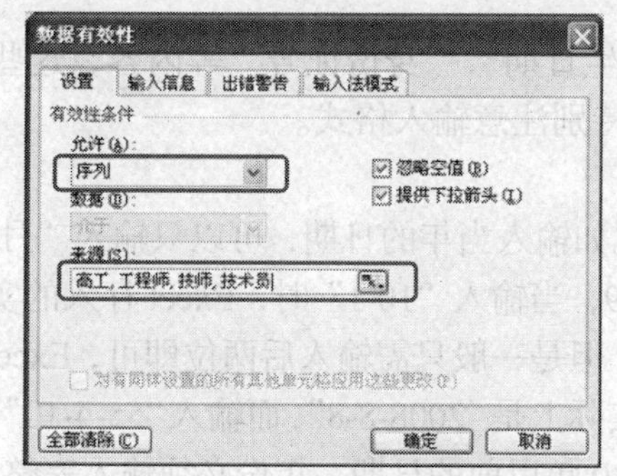

图 2-24　下拉列表创建结果

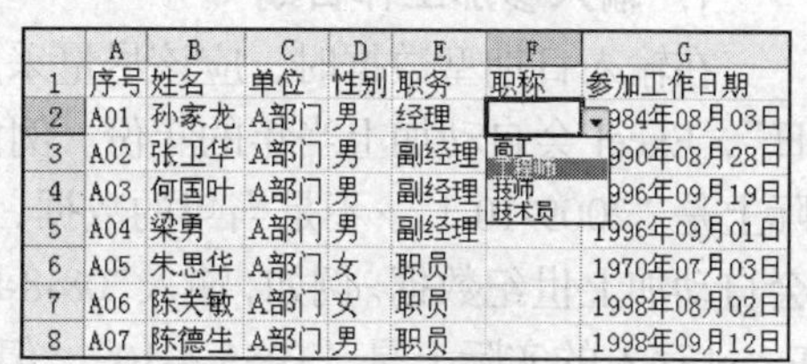

	A	B	C	D	E	F	G
1	序号	姓名	单位	性别	职务	职称	参加工作日期
2	A01	孙家龙	A部门	男	经理		1984年08月03日
3	A02	张卫华	A部门	男	副经理		1990年08月28日
4	A03	何国叶	A部门	男	副经理		1996年09月19日
5	A04	梁勇	A部门	男	副经理		1996年09月01日
6	A05	朱思华	A部门	女	职员		1970年07月03日
7	A06	陈关敏	A部门	女	职员		1998年08月02日
8	A07	陈德生	A部门	男	职员		1998年09月12日

图 2-25　输入结果

2.6.4　使用数据有效性

Excel 提供的数据“有效性”功能，不仅可以创建下拉列表，通过选择列表中的选项实现输入，还可以设置数据输入的范围，确保输入数据的正确性。在“人员清单”和“工资计算”两个表中，“基本工资”、“职务工资”、“岗位津贴”，以及“奖金”等数据均应大于 0。对于这种数据，可以通过设置数据“有效性”来确保其输入范围。下面以“基本工资”为例介绍其设置及输入方法，具体操作步骤如下。

步骤 1：选定单元格区域。选定“人员清单”表中 J1:J140 单元格区域。

步骤 2：设置数据的有效范围。打开“数据有效性”对话框，在“允许”下拉列表中选择“整数”选项，在“数据”下拉列表中选择“大于”选项，在“最小值”文本框中输入 0，勾选“忽略空值”复选框。

步骤 3：设置输入提示信息。单击“输入信息”选项卡，勾选“选定单元格时显示输入信息”复选框，在“标题”文本框中输入输入提示，在“输入信息”文本框中输入请输入大于 0 的数据！。

步骤 4：设置出错警告信息。单击“出错警告”选项卡，勾选“输入无效数据时显示出错警告”复选框，在“样式”下拉列表中选择“停止”样式，在“标题”文本框中输入出错警告，在“输入信息”文本框中输入应输入大于 0 的数据，请重新输入！。

步骤 5：完成设置。单击“确定”按钮，关闭“数据有效性”对话框。

步骤 6：输入数据。选定 J2 单元格，此时显示输入提示信息，如图 2-26 所示。如果输入-800，将弹出“出错提示”对话框，如图 2-27 所示。单击“重试”按钮，输入 800，然后输入其他数据。

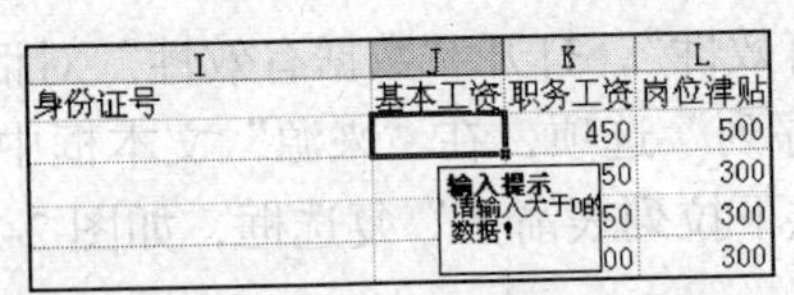

图 2-26　输入提示信息

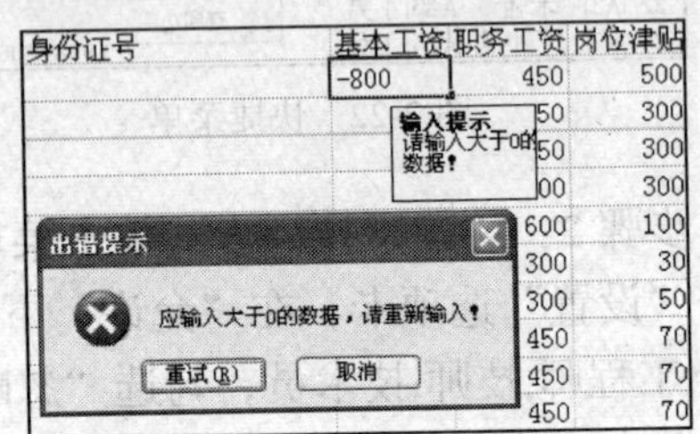

图 2-27　出错警告信息

2.6.5　输入特殊数据

在“人员清单”表中包含了“参加工作日期”、“出生日期”、“身份证号”等内容，这些数据是一类特殊数据。在 Excel 中，输入此类数据需要特别注意输入格式。

1. 输入参加工作日期

在输入日期型数据时，应该尽量采用简便的方法。比如输入当年的日期，可以只输入“月-日”，Excel 会自动加上当年的年份。例如当年年份是 2009，当输入“10-1”时，Excel 存入的实际上是“2009-10-1”。不是当年的数据，则需要输入年份，但是一般只需输入后两位即可，Excel 会自动加上世纪数据。例如，输入“08-8-8”，Excel 存入的实际上是“2008-8-8”，而输入“55-4-10”，Excel 存入的实际上是“1955-4-10”。但是如果要输入 1930 年以前的日期，年份必须输入完整。例如，应输入“1926-12-19”，如果输入“26-12-19”，Excel 会将其按“2026-12-19”处理。

按照上述方法，在 G2:G140 中输入“参加工作日期”时，如果是当年日期，输入“月-日”即可；如果是 1930 年以后的日期，年份可以只输入年的后两位。

2. 输入身份证号码

在输入“身份证号”数据时应注意，将其转换为文本型数据。按照前面介绍的方法，在输入时，可以在数据前面加一个半角单引号，即输入“'××××××××××××××××××”（注：这里“×”代表 0～9 之间的一位数字），强制 Excel 按字符型数据处理；也可以预先设置有关列的单元格格式分类为“文本”，这样直接输入数值型数据也都会按文本处理。

在“人员清单”表中，职工人数较多，待输入的身份证号码数据量比较大，因此采用第二种方法输入比较方便。其操作步骤如下。

步骤 1：设置“文本”格式。选定 I2:I140 单元格区域，打开“单元格格式”对话框，单击“数字”选项卡，在“分类”列表框中选择“文本”选项，单击“确定”按钮。

步骤 2：输入身份证号码。在 I2:I140 单元格区域中，依次输入职工的身份证号码。

其他应用中的有关编码数据，如果是由纯数字组成的，最好都采用类似的方法处理，以免在以后进行自动计算时被当作数值型数据参与计算。

本章小结

通过对本章的学习，读者应理解工作表、单元格、单元格区域的基本概念，掌握数据输入的基本步骤和要点。能够根据输入数据的不同特点，灵活运用 Excel 提供的各种快捷方法。

习 题

1. 在 Excel 中数据类型有几种？各自的特点是什么？
2. 怎样判断输入的数据是何种类型？
3. 输入数据的方法有几种？各自的特点是什么？
4. 现有一张工作表，如图 2-28 所示，其中已经输入了部分数据。假设部门名为“计算中心”，输入“部门名”最快捷、简单的方法是什么？叙述所用方法。

	A	B
1	序号	部门名
2	A01	
3	A02	
4	A03	
5	A04	
6	A05	
7	A06	
8	A07	
9	A08	
10	A09	
11	A10	
12	A11	
13	A12	
14	A13	

图 2-28

5. 保证输入数据的有效性应从哪几方面入手？

实 训

1. 使用自动填充数据的方法，输入图 2-29 所示内容。

	A	B	C	D	E
1	1	第一季度	星期一	1	2009-10-11
2	2	第二季度	星期二	41	2009-11-11
3	3	第三季度	星期三	81	2009-12-11
4	4	第四季度	星期四	121	2010-1-11
5	5	第一季度	星期五	161	2010-2-11
6	6	第二季度	星期六	201	2010-3-11
7	7	第三季度	星期日	241	2010-4-11

图 2-29

2. 某公司“工资”表如图 2-30 所示。按以下要求完成操作。

工号	姓名	部门	岗位	基本工资	奖金	行政工资	驻外补贴	应发工资	养老	医保	失保	其他	扣款合计	实发工资
A01	孙家龙	销售部	经理	1600			500					0		
A02	张卫华	销售部	副经理	1400			300					0		
A03	朱思华	销售部	职员	1400			300					100		
A04	陈关敏	销售部	职员	1600			300					0		
A05	陈德生	销售部	职员	1800			100					0		
A06	张新民	销售部	副经理	1300			30					0		
A07	张跃华	销售部	职员	1400			50					0		
A08	邓都平	销售部	职员	1600			70					0		
A09	张鹏	销售部	职员	1600			70					0		
A10	符智侮	销售部	职员	1600			70					0		
A11	孙连进	销售部	职员	1800			100					0		
A12	王永锋	销售部	职员	1800			100					0		
B01	周小红	市场部	职员	1600			300					0		
B02	钟洪成	市场部	副经理	1400			50					0		
B03	陈文坤	市场部	经理	1800			100					0		
B04	刘宇	市场部	副经理	1400			50					0		
B05	张大贞	市场部	职员	1700			100					0		
B06	李河光	市场部	副经理	1700			100					100		
B07	张伟	市场部	职员	1600			70					0		
B08	陈德辉	市场部	职员	1600			70					0		
B09	周立新	市场部	职员	1700			100					0		
B10	罗敏	市场部	职员	1400			50					0		
B11	陈静	市场部	职员	1300			30					0		
B12	周建兵	市场部	职员	1400			50					0		
B29	汪荣忠	市场部	职员	1600			70					0		

图 2-30 某公司“工资”表

（1）使用 Excel 建立“工资”工作表。

（2）分析图 2-30 所示数据特点，选择适当方法将数据输入到“工资”工作表中。要求：基本工资只允许输入 1 000~2 000 的数据；驻外补贴只允许输入 30~500 的数据。

3. 分析图 1-20 所示“办公信息”表的组成及数据特点，选择适当方法将数据输入到第一章实训 1 所建“办公管理.xls”工作簿文件中的“办公信息”工作表中。

第 3 章 编辑工作表

内容提要

本章主要介绍 Excel 环境下当前处理对象的选定、复制、移动以及删除、插入、修改等基本编辑操作。编辑操作是实际应用中最基本的操作，在工作表的制作过程中，编辑操作是必不可少的环节。

主要知识点

- 选定当前操作对象
- 增加、修改、清除单元格数据
- 复制、移动单元格数据
- 插入删除行、列或单元格
- 合并单元格
- 插入、删除、移动、复制工作表
- 保护工作表

在实际工作中，表格数据可能会经常发生变动，此时就需要对建好的工作表进行各种编辑操作，如修改数据、行列的删除、插入等。编辑操作属于最基本的操作，Excel 具有丰富、便捷的编辑功能。本章将介绍如何在 Excel 环境下实现工作表的编辑操作。

3.1 选定当前对象

对工作表中的数据处理对象进行编辑处理之前，需要先选定它，使其成为当前能够处理的对象。有关选定单元格及单元格区域的方法已在第 2 章中介绍，下面介绍其他选定处理对象的方法。

3.1.1 选定行或列

选定一个工作表的行或列的方法主要有以下几种。

1. 选定一行或一列

单击某一行的行号，可以选择整行；单击某一列的列标，可以选择整列。被选中的部分高亮显示。

2. 选定连续的行或列

同选定单元格区域一样，可以根据要选定的行范围或列范围的大小，选择相应的方法。

（1）使用鼠标。将鼠标指针指向起始行的行号，拖动鼠标到结束行的行号，释放鼠标即可选定鼠标扫过的若干行；同样在列标中拖动鼠标即可选定连续的若干列。

（2）使用键盘。首先选定第 1 行或第 1 列，然后按住【Shift】键，使用方向键或者【Home】键、【End】键、【PgUp】键、【PgDn】键来扩展选择的行列区域。

（3）使用鼠标和键盘。首先选定第 1 行或第 1 列，再按住【Shift】键选中最后一行或最后一列。

3. 选定不连续的行或列

先选定第 1 个行或列，然后按住【Ctrl】键，再逐个单击要选定的其他行号或列标。

4. 选定整表

在每张工作表的左上角行号和列标的交叉处，有一个"全选"按钮，如图 3-1 所示。单击"全选"按钮或按【Ctrl】+【A】组合键，即可选定整张工作表。

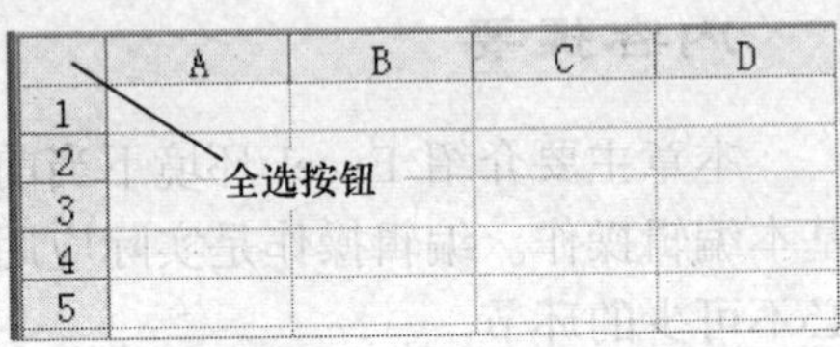

图 3-1 全选按钮

3.1.2 选定当前工作表

在 Excel 中，可以同时打开多个工作簿，每个工作簿包含多张工作表，但要对某张工作表进行操作，首先要选择该表，使其成为当前工作表。当前工作表的标签底色为白色。

选定工作表的方法有多种，可以根据不同情况采用不同的方法。

（1）使用鼠标。将鼠标定位到所需工作表标签上，单击鼠标左键。

（2）使用快捷菜单命令。用鼠标右键单击标签滚动按钮，在弹出的工作表标签快捷菜单中单击所需要的工作表的标签。

（3）使用快捷键。按【Ctrl】+【PgDn】组合键选择下一张；按【Ctrl】+【PgUp】组合键选择上一张。

3.1.3 设置工作表组

如果需要创建或编辑的多张工作表中数据具有相同性质或类似格式，可利用 Excel 提供的工作表组功能来操作。

注意：当同时选择了多张工作表时，在工作簿的标题栏上会出现"工作组"字样，此时即设置了工作表组。设置了工作表组后，当前操作的结果将不仅作用于本工作表，而且会作用于工作表组的所有工作表。

1. 选定多张连续工作表

单击第 1 张工作表标签后，按住【Shift】键，再单击所要选择的最后一张工作表标签，可选定多张相邻的工作表。

2. 选定多张不连续工作表

单击第 1 张工作表的标签后，按住【Ctrl】键，再分别单击其他工作表标签，可选定多张不相邻的工作表。

3. 选定工作簿中的所有工作表

用鼠标右键单击某工作表标签，弹出工作表快捷菜单，在快捷菜单中选择“选定全部工作表”命令，可选定工作簿中所有的工作表。

注意：如果要取消工作表组，可单击工作簿中任意一个未选定的工作表标签，或用鼠标右键单击某个选定的工作表标签，在弹出的快捷菜单中选择“取消成组工作表”命令。

3.2 编辑数据

随着时间的推移，工作表中的数据可能会发生变化，此时就需要对数据进行编辑、移动、清除等操作。

3.2.1 修改数据

通常，修改数据的方法有两种：通过编辑栏修改或在单元格内直接修改。

1. 通过编辑栏修改

通过编辑栏修改数据的操作步骤如下。

步骤 1：进入编辑状态。选择要修改数据的单元格，然后单击编辑栏或按【F2】键，在编辑栏内出现一竖线插入点光标。

步骤 2：修改数据。在编辑栏内移动光标，对数据进行插入或修改操作。

步骤 3：确认修改。单击编辑栏上的“输入”按钮✓或按【Enter】键确认修改，退出编辑状态。

2. 在单元格内直接修改

步骤 1：进入单元格编辑状态。双击要修改数据的单元格使其处于编辑状态。此时单元格中出现一竖线插入点光标。

步骤 2：修改数据。移动光标，对数据进行插入或修改操作。

步骤 3：确认修改。按【Enter】键确认修改，退出单元格编辑状态。

3.2.2 清除数据

在编辑工作表的过程中，有时只需要清除单元格中存储的数据、格式或批注等内容，而单元格的位置仍然保留，此时可以执行“清除”操作。清除数据的方法主要有两种：使用清除命令操作和使用鼠标快捷操作。

1. 使用清除命令操作

其操作步骤如下。

步骤 1：选定清除区。选择要进行清除操作的单元格或单元格区域。

步骤 2：执行清除操作。单击菜单“编辑”→“清除”，弹出“清除”命令子菜单，如图 3-2 所示。在子菜单中选择需要的命令，即可完成操作。

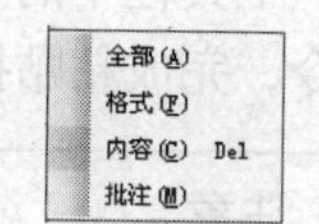

图 3-2 “清除”命令

注意：如果只是清除内容，可以在选择了要进行清除操作的单元格或单元格区域后，按【Delete】键或【Backspace】键；或单击鼠标右键，在弹出的快捷菜单选择“清除内容”命令。

2. 使用鼠标快捷操作

步骤 1：选定清除区。选择要进行清除操作的单元格或单元格区域。

步骤 2：执行清除操作。将鼠标指针指向填充柄，当鼠标指针变成实心的“+”时，反向拖曳选择清除区，使清除区变为灰色阴影，释放鼠标。

3.2.3 移动与复制数据

有时需要将表格中的数据移动、复制到合适的其他位置，这些操作可以通过多种方式实现。

1. 移动或复制数据

移动或复制数据的方法基本相同，主要有以下几种方法。

（1）使用鼠标。

步骤 1：选定目标区域。选定将被移动或复制的单元格或单元格区域。

步骤 2：拖曳鼠标。将鼠标指针指向区域边框，鼠标指针由原来的空心十字变为十字箭头状，拖曳鼠标，一个与被移动区同样形状大小的灰色线框会随着鼠标指针移动，显示将被移动到的区域。

步骤 3：释放鼠标。到达目标位置后，释放鼠标即可完成单元格的移动。如果要实现单元格的复制，只需在释放鼠标之前按【Ctrl】键即可。

注意：可以在移动和复制单元格或单元格区域时，用鼠标右键拖动选定区域，当释放鼠标右键时弹出一个快捷菜单，显示当前对于移动和复制操作的所有可用的命令，从中选取所需的命令，即可完成移动或复制操作。

（2）使用“剪切”、“复制”、“粘贴”命令。当目标区域与被移动或复制数据区域距离较远时，使用鼠标操作不太方便，可以使用命令方式。

步骤 1：选定数据源。选定将被移动或复制的单元格或单元格区域。

步骤 2：执行“剪切”或“复制”操作。单击菜单“编辑”→“剪切”，或单击“常用”工具栏中的“剪切”按钮，或按【Ctrl】+【X】组合键，可实现“剪切”操作；如果要实现单元格的复制则单击菜单“编辑”→“复制”命令，或单击“常用”工具栏中的“复制”按钮，或按【Ctrl】+【C】组合键。被剪切区或复制区周围出现一个闪烁的虚线框，表明已将所选内容放入剪贴板中。

步骤 3：选定目标区域。选定目标区左上角的单元格。

步骤 4：执行“粘贴”操作。按【Enter】键，或单击菜单“编辑”→“粘贴”，或单击“常用”工具栏中的“粘贴”按钮，或按【Ctrl】+【V】组合键，或选择快捷菜单中的“粘贴”命令，完成粘贴操作。

注意：在进行复制操作时，若被复制区周围闪烁的虚线框存在，则表明可以继续进行粘贴操作；双击其他单元格或按【Esc】键，可取消虚线框。

（3）使用“Office 剪贴板”实现复制操作。Office 2003 中的剪贴板可以收集多达 24 项剪贴板信息，用户可以方便地用复制命令将若干个对象复制到剪贴板中，然后在任何时候将剪贴板中的对象粘贴到任何 Office 文档中。

使用“Office 剪贴板”实现复制操作的操作步骤如下。

步骤 1：打开“剪贴板”任务窗格。单击菜单“编辑”→“Office 剪贴板”，打开“剪贴板”任务窗格。

步骤 2：复制项目到“Office 剪贴板”。选定要复制的单元格或单元格区域，然后执行“复制”命令。

步骤 3：粘贴“Office 剪贴板”中的项目。选定预定目标区左上角的单元格，单击剪贴板中要粘贴的项目。

注意： “Office 剪贴板”与系统剪贴板有所不同，当向“Office 剪贴板”中复制多个项目时，所复制的最后一项将被复制到系统剪贴板上。用“粘贴”命令时，所粘贴的是系统剪贴板的内容。当清空“Office 剪贴板”时，系统剪贴板也将同时被清空。

---

2. 选择性粘贴

在用复制与粘贴命令复制单元格数据时，包含了单元格的全部信息。如果希望有选择地复制单元格的数据，如只对单元格中的公式、格式或数值等进行复制，可以在执行“粘贴”命令时，单击“粘贴”按钮旁的下拉按钮，从弹出的粘贴选项中选择所需选项，如图 3-3 所示。

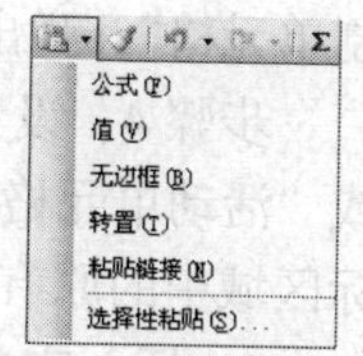

图 3-3 粘贴选项

还可以在执行了粘贴命令后，单击目标区域右下角的“粘贴选项”智能标记，如图 3-4 所示。在弹出的菜单中进行选择性粘贴。

如果希望对粘贴方式进行更详细的设置，可以用“选择性粘贴”命令实现。其操作步骤如下。

步骤 1：对选定区域执行复制操作并指定粘贴目标区域。

步骤 2：打开“选择性粘贴”对话框。单击菜单“编辑”→“选择性粘贴”，弹出“选择性粘贴”对话框，如图 3-5 所示。

	A	B	C	D	E	F	G
1	农作物销售表						
2		玉米	小麦	棉花	水稻		
3	价格	0.90	1.10	3.20	1.20		
4	销售量	15000.00	58000.00	4600.00	30000.00		
5	销售额	15000.90	58001.10	4603.20	30001.20		
6							
7							
8	农作物销售表						
9		玉米	小麦	棉花	水稻		
10	价格	0.90	1.10	3.20	1.20		
11	销售量	15000.00	58000.00	4600.00	30000.00		
12	销售额	15000.90	58001.10	4603.20	30001.20		
13							
14							
15							
16						粘贴选项	

图 3-4 “粘贴选项”智能标记

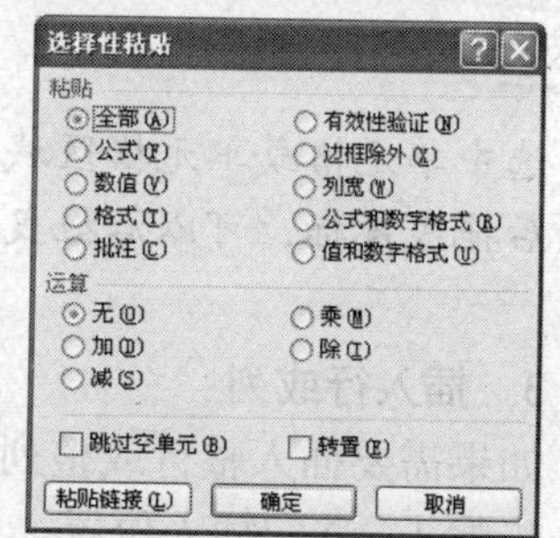

图 3-5 “选择性粘贴”对话框

步骤 3：设置粘贴方式。在对话框中指定需要粘贴的方式，单击“确定”按钮。

注意：“选择性粘贴”命令对使用“剪切”命令定义的区域不起作用。

3.3 编辑单元格

在对工作表进行操作的过程中，由于某种原因经常需要在制作好的工作表中插入、删除单元格或者行和列，有时还需要将跨越几行或几列的多个单元格合并为一个单元格，以适应业务变化的需要。本节介绍这些操作。

3.3.1 插入整行、整列或单元格

插入操作是为了在已经制作好的工作表中添加一些数据，通常有以下几种形式。

1. 插入有内容的单元格

其操作步骤如下。

步骤 1：执行复制。选定有内容的单元格或单元格区域，按【Ctrl】+【C】组合键。

步骤 2：选定目标区域。选定目标区域左上角的单元格或整个目标区域。

步骤 3：打开“插入粘贴”对话框。单击菜单“插入”→“复制单元格”，弹出“插入粘贴”对话框，如图 3-6 所示。

步骤 4：设置插入方式。根据需要选中“活动单元格右移”或“活动单元格下移”单选按钮，单击“确定”按钮，即可将目标区域中的原有数据按选定方向移开，以容纳复制进来的数据。

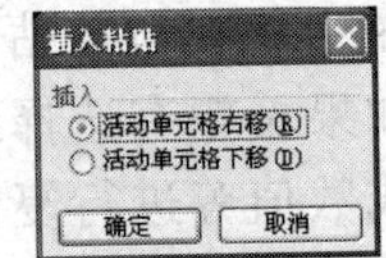

图 3-6 “插入粘贴”对话框

2. 插入空单元格

如果要在工作表中插入空单元格，如在建立工作表数据时漏输了某项内容现在需要添加，则可采用如下操作步骤实现。

步骤 1：选定需要插入单元格的位置。

步骤 2：打开“插入”对话框。单击菜单“插入”→“单元格”，弹出“插入”对话框，如图 3-7 所示。

步骤 3：设置插入方式。根据需要选择活动单元格的移动方向，单击“确定”按钮。

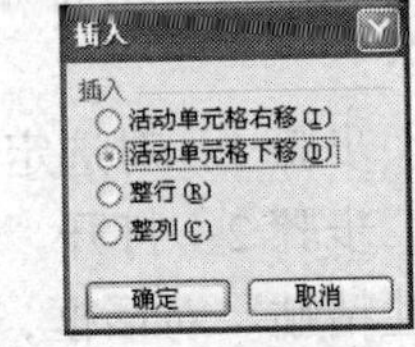

图 3-7 “插入”对话框

小技巧：

选中单元格或单元格区域，按住【Shift】键，将鼠标移到所选区域的右下角，变为双向箭头后拖曳鼠标，可以沿拖曳方向在拖曳区域快速插入空单元格。

3. 插入行或列

如果需要插入整行或整列，可按以下步骤进行操作。

步骤 1：选定插入位置。选定需要插入行或列中的任意一个单元格或整行、整列。

步骤 2：执行插入操作。单击菜单“插入”→“行”或“列”，则在当前行上方或当前列左侧插入新行或新列。

注意：　插入整行、整列或空单元格时，如果插入位置的周围单元格设置了格式，执行插入操作后将出现格式刷式样的“插入选项”智能标记按钮。单击该智能标记按钮弹出下拉列表，从中选择“与上面（左边）格式相同”、“与下面（右边）格式相同”及“清除格式”单选项，可以为插入的单元格、单元格区域、行或列设置格式。

小技巧：

如果要插入多行或多列，可以选定需要插入的新行之下的若干行或新列右侧的若干列（可以是连续的，也可以是不连续的），然后执行插入行或列的操作。

3.3.2　删除整行、整列或单元格

删除操作和清除操作不同。删除单元格是将单元格从工作表中删掉，包括单元格中的全部信息；清除单元格只是去除单元格中存储的数据、格式或批注等内容，而单元格的位置仍然保留。前面 3.2.2 小节已经介绍了清除操作，本小节介绍删除操作。

1. 删除单元格或单元格区域

删除单元格或单元格区域的方法主要有两种：使用删除命令和使用鼠标操作。

（1）使用删除命令。其操作步骤如下。

步骤 1：选定要删除的单元格或单元格区域。

步骤 2：打开“删除”对话框。单击菜单“编辑”→“删除”，或者用鼠标右键单击删除位置所在的单元格，在弹出的快捷菜单中选取“删除”命令，弹出“删除”对话框，如图 3-8 所示。

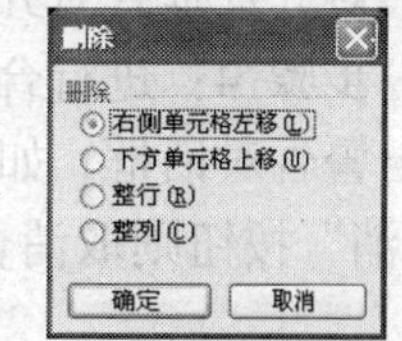

图 3-8　“删除”对话框

步骤 3：设置删除方式。根据需要选择被删除单元格右侧的单元格左移，还是下方的单元格上移，单击“确定”按钮，完成删除操作。

（2）使用鼠标快捷操作。选择要删除的单元格或单元格区域，将鼠标指针指向填充柄，当鼠标指针变成实心的“+”时，按住【Shift】键反向拖曳，使所选区域变为灰色阴影，释放鼠标，选定的单元格、单元格区域、行或列将被删除。

2. 删除行或列

实现行或列的删除，可以采用以下两种方法。

（1）删除选定单元格或单元格区域所在的行或列。在图 3-8 所示的“删除”对话框中，若选择“整行”，则删除当前单元格区域所在行；若选择“整列”，则删除当前单元格区域所在列。

（2）删除选定的行或列。选择要删除的行或列，然后单击菜单“编辑”→“删除”即可。

3.3.3　合并单元格

所谓合并单元格是指将跨越几行或几列的多个单元格合并为一个单元格。单元格合并后，Excel 将把选定区域左上角的数据放入合并后所得到的合并单元格中，合并前左上角单元格的引用为合并后单元格的引用。

例如，在图 3-4 所示的表格中，A1:E1 进行了单元格合并，实现合并的操作步骤如下。

步骤 1：选定要合并的单元格区域 A1:E1。

步骤 2：打开“单元格格式”对话框。单击菜单“格式”→“单元格”，弹出“单元格格式”对话框，选择“对齐”选项卡，如图 3-9 所示。

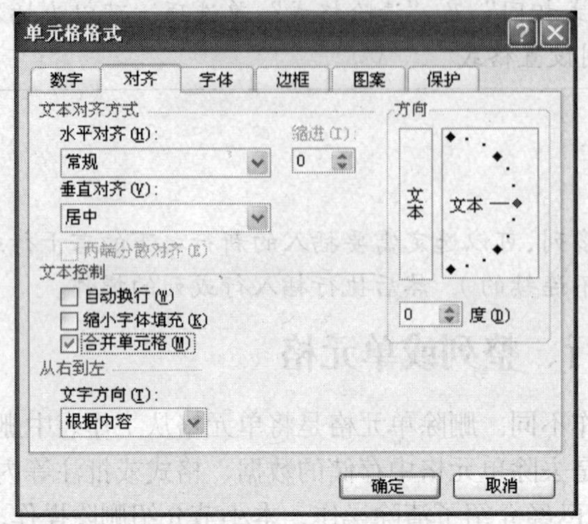

图 3-9 “单元格格式”对话框中的“对齐”选项卡

步骤 3：设置合并参数。选中“文本控制”中的“合并单元格”复选框，再按需要选择水平对齐及垂直对齐方式。

步骤 4：进行合并确认。单击“确定”按钮。若合并的区域中含有多个单元格数据，则弹出警告对话框，如图 3-10 所示。单击警告对话框中的“确定”按钮则执行合并操作；单击“取消”按钮则取消合并操作。

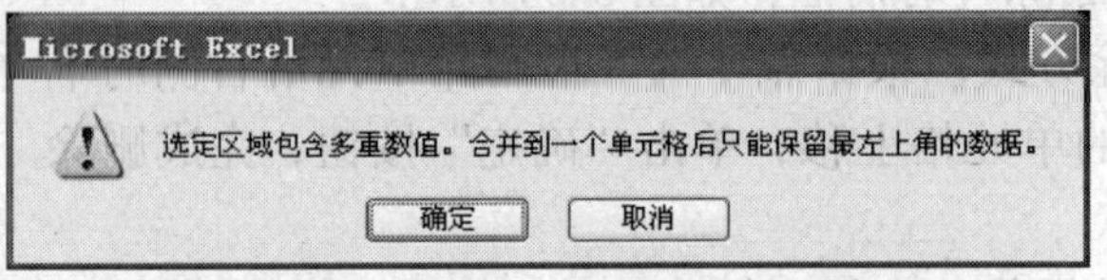

图 3-10 合并单元格的警告对话框

注意：被合并的单元格区域只能是相邻的若干个单元格。

3.4 编辑工作表

通常，一个工作簿由多张工作表组成。用户可以根据需要随时插入、删除、移动和重命名工作表来重新组织工作簿。

3.4.1 重命名工作表

当新建一个工作簿时，每一张工作表的默认名称为 Sheet1，Sheet2，…，它们是由系统默认提供的。用户可以根据自己的需要，为工作表重新命名。重命名工作表主要采用以下两种方法。

1. 使用鼠标操作

步骤 1：双击要命名的工作表标签，工作表标签反白显示。

步骤 2：在标签上直接输入新的工作表名称，或再单击该标签的某一处出现插入光标后进行修改。

2. 使用菜单命令

步骤 1：选择要命名的工作表。

步骤 2：执行重命名操作。单击菜单“格式”→“工作表”→“重命名”，工作表标签反白显示，输入新的工作表名称。

3.4.2　插入与删除工作表

默认情况下，新创建的工作簿由 3 张工作表组成，用户可以根据需要插入或删除工作表。

1. 插入工作表

如果要在某张工作表之前插入一张空白工作表，需要先选中该工作表，然后执行“插入”菜单中的“工作表”命令即可。新插入的工作表成为当前工作表，并自动采用缺省名称，可以根据需要重新命名。

2. 删除工作表

当不再需要某张工作表时，可以删除此表。其操作步骤如下。

步骤 1：选定所要删除的工作表为当前工作表。

步骤 2：执行删除工作表操作。单击菜单“编辑”→“删除工作表”，如果工作表中有数据则出现警告对话框，如图 3-11 所示。用户可根据需要删除或取消。

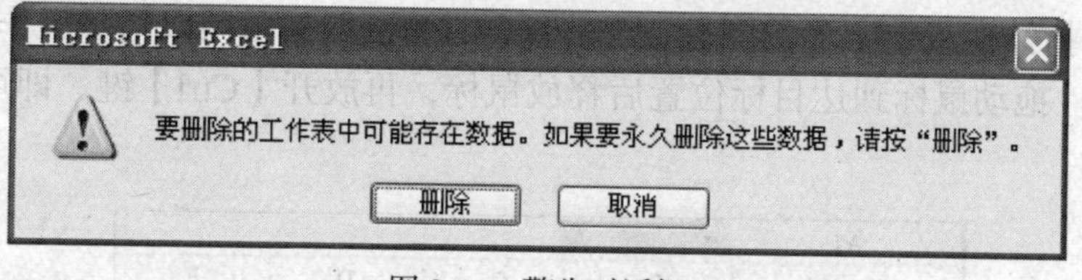

图 3-11　警告对话框

注意：　删除的工作表不可恢复。

也可用鼠标右键单击工作表标签，弹出有关工作表操作的快捷菜单，在快捷菜单中选择“插入”或“删除”命令，完成工作表的插入、删除等操作。

3.4.3　移动与复制工作表

1. 移动工作表

一个工作簿中的工作表是有前后次序的，可以通过移动工作表来改变它们的次序。移动工作表主要有以下两种方法。

（1）使用鼠标拖曳。将鼠标指针指向要移动的工作表标签，按下鼠标左键，此时鼠标指针变成带有一页卷角的表的图标，同时旁边的黑色倒三角用以指示移动的位置，如图 3-12 所示。拖动鼠标到达需要的位置之后，释放鼠标即可完成对工作表的移动。

（2）使用菜单命令。选择需要移动的工作表，单击菜单“编辑”→“移动或复制工作表”，或在右键快捷菜单中选择“移动或复制工作表”，打开“移动或复制工作表”对话框，如图 3-13 所示。在该对话框中选择目标位置，然后单击“确定”按钮完成移动操作。

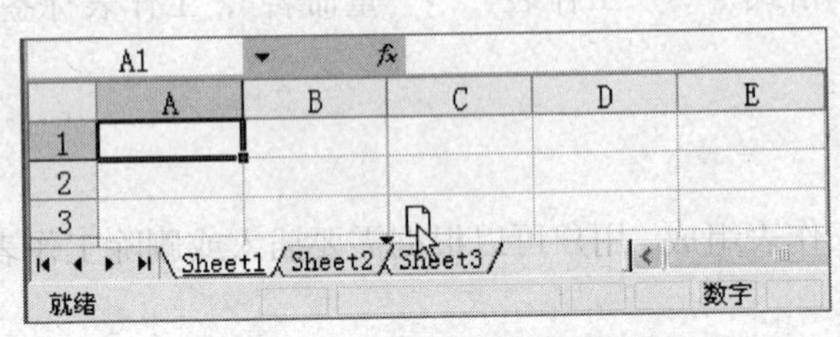

图 3-12 鼠标拖曳移动工作表

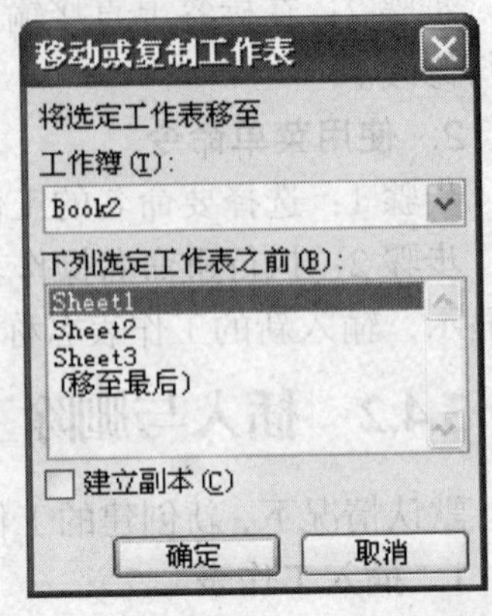

图 3-13 “移动或复制工作表”对话框

注意：如果在“移动或复制工作表”对话框的“工作簿”下拉列表中选择“新工作簿”，则 Excel 自动新建一个工作簿，并将选定的工作表移到该工作簿中。

2. 复制工作表

如果需要添加的工作表与现有的某个工作表十分相似，那么采用复制工作表的方法可以快速地建立所需的工作表。复制工作表的操作非常简单，常用以下两种方法。

（1）使用鼠标拖曳。将鼠标指针指向被移动的工作表标签，按下【Ctrl】键，按下鼠标左键，此时鼠标指针变成十字形的图标，同时旁边的黑色倒三角用以指示工作表的复制位置，如图 3-14 所示。拖动鼠标到达目标位置后释放鼠标，再放开【Ctrl】键，即可完成对工作表的复制。

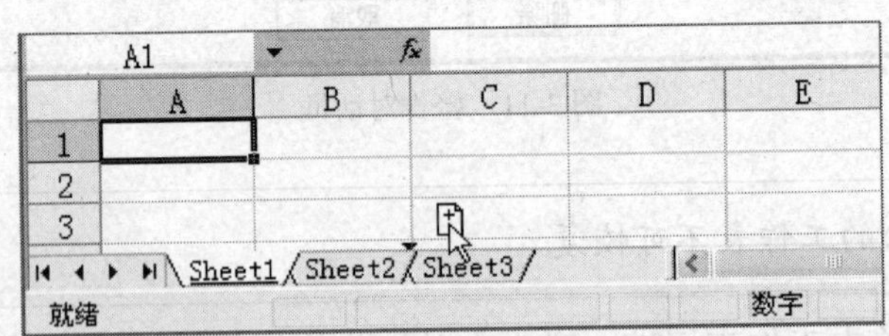

图 3-14 鼠标拖曳复制工作表

复制所得的工作表的名称由 Excel 自动命名，规则是在源工作表名后加上一个带括号的编号，编号表示为源工作表的第几个副本。

（2）使用菜单命令。选择需要复制的工作表，单击菜单“编辑”→“移动或复制工作表”，或在右键快捷菜单中选择“移动或复制工作表”，打开“移动或复制工作表”对话框。在该对话框中选择目标位置，并且勾选“建立副本”复选框，然后单击“确定”按钮。

3.4.4 隐藏或显示工作表

在某些情况下，需要隐藏工作表，以保护某些重要的资料。

1. 隐藏工作表

选定需要隐藏的工作表，单击菜单“格式”→“工作表”→“隐藏”，即可隐藏该工作表。

注意：　　工作表被隐藏后不可见，但仍然处在打开状态，可以被其他工作表访问。

2. 取消隐藏工作表

如果要显示被隐藏的工作表，可按如下步骤进行。

步骤 1：打开“取消隐藏”对话框。单击菜单“格式”→“工作表”→“取消隐藏”，弹出“取消隐藏”对话框，如图 3-15 所示。

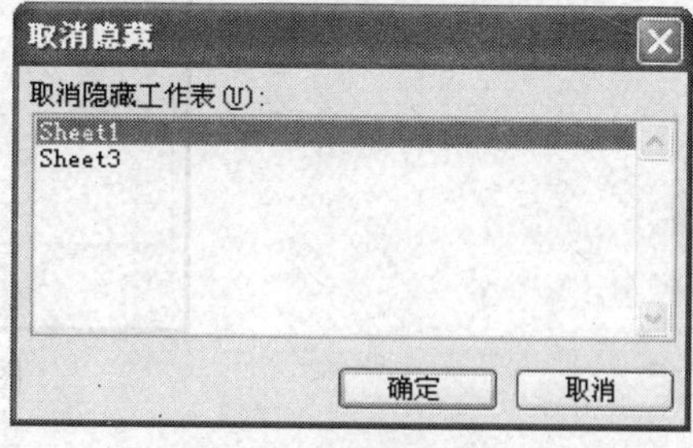

图 3-15　“取消隐藏”对话框

步骤 2：执行取消隐藏操作。选择要取消隐藏的工作表，单击“确定”按钮即可。

3.4.5　保护工作表

为了防止他人使用工作表，或者为了防止无意中修改、删除或移动工作表等操作，可以使用 Excel 的保护工作表功能。

1. 保护工作表的方法

保护工作表的具体操作与保护工作簿相似，操作步骤如下。

步骤 1：选择要保护的工作表。

步骤 2：打开“保护工作表”对话框。单击菜单“工具”→“保护”→“保护工作表”，弹出“保护工作表”对话框，如图 3-16 所示。

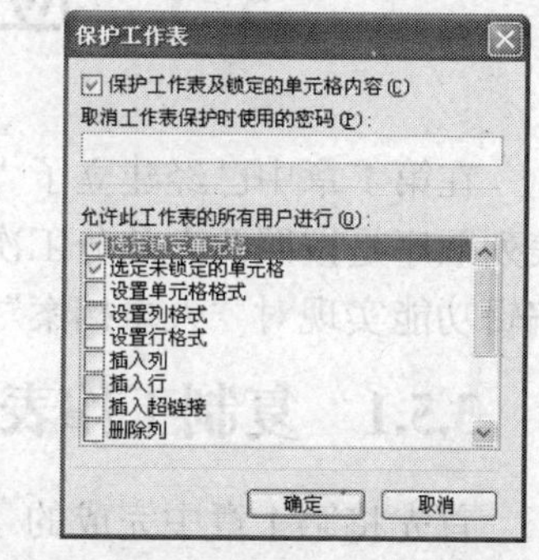

图 3-16　“保护工作表”对话框

步骤 3：设置保护内容。在“保护工作表”对话框中，勾选“保护工作表及锁定的单元格内容”复选框，在“取消工作表保护时使用的密码”文本框中输入密码，在“允许此工作表的所有用户进行”列表框中，勾选允许用户所用的选项，然后单击“确定”按钮；在弹出的“确认密码”对话框中再次输入相同的密码，单击“确定”按钮。

如果需要撤销对工作表的保护，可以单击菜单“工具”→“保护”→“撤销工作表保护”，在弹出的“撤销工作表保护”对话框的“密码”文本框中输入设置的密码，单击“确定”按钮。

2. 单元格保护

在工作表处于被保护状态时，工作表中的所有单元格都默认锁定被保护，不能进行删除、清除、移动、编辑和格式化等操作。如果只是一部分单元格需要保护，只要将其他单元格取消锁定，然后再设置工作表保护即可。其操作步骤如下。

步骤 1：撤销单元格锁定。选择要撤销保护的单元格或单元格区域，单击菜单“格式”→“单元格”，在打开的“单元格格式”对话框中单击“保护”选项卡，取消“锁定”复选框的勾选，如图 3-17 所示。单击“确定”按钮。

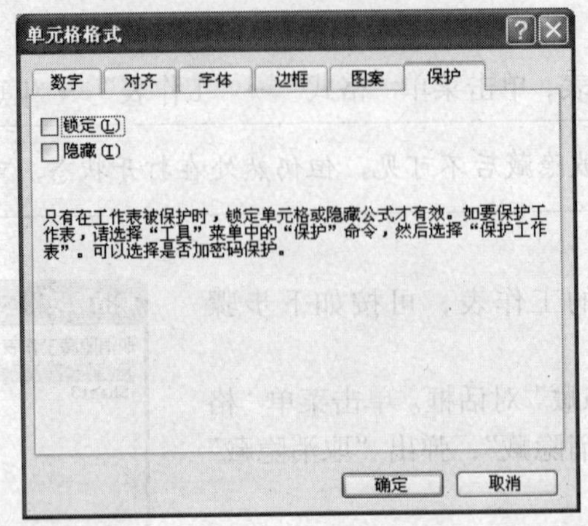

图 3-17 取消“锁定”设置

步骤 2：设置工作表保护。

注意：必须先进行单元格保护设置，然后再执行工作表保护操作，只有在工作表保护状态下，单元格保护才生效。

3.5 应用实例——维护人事档案

在第 1 章中已经建立了“人事档案”工作簿，由于人事档案工作簿是由两人分别输入的，表列顺序是按照两人的分工次序排列的，现在需要做适当的调整。本节将通过 Excel 的基本编辑功能实现对“人事档案”工作表的调整维护。

3.5.1 复制工作表

首先将第 1 章中完成的“人事档案”工作表复制一份。其具体操作步骤如下。

步骤 1：复制工作表。单击“人事档案”标签。在按住【Ctrl】键的同时，将“人事档案”工作表标签拖曳到右边空白处。这时会将拖曳的工作表复制一份，其名称是“人事档案（2）”。

步骤 2：重命名工作表。双击“人事档案（2）”工作表标签，将其改名为“人事档案调整”。

3.5.2 表列的调整

根据要求，需要将“人事档案调整”中的部门、职务、职称等字段信息适当左移。根据本章讲解的内容，有很多方法可以进行表列的移动。大部分用户常常选择通过剪切命令实现表列的调整，但这种方法并不是最简单的方法，首先要在目标位置插入列，然后通过剪切、粘贴命令执行移动操作，最后还要将移动操作后遗留的空白列删除。下面通过插入剪切操作及鼠标拖曳操作实现表列的调整。

（1）通过插入剪切操作实现表列的调整。现要将部门列移到姓名列之前，可以通过对列的插入剪切操作实现。其具体操作步骤如下。

步骤 1：剪切“部门”列。选定 H 列，单击“常用”工具栏的 “剪切”按钮或直接按【Ctrl】+【X】组合键，也可用鼠标右键单击该区域，在弹出的快捷菜单中单击“剪切”命令。

步骤 2：插入“部门”列。用鼠标右键单击 B 列列标或 B1 单元格，在弹出的快捷菜单中选择“插入已剪切的单元格”命令。

将“部门”列从 H 列移动到 B 列后的工作表，如图 3-18 所示。

B1　　fx 部门

	A	B	C	D	E	F	G	H	I	J	K	L	M
1	序号	部门	姓名	性别	出生日期	学历	婚姻状况	籍贯	职务	职称	参加工作日期	联系电话	基本工资
2	7101	经理室	黄振华	男	1966-04-10	大专	已婚	北京	董事长	高级经济师	1982-11-23	64000872	2430
3	7102	经理室	尹洪群	男	1958-09-18	大本	已婚	山东	总经理	高级工程师	1981-04-18	65034080	2360
4	7104	经理室	扬灵	男	1973-03-19	博士	已婚	北京	副总经理	经济师	2000-12-04	66314390	1080
5	7107	经理室	沈宁	女	1977-10-02	大专	未婚	北京	秘书	工程师	1999-10-23	64272883	1150
6	7201	人事部	赵文	女	1967-12-30	大本	已婚	北京	部门主管	经济师	1991-01-18	64654756	1360
7	7203	人事部	胡方	男	1949-04-08	大本	已婚	四川	业务员	高级经济师	1968-12-24	61700659	2430
8	7204	人事部	郭新	女	1953-03-26	大本	已婚	北京	业务员	经济师	1971-12-12	67719683	1650
9	7205	人事部	周晓明	女	1951-06-20	大专	已婚	北京	业务员	经济师	1973-03-06	65805905	1360
10	7207	人事部	张淑纺	女	1968-11-09	大专	已婚	安徽	统计	助理统计师	2001-03-06	65761446	960
11	7301	财务部	李忠旗	男	1965-02-10	大本	已婚	北京	财务总监	高级会计师	1987-01-01	63035376	2280
12	7302	财务部	焦戈	女	1970-02-26	大专	已婚	北京	成本主管	高级会计师	1989-11-01	66032221	2280
13	7303	财务部	张进明	男	1974-10-27	大本	已婚	北京	会计	助理会计师	1996-07-14	65430108	960
14	7304	财务部	傅华	女	1972-11-29	大专	已婚	北京	会计	会计师	1997-09-19	67624956	1150
15	7305	财务部	杨阳	男	1973-03-19	硕士	已婚	湖北	会计	经济师	1998-12-05	65090099	1080

图 3-18　部门列移动后的工作表

（2）通过鼠标拖曳操作实现表列的调整。选定“职务”、“职称”两列，将鼠标指向选定区域的左边或右边的边缘，这时鼠标指针会由十字变成十字箭头，按住鼠标左键，拖曳到“学历”列前。用同样的方法，将“参加工作日期”移动到“婚姻状况”的前面。调整完成的工作表如图 3-19 所示。

	A	B	C	D	E	F	G	H	I	J	K	L	M
1	序号	部门	姓名	性别	出生日期	职务	职称	学历	参加工作日期	婚姻状况	籍贯	联系电话	基本工资
2	7101	经理室	黄振华	男	1966-04-10	董事长	高级经济师	大专	1982-11-23	已婚	北京	64000872	2430
3	7102	经理室	尹洪群	男	1958-09-18	总经理	高级工程师	大本	1981-04-18	已婚	山东	65034080	2360
4	7104	经理室	扬灵	男	1973-03-19	副总经理	经济师	博士	2000-12-04	已婚	北京	66314390	1080
5	7107	经理室	沈宁	女	1977-10-02	秘书	工程师	大专	1999-10-23	未婚	北京	64272883	1150
6	7201	人事部	赵文	女	1967-12-30	部门主管	经济师	大本	1991-01-18	已婚	北京	64654756	1360
7	7203	人事部	胡方	男	1949-04-08	业务员	高级经济师	大本	1968-12-24	已婚	四川	61700659	2430
8	7204	人事部	郭新	女	1953-03-26	业务员	经济师	大本	1971-12-12	已婚	北京	67719683	1650
9	7205	人事部	周晓明	女	1951-06-20	业务员	经济师	大专	1973-03-06	已婚	北京	65805905	1360
10	7207	人事部	张淑纺	女	1968-11-09	统计	助理统计师	大专	2001-03-06	已婚	安徽	65761446	960
11	7301	财务部	李忠旗	男	1965-02-10	财务总监	高级会计师	大本	1987-01-01	已婚	北京	63035376	2280
12	7302	财务部	焦戈	女	1970-02-26	成本主管	高级会计师	大专	1989-11-01	已婚	北京	66032221	2280
13	7303	财务部	张进明	男	1974-10-27	会计	助理会计师	大本	1996-07-14	已婚	北京	65430108	960
14	7304	财务部	傅华	女	1972-11-29	会计	会计师	大专	1997-09-19	已婚	北京	67624956	1150
15	7305	财务部	杨阳	男	1973-03-19	会计	经济师	硕士	1998-12-05	已婚	湖北	65090099	1080

图 3-19　调整完成的工作表

3.5.3 工作表保护

现要求对原始输入的人事档案表进行保护，要求“工资”列可以进行编辑操作及设置单元格格式操作，其他单元格中的数据除了可以进行设置单元格格式操作外，不允许进行其他操作。其操作步骤如下。

步骤 1：撤销“工资”列单元格锁定。选择“人事档案”表的“基本工资”列，单击菜单“格式”→“单元格”，在打开的“单元格格式”对话框中单击“保护”选项卡，取消“锁定”复选框的勾选。单击“确定”按钮。

步骤 2：设置工作表保护。单击菜单“工具”→“保护”→“保护工作表”，在弹出的“保护工作表”对话框中设置保护内容。设置结果如图 3-20 所示。

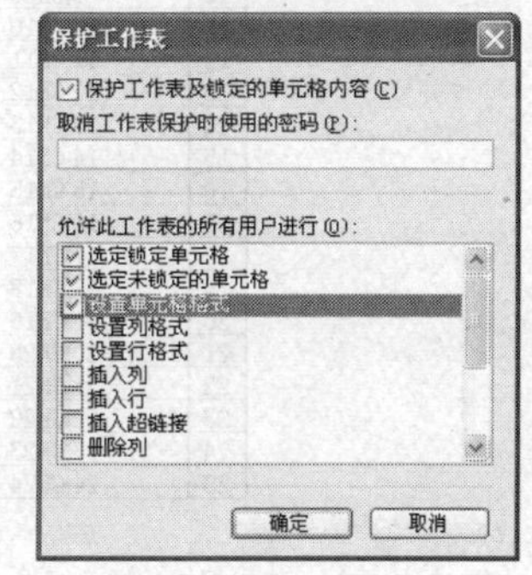

图 3-20　“保护工作表”对话框

步骤 3：设置“取消工作表保护时使用的密码”并进行确认。

本 章 小 结

通过对本章的学习，读者应掌握对 Excel 工作表的基本编辑操作，能够根据实际需要选择适当的编辑方法对已有的工作表进行调整维护。

习 题

1. 为什么要编辑工作表?
2. Excel 的主要处理对象有哪些，如何选定它们?
3. 删除单元格与清除单元格有何不同?
4. 如何隐藏 Excel 工作表?
5. 何时需要对工作表进行保护?

实 训

请对前两章实训中创建完成的“办公管理.xls”工作簿文件进行以下编辑操作。

1. 将“办公信息”表复制一份，命名为“办公信息调整”表。
2. 对“办公信息”表进行整表保护。
3. 将“办公信息调整”表中 D1 单元格的内容“入职日期”修改为“参加工作日期”，并将此列内容移动到“部门”列右侧。最后结果如图 3-21 所示。

	A	B	C	D	E	F	G	H
1	序号	工号	姓名	职务	部门	参加工作日期	办公电话	移动电话
2	1	CK01	孙家龙	总经理	行政部	1984-8-3	010-65971111	13311211011
3	2	CK02	张卫华	副总经理	行政部	1990-8-28	010-65971112	13611101010
4	3	CK03	何国叶	会计	行政部	1996-9-19	010-65971113	13511212121
5	4	CK04	梁勇	出纳	行政部	1996-9-1	010-65971113	13511212122
6	5	CK05	朱思华	信息员	技术部	1970-7-3	010-65971115	13511212123
7	6	CK06	陈关敏	信息员	技术部	1998-8-2	010-65971115	13511212124
8	7	CK07	陈德生	信息员	技术部	1998-9-12	010-65971115	13511212125
9	8	CK08	彭庆华	信息员	技术部	1996-8-1	010-65971115	13511212126
10	9	CK09	陈桂兰	信息员	技术部	1984-8-3	010-65971115	13511212127
11	10	CK10	王成祥	技术员	技术部	1996-8-4	010-65971120	13511212128
12	11	CK11	何家強	技术员	技术部	1971-12-3	010-65971120	13511212129
13	12	CK12	曾伦清	技术员	技术部	1967-8-3	010-65971120	13511212130
14	13	CK13	张新民	技术员	技术部	1990-8-25	010-65971120	13511212131
15	14	CK14	张跃华	销售员	销售部	1990-9-13	010-65971124	13511212132
16	15	CK15	邓都平	销售员	销售部	1958-2-28	010-65971125	13511212133
17	16	CK16	朱京丽	销售员	销售部	1993-7-17	010-65971126	13511212134
18	17	CK17	蒙继炎	销售员	销售部	1996-9-3	010-65971127	13511212135
19	18	CK18	王丽	销售员	销售部	1976-8-3	010-65971128	13511212136
20	19	CK19	梁鸿	销售员	销售部	1984-2-1	010-65971129	13511212137
21	20	CK20	刘尚武	工程师	客服部	1991-5-22	010-65971130	13511212138
22	21	CK21	朱强	技术员	客服部	1974-8-3	010-65971131	13511212139
23	22	CK22	丁小飞	会计	客服部	1998-6-14	010-65971132	13511212140
24	23	CK23	孙宝彦	出纳	客服部	2004-9-27	010-65971132	13511212141
25	24	CK24	张港	经理	客服部	1996-9-21	010-65971134	13511212142

图 3-21 “办公信息调整”表

第 4 章 美化工作表

内容提要

本章主要介绍如何对工作表进行格式设置。包括设置单元格格式、设置工作表的行高和列宽、使用条件格式以及为工作表设置边框、底纹、背景等美化工作表的操作。同工作表的编辑操作一样，本章内容也属于 Excel 最基本的操作。

主要知识点

- 调整行高与列宽
- 设置字体格式
- 设置数字格式
- 设置对齐方式
- 设置边框和底纹
- 使用格式刷
- 使用条件格式和自动套用格式
- 使用图片、图形、艺术字

工作表建好以后，还应对工作表的格式进行编排，对工作表中的数据进行格式化处理。这样，不仅可以使工作表中的数据清晰易读，而且使工作表的样式美观大方，重点突出。在工作表的制作过程中，对表格的格式编排是不可忽视的操作。

4.1 调整行与列

在编辑工作表的过程中，有时会遇到单元格中只显示一部分文字或显示为“######”的情况。产生这些问题的原因是单元格的宽度或高度不够，需要进行调整。

4.1.1 调整行高与列宽

对于 Excel 提供的默认行高和列宽，用户也可以按需要自行调整。其具体操作方法主要有以下几种。

（1）使用鼠标。将鼠标指向要调整列宽的列标右边的分割线，当光标变为调整宽度的左右双向箭头时，按下鼠标拖动分割线可改变列宽。将鼠标指针指向要调整行高的行号下方的分割线，当光标变为调整高度的上下双向箭头时，按下鼠标拖动分割线可改变行高。

（2）自动调整。Excel 可以根据单元格中的数据内容自动设置最佳的行高与列宽。

调整列宽：选择需要调整宽度的列或列中任意单元格，单击菜单“格式”→“列”→“最适合的列宽”；或直接双击列标右侧的分割线，则以最宽的单元格为标准，调整列宽。

调整行高：选择需要调整行高的行或行中任意单元格，单击菜单“格式”→“行”→“最适合的行高”；或直接双击行号下方的分割线。

（3）使用命令。使用命令可以精确调整行高、列宽。

调整列宽：选择需要调整宽度的列或列中任意单元格，单击菜单“格式”→“列”，在弹出的“列宽”对话框中输入所需的列宽值，单击“确定”按钮。

调整行高：选择需要调整行高的行或行中任意单元格，单击菜单“格式”→“行”，在弹出的“行高”对话框中输入所需的行高值，单击“确定”按钮。

注意：　单击菜单“格式”→“列”→“标准列宽”，可以调整整个工作表的列宽。

4.1.2 隐藏行与列

如果不希望工作表的某些行或列被别人看到，可以将它们隐藏起来，需要显示时再取消隐藏，将它们显示出来。

1. 隐藏行或列

选取欲隐藏列（行）或列中（行中）的任意单元格，单击菜单“格式”→“列”（“行”）→“隐藏”。

2. 取消对行或列的隐藏

取消列的隐藏：选中隐藏列两侧的列或两侧列中的任意单元格，单击菜单“格式”→“列”→“取消隐藏”。

取消行的隐藏：选中隐藏行上下的行或上下行中的任意单元格，单击菜单“格式”→“行”→“取消隐藏”。

4.2 设置单元格格式

单元格的格式设置主要包括设置数字格式、字体格式、对齐方式、单元格的边框及图案等。可以在数据输入前设定格式，也可以在完成输入后再改变单元格中数据的格式。

单元格格式设置的方法有两种：使用“格式”工具栏中的按钮，或使用“格式”菜单中的“单元格”命令。图 4-1 所示为“格式”工具栏，从左向右各个按钮依次为：字体、字号、加粗、倾斜、下划线、左对齐、居中、右对齐、合并及居中、货币样式、百分比样式、千位分隔样式、增加小数位数、减少小数位数、减少缩进量、增加缩进量、边框、填充色和字体颜色。使用工具栏按钮可以使操作方便快捷，使用命令可以进行更复杂和详细的设置。

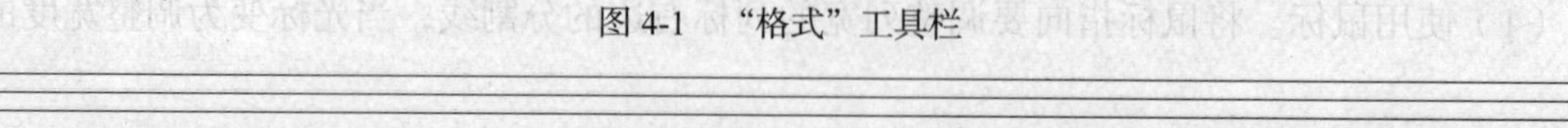

宋体　12　B I U

图 4-1 “格式”工具栏

4.2.1　设置数字格式

Excel 中预定义了多种数字格式，如货币符号、千位分隔符、小数点位数、日期、时间和百分比等格式。用户可以直接使用这些预定义的数字格式，也可以自定义数字格式。

1. 使用预定义数字格式

Excel 预定义的数字格式分成 11 类：常规、数值、货币、会计专用、日期、时间、百分比、分数、科学计数、文本、特殊等。这些格式基本上能够满足用户的需要。

（1）使用工具栏。选定需设定格式的单元格或单元格区域，然后单击“格式”工具栏中的相应按钮。

（2）使用菜单命令。其操作步骤如下。

步骤 1：选定需设定格式的单元格或单元格区域。

步骤 2：打开“单元格格式”对话框。单击菜单“格式”→“单元格”，弹出“单元格格式”对话框，选择“数字”选项卡，如图 4-2 所示。

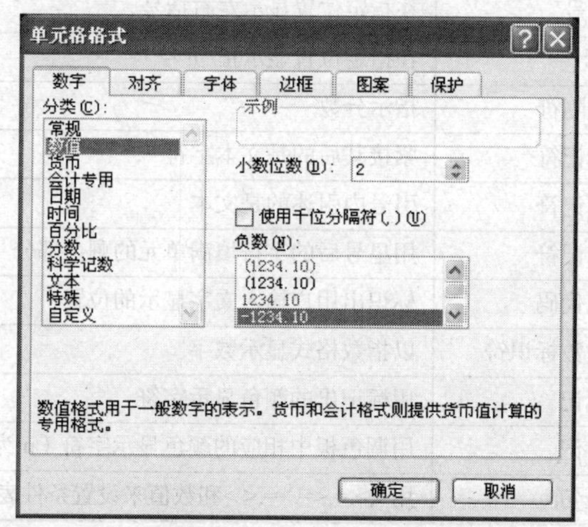

图 4-2　“单元格格式”对话框中的“数字”选项卡

步骤 3：设置所需格式。在“分类”列表框中选择所需类型，此时对话框右侧显示出该类型中可用的格式及示例，根据需要进行选择后，单击“确定”按钮。

2. 创建自定义数字格式

简单来说，自定义格式是指定的一些格式代码，用以描述数据的显示格式。Excel 允许用户创建自定义数字格式，并可在格式化工作表时使用该格式。

自定义数字格式的语法规则如下：<正数格式>;<负数格式>;<零值格式>;<文本格式>。最多能设定 4 个区段的格式代码，每个区段由分号所隔开，分别依次定义正数、负数、零与文字的格式。如果指定了两部分，那么第一部分用于正数和零值，第二部分用于负数；如果只指定了一个部分，则所有数字都将使用该格式；如果要跳过某一部分，那么该部分应该以分号结束。例如，[黑色]$#,##0;[红色]($#,##0);[蓝色]0;“应输入数值型数据”：该格式表明正数用黑色显示，负数用红色显示，零用蓝色显示，若输入非数字数据则显示“应输入数值型数据”。表 4-1 列出了 Excel 提供的大部分数字格式符号及其作用。

创建自定义数字格式的操作步骤如下。

步骤 1：打开“单元格格式”对话框。单击菜单“格式”→“单元格”，弹出“单元格格式

表 4-1　　　　　　　　Excel 提供的大部分数字格式符号

符　号	功　能	作　用
0	数字的预留位置	确定十进制小数的数字显示位置；按小数点右边的 0 的个数对数字进行四舍五入处理；如果数字位数少于格式中的零的个数，则将显示无意义的 0
#	数字的预留位置	只显示有意义的数字，而不显示无意义的 0
?	数字的预留位置	与 0 相同，但它允许插入空格来对齐数字位，且要除去无意义的 0
.	小数点	标记小数点的位置
%	百分号	显示百分号，把数字作为百分数
,	千位分隔符	标记出千位、百万位等的位置
_(下划线)	对齐	留出等于下一个字符的宽度；对齐封闭在括号内的负数并使小数点保持对齐
￥/$	人民币/美元符号	在指定位置显示
( )	左右括号	在指定位置显示左右括号
+/−	正/负号	在指定位置显示正/负号
/	分数分隔符	指示分数
\	文本标记符	紧接其后的是文本字符
“text”	文本标记符	引号内引述的是文本
*	填充标记符	用星号后的字符填满单元的剩余部分
@	格式化代码	标识出用户输入文字显示的位置
E－E＋e－e_	科学计数标识符	以指数格式显示数字
[颜色]	颜色标记	用标记出的颜色显示字符
[颜色 n]	颜色标记	用调色板中相应的颜色显示字符（n 为 0～56 之间的数）
[condition value]	条件语句	用<,>,=,<=,>=,<>和数值来设置条件表达式

式”对话框，选择“数字”选项卡，在“分类”列表框中选择“自定义”选项。

步骤 2：设置自定义格式。在自定义类型中提供了一些预设的格式，可选取其中的预设格式进行修改，完成自定义格式设置。

注意：　一旦创建了自定义的格式，此格式将一直被保存在工作簿中，并且能像其它内部格式一样被使用。如果用户不再需要自定义的数字显示格式，先选择要删除的自定义数字显示格式，再单击对话框中的“删除”按钮即可删除。但用户不能删除 Excel 2000 提供的内部数字格式。

4.2.2　设置字体格式

字体格式的设置包括对文字的字体、字形、字号、颜色以及特殊效果的设定。通过对字体格式的设置，可以使表格美观或突出表现表格中的某一部分内容。

（1）使用“格式”工具栏。首先选定需要设定字体格式的单元格或单元格区域，然后根据需要单击工具栏上相应的工具按钮。

（2）使用菜单命令。

步骤 1：选定需设定字体格式的单元格或单元格区域。

步骤 2：打开“单元格格式”对话框。单击菜单“格式”→“单元格”，在弹出“单元格格式”对话框，选择“字体”选项卡，如图 4-3 所示。

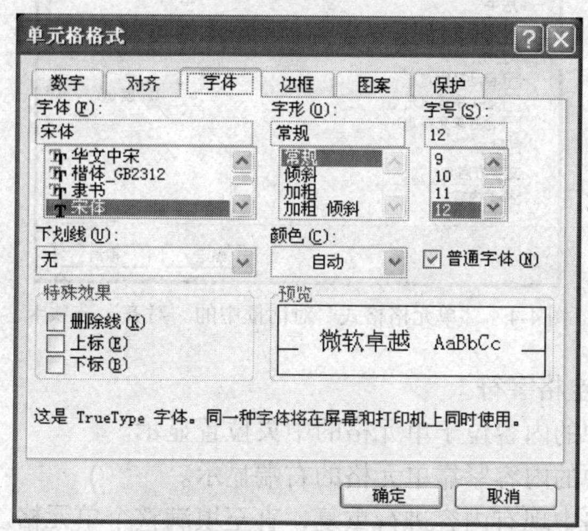

图 4-3 “单元格格式”对话框中的“字体”选项卡

步骤 3：设置所需格式。根据需要设置字体、字型、字号、下划线以及文字颜色后，单击“确定”按钮。

4.2.3 设置对齐方式

默认情况下，Excel 自动将输入的文本型数据左对齐；数值型数据右对齐；逻辑型数据和错误值居中对齐。Excel 也允许用户根据需要改变数据的对齐方式。可采用以下方法进行对齐操作。

（1）使用“格式”工具栏。如果要使单元格中的数据左对齐、右对齐、居中或合并及居中，可以通过直接单击“格式”工具栏上相应的工具按钮实现。其中的“合并及居中”主要用来设置报表标题或跨栏的表头。

（2）使用菜单命令。使用“格式”工具栏上的工具按钮进行对齐操作，既简单又方便，但如果所设的对齐方式较为复杂，则需要使用菜单命令。选定需设定对齐方式的单元格或单元格区域后，单击菜单“格式”→“单元格”，在弹出的“单元格格式”对话框中选择“对齐”选项卡，如图 4-4 所示。在该对话框中可进行对齐设置。

从该对话框中可以看出，单元格中的数据可以分为“水平对齐”和“垂直对齐”两个方向的调整，还可以进行“文本控制”和“文字方向”的选择。

① 水平对齐：“水平对齐”方式有常规、靠左、居中、靠右、填充、跨列剧中、两端对齐和分散对齐。其含义分别如下。

- 常规：Excel 的默认对齐方式。
- 靠左：单元格中的内容紧靠单元格的左端显示。如果在“水平对齐”下拉列表中选取了“靠左”对齐方式，则“水平对齐”下拉列表框右侧的“缩进”按钮生效，可以在“缩进”框中指定缩进量。缩进量为 0 时，即为“靠左”；缩进量大于 0 时，Excel 会在单元格内容的

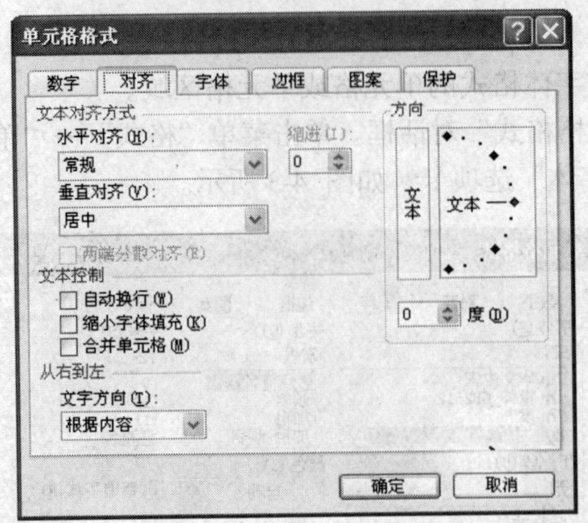

图 4-4 “单元格格式”对话框中的“对齐”选项卡

左边加入指定缩进量的空格字符。

- 居中：单元格中的内容位于单元格的中央位置显示。
- 靠右：单元格中的内容紧靠单元格的右端显示。
- 填充：对单元格中现有内容进行重复，直至填满整个单元格。
- 两端对齐：可将单元格中的内容超过单元格宽度时变成多行并且自动调整字的间距，以使两端对齐。
- 跨列居中：将选定区域中左上角单元格的内容放到选定区域的中间位置，其他单元格的内容必须为空。该命令通常用来对表格的标题进行设置。也可以通过单击“格式”工具栏中的“合并及居中”按钮，完成单元格数据的跨列居中。

注意 “跨列居中”与“合并及居中”的显示效果虽然相同，但实质是不同的。对选中的单元格区域执行“跨列居中”命令后，区域中的各单元格并没有合并，各自的引用不变；而执行了“合并及居中”后，区域中的各单元格被合并为一个单元格，合并后单元格的引用为合并前左上角单元格的引用。

- 分散对齐：单元格中的内容在单元格内均匀分配。

对于经常使用的“左对齐”、“居中”、“右对齐”命令，还可以利用格式工具栏中相应的格式工具按钮来实现。

② 垂直对齐：“垂直对齐”方式包括靠上、居中、靠下、两端对齐和分散对齐。

③ 文本控制：当输入的文本对于单元格来说太长的时候，Excel 会跨过单元格边界而扩展到相邻单元格，若相邻单元格中有内容，则这些文本只能被截断显示。如果用户希望能在一个单元格中显示这些文本，则可采用“文本控制”框为用户提供的自动换行、缩小字体填充或合并单元格等几种处理方法。

④ 文字方向：Excel 中，可以控制单元格中字符是在水平方向、垂直方向还是以任意角度显示。可采用以下方法进行设置。

a. 使用鼠标拖曳“方向”区中时钟的文本“指针”。

b. 在“方向”区的“度数”值调节框中输入旋转角度或单击数值调节钮的上下箭头。

c. 单击“方向”区的“文本”框，可实现字符旋转 90°。

4.2.4 设置边框和底纹

工作表中显示的表格线是为输入、编辑方便而预设置的，可以通过“选项”设置，使工作表在编辑状态下不显示这些网格线。在打印或打印预览时，默认是不显示表格线的，可以通过页面设置，在打印或打印预览时，显示表格线。但是局部的或复杂的表格线的设置只能通过“边框线”的设置进行。在表格中，恰当地使用一些边框、底纹和背景图案，可以使做出的表格更加美观，更具有吸引力。

1. 隐藏网格线

若要隐藏网格线，可按以下步骤进行设置。

步骤 1：打开“选项”对话框。单击菜单“工具”→“选项”，打开“选项”对话框，单击“视图”选项卡。

步骤 2：隐藏网格线。在“窗口选项”区中，单击“网格线”复选框，取消对该项的选择，如图 4-5 所示。单击“确定”按钮。

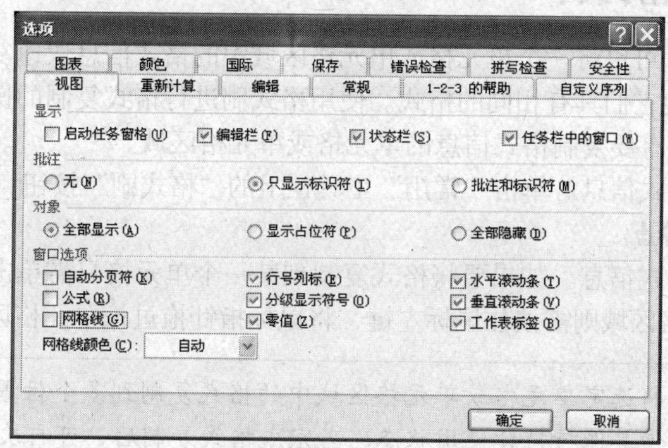

图 4-5 “选项”对话框中的“视图”选项卡

2. 设置单元格边框

设置单元格边框线主要有以下两种方法。

（1）使用“边框”工具按钮。选定需要添加边框的单元格区域，然后单击格式工具栏中“边框”按钮的下拉按钮，从弹出的下拉列表中选择所需要的边框样式即可。

（2）使用菜单命令。

步骤 1：选定需要设置边框线的单元格区域。

步骤 2：打开“单元格格式”对话框。单击菜单“格式”→“单元格”，打开“单元格格式”对话框，单击“边框”选项卡，如图 4-6 所示。

步骤 3：设置边框。设置所需边框及边框样式和颜色，单击“确定”按钮。

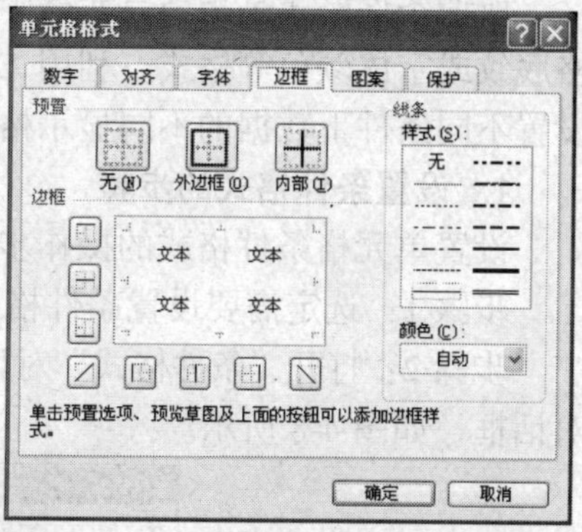

图 4-6 “单元格格式”对话框中的“边框”选项卡

3. 添加底纹和图案

为表格添加适当的背景颜色和底纹，可以突出表格中的某些部分，增强视觉效果，使表格数据更清晰、外观更好看。添加底纹和图案同样可以使用上面介绍的菜单命令和工具按钮的方法完成。

（1）使用工具按钮。选定需要添加背景颜色的单元格区域，单击格式工具栏中的"填充颜色"工具按钮的下拉按钮，在出现的颜色列表中选择需要的颜色。

（2）使用菜单命令。

步骤 1：选定需要设置边框线的单元格区域。

步骤 2：打开"单元格格式"对话框。单击菜单"格式"→"单元格"，打开"单元格格式"对话框，单击"图案"选项卡，如图 4-7 所示。

步骤 3：设置底纹颜色或图案。选择所需的底纹颜色或图案，单击"确定"按钮。

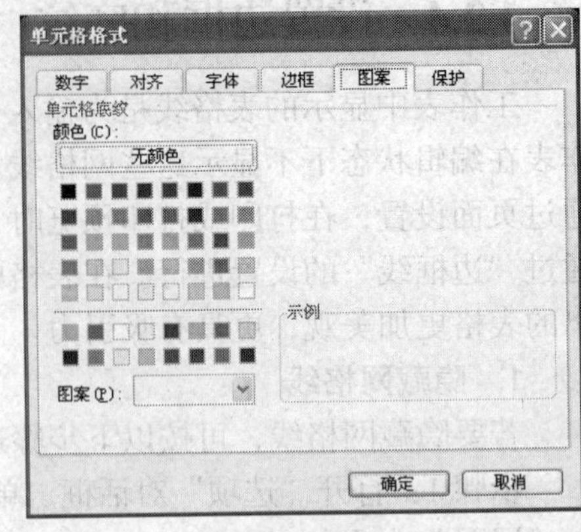

图 4-7 "单元格格式"对话框中的"图案"选项卡

4.2.5 使用格式刷

使用"格式刷"，可以将一个单元格或单元格区域中的格式信息快速复制到其他单元格或单元格区域中，以使它们具有相同的格式。使用格式刷进行格式复制的操作步骤如下。

步骤 1：选定含有要复制格式信息的单元格或单元格区域。

步骤 2：复制格式信息。单击"常用"工具栏上的"格式刷"按钮，鼠标指针变为带有刷子的空十字形。

步骤 3：粘贴格式信息。如果要将格式复制到某一个单元格只需单击该单元格即可；要复制到某一个单元格区域则需按住鼠标左键，将鼠标指针拖过该单元格区域。

注意：要将选定单元格或单元格区域中的格式复制到多个位置，可双击"格式刷"按钮，使其保持持续使用状态。当完成格式复制后，可再次单击"格式刷"按钮或按"Esc"键，使鼠标指针还原到正常状态。

4.2.6 设置条件格式

所谓条件格式是指当单元格中的数据满足指定条件时所设置的显示格式，一般包含单元格底纹或字体颜色等格式。利用 Excel 的条件格式功能，可以根据指定的公式或数值动态地设置不同条件下数据的不同显示格式。

1. 设置条件格式的步骤

设置单元格条件格式的操作步骤如下。

步骤 1：选定需要设置条件格式的单元格或单元格区域。

步骤 2：打开"条件格式"对话框。单击菜单"格式"→"条件格式"，打开"条件格式"对话框，如图 4-8 所示。

图 4-8 "条件格式"对话框

步骤 3：设置条件格式。在条件框中设置条件后单击“格式”按钮，打开“单元格格式”对话框，可根据需要设置满足该条件时的显示格式。

2. 添加条件格式

在“条件格式”对话框中，单击“添加”按钮，出现新的条件（条件 2）输入框，可设置不满足条件 1 但满足条件 2 情况下的单元格格式。

注意：　条件格式最多可以设置3个条件。

3. 删除条件格式

单击“条件格式”对话框中的“删除”按钮，弹出“删除条件格式”对话框，如图 4-9 所示。勾选中要删除条件的复选框，单击“确定”按钮完成删除操作。

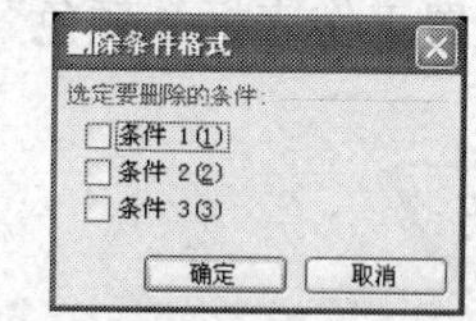

图 4-9　“删除条件格式”对话框

注意：　如果要删除选定单元格的所有条件和其他的格式设置，可单击菜单“编辑”→“清除格式”，进行清除格式操作。

4. 更改条件格式

选定含有要更改条件格式的单元格或单元格区域，单击菜单“格式”→“条件格式”，打开“条件格式”对话框，在该对话框中已有设置好的条件格式，按需要更改条件或更改格式即可。

注意：　若多张工作表具有相同格式，可以先设置为工作表组，再进行格式设置。

4.3　设置工作表格式

上一节主要针对单元格或单元格区域的格式化操作进行了介绍，本节将介绍对整个工作表进行的一些较综合的整表格式化操作，包括设置工作表背景、自动套用格式等。熟练掌握这部分内容，将会提高工作表的质量和编辑速度。

4.3.1　设置工作表背景

默认情况下，工作表的背景是白色的。可以选择有个性、有品位的图片文件作为工作表的背景，使做出的表格更具有个性化。

1. 添加工作表背景

单击菜单“格式”→“工作表”→“背景”，在弹出的“工作表背景”对话框中，找到文件所在位置和需要打开的图片文件，双击该文件名即可。

2. 删除工作表背景

单击菜单“格式”→“工作表”→“删除背景”，即可删除工作表背景图案。

注意：　添加工作表背景后，“格式”菜单中“工作表”→“背景”命令将被取代为“工作表”→“删除背景”命令。

4.3.2 改变工作表标签颜色

Excel 工作簿可以包含若干张工作表，每张工作表都有一个名称，也叫做工作表标签，显示在工作簿窗口底部的标签显示区中。在 Excel 中可以给工作表标签添加各种颜色，使各张工作表更加醒目。其操作步骤如下。

步骤 1：选中需要添加颜色的工作表。

步骤 2：设置标签颜色。单击菜单“格式”→“工作表”→“工作表标签颜色”，在弹出的“设置工作表标签颜色”对话框中选择工作表标签的颜色，单击“确定”按钮。

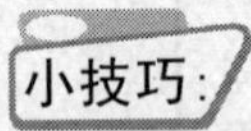

位于标签栏和水平滚动条之间的小竖块是标签拆分框。当鼠标指针指向标签拆分框时，指针变成两条竖直短线并带有一对水平方向箭头。拖动标签拆分框可增加水平滚动条或标签框的长度，双击标签拆分框可恢复其默认位置。

4.3.3 自动套用格式

为了使设置的表格标准、规范，可以通过套用 Excel 提供的 16 种专业表格格式来对整个工作表进行多重综合格式的同时设置，自动快速地格式化表格。

1. 使用自动套用格式

自动套用格式的操作步骤如下。

步骤 1：选定工作表所在的单元格区域。

步骤 2：打开“自动套用格式”对话框。单击菜单“格式”→“自动套用格式”，打开“自动套用格式”对话框，如图 4-10 所示。

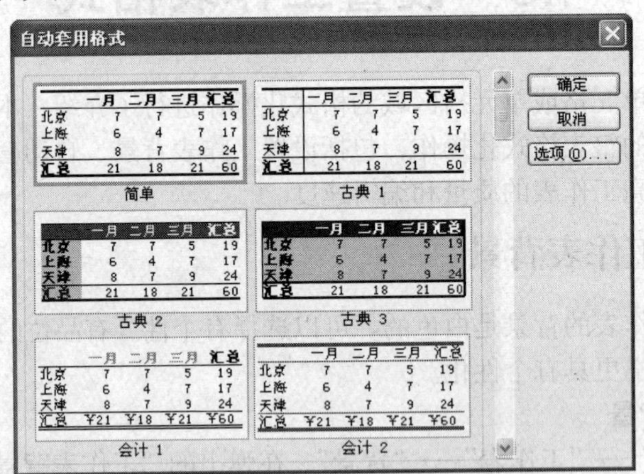

图 4-10 “自动套用格式”对话框

步骤 3：套用表格格式。在对话框的左侧列表中给出了“简单”、“古典”、“会计”、“彩色”、“序列”和“三维效果”等几种类型，从中选择所需的格式类型。单击“确定”按钮。

在自动套用格式时，可以套用全部格式也可以套用部分格式。单击“自动套用格式”对话框中的“选项”按钮，在对话框的下面给出了 6 个具体的格式选项，如图 4-11 所示，可以根据需要进行选择。

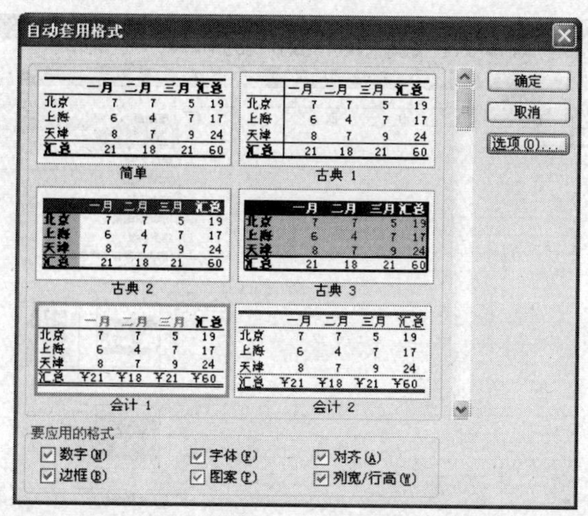

图 4-11　自动套用格式的“选项”对话框

2. 删除自动套用格式

如果不喜欢套用的表格格式，可采用如下方法进行删除。

（1）使用“自动套用格式”命令。选中套用格式的区域，单击菜单“格式”→“自动套用格式”，在打开的“自动套用格式”对话框的类型列表中选择“无”，单击“确定”按钮。

（2）使用“清除”命令。选中该区域，单击菜单“编辑”→“清除”→“格式”。

4.4　使用对象美化工作表

在 Excel 工作表中可以插入图形、图片、艺术字等对象，以美化表格，使工作表更加生动直观。

4.4.1　插入图片

在工作表中插入图片对象，可以丰富工作表的内容并提高工作表的可读性。图片对象可以是“我的电脑”中的任意图片文件，也可以是 Office 自带的剪贴画，还可以直接从网上搜寻需要的图片。

1. 插入剪贴画

插入剪贴画主要可以采用以下两种方法。

（1）使用搜索操作。

步骤 1：选定目标位置。选定要插入剪贴画的单元格区域左上角的单元格。

步骤 2：打开“剪贴画”任务窗格。单击菜单“插入”→“图片”→“剪贴画”，窗口右侧出现“剪贴画”任务窗格。

步骤 3：搜索剪贴画。在“搜索文字”文本框中输入说明剪贴画的文字，比如输入动物；在“搜索范围”下拉列表框中选择搜索范围；在“结果类型”下拉列表框中选择搜索的剪贴画类型，然后单击“搜索”按钮，结果如图 4-12 所示。

注意：　单击某个剪贴画右侧的下拉箭头，从下拉菜单中选择“查找类似样式”，可以继续查找类似样式的剪贴画。

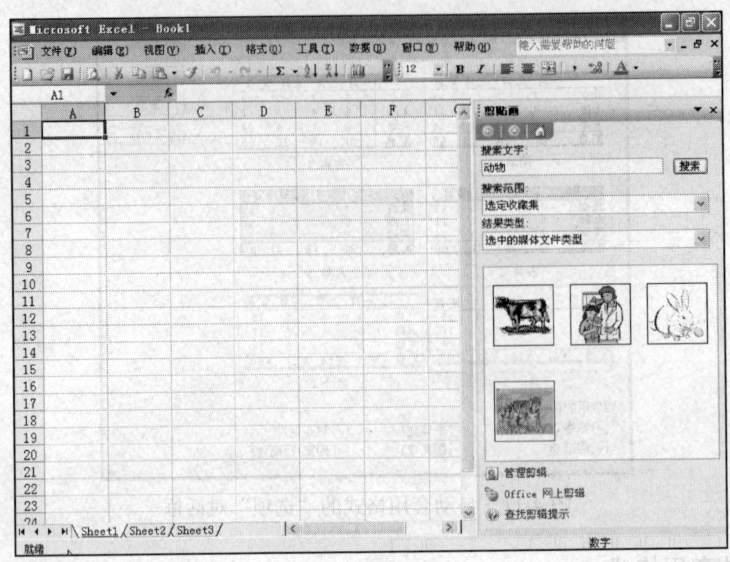

图 4-12　搜索剪贴画

步骤 3：插入剪贴画。单击所需要的剪贴图片即可插入。也可用鼠标将任务窗格中的剪贴画直接拖曳到工作表中所需的位置。

（2）使用剪辑管理器。

步骤 1：打开“剪辑管理器”窗口。单击“剪贴画”任务窗格下部的“管理剪辑”超链接，打开“剪辑管理器”对话框，如图 4-13 所示。

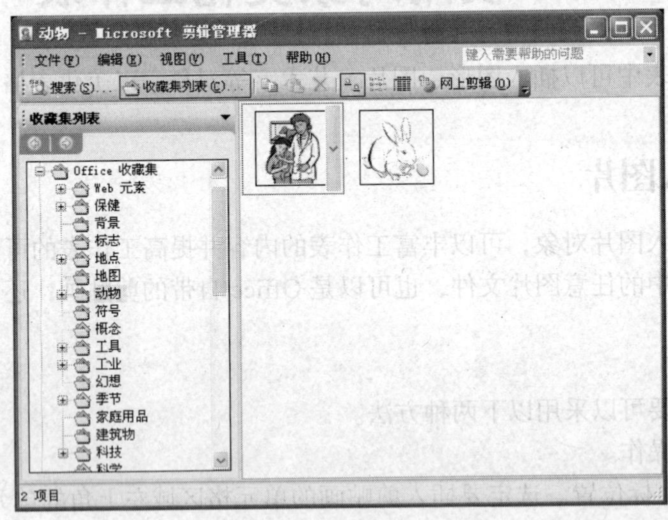

图 4-13　“剪辑管理器”对话框

步骤 2：选择剪贴画。在“剪辑管理器”窗口左侧的“收藏集列表”框中选择文件夹，在窗口右侧打开的剪贴画列表中选择所需要的剪贴画。

步骤 3：插入剪贴画。将鼠标指针移到剪贴画上，单击旁边出现的下拉箭头，在列表中单击“复制”命令，然后在 Excel 工作表中选中要插入剪贴画的单元格区域的左上角单元格，单击菜单“编辑”→“粘贴”。也可以更直接地通过拖曳剪贴画到 Excel 工作表中的相应位置完成剪贴画的插入操作。

2. 插入图片文件

在工作表中可以插入来自文件的图片，操作步骤如下。

步骤 1：选中要插入图片的单元格区域的左上角单元格。

步骤 2：打开“插入图片”对话框。单击菜单“插入”→“图片”→“来自文件”，打开“插入图片”对话框。

步骤 3：插入图片。在“插入图片”对话框中选择需要插入的图片文件，单击“插入”按钮。

注意：可以对插入的图片、剪贴画进行修改、编辑。通过单击“图片”工具栏上的各个按钮或通过双击图片打开“设置图片格式”对话框，实现对图片的编辑处理。

4.4.2 绘制图形

利用“绘图”工具栏可以方便快捷地绘制出各种简单图形及自选图形，并可对图形进行旋转、翻转，添加颜色、阴影、立体效果等操作。单击菜单“视图”→“工具栏”→“绘图”，可在屏幕上显示出“绘图”工具栏，如图 4-14 所示。

图 4-14 “绘图”工具栏

1. 绘制基本图形

基本图形主要是指直线、箭头、矩形、椭圆等图形，绘制基本图形的操作步骤如下。

步骤 1：选择所需图形。单击“绘图”工具栏中的“直线”、“箭头”、“矩形”或“椭圆”按钮，鼠标指针变为十字形状。

步骤 2：绘制图形。在要插入图形的位置拖曳鼠标至所需大小后释放鼠标即可。

2. 绘制自选图形

绘制自选图形主要有以下两种方法。

（1）使用“绘图”工具栏。

步骤 1：选择所需图形。单击“绘图”工具栏中的“自选图形”下拉箭头。在自选图形的多级下拉列表中，单击需要的图形，如图 4-15 所示。鼠标指针变为十字形状。

步骤 2：绘制图形。在要插入图形的位置拖拽鼠标至所需大小后释放鼠标。

注意：在绘制图形的过程中，若拖曳鼠标的同时按下“Shift”键，则画出的是正多边形。

（2）使用“自选图形”工具栏。

步骤 1：打开“自选图形”工具栏。单击菜单“插入”→“图片”→“自选图形”，显示出“自选图形”工具栏，如图 4-16 所示。

步骤 2：绘制图形。单击所需图形按钮，在弹出的下拉列表中选择需要的图形，鼠标指针变为十字形状，在要插入图形的位置拖曳鼠标至所需大小后释放鼠标即可。

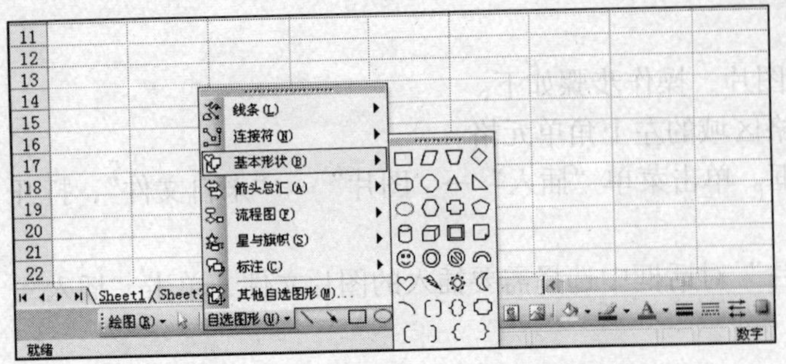

图 4-15　自选图形中基本图形的列表

图 4-16　“自选图形”工具栏

4.4.3　使用艺术字

艺术字是具有特殊效果的文字。Excel 内部提供了大量的艺术字式样库，用户可以利用艺术字式样库在工作表中插入艺术字。其具体操作步骤如下。

步骤 1：打开“艺术字库”对话框。单击菜单“插入”→“图片”→“艺术字”，打开“‘艺术字库’”对话框，如图 4-17 所示。

图 4-17　“‘艺术字库’”对话框

步骤 2：插入艺术字。在“‘艺术字库’”对话框中选择一种艺术字样式，单击“确定”按钮。此时系统会弹出“编辑艺术字文字”对话框，输入要插入的文字，同时设置字体、字号、是否加粗、是否倾斜等选项，单击“确定”按钮。

可以对插入的艺术字进行修改、编辑。通过单击“艺术字”工具栏上的各个按钮或通过双击艺术字对象打开“设置艺术字格式”对话框，均可实现对文字内容的改动、改变艺术字的式样、颜色、形状、旋转艺术字等操作。由于艺术字本身就是绘图对象，因此也可以用“绘图”工具栏上的工具改变其效果。

4.5　应用实例——修饰人事档案表

上一章的人事档案表编辑完成后，为了更加美观、规范，需要进行一定的修饰。例如，添加标题、调整行高列宽，进行对齐方式、字体、边框等格式设置的操作。本节将通过 Excel 的格式设置功能实现对“人事档案调整”工作表的美化修饰。

4.5.1 添加标题

先为“人事档案调整”工作表添加标题，具体操作步骤如下。

步骤 1：插入一空行。用鼠标右键单击第 1 行行号，然后在弹出的快捷菜单中单击“插入”命令，在工作表的最上方插入一个空行。

步骤 2：输入标题。选择 A1 单元格，输入人事档案表。

步骤 3：设置标题行合并及居中。用鼠标选择 A1 到 M1 的所有单元格，然后单击“格式”工具栏中的“合并及居中”按钮，这些单元格即合并成了一个大单元格，标题居中显示在整个表格的正上方。

步骤 4：设置标题的字体、字号。单击“格式”工具栏中“字体”下拉列表框的下拉箭头，从列表框中选择“黑体”；单击“格式”工具栏中“字号”下拉列表框的下拉箭头，从列表框中选择“20”；单击“格式”工具栏的“加粗”按钮。

设置好标题的工作表如图 4-18 所示。

	A	B	C	D	E	F	G	H	I	J	K	L	M
1	**人事档案表**												
2	序号	部门	姓名	性别	出生日期	职务	职称	学历	参加工作日期	婚姻状况	籍贯	联系电话	基本工资
3	7101	经理室	黄振华	男	1966-04-10	董事长	高级经济师	大专	1982-11-23	已婚	北京	64000872	2430
4	7102	经理室	尹洪群	男	1958-09-18	总经理	高级工程师	大本	1981-04-18	已婚	山东	65034080	2360
5	7104	经理室	扬灵	男	1973-03-19	副总经理	经济师	博士	2000-12-04	已婚	北京	66314390	1080
6	7107	经理室	沈宁	女	1977-10-02	秘书	工程师	大专	1999-10-23	未婚	北京	64272883	1150
7	7201	人事部	赵文	女	1967-12-30	部门主管	经济师	大本	1991-01-18	已婚	北京	64654756	1360
8	7203	人事部	胡方	男	1949-04-08	业务员	高级经济师	大本	1968-12-24	已婚	四川	61700659	2430
9	7204	人事部	郭新	女	1953-03-26	业务员	经济师	大本	1971-12-12	已婚	北京	67719683	1650
10	7205	人事部	周晓明	女	1951-06-20	业务员	经济师	大专	1973-03-06	已婚	北京	65805905	1360
11	7207	人事部	张淑纺	女	1968-11-09	统计	助理统计师	大专	2001-03-06	已婚	安徽	65761446	960
12	7301	财务部	李忠旗	男	1965-02-10	财务总监	高级会计师	大本	1987-01-01	已婚	北京	63035376	2280
13	7302	财务部	焦戈	女	1970-02-26	成本主管	高级会计师	大专	1989-11-01	已婚	北京	66032221	2280
14	7303	财务部	张进明	男	1974-10-27	会计	助理会计师	大本	1996-07-14	已婚	北京	65430108	960
15	7304	财务部	傅华	女	1972-11-29	会计	会计师	大专	1997-09-19	已婚	北京	67624956	1150

图 4-18 设置好标题的工作表

4.5.2 设置表头格式

从图 4-18 所示可以看出，现在的表头和表体的格式相同，下面通过单元格格式的设置使其更加突出。其具体操作步骤如下。

步骤 1：调整表头的行高。用鼠标指向表头所在行的行号下沿（此时鼠标指针会变成黑色上下箭头形状），向下拖曳至合适的位置，这里调整为 27.00（36 像素）。

步骤 2：设置表头居中对齐。用鼠标右键单击表头所在行号 2，在弹出的快捷菜单中选择“设置单元格格式”命令，打开的“单元格格式”对话框，单击“对齐”选项卡，在“水平对齐”和“垂直对齐”下拉列表框中均选择“居中”。

> 注意：　如果只是设置单元格水平居中对齐，可以在选定相应单元格后，直接单击“格式”工具栏的“居中”按钮。

步骤3：设置表头的字体和字形。选择“字体”选项卡，在“字体”下拉列表框中选择“黑体”，在“字形”下拉列表框中选择“加粗”，单击“确定”按钮。设置好的表头如图 4-19 所示。

人事档案表

序号	部门	姓名	性别	出生日期	职务	职称	学历	参加工作日期	婚姻状况	籍贯	联系电话	基本工资
7101	经理室	黄振华	男	1966-04-10	董事长	高级经济师	大专	1982-11-23	已婚	北京	64000872	2430
7102	经理室	尹洪群	男	1958-09-18	总经理	高级工程师	大本	1981-04-18	已婚	山东	65034080	2360
7104	经理室	扬灵	男	1973-03-19	副总经理	经济师	博士	2000-12-04	已婚	北京	66314390	1080
7107	经理室	沈宁	女	1977-10-02	秘书	工程师	大专	1999-10-23	未婚	北京	64272883	1150
7201	人事部	赵文	女	1967-12-30	部门主管	经济师	大本	1991-01-18	已婚	北京	64654756	1360
7203	人事部	胡方	男	1949-04-08	业务员	高级经济师	大本	1968-12-24	已婚	四川	61700659	2430
7204	人事部	郭新	女	1953-03-26	业务员	经济师	大本	1971-12-12	已婚	北京	67719683	1650
7205	人事部	周晓明	女	1951-06-20	业务员	经济师	大专	1973-03-06	已婚	北京	65805905	1360
7207	人事部	张淑纺	女	1968-11-09	统计	助理统计师	大专	2001-03-06	已婚	安徽	65761446	960
7301	财务部	李忠旗	男	1965-02-10	财务总监	高级会计师	大本	1987-01-01	已婚	北京	63035376	2280
7302	财务部	焦戈	女	1970-02-26	成本主管	高级会计师	大专	1989-11-01	已婚	北京	66032221	2280
7303	财务部	张进明	男	1974-10-27	会计	助理会计师	大本	1996-07-14	已婚	北京	65430108	960
7304	财务部	傅华	女	1972-11-29	会计	会计师	大专	1997-09-19	已婚	北京	67624956	1150

图 4-19　表头格式的设置结果

4.5.3　设置表体格式

对于表体，也需要进行一些格式的设置，使其统一和规范。下面分别使用数字格式、表格框线、填充颜色等操作设置表体格式。

1. 设置数字格式

现在的人事档案表中显示的工资数据是整数，按要求应保留两位小数，需要进行格式调整。其操作步骤如下。

步骤 1：选择需要设置数字格式的单元格区域 M3:M65。首先单击 M3 单元格，利用滚动条使 M65 单元格显示在窗口中，在按住【Shift】键的同时单击 M65 单元格。

步骤 2：用鼠标右键单击选择的单元格区域，在弹出的快捷菜单中选择“设置单元格格式”命令。单击“数字”选项卡，在“分类”列表框中选择“数值”，指定“小数位数”为“2”，如图 4-20 所示。单击“确定”按钮。

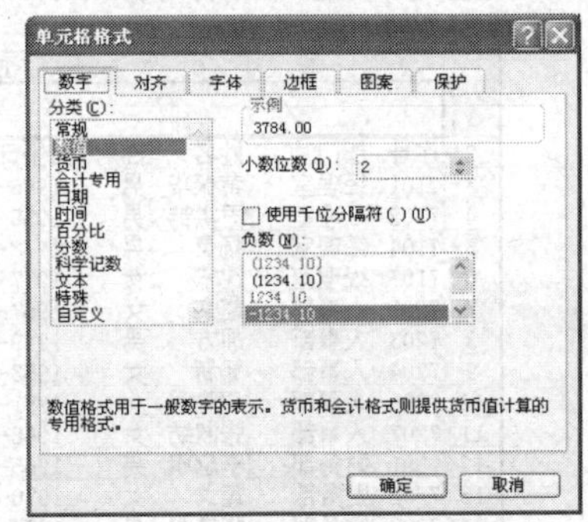

图 4-20　数字格式的设置

注意：　增加小数位数后如列宽不够则需进行适当调整。

2. 设置边框

Excel 工作簿窗口显示的网格线比较单调，默认情况下在打印输出时并不显示。现欲自行设置个性化的表格框线，具体操作步骤如下。

步骤 1：选定要添加表格线的单元格区域。这里选择 A2:M65 单元格区域。

步骤 2：添加表格线。单击“格式”工具栏“边框”按钮的下拉箭头，弹出“边框”示例按钮，如图 4-21 所示。选择“所有框线”田。

图 4-21　边框示例列表

步骤 3：调整外框线。再次单击“格式”工具栏“边框”按钮的下拉箭头，在弹出的“边框”示例按钮中选择第 3 行第 4 列的“粗闸框线”。

步骤 4：设置表头外框线。为了使表头部分突出，也为表头部分加上粗闸框线。先选定表头区域（A2:M2 单元格区域），然后直接单击“格式”工具栏的“边框”按钮即可。因为这时默认的边框线就是刚刚设置过的粗闸框线。设置好表格线的人事档案表如图 4-22 所示。

	A	B	C	D	E	F	G	H	I	J	K	L	M
1	人事档案表												
2	序号	部门	姓名	性别	出生日期	职务	职称	学历	参加工作日期	婚姻状况	籍贯	联系电话	基本工资
3	7101	经理室	黄振华	男	1966-04-10	董事长	高级经济师	大专	1982-11-23	已婚	北京	64000872	2430.00
4	7102	经理室	尹洪群	男	1958-09-18	总经理	高级工程师	大本	1981-04-18	已婚	山东	65034080	2360.00
5	7104	经理室	扬灵	男	1973-03-19	副总经理	经济师	博士	2000-12-04	已婚	北京	66314390	1080.00
6	7107	经理室	沈宁	女	1977-10-02	秘书	工程师	大专	1999-10-23	未婚	北京	64272883	1150.00
7	7201	人事部	赵文	女	1967-12-30	部门主管	经济师	大本	1991-01-18	已婚	北京	64654756	1360.00
8	7203	人事部	胡方	男	1949-04-08	业务员	高级经济师	大本	1968-12-24	已婚	四川	61700659	2430.00
9	7204	人事部	郭新	女	1953-03-26	业务员	经济师	大本	1971-12-12	已婚	北京	67719683	1650.00
10	7205	人事部	周晓明	女	1951-06-20	业务员	经济师	大专	1973-03-06	已婚	北京	65805905	1360.00
11	7207	人事部	张淑纺	女	1968-11-09	统计	助理统计师	大专	2001-03-06	已婚	安徽	65761446	960.00
12	7301	财务部	李忠旗	男	1965-02-10	财务总监	高级会计师	大本	1987-01-01	已婚	北京	63035376	2280.00
13	7302	财务部	焦戈	女	1970-02-26	成本主管	高级会计师	大专	1989-11-01	已婚	北京	66032221	2280.00
14	7303	财务部	张进明	男	1974-10-27	会计	助理会计师	大本	1996-07-14	已婚	北京	65430108	960.00
15	7304	财务部	傅华	女	1972-11-29	会计	会计师	大专	1997-09-19	已婚	北京	67624956	1150.00

图 4-22 表格线的设置结果

4.5.4 强调显示某些数据

现在需要将人事档案表中工资较高或较低的数据强调显示，可以通过条件格式来实现。假设要将人事档案表中基本工资低于 1 000，以及高于 2 000 的工资数据分别用不同的颜色显示出来，具体操作步骤如下。

步骤 1：选定要设置条件格式的单元格区域。这里选择 A2:M65 单元格区域。

步骤 2：设置条件格式。单击菜单“格式”→“条件格式”，打开“条件格式”对话框，在“条件 1”下面分别选择“单元格数值”和“小于”，在右侧输入 1000；单击“格式”按钮，打开“单元格格式”对话框，在“字体”选项卡的“颜色”列表中选择“红色”，单击“确定”按钮。设置完成后的“条件格式”对话框如图 4-23 所示，预览窗口显示红色字体。

步骤 3：添加条件格式。在“条件格式”对话框中单击“添加”按钮，出现新的条件（条件 2）输入框，设置“单元格数值”、“大于”，在右侧输入 2 000；单击“格式”按钮，打开“单元格格式”对话框，在“字体”选项卡的“颜色”列表中选择“蓝色”，单击“确定”按钮。设置完成后的“条件格式”对话框如图 4-24 所示。

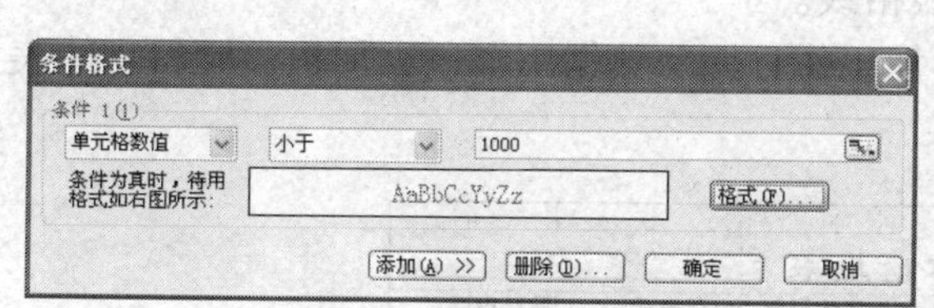

图 4-23 设置条件格式

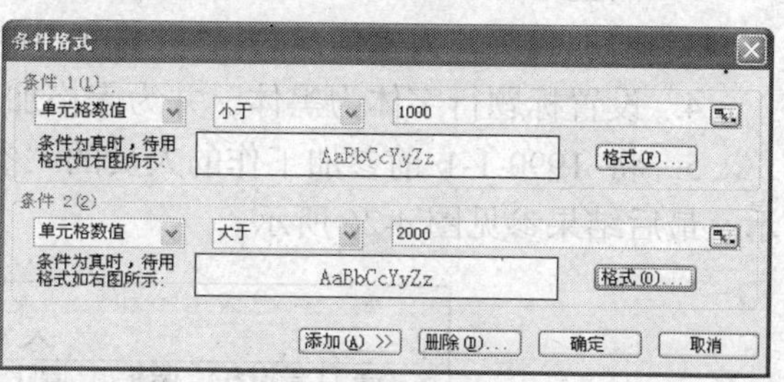

图 4-24 添加条件格式

步骤 4：执行条件格式。在“条件格式”对话框中单击“确定”按钮。设置完成的人事档案表如图 4-25 所示。

	A	B	C	D	E	F	G	H	I	J	K	L	M
1	人事档案表												
2	序号	部门	姓名	性别	出生日期	职务	职称	学历	参加工作日期	婚姻状况	籍贯	联系电话	基本工资
3	7101	经理室	黄振华	男	1966-04-10	董事长	高级经济师	大专	1982-11-23	已婚	北京	64000872	2430.00
4	7102	经理室	尹洪群	男	1958-09-18	总经理	高级工程师	大本	1981-04-18	已婚	山东	65034080	2360.00
5	7104	经理室	扬灵	男	1973-03-19	副总经理	经济师	博士	2000-12-04	已婚	北京	66314390	1080.00
6	7107	经理室	沈宁	女	1977-10-02	秘书	工程师	大专	1999-10-23	未婚	北京	64272883	1150.00
7	7201	人事部	赵文	女	1967-12-30	部门主管	经济师	大本	1991-01-18	已婚	北京	64654756	1360.00
8	7203	人事部	胡方	男	1949-04-08	业务员	高级经济师	大本	1968-12-24	已婚	四川	61700659	2430.00
9	7204	人事部	郭新	女	1953-03-26	业务员	经济师	大本	1971-12-12	已婚	北京	67719683	1650.00
10	7205	人事部	周晓明	女	1951-06-20	业务员	经济师	大专	1973-03-06	已婚	北京	65805905	1360.00
11	7207	人事部	张淑纺	女	1968-11-09	统计	助理统计师	大专	2001-03-06	已婚	安徽	65761446	960.00
12	7301	财务部	李忠旗	男	1965-02-10	财务总监	高级会计师	大本	1987-01-01	已婚	北京	63035376	2280.00
13	7302	财务部	焦戈	女	1970-02-26	成本主管	高级会计师	大专	1989-11-01	已婚	北京	66032221	2280.00
14	7303	财务部	张进明	男	1974-10-27	会计	助理会计师	大本	1996-07-14	已婚	北京	65430108	960.00
15	7304	财务部	傅华	女	1972-11-29	会计	会计师	大专	1997-09-19	已婚	北京	67624956	1150.00

图 4-25 设置完成的人事档案表

本章小结

通过对本章的学习，读者应掌握对 Excel 工作表的单元格格式、行列格式以及整表格式进行设置的方法，能够根据实际需要选择适当的格式化方法对已有的工作表进行美化操作。

习　题

1. 调整表格行高的方法有几种？各自的特点是什么？
2. 怎样隐藏工作表中的行与列？
3. 设置条件格式的作用是什么？
4. 怎样理解“自动套用格式”？
5. 怎样使用格式刷？

实　训

请对第 3 章实训中编辑完成的“办公信息调整”表进行如下格式设置操作。

1. 将“移动电话”列设为文本格式。
2. 调整所有列宽为“最适合的列宽”。
3. 增加表头“人事信息表”，并设置其格式。字体为隶书、字号为 20、合并居中。
4. 设置标题行字体为黑体，并为表格加表格线。
5. 将 1990-1-1 前参加工作的人员的“参加工作日期”数据用红色、加粗、倾斜字体表示。最后结果参见图 4-26 所示。

	A	B	C	D	E	F	G	H
1	人事信息表							
2	序号	工号	姓名	职务	部门	参加工作日期	办公电话	移动电话
3	1	CK01	孙家龙	总经理	行政部	*1984-8-3*	010-65971111	13311211011
4	2	CK02	张卫华	副总经理	行政部	1990-8-28	010-65971112	13611101010
5	3	CK03	何国叶	会计	行政部	1996-9-19	010-65971113	13511212121
6	4	CK04	梁勇	出纳	行政部	1996-9-1	010-65971113	13511212122
7	5	CK05	朱思华	信息员	技术部	*1970-7-3*	010-65971115	13511212123
8	6	CK06	陈关敏	信息员	技术部	1998-8-2	010-65971115	13511212124
9	7	CK07	陈德生	信息员	技术部	1998-9-12	010-65971115	13511212125
10	8	CK08	彭庆华	信息员	技术部	1996-8-1	010-65971115	13511212126
11	9	CK09	陈桂兰	信息员	技术部	*1984-8-3*	010-65971115	13511212127
12	10	CK10	王成祥	技术员	技术部	1996-8-4	010-65971120	13511212128
13	11	CK11	何家强	技术员	技术部	*1971-12-3*	010-65971120	13511212129
14	12	CK12	曾伦清	技术员	技术部	*1967-8-3*	010-65971120	13511212130
15	13	CK13	张新民	技术员	技术部	1990-8-25	010-65971120	13511212131
16	14	CK14	张跃华	销售员	销售部	1990-9-13	010-65971124	13511212132
17	15	CK15	邓都平	销售员	销售部	*1958-2-28*	010-65971125	13511212133
18	16	CK16	朱京丽	销售员	销售部	1993-7-17	010-65971126	13511212134
19	17	CK17	蒙继炎	销售员	销售部	1996-9-3	010-65971127	13511212135
20	18	CK18	王丽	销售员	销售部	*1976-8-3*	010-65971128	13511212136
21	19	CK19	梁鸿	销售员	销售部	*1984-2-1*	010-65971129	13511212137
22	20	CK20	刘尚武	工程师	客服部	1991-5-22	010-65971130	13511212138
23	21	CK21	朱强	技术员	客服部	*1974-8-3*	010-65971131	13511212139
24	22	CK22	丁小飞	会计	客服部	1998-6-14	010-65971132	13511212140
25	23	CK23	孙宝彦	出纳	客服部	2004-9-27	010-65971132	13511212141

图 4-26　“办公信息调整”表格式设置结果

第 5 章 打印工作表

内容提要

本章主要介绍工作表的显示、工作表的页面设置以及工作表的打印输出。重点是通过对人事档案工作表的显示设置、页面设置以及打印设置，掌握 Excel 显示工作表和打印工作表的操作。这部分内容是应用 Excel 实现工作表打印的重要方法，理解和应用好这些方法，可以轻松实现工作表的显示和打印。

主要知识点

- 拆分窗口
- 冻结窗格
- 页面设置
- 打印设置

建立和编排了版面整齐、外观漂亮的工作表后，就可以按照需要进行显示和打印输出。Excel 提供了丰富的打印功能，用户可以根据需求选择打印范围、打印顺序，可以设置形式多样的页眉/页脚和标题、表头打印方式。

5.1 显示工作表

在打印工作表前，或在编辑、美化工作表的过程中，常常需要显示工作表中相关内容，比如希望显示工作表的不同部分，或显示工作表中更多的数据。利用 Excel 的拆分窗口与冻结窗格功能，或调整屏幕上的显示元素可以满足上述需求。

5.1.1 调整显示方式

通常使用默认的显示方式无法在屏幕上显示尽可能多的内容。此时可以通过调整工作簿窗口的显示方式、调整工作表的显示比例，或去掉屏幕上的一些窗口元素等方法来实现。

1. 调整屏幕上的显示元素

为了能够显示工作表中更多的数据，可以将窗口中暂时不用的各种工具栏、状态栏隐藏起来，以达到扩大窗口区域的目的。隐藏窗口元素的操作步骤如下。

步骤 1：打开“选项”对话框。单击菜单“工具”→“选项”，打开“选项”对话框，单击“视图”选项卡。

步骤 2：设置窗口显示元素。根据需要，取消“显示”选项中的“启动任务窗格”、“编辑栏”、“状态栏”或“任务栏中的窗口”等复选框。单击“确定”按钮。

2. 设置工作表的显示比例

如果工作表中数据很多，使用正常的显示比例无法全部显示在屏幕上，则可以将工作表显示调整为所需的大小。其具体操作步骤如下。

步骤 1：打开“显示比例”对话框。单击菜单“视图”→“显示比例”，打开“显示比例”对话框。

步骤 2：确定显示比例。在该对话框中，选择需要的显示比例，或者在“自定义”右侧文本框中输入所需的显示比例值。单击“确定”按钮。

注意：更改了显示比例并不会影响打印比例，工作表仍将按照100%的比例进行打印。

5.1.2 拆分窗口

当工作表比较大时，其数据就无法全部显示在当前屏幕上。若希望同时显示工作表中不同部分的数据，可以使用 Excel 提供的拆分窗口功能。拆分窗口是以工作表当前单元格为分隔点，拆分成多个窗格，并且在每个被拆分的窗格中都可以通过滚动条来显示工作表的某一部分数据。其具体操作步骤如下。

步骤 1：选定拆分位置。选定作为拆分点的单元格。

步骤 2：拆分窗口。单击菜单“窗口”→“拆分”，Excel 自动在选定的单元格处将工作表分为 4 个独立的窗格，如图 5-1 所示。

	A	B	C	D	E	F	G	H	I	J	K	L	M
1						人事档案表							
2	序号	部门	姓名	性别	出生日期	职务	职称	学历	参加工作日期	婚姻状况	籍贯	联系电话	基本工资
3	7101	经理室	黄振华	男	1966-04-10	董事长	高级经济师	大专	1982-11-23	已婚	北京	64000872	2430.00
4	7102	经理室	尹洪群	男	1958-09-18	总经理	高级工程师	大本	1981-04-18	已婚	山东	65034080	2360.00
5	7104	经理室	扬灵	男	1973-03-19	副总经理	经济师	博士	2000-12-04	已婚	北京	66314390	1080.00
6	7107	经理室	沈宁	女	1977-10-02	秘书	工程师	大专	1999-10-23	未婚	北京	64272883	1150.00
7	7201	人事部	赵文	女	1967-12-30	部门主管	经济师	大本	1991-01-18	已婚	北京	64654756	1360.00
8	7203	人事部	胡方	男	1949-04-08	业务员	高级经济师	大本	1968-12-24	已婚	四川	61700659	2430.00
9	7204	人事部	郭新	女	1953-03-26	业务员	经济师	大本	1971-12-12	已婚	北京	67719683	1650.00
10	7205	人事部	周晓明	女	1951-06-20	业务员	经济师	大专	1973-03-06	已婚	北京	65805905	1360.00
11	7207	人事部	张淑纺	女	1968-11-09	统计	助理统计师	大专	2001-03-06	已婚	安徽	65761446	960.00
12	7301	财务部	李忠旗	男	1965-02-10	财务总监	高级会计师	大本	1987-01-01	已婚	北京	63035376	2280.00
13	7302	财务部	焦戈	女	1970-02-26	成本主管	高级会计师	大专	1989-11-01	已婚	北京	66032221	2280.00
14	7303	财务部	张进明	男	1974-10-27	会计	助理会计师	大本	1996-07-14	已婚	北京	65430108	960.00
15	7304	财务部	傅华	女	1972-11-29	会计	会计师	大专	1997-09-19	已婚	北京	67624956	1150.00
16	7305	财务部	杨阳	男	1973-03-19	会计	经济师	硕士	1998-12-05	已婚	湖北	65090099	1080.00
17	7306	财务部	任萍	女	1979-10-05	出纳	助理会计师	大本	2004-01-31	未婚	北京	63267813	960.00
18	7401	行政部	郭永红	女	1969-08-24	部门主管	经济师	大本	1993-01-02	已婚	天津	62175686	1360.00
19	7402	行政部	李龙吟	男	1973-02-24	业务员	助理经济师	大专	1992-11-11	未婚	吉林	64041578	1080.00
20	7405	行政部	张玉丹	女	1971-06-11	业务员	经济师	大本	1993-02-25	已婚	北京	65496641	1150.00
21	7406	行政部	周金馨	女	1972-07-07	业务员	经济师	大本	1996-03-24	已婚	北京	65210378	1150.00

图 5-1　拆分窗口

注意：如果要将窗口拆分为左右两个窗格，应选定第一行的某个单元格；如果要将窗口拆分为上下两个窗格，应选定第一列的某个单元格。

如果不再使用拆分的窗口，可以单击菜单“窗口”→“取消拆分”，将其取消。

5.1.3　冻结窗格

对于比较复杂的大型表格，当移动窗口滚动条浏览数据时，往往会将表格中的标题行或标题列移出屏幕，使用户无法搞清楚当前单元格所属的行或列。解决此问题最好的方法是利用 Excel 提供的冻结窗格功能。冻结窗格是将当前单元格以上行和以左列进行冻结，通常用来冻结标题行或标题列，以便通过滚动条来显示工作表其他部分的内容。其具体操作步骤如下。

步骤 1：选定冻结位置。选定作为冻结点的单元格，比如选定 D3 单元格。

步骤 2：冻结窗格。单击菜单“窗口”→“冻结窗格”，Excel 自动将选定单元格以上和以左的所有单元格冻结，并一起保留在屏幕上，如图 5-2 所示。

	A	B	C	D	E	F	G	H	I	J	K	L	M	N
1				人事档案表										
2	序号	部门	姓名	性别	出生日期	职务	职称	学历	参加工作日期	婚姻状况	籍贯	联系电话	基本工资	
3	7101	经理室	黄振华	男	1966-04-10	董事长	高级经济师	大专	1982-11-23	已婚	北京	64000872	2430.00	
4	7102	经理室	尹洪群	男	1958-09-18	总经理	高级工程师	大本	1981-04-18	已婚	山东	65034080	2360.00	
5	7104	经理室	扬灵	男	1973-03-19	副总经理	经济师	博士	2000-12-04	已婚	北京	66314390	1080.00	
6	7107	经理室	沈宁	女	1977-10-02	秘书	工程师	大专	1999-10-23	未婚	北京	64272883	1150.00	
7	7201	人事部	赵文	女	1967-12-30	部门主管	经济师	大本	1991-01-18	已婚	北京	64654756	1360.00	
8	7203	人事部	胡方	男	1949-04-08	业务员	高级经济师	大本	1968-12-24	已婚	四川	61700659	2430.00	
9	7204	人事部	郭新	女	1953-03-26	业务员	经济师	大本	1971-12-12	已婚	北京	67719683	1650.00	
10	7205	人事部	周晓明	女	1951-06-20	业务员	经济师	大专	1973-03-06	已婚	北京	65805905	1360.00	
11	7207	人事部	张淑纺	女	1968-11-09	统计	助理统计师	大专	2001-03-06	已婚	安徽	65761446	960.00	
12	7301	财务部	李忠旗	男	1965-02-10	财务总监	高级会计师	大本	1987-01-01	已婚	北京	63035376	2280.00	
13	7302	财务部	焦戈	女	1970-02-26	成本主管	高级会计师	大专	1989-11-01	已婚	北京	66032221	2280.00	
14	7303	财务部	张进明	男	1974-10-27	会计	助理会计师	大本	1996-07-14	已婚	北京	65430108	960.00	
15	7304	财务部	傅华	女	1972-11-29	会计	会计师	大专	1997-09-19	已婚	北京	67624956	1150.00	
16	7305	财务部	杨阳	男	1973-03-19	会计	经济师	硕士	1998-12-05	已婚	湖北	65090099	1080.00	
17	7306	财务部	任萍	女	1979-10-05	出纳	助理会计师	大本	2004-01-31	未婚	北京	63267813	960.00	
18	7401	行政部	郭永红	女	1969-08-24	部门主管	经济师	大本	1993-01-02	已婚	天津	62175686	1360.00	
19	7402	行政部	李龙吟	男	1973-02-24	业务员	助理经济师	大专	1992-11-11	未婚	吉林	64041578	1080.00	
20	7405	行政部	张玉丹	女	1971-06-11	业务员	经济师	大本	1993-02-25	已婚	北京	65496641	1150.00	
21	7406	行政部	周金馨	女	1972-07-07	业务员	经济师	大本	1996-03-24	已婚	北京	65210378	1150.00	
22	7407	行政部	周新联	男	1975-01-29	业务员	助理经济师	大本	1996-10-15	已婚	北京	64789401	960.00	

人事档案

图 5-2　冻结窗格

从图 5-2 所示可以看到，C 列右侧和第 2 行下方出现了一条实的黑细线，表示 D 列以左和第 3 行以上被冻结，这时当使用滚动条上下或左右滚动时，A、B、C 3 列和第 1、2 行将不会移出窗口。当不再需要冻结窗格时，可以单击菜单“窗口”→“取消冻结窗格”，将其取消。

注意：　冻结窗格与拆分窗口无法在同一工作表上同时使用。

5.2　设置工作表页面

在打印工作表之前，需要对工作表进行页面设置，包括设置页面、设置页边距、设置页眉/页脚、设置打印标题等。下面分别进行介绍。

5.2.1　设置页面

设置页面主要设置待打印工作表所用的纸张大小、打印方向、打印范围和打印质量等。其具体操作步骤如下。

步骤 1：打开“页面设置”对话框。单击菜单“打印”→“页面设置”，在弹出的对话框中单击“页面”选项卡。

步骤 2：设置页面。根据需要对“方向”、“缩放”、“纸张大小”、“打印质量”进行选择，如图 5-3 所示。单击“确定”按钮。

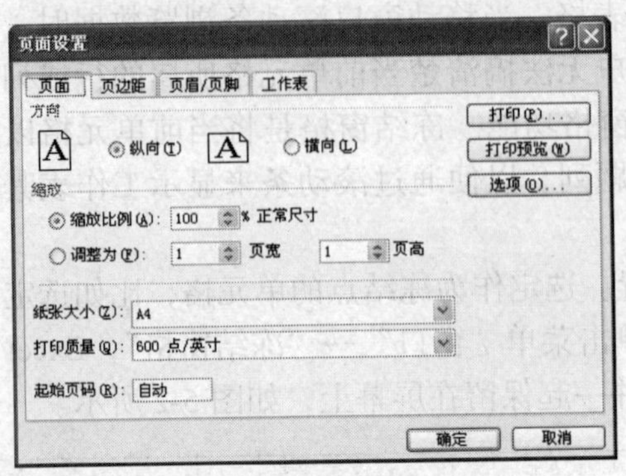

图 5-3 “页面”设置

“页面”选项卡中各选项的功能如表 5-1 所示。

表 5-1 “页面”选项卡中各选项功能

选项	功能
方向	用于指定打印纸的打印方向，可以选择“纵向”或“横向”。系统默认为“纵向”打印
缩放	缩放比例用于指定打印比例，可以输入 10%~400%，也可以通过“调整为”选项调整页宽和页高，其中页宽与页高的调整互不影响。注意，在此指定的是打印的缩放比例，并不影响工作表在屏幕上的显示比例
纸张大小	用于选择所需的打印纸规格
打印质量	用于设置打印质量。点数越大，打印质量越好，但打印时间也越长
起始页码	用于设置要打印工作表的起始页码。页码可以从需要的任何数值开始。若页码从 1 或下一个顺序数字开始，则选择“自动”

5.2.2 设置页边距

页边距是指打印内容的位置与纸边的距离，一般以厘米为单位。设置页边距的操作步骤如下。

步骤 1：打开“页面设置”对话框。单击菜单“打印”→“页面设置”，此时系统弹出“页面设置”对话框，单击“页边距”选项卡。

步骤 2：设置页边距。根据需要分别在“上”、“下”、“左”、“右”等微调框中输入相应的值，并对“居中方式”选项进行选择。单击“确定”按钮。

5.2.3 设置页眉/页脚

页眉用来显示每一页顶部的信息，通常包括标题的名称等内容；页脚用来显示每一页底部的信息，通常包括页数、打印日期或打印时间等。Excel 提供了许多预定义的页眉/页脚格式，例如页码、日期、时间、文件名、工作表标签名等。如果希望使用 Excel 提供的页眉/页脚格式，可以单击“页眉”或“页脚”右侧的下拉箭头，并从弹出的下拉列表中选择一个合适的页眉或页脚。如果希望设置个性化的页眉或页脚，可按以下步骤进行操作。

步骤 1：打开“页面设置”对话框。单击菜单“打印”→“页面设置”，此时弹出“页面设置”对话框，单击“页眉/页脚”选项卡。

步骤 2：设置页眉/页脚。若自定义页眉，则单击“自定义页眉”按钮，在弹出的“页眉”对话框的“左”、“中”、“右”编辑框中输入希望显示的内容。若自定义页脚，则单击“自定义页脚”按钮，在弹出的“页脚”对话框的“左”、“中”、“右”编辑框中输入希望显示的内容，如图 5-4 所示。单击“确定”按钮。

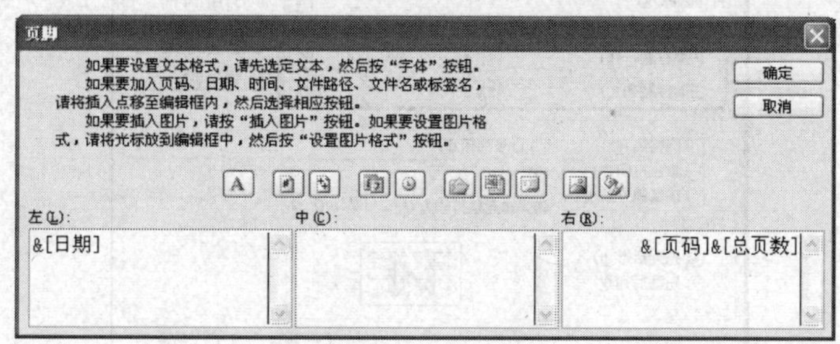

图 5-4　自定义页脚

自定义页眉/页脚时，需要打开“页眉”或“页脚”对话框。该对话框中各工具按钮的功能如表 5-2 所示。

表 5-2　“页眉”或“页脚”对话框中各工具按钮的功能

按钮	代码	功能
A	无	设置选定文本的字体、大小、字形和下划线等
	&[页码]	用于插入页号
	&[总页数]	用于插入总页数
	&[日期]	用于插入日期
	&[时间]	用于插入时间
	&[路径]&[文件]	用于插入文件所在位置路径名及文件名
	&[文件]	用于插入文件名
	&[标签名]	用于插入工作表标签名
	&[图片]	用于插入图片
	无	用于编辑所选图片

5.2.4　设置打印标题

如果需要打印的工作表比较大，那么工作表将被打印在多页上，这样有些页可能不显示标题行，有些页可能不显示标题列，而有些页可能只显示数据项。本章 5.1.3 小节介绍了利用冻结窗格功能固定显示标题行或标题列，但此方法对打印没有任何影响，如果需要在打印时，能够在每页的顶端或左端打印出标题，可以通过设置打印标题来实现。其具体操作步骤如下。

步骤 1：打开“页面设置”对话框。单击菜单“文件”→“页面设置”，弹出“页面设置”

对话框，单击“工作表”选项卡。

步骤 2：设置重复打印的标题行或标题列。如果需要指定在顶部重复一行或连续几行，则单击“项端标题行”框右侧的“折叠”按钮，然后在工作表中进行相应的选定；如果需要指定在左侧重复一列或连续几列，则单击“左端标题列”框右侧的“折叠”按钮，然后在工作表中进行相应的选定。选定结果如图 5-5 所示。

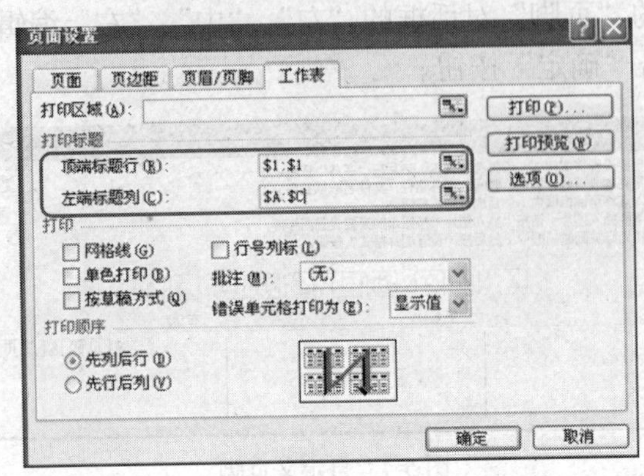

图 5-5　设置重复的标题行和标题列

步骤 3：结束设置。单击“确定”按钮，关闭“页面设置”对话框。

这样当打印的内容一页打不下时，每页都会在页面上方和左侧打印出指定的标题行和标题列的内容。

5.3　打印工作表

在完成了各项页面设置后，就可以打印工作表了。打印工作表时，可以打印指定的区域，也可以打印指定的工作表或整个工作簿。但是在打印之前，应先对设置后的工作表进行打印预览，待满意后再进行打印。

5.3.1　设置打印区域

如果需要打印工作表中某部分数据，可以设置打印区域。设置打印区域有很多方法，可以直接使用菜单命令选取部分区域进行打印；也可以通过“页面设置”对话框中的“工作表”选项卡进行设置；还可以在打印时设置打印区域。

1. 使用“设置打印区域”菜单命令

这种方法可以直接打印选定的单元格区域。其具体操作步骤如下。

步骤 1：选定打印区域。使用鼠标选定待打印的单元格区域。

步骤 2：设置打印区域。单击菜单“文件”→“打印区域”→“设置打印区域”。此时，选定的单元格区域即被设置为被打印的区域，同时单元格区域会出现虚线框。

注意：　打印区域既可以是工作表中一个连续的单元格区域，也可以是不连续的几个单元格区域。如果打印区域设置为工作表中几个不连续的单元格区域，则每个区域将被打印在不同的页上，并且 Excel 按顺序打印所设定的多个打印区域。

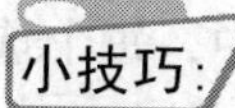

如果希望将多个不连续的行或列打印在同一页上，可以先将不需要打印的行或列隐藏起来，然后再打印工作表。其操作步骤如下。

步骤 1：选定待隐藏的行或列。按住【Ctrl】键，使用鼠标选定待隐藏的行或列。

步骤 2：隐藏数据。单击菜单“格式”→“行”/“列”→“隐藏”。

取消设置打印区域的方法是：单击菜单“文件”→“打印区域”→“取消打印区域”。取消后，工作表又恢复到全部内容都可以打印的状态。

2. 使用“页面设置”对话框

可以使用“页面设置”对话框中的“工作表”选项卡来设置打印区域。其操作步骤如下。

步骤 1：打开“页面设置”对话框。单击菜单“文件”→“页面设置”，弹出“页面设置”对话框，单击“工作表”选项卡。

步骤 2：设置打印区域。在“打印区域”文本框中输入待打印单元格区域地址。若需打印多个单元格区域，则在输入时使用逗号（，）将待打印单元格区域地址分开。也可以单击“打印区域”文本框右侧的“折叠”按钮，使用鼠标选定待打印的单元格区域，如图 5-6 所示。

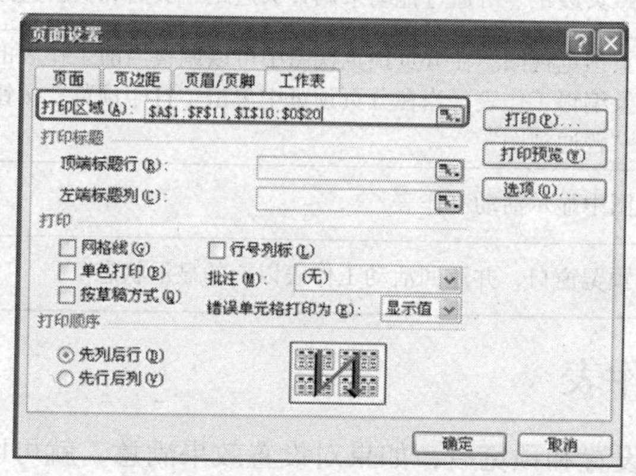

图 5-6 设置打印区域

步骤 3：结束设置。单击“确定”按钮。

3. 使用“打印内容”对话框

打印工作表中指定区域的另一种方法是在“打印内容”对话框中进行设置。其操作步骤如下。

步骤 1：选定打印区域。选定待打印的单元格区域。

步骤 2：打开“打印内容”对话框。单击菜单“文件”→“打印”，打开“打印内容”对话框。

步骤 3：设置打印区域。在对话框的“打印内容”选项中选择“选定区域”单选按钮，然后单击“确定”按钮。

5.3.2 打印预览

页面设置完成后，在打印之前，还应利用打印预览功能查看打印的模拟效果，通过预览，可以更精细地设置打印效果，直到满意后再打印。在打开的“页面设置”对话框中，每个选项卡里都有“打印预览”命令按钮。也可以单击“常用”工具栏中的“打印预览”按钮，还可以选择“文件”菜单中的“打印预览”命令。打印预览窗口中包含有许多工具按钮，每个按钮的功能如表 5-3 所示。

表 5-3 “扫印预览”窗口中各工具按钮的功能

按钮	功能
下一页(N)	显示要打印的下一页。如果选择了多张工作表并且当显示选定工作表的最后一页时单击了“下一页”，那么 Excel 将显示下一张选定工作表的第一页
上一页(P)	显示要打印的上一页。如果选择了多张工作表并且当显示选定工作表的第一页时单击了“上一页”，那么 Excel 将显示上一张选定工作表的最后一页
缩放(Z)	在放大和缩小视图之间切换。“缩放”功能并不影响实际打印时的大小
打印(T)...	设置打印选项，然后打印所选工作表
设置(S)...	设置用于控制打印工作表外观的选项
页边距(M)	显示或隐藏页边距。可通过拖动来调整页边距、页眉和页脚边距以及列宽的操作柄
分页预览(V)	切换到分页预览视图。在分页预览视图中可以调整当前工作表的分页符，可以调整打印区域的大小以及编辑工作表。当在分页预览中单击“打印预览”按钮时，按钮名称会由“分页预览”变为“普通视图”
普通视图(V)	在普通视图中显示活动工作表
关闭(C)	关闭打印预览窗口，并返回活动工作表以前的显示状态

5.3.3 打印工作表

对工作表进行页面设置和预览后，如果对设置效果满意，就可以进行打印。打印时，可以打印整个工作簿，也可以打印部分工作表，还可以打印多份相同的工作表。

1. 打印整个工作簿

如果需要打印当前工作簿中的所有工作表，可以按以下步骤进行操作。

步骤 1：打开“打印内容”对话框。

步骤 2：设置打印区域。在“打印内容”对话框的“打印内容”选项中，选择“整个工作簿”单选按钮。

步骤 3：执行打印操作。单击“确定”按钮，系统将执行打印操作。

2. 打印部分工作表

如果希望打印工作簿上的某几张工作表，可以在按住【Ctrl】键的同时，逐个单击待打印的工作表的标签，然后单击“常用”工具栏上的“打印”按钮。

如果希望打印的多张工作表具有连续的页码，则可按以下步骤进行设置。

步骤 1：选定待打印的工作表。

步骤 2：打开“页面设置”对话框。单击菜单“文件”→“页面设置”，弹出“页面设置”对话框，单击“页眉/页脚”选项卡。

步骤 3：设置页码。单击“自定义页眉”或“自定义页脚”按钮，在弹出的对话框的“左”、“中”或“右”编辑框中插入页码。

步骤 4：结束设置。单击“确定”按钮，关闭“页眉”或“页脚”对话框；单击“确定”按钮，关闭“页面设置”对话框。

3. 打印多份相同的工作表

如果需要打印多份相同的工作表，可按以下步骤进行设置。

步骤 1：打开“打印内容”对话框。

步骤 2：设置打印份数。在“打印内容”对话框的“打印份数”微调框中输入待打印的份数，如图 5-7 所示。单击“确定”按钮。

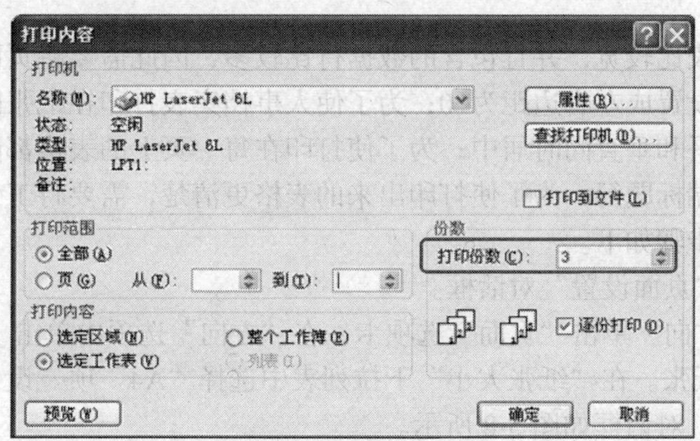

图 5-7 设置打印份数

“打印内容”对话框中各选项的功能如表 5-4 所示。

表 5-4 “打印内容”对话框各选项的功能

选项组	选项	功能
打印范围	全部	打印工作表中的所有页数
	页	打印工作表中指定的页，必须输入要打印的页码，即在其右侧的“从”微调框中输入起始页码，在“到”微调框中输入结束页码
打印内容	选定区域	仅打印工作表中选定的单元格和对象
	选定工作表	打印选定的每一张工作表。工作簿中的每一张工作表均另起新页。如果为工作表指定了打印区域，则仅打印该打印区域。如果选择了图表对象，则该选项将更改为“选定图表”
	整个工作簿	打印工作簿中包含数据的所有工作表。如果为工作表指定了打印区域，则仅打印指定的打印区域
份数	打印份数	指定要打印的份数
	逐份打印	打印多份文档时，按页码顺序打印文档。上一份文档全部打印完成后再打印下一份文档

5.4 应用实例——打印人事档案表

打印人事档案是人事档案管理比较基础也是经常性的工作。比如，有时需要打印某部门职工的人事档案信息，有时需要打印所有职工的人事档案信息等。一般在打印前，应根据需要对打印的工作表进行页面等相关设置，然后再进行打印。本节将通过对人事档案表进行打印设置，进一步介绍 Excel 有关打印设置操作的方法和技巧。

5.4.1 设置人事档案表页面

Excel 的页面设置和 Word 类似，但是在某些方面比 Word 功能更为复杂，主要包括页面、页边距、页眉/页脚和工作表的设置。下面将重点对人事档案表的页面、页边距和工作表进行设置。

由于人事档案表比较宽，并且包含的数据行比较多，因此需要将页面设置成 A4 纸、横向打印，将页边距设置成左右边距为 0；为了使人事档案表打印在纸张的正中位置，需要将居中方式设置为水平和垂直同时居中；为了使打印在每一页上的表格都能够显示出第一行的标题，需要设置顶端标题行；为了使打印出来的表格更清楚，需要将工作表加上网格线。完成这些设置的操作步骤如下。

步骤 1：打开“页面设置”对话框。

步骤 2：设置方向。单击“页面”选项卡，在“方向”选项中单击“横向”单选按钮。

步骤 3：设置纸张。在“纸张大小”下拉列表中选择“A4”项。设置完毕的“页面”选项卡的“页面设置”对话框如图 5-8 所示。

步骤 4：设置页边距。单击“页边距”选项卡，将“左”、“右”两项设置为“0”。

步骤 5：设置居中方式。在“居中方式”选项中，勾选“水平”和“垂直”复选框。设置完毕后的“页边距”选项卡的“页面设置”对话框如图 5-9 所示。

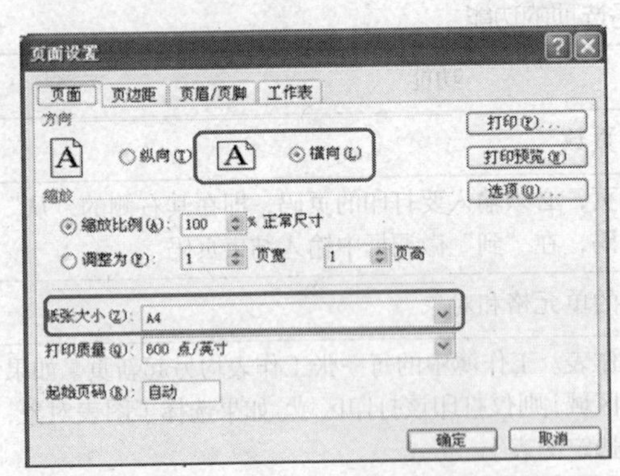

图 5-8 “页面”选项卡设置结果

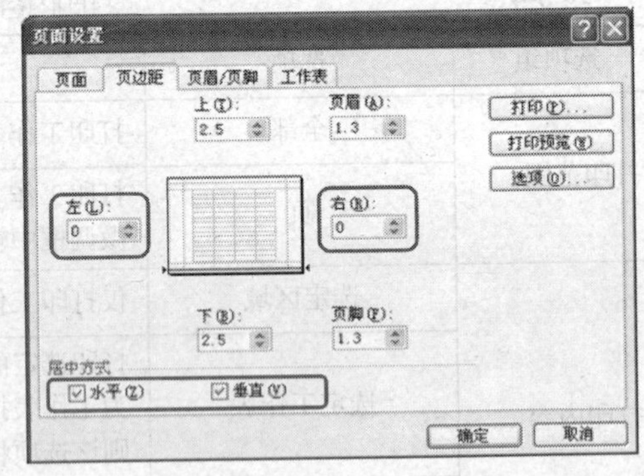

图 5-9 “页边距”选项卡设置结果

步骤 5：设定顶端标题行。单击“工作表”选项卡，单击“顶端标题行”右侧的“折叠”按钮，选择“人事档案”工作表的第 1 行。

步骤 6：设置网格线。勾选“打印”选项中的“网格线”复选框。设置完毕的“工作表”选项卡的“页面设置”对话框如图 5-10 所示。

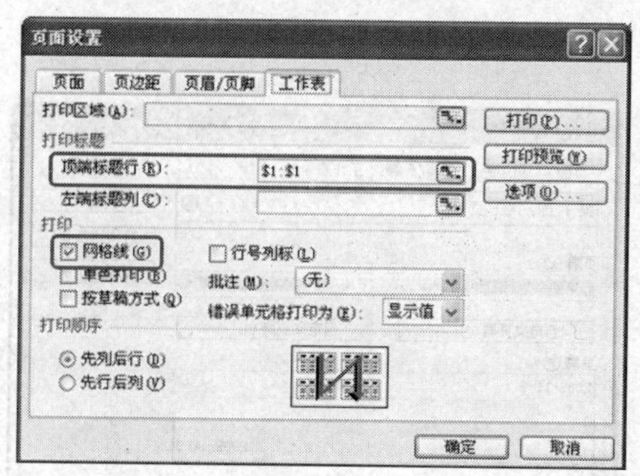

图 5-10　“工作表”选项卡设置结果

步骤 7：结束设置。单击“确定”按钮，关闭“页面设置”对话框。

5.4.2　设置人事档案表页眉和页脚

由于“人事档案”表由多页组成，为了便于装订，也为了使整个表的布局显得更加专业，设置每页的左上角显示“第*页 共*页”字样，每页的右上角显示某学校 LOGO，并在所设置内容的下方显示一条横线；同时设置每页的右下角为打印日期。其具体操作步骤如下。

步骤 1：绘制直线。打开 Windows 的“画图”程序，使用直线工具画一条长度合适的直线，将其以 BMP 格式保存到磁盘上。

步骤 2：打开“页面设置”对话框。单击菜单“文件”→“页面设置”，这时将弹出“页面设置”对话框，单击“页眉/页脚”选项卡。

步骤 3：设置页眉。单击“页眉”下拉列表框的下拉按钮，从中选择“第 1 页，共? 页”选项；单击“自定义页眉”按钮，弹出“页眉”对话框，将“中”编辑框中的内容移至“左”编辑框中，将光标定位到“中”编辑框中，按一次【Enter】键，然后单击“插入图片”按钮，在弹出的“插入图片”对话框中选择已制作的直线图片，单击“插入”按钮；将光标定位到“右”编辑框中，单击“插入图片”按钮，在弹出的“插入图片”对话框中选择已存在的 LOGO 图片，单击“插入”按钮；设置结果如图 5-11 所示。单击“确定”按钮。

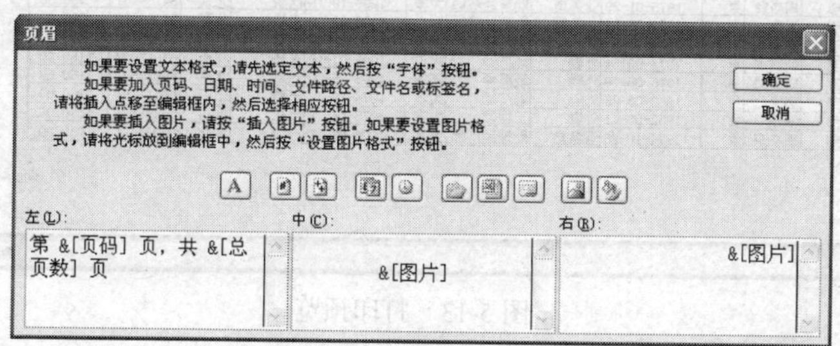

图 5-11　页眉设置结果

注意：　插入图片后，如果有需要，可以单击“设置图片”按钮对图片进行设置。

步骤 4：设置页脚。由于 Excel 预设的页脚中没有所需的格式，因此单击“自定义页脚”按钮，弹出“页脚”对话框。将光标定位到“右”编辑框中，单击“系统日期”按钮，然后单击“确定”按钮。设置完毕后的“页眉/页脚”选项卡的“页面设置”对话框如图

5-12 所示。

页面设置
页面 页边距 页眉/页脚 工作表
第 1 页，共 1 页
打印(P)...
打印预览(W)
选项(O)...
页眉(A):
第 1 页，共 ? 页, &[图片], &[图片]
自定义页眉(C)...
自定义页脚(U)...
页脚(F):
2009-11-9
2009-11-9
确定 取消

图 5-12 "页眉/页脚"选项卡设置结果

5.4.3 打印预览人事档案表

完成上述设置后，在打印之前，还应预览打印的效果。打印预览效果如图 5-13 所示。

Microsoft Excel - 人事档案.xls
下一页(N) 上一页(P) 缩放(Z) 打印(T)... 设置(S)... 页边距(M) 分页预览(V) 关闭(C) 帮助(H)

第 1 页,共 6 页

人事档案表

序号	部门	姓名	性别	出生日期	职务	职称	学历	参加工作日期	婚姻状况	籍贯	联系电话	基本工资
7101	经理室	黄振华	男	1966-04-10	董事长	高级经济师	大专	1982-11-23	已婚	北京	64000872	2430.00
7102	经理室	尹洪群	男	1958-09-18	总经理	高级工程师	大本	1981-04-18	已婚	山东	65034080	2360.00
7104	经理室	扬灵	男	1973-03-19	副总经理	经济师	博士	2000-12-04	已婚	北京	66314390	1080.00
7107	经理室	沈宁	女	1977-10-02	秘书	工程师	大专	1999-10-23	未婚	北京	64272883	1150.00
7201	人事部	赵文	女	1967-12-30	部门主管	经济师	大本	1991-01-18	已婚	北京	64654756	1360.00
7203	人事部	胡方	男	1949-04-08	业务员	高级经济师	大本	1968-12-24	已婚	四川	61700659	2430.00
7204	人事部	郭新	女	1953-03-26	业务员	经济师	大本	1971-12-12	已婚	北京	67719683	1650.00
7205	人事部	周晓明	女	1951-06-20	业务员	经济师	大专	1973-03-06	已婚	北京	65805905	1360.00
7207	人事部	张淑纺	女	1968-11-09	统计	助理统计师	大专	2001-03-06	已婚	安徽	65761446	960.00
7301	财务部	李忠旗	男	1965-02-10	财务总监	高级会计师	大本	1987-01-01	已婚	北京	63035376	2280.00
7302	财务部	焦戈	女	1970-02-26	成本主管	高级会计师	大专	1989-11-01	已婚	北京	66032221	2280.00
7303	财务部	张进明	男	1974-10-27	会计	助理会计师	大本	1996-07-14	已婚	北京	65430108	960.00
7304	财务部	傅华	女	1972-11-29	会计	会计师	大专	1997-09-19	已婚	北京	67624956	1150.00
7305	财务部	杨阳	男	1973-03-19	会计	经济师	硕士	1998-12-05	已婚	湖北	65090099	1080.00
7306	财务部	任萍	女	1979-10-05	出纳	助理会计师	大本	2004-01-31	未婚	北京	63267813	960.00
7401	行政部	郭永红	女	1969-08-24	部门主管	经济师	大本	1993-01-02	已婚	天津	62175686	1360.00
7402	行政部	李龙吟	男	1973-02-24	业务员	助理经济师	大专	1992-11-11	未婚	吉林	64041578	1080.00
7405	行政部	张玉丹	女	1971-06-11	业务员	经济师	大本	1993-02-25	已婚	北京	65496641	1150.00
7406	行政部	周金馨	女	1972-07-07	业务员	经济师	大本	1996-03-24	已婚	北京	65210378	1150.00
7407	行政部	周新联	男	1975-01-29	业务员	助理经济师	大本	1996-10-15	已婚	北京	64789401	960.00
7408	行政部	张玫	女	1984-08-04	业务员	助理经济师	硕士	2008-08-10	未婚	北京	64366059	960.00
7501	公关部	安晋文	男	1971-03-31	部门主管	高级经济师	大专	1995-02-28	已婚	陕西	65910605	2430.00
7502	公关部	刘润杰	男	1973-08-31	外勤	经济师	大本	1998-01-16	未婚	河南	67017027	1150.00
7503	公关部	胡大冈	男	1975-05-19	外勤	经济师	高中	1995-05-10	已婚	北京	65966501	1150.00
7504	公关部	高俊	男	1952-03-26	外勤	经济师	大本	1974-12-12	已婚	山东	66111151	1360.00
7505	公关部	张乐	女	1952-08-11	外勤	工程师	大本	1975-04-29	已婚	四川	66495881	1650.00
7506	公关部	李小东	女	1974-10-28	业务员	助理经济师	大本	1996-07-15	已婚	湖北	64934471	960.00

2009-12-7

打印预览：第 1 页 共 6 页 数字

图 5-13 打印预览

单击预览窗口中的"下一页"、"上一页"命令按钮，可浏览其他页面。可以看到设置的顶端标题行显示在每一页的上端。

如果希望将不同部门的人事档案表分别打印在不同的页面上，可以利用分页预览视图进行调整。其具体操作步骤如下。

步骤 1：进入分页预览视图。在打印预览窗口中单击"分页预览"按钮，这时将进入"分页预览"视图，如图 5-14 所示。

步骤 2：按部门分页。在“分页预览”中显示的蓝色虚线就是 Excel 设置的分页符。可以用鼠标拖曳分页符（蓝色虚线）到适当的位置。这里将第 2 页下面的分页符拖曳到第 5 行（经理室的最后一行）下面。类似地，在其他部门之间设置人工分页符。结果如图 5-15 所示。

人事档案表

	序号	部门	姓名	性别	出生日期	职务	职称	学历	参加工作日期	婚姻状况	籍贯	联系电话	基本工资
3	7101	经理室	黄振华	男	1966-04-10	董事长	高级经济师	大专	1982-11-23	已婚	北京	64000872	2430.00
4	7102	经理室	尹洪群	男	1958-09-18	总经理	高级工程师	大本	1981-04-18	已婚	山东	65034080	2360.00
5	7104	经理室	杨灵	男	1973-03-19	副总经理	经济师	博士	2000-12-04	已婚	北京	66314390	1080.00
6	7107	经理室	沈宁	女	1977-10-02	秘书	工程师	大专	1999-10-23	未婚	北京	64272883	1150.00
7	7201	人事部	赵文	女	1967-12-30	部门主管	经济师	大本	1991-01-18	已婚	北京	64654756	1360.00
8	7203	人事部	胡方	男	1949-04-08	业务员	高级经济师	大本	1968-12-24	已婚	四川	61700659	2430.00
9	7204	人事部	郭新	女	1953-03-26	业务员	经济师	大本	1971-12-12	已婚	北京	67719683	1650.00
10	7205	人事部	周晓明	女	1951-06-20	业务员	经济师	大专	1973-03-06	已婚	北京	65805905	1360.00
11	7207	人事部	张淑纺	女	1968-11-09	统计	助理统计师	大专	2001-03-06	已婚	安徽	65761446	960.00
12	7301	财务部	李忠旗	男	1965-02-10	财务总监	高级会计师	大本	1987-01-01	已婚	北京	63035376	2280.00
13	7302	财务部	焦戈	女	1970-02-26	成本主管	高级会计师	大专	1989-11-01	已婚	北京	66032221	2280.00
14	7303	财务部	张进明	男	1974-10-27	会计	助理会计师	大本	1996-07-14	已婚	北京	65430108	960.00
15	7304	财务部	傅华	女	1972-11-29	会计	会计师	大专	1997-09-19	已婚	北京	67624956	1150.00
16	7305	财务部	杨阳	男	1973-03-19	会计	经济师	硕士	1998-12-05	已婚	湖北	65090099	1080.00
17	7306	财务部	任萍	女	1979-10-05	出纳	助理会计师	大本	2004-01-31	未婚	北京	63267813	960.00
18	7401	行政部	郭永红	女	1969-08-24	部门主管	经济师	大本	1993-01-02	已婚	天津	62175686	1360.00
19	7402	行政部	李龙吟	男	1973-02-24	业务员	助理经济师	大专	1992-11-11	未婚	吉林	64041578	1080.00
20	7405	行政部	张玉丹	女	1971-06-11	业务员	经济师	大本	1993-02-25	已婚	北京	65496641	1150.00
21	7406	行政部	周金馨	女	1972-07-07	业务员	经济师	大本	1996-03-24	已婚	北京	65210378	1150.00
22	7407	行政部	周新联	男	1975-01-29	业务员	助理经济师	大本	1996-10-15	已婚	北京	64789401	960.00
23	7408	行政部	张玟	女	1984-08-04	业务员	助理经济师	硕士	2008-08-10	未婚	北京	64366059	960.00
24	7501	公关部	安晋文	男	1971-03-31	部门主管	高级经济师	大专	1995-02-28	已婚	陕西	65910605	2430.00
25	7502	公关部	刘润杰	男	1973-08-31	外勤	经济师	大本	1998-01-16	未婚	河南	67017027	1150.00
26	7503	公关部	胡大冈	男	1975-05-19	外勤	经济师	高中	1995-05-10	已婚	北京	65966501	1150.00
27	7504	公关部	高俊	男	1952-03-26	外勤	经济师	大本	1974-12-12	已婚	山东	66111151	1360.00
28	7505	公关部	张乐	女	1952-08-11	外勤	工程师	大本	1975-04-29	已婚	四川	66495881	1650.00
29	7506	公关部	李小东	女	1974-10-28	业务员	助理经济师	大本	1996-07-15	已婚	湖北	64934471	960.00
30	7507	公关部	王霞	女	1983-03-20	业务员	经济师	硕士	2006-12-05	未婚	安徽	66394348	1080.00
31	7601	项目一部	张宏	男	1970-12-21	部门主管	工程师	大本	1994-01-05	未婚	北京	66018871	1150.00
32	7603	项目一部	沈核	男	1947-07-21	项目监察	高级工程师	大本	1965-04-06	已婚	陕西	61704598	2360.00
33	7604	项目一部	王利华	女	1953-07-20	项目监察	高级工程师	大专	1970-04-06	已婚	四川	69252039	2360.00
34	7605	项目一部	靳晋复	女	1953-02-17	项目监察	高级经济师	大本	1970-11-05	已婚	山东	61501719	2430.00
35	7606	项目一部	宛平	男	1949-06-19	业务员	经济师	大本	1971-03-07	已婚	北京	66452531	1650.00
36	7607	项目一部	李震	女	1954-03-26	业务员	经济师	大专	1971-12-12	已婚	北京	66295786	1650.00
37	7608	项目一部	魏海为	男	1960-09-11	业务员	工程师	大本	1985-05-29	已婚	北京	66213429	1360.00
38	7609	项目一部	盛代国	男	1962-09-29	业务员	工程师	大本	1985-06-16	已婚	湖北	66885107	1360
39	7610	项目一部	束维昌	男	1967-09-07	业务员	工程师	中专	1987-05-27	已婚	湖北	63021549	1360
40	7611	项目一部	谭文广	男	1969-01-01	项目监察	高级工程师	初中	1987-09-03	已婚	四川	65257851	2360
41	7612	项目一部	邢林	女	1965-10-26	业务员	工程师	大本	1988-07-13	已婚	四川	67881751	1360
42	7613	项目一部	张山	男	1973-03-19	业务员	助理工程师	大专	1992-12-04	已婚	安徽	64454694	960
43	7616	项目一部	李仪	女	1972-07-30	业务员	工程师	大本	1996-04-16	已婚	北京	65099351	1150
44	7617	项目一部	陈江川	男	1971-06-11	业务员	经济师	大本	1997-02-25	已婚	山东	66862927	1150
45	7618	项目一部	彭平利	男	1972-07-07	业务员	经济师	大本	1998-03-24	已婚	北京	67215758	1150
46	7619	项目一部	李进	男	1975-01-29	业务员	工程师	博士	2002-10-16	已婚	湖北	67702600	1080

人事档案

图 5-14 分页预览

人事档案表

	序号	部门	姓名	性别	出生日期	职务	职称	学历	参加工作日期	婚姻状况	籍贯	联系电话	基本工资
3	7101	经理室	黄振华	男	1966-04-10	董事长	高级经济师	大专	1982-11-23	已婚	北京	64000872	2430.00
4	7102	经理室	尹洪群	男	1958-09-18	总经理	高级工程师	大本	1981-04-18	已婚	山东	65034080	2360.00
5	7104	经理室	杨灵	男	1973-03-19	副总经理	经济师	博士	2000-12-04	已婚	北京	66314390	1080.00
6	7107	经理室	沈宁	女	1977-10-02	秘书	工程师	大专	1999-10-23	未婚	北京	64272883	1150.00
7	7201	人事部	赵文	女	1967-12-30	部门主管	经济师	大本	1991-01-18	已婚	北京	64654756	1360.00
8	7203	人事部	胡方	男	1949-04-08	业务员	高级经济师	大本	1968-12-24	已婚	四川	61700659	2430.00
9	7204	人事部	郭新	女	1953-03-26	业务员	经济师	大本	1971-12-12	已婚	北京	67719683	1650.00
10	7205	人事部	周晓明	女	1951-06-20	业务员	经济师	大专	1973-03-06	已婚	北京	65805905	1360.00
11	7207	人事部	张淑纺	女	1968-11-09	统计	助理统计师	大专	2001-03-06	已婚	安徽	65761446	960.00
12	7301	财务部	李忠旗	男	1965-02-10	财务总监	高级会计师	大本	1987-01-01	已婚	北京	63035376	2280.00
13	7302	财务部	焦戈	女	1970-02-26	成本主管	高级会计师	大专	1989-11-01	已婚	北京	66032221	2280.00
14	7303	财务部	张进明	男	1974-10-27	会计	助理会计师	大本	1996-07-14	已婚	北京	65430108	960.00
15	7304	财务部	傅华	女	1972-11-29	会计	会计师	大专	1997-09-19	已婚	北京	67624956	1150.00
16	7305	财务部	杨阳	男	1973-03-19	会计	经济师	硕士	1998-12-05	已婚	湖北	65090099	1080.00
17	7306	财务部	任萍	女	1979-10-05	出纳	助理会计师	大本	2004-01-31	未婚	北京	63267813	960.00
18	7401	行政部	郭永红	女	1969-08-24	部门主管	经济师	大本	1993-01-02	已婚	天津	62175686	1360.00
19	7402	行政部	李龙吟	男	1973-02-24	业务员	助理经济师	大专	1992-11-11	未婚	吉林	64041578	1080.00
20	7405	行政部	张玉丹	女	1971-06-11	业务员	经济师	大本	1993-02-25	已婚	北京	65496641	1150.00
21	7406	行政部	周金馨	女	1972-07-07	业务员	经济师	大本	1996-03-24	已婚	北京	65210378	1150.00
22	7407	行政部	周新联	男	1975-01-29	业务员	助理经济师	大本	1996-10-15	已婚	北京	64789401	960.00
23	7408	行政部	张玟	女	1984-08-04	业务员	助理经济师	硕士	2008-08-10	未婚	北京	64366059	960.00
24	7501	公关部	安晋文	男	1971-03-31	部门主管	高级经济师	大专	1995-02-28	已婚	陕西	65910605	2430.00
25	7502	公关部	刘润杰	男	1973-08-31	外勤	经济师	大本	1998-01-16	未婚	河南	67017027	1150.00
26	7503	公关部	胡大冈	男	1975-05-19	外勤	经济师	高中	1995-05-10	已婚	北京	65966501	1150.00
27	7504	公关部	高俊	男	1952-03-26	外勤	经济师	大本	1974-12-12	已婚	山东	66111151	1360.00
28	7505	公关部	张乐	女	1952-08-11	外勤	工程师	大本	1975-04-29	已婚	四川	66495881	1650.00
29	7506	公关部	李小东	女	1974-10-28	业务员	助理经济师	大本	1996-07-15	已婚	湖北	64934471	960.00
30	7507	公关部	王霞	女	1983-03-20	业务员	经济师	硕士	2006-12-05	未婚	安徽	66394348	1080.00
31	7601	项目一部	张宏	男	1970-12-21	部门主管	工程师	大本	1994-01-05	未婚	北京	66018871	1150.00
32	7603	项目一部	沈核	男	1947-07-21	项目监察	高级工程师	大本	1965-04-06	已婚	陕西	61704598	2360.00
33	7604	项目一部	王利华	女	1953-07-20	项目监察	高级工程师	大专	1970-04-06	已婚	四川	69252039	2360.00
34	7605	项目一部	靳晋复	女	1953-02-17	项目监察	高级经济师	大本	1970-11-05	已婚	山东	61501719	2430.00
35	7606	项目一部	宛平	男	1949-06-19	业务员	经济师	大本	1971-03-07	已婚	北京	66452531	1650.00
36	7607	项目一部	李震	女	1954-03-26	业务员	经济师	大专	1971-12-12	已婚	北京	66295786	1650.00
37	7608	项目一部	魏海为	男	1960-09-11	业务员	工程师	大本	1985-05-29	已婚	北京	66213429	1360.00
38	7609	项目一部	盛代国	男	1962-09-29	业务员	工程师	大本	1985-06-16	已婚	湖北	66885107	1360
39	7610	项目一部	束维昌	男	1967-09-07	业务员	工程师	中专	1987-05-27	已婚	湖北	63021549	1360
40	7611	项目一部	谭文广	男	1969-01-01	项目监察	高级工程师	初中	1987-09-03	已婚	四川	65257851	2360
41	7612	项目一部	邢林	女	1965-10-26	业务员	工程师	大本	1988-07-13	已婚	四川	67881751	1360
42	7613	项目一部	张山	男	1973-03-19	业务员	助理工程师	大专	1992-12-04	已婚	安徽	64454694	960
43	7616	项目一部	李仪	女	1972-07-30	业务员	工程师	大本	1996-04-16	已婚	北京	65099351	1150
44	7617	项目一部	陈江川	男	1971-06-11	业务员	经济师	大本	1997-02-25	已婚	山东	66862927	1150
45	7618	项目一部	彭平利	男	1972-07-07	业务员	经济师	大本	1998-03-24	已婚	北京	67215758	1150
46	7619	项目一部	李进	男	1975-01-29	业务员	工程师	博士	2002-10-16	已婚	湖北	67702600	1080

人事档案

图 5-15 按部门分页预览

需要结束“分页预览”视图时，只要单击菜单“视图”→“普通”，即可返回到普通视图。按部门设置好分页的人事档案表，其最后一页的打印预览窗口如图 5-16 所示。

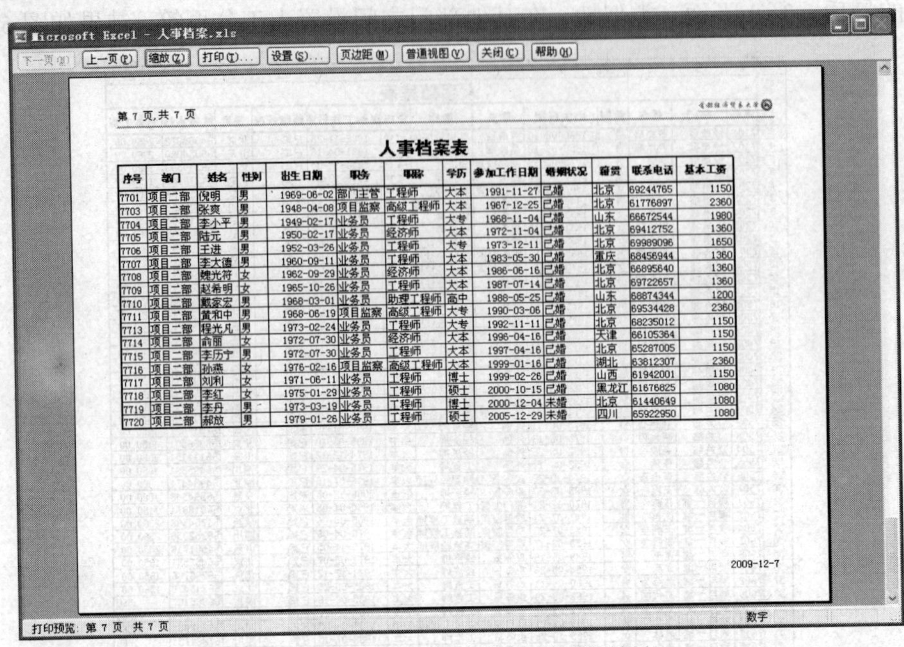

人事档案表

序号	部门	姓名	性别	出生日期	职务	职称	学历	参加工作日期	婚姻状况	籍贯	联系电话	基本工资
7701	项目二部	倪明	男	1969-06-02	部门主管	工程师	大本	1991-11-27	已婚	北京	69244765	1150
7703	项目二部	张爽	男	1948-04-08	项目监察	高级工程师	大本	1967-12-25	已婚	北京	61776897	2360
7704	项目二部	李小平	男	1949-02-17	业务员	工程师	大专	1968-11-04	已婚	山东	66672544	1980
7705	项目二部	陆元	男	1950-02-17	业务员	经济师	大本	1972-11-04	已婚	北京	69412752	1360
7706	项目二部	王进	男	1952-03-26	业务员	工程师	大专	1973-12-11	已婚	北京	69989096	1650
7707	项目二部	李大德	男	1960-09-11	业务员	工程师	大本	1983-05-30	已婚	重庆	68456944	1360
7708	项目二部	魏光符	女	1962-09-29	业务员	经济师	大本	1986-06-16	已婚	北京	66895640	1360
7709	项目二部	赵希明	女	1965-10-26	业务员	工程师	大本	1987-07-14	已婚	北京	69722657	1360
7710	项目二部	戴家宏	男	1968-03-01	业务员	助理工程师	高中	1988-05-25	已婚	山东	68874344	1200
7711	项目二部	黄和中	男	1968-06-19	项目监察	高级工程师	大专	1990-03-06	已婚	北京	69534428	2360
7713	项目二部	程光凡	男	1973-02-24	业务员	工程师	大专	1992-11-11	已婚	北京	68235012	1150
7714	项目二部	俞丽	女	1972-07-30	业务员	经济师	大本	1996-04-16	已婚	天津	66105364	1150
7715	项目二部	李历宁	男	1972-07-30	业务员	工程师	大本	1997-04-16	已婚	北京	65287005	1150
7716	项目二部	孙燕	女	1976-02-16	项目监察	高级工程师	大本	1999-01-16	已婚	湖北	63812307	2360
7717	项目二部	刘利	女	1971-06-11	业务员	工程师	博士	1999-02-26	已婚	山西	61942001	1150
7718	项目二部	李红	女	1975-01-29	业务员	工程师	硕士	2000-10-15	已婚	黑龙江	61676825	1080
7719	项目二部	李丹	男	1973-03-19	业务员	工程师	博士	2000-12-04	未婚	北京	61440649	1080
7720	项目二部	郝放	男	1979-01-26	业务员	工程师	硕士	2005-12-29	未婚	四川	65922950	1080

图 5-16　按部门分页后的打印预览效果

5.4.4　打印人事档案表

所有设置完成且预览结果也符合要求后，就可以开始打印了。打印人事档案表的操作步骤如下。

步骤 1：打开“打印内容”对话框。

步骤 2：设置打印机名称。在打印机的“名称”下拉列表中选择合适的打印机。这里选择默认的打印机。

步骤 3：选择打印范围。选择“打印范围“选项中的“全部”。

步骤 3：选择打印对象。选择“打印”选项中的“选择工作表”。

步骤 4：设定打印份数。在“份数”选项的“打印份数”框中输入 1。设置完成的“打印内容”对话框如图 5-17 所示。单击“确定”按钮，即可开始打印人事档案表。

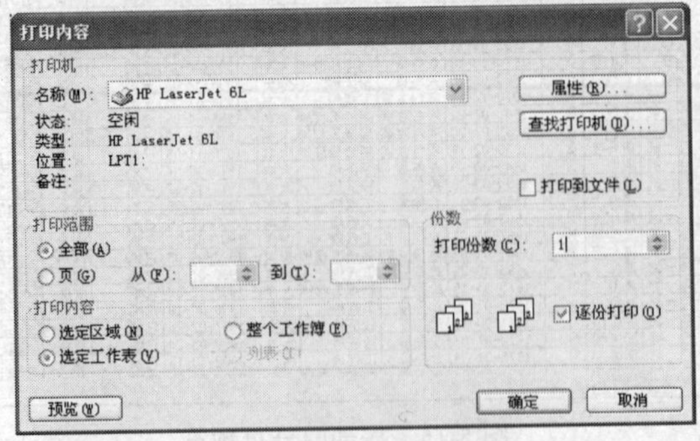

图 5-17　打印设置结果

通常情况下，都需要将建立好的 Excel 表格打印输出。因此掌握上述介绍的打印输出设置技巧，可以使打印输出的文档能够更加符合自己的显示需要。

本章小结

通过对本章的学习，读者应掌握 Excel 关于显示工作表和打印工作表的各种功能设置，能够根据工作表的数据特点及打印需求，灵活运用 Excel 提供的显示方法，完成相关打印设置。

习　题

1. 使用 Excel 提供的拆分窗口功能和冻结窗格功能的目的是什么？
2. 如何使打印的多个工作表页码连续显示？
3. 打印预览时，分页预览功能的作用是什么？
4. 如何在打印工作表时，使每一页上端都打印出标题行？
5. 怎样控制打印输出的比例？

实　训

请对第 4 章实训中完成的“办公信息调整”表（如图 4-26 所示）进行以下打印设置操作。

1. 冻结第 2 列以左、第 2 行以上数据。
2. 设置页眉和页脚，使页眉右侧显示报表制作时间，页脚中间显示报表当前页数和总页数。
3. 设置工作表，使每页报表均显示工作表第 2 列和第 2 行的数据。
4. 按部门输出员工信息。

第2篇　数据处理篇

第 6 章 使用公式计算数据

内容提要

本章主要介绍数据计算的步骤和要点，包括公式的使用与审核、单元格的引用、数据的合并计算等。重点是通过计算工资管理工作簿中的各项工资数据和调整人事档案的基本工资，掌握应用 Excel 完成各种不同计算的方法。这部分是学习和应用 Excel 最重要也是最灵活的方面，是学习和掌握 Excel 的重点。

主要知识点

- 公式组成
- 运算符种类及用法
- 公式输入与编辑
- 单元格引用
- 合并计算
- 公式审核

Excel 作为电子数据表软件其强大的数据计算、数据分析功能主要体现在公式和函数的应用上。使用公式，可以进行加、减、乘、除等简单计算，也可以完成统计分析等复杂计算，还可以利用公式对文本字符串进行比较和连接等操作。

6.1 认识公式

公式是 Excel 电子数据表的核心，使用公式可以轻松而快速地进行复杂的计算。

6.1.1 什么是公式

公式是对 Excel 工作表中的数据进行计算和操作的等式。它由前导符等号（=）、常量、单元格引用、区域名称、函数、括号及相应的运算符组成。其中，常量是指通过键盘直接输入到工作表中的数字或者文本，例如，115、“day” 等；单元格引用是指通过使用一些固定的格式引用单元格中的数据，例如，B5、$B$10、$A1:C$10 等；区域名称是指直接引用为该区域定义的名称，假设将区域 E1:F10 命名为 “day”，那么在计算时可以使用该名称代替此区域，例如，求该区域数据之和，可将计算公式写为：=sum(day)；函数是指 Excel 提供的各种内置函数，使用时直接给出函数名及参数即可，例如，=sum(day)；括号是为了区分运算顺序而增加的一种符号；运算符是连接公式中基本运算量并完成特定计算的符号，如“+”、“&”等。

6.1.2　公式中的运算符

运算符是公式中不可缺少的部分，主要包括算术运算符、关系运算符和文本运算符等 3 种。

1. 算术运算符

使用算术运算符可以实现基本的算术运算，算术运算符包括加（+）、减（－）、乘（*）、除（/）、百分号（%）和乘方（^）。由算术运算符、数值常量、值为数值的单元格引用以及数值函数等组成的表达式称为算术表达式。算术表达式运算的结果为数值型。例如，C3 和 D3 单元格中存放的是数值型数据，那么 C3/D3*100 就属于算术表达式。

2. 文本运算符

使用文本运算符可以实现文本型数据的连接运算。文本运算符只有一个，即连接符（&），其功能是将两个文本型数据首尾连接在一起，形成一个新的文本型数据。由文本运算符、文本型常量、值为文本的单元格引用以及文本型函数等组成的表达式称为文本表达式。文本表达式运算结果为文本型。例如，“中国”&“计算机用户”，运算结果为“中国计算机用户”；又如，1234&567，运算结果为 1234567。连接数值型数据时，数据两侧的双引号可以省略，但连接文本型数据时，数据两侧的双引号不能省略，否则将返回错误值。

3. 关系运算符

使用关系运算符可以实现比较运算。关系运算符包括大于（>）、大于等于（>=）、小于（<）、小于等于（<=）、等于（=）和不等于（<>）等 6 种。关系运算用于比较两个数据的大小。由关系运算符、数值表达式、文本表达式等组成的表达式称为关系表达式。关系表达式运算的结果为一个逻辑值：TURE 或 FALSE。这里需要注意的是，关系运算符两边的表达式应为同一种类型。例如，“ABC”>“BAC”是一个关系表达式，关系运算符两边均为文本表达式，比较结果为 FALSE。

4. 运算符的优先级

如果一个表达式用到了多个运算符，那么这个表达式中的运算将按一定的顺序进行，这种顺序称为运算的优先级。运算符的优先级为：^（乘方）→－（负号）→%（百分比）→*、/（乘或除）→+、－（加或减）→&（文本连接）→>、>=、<、<=、=、<>（比较）。

如果公式中包含了相同优先级的运算符，例如公式中同时包含了乘法和除法，Excel 将从左到右进行计算。如果要修改计算顺序，可将先计算的部分括在括号内。

注意：　括号的优先级最高，也就是说，如果在公式中包含括号，那么应先计算括号内的表达式，然后再计算括号外的表达式。

6.2　输入公式

输入公式与输入数据类似，可以在单元格中输入，也可以在编辑栏中输入。无论在什么位置输入，均可以使用两种方法，即手工输入和单击单元格输入。

6.2.1 手工输入

手工输入就是完全通过键盘来输入整个公式。方法是先输入一个等号，然后依次输入公式中的各元素。例如，在 F4 单元格中输入=D4+E4。在输入过程中，可以发现当输入 D4 时，D4 单元格的边框变为蓝色，表示它已成为公式中的引用元素，输入了 E4 后，E4 单元格的边框变为绿色，同样表示它已成为公式中的引用元素，如果后面还有更多的引用元素，将分别以不同的颜色显示出来。

6.2.2 单击单元格输入

手工输入公式，需要一个一个输入公式中的所有元素。事实上，Excel 提供了一种简捷、快速的输入公式方法，即通过单击单元格输入运算元素，只需手工输入运算符。例如，在 F4 单元格中输入公式=D4+E4，操作步骤如下。

步骤 1：输入公式前导符。选定输入公式的单元格 F4，输入=。

步骤 2：输入 D4。用鼠标单击 D4 单元格，这时 D4 单元格的边框变为一个活动虚线框，此时 F4 单元格中的内容变为“=D4”。

步骤 3：输入运算符。输入+（加号），此时 D4 单元格的边框变为蓝色实线，同时状态栏中再次显示“输入”，表示要输入下一个元素。

步骤 4：输入 E4。用鼠标单击 E4 单元格，这时 E4 单元格的边框变为一个活动虚线框，此时 F4 单元格中的内容变为“=D4+E4”。

步骤 5：确认输入。单击编辑栏上的“输入”按钮☑。

当单元格 D4 或 E4 的数据发生变化时，F4 中的内容也随之发生变化，而不需要手工修改其中的信息，这正是公式的优势所在。

6.3 编辑公式

如果输入的公式有误，可以对其进行修改。修改公式的方法与修改单元格中数据的方法相同。除此之外，还可以对输入的公式进行复制、删除、显示等操作。

6.3.1 复制公式

可以使用自动填充的方法将公式从一个单元格复制到另一个单元格。也可以使用“复制”命令复制公式。使用自动填充方法复制公式的操作步骤如下。

步骤 1：选定要复制公式的单元格。

步骤 2：执行复制操作。将鼠标移到所选单元格的填充柄处，当鼠标指针变成十字形状时，按住鼠标左键不放拖动至所需单元格放开。此时，可以看到填充的单元格中立即显示出计算结果。

6.3.2 显示公式

默认情况下，含有公式的单元格中显示的数据是公式的计算结果。但是，如果希望显示公式，则可以通过设置“选项”对话框来实现。其具体操作步骤如下。

步骤 1：打开“选项”对话框。单击菜单“工具”→“选项”，此时弹出“选项”对话框，单击“视图”选项卡。

步骤 2：设置显示公式。勾选“窗口选项”中的“公式”复选框，设置结果如图 6-1 所示。单击“确定”按钮，这时工作表中所有的公式将立即显示出来。

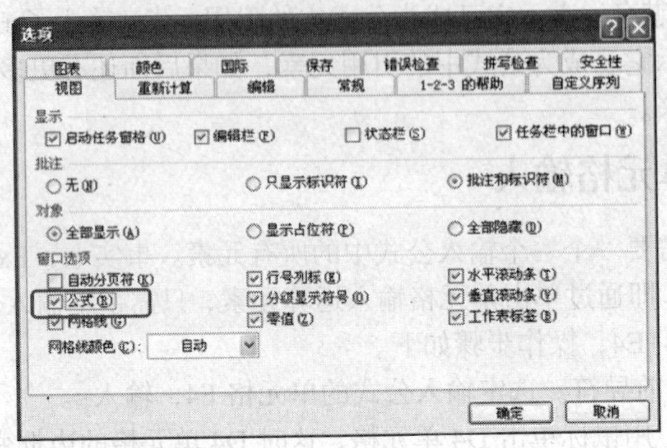

图 6-1　设置显示公式

注意：　如果希望使含有公式的单元格恢复显示计算结果，可以在打开的“选项”对话框的“视图”选项卡中取消“公式”复选框。

6.3.3　删除公式

如果希望在含有公式的单元格中只显示和保留其中的数据，可以将公式删除。其操作步骤如下。

步骤 1：复制含有公式的单元格。选定需要删除公式的单元格或单元格区域，然后单击菜单“编辑”→“复制”，或者直接按下【Ctrl】+【C】组合键。

步骤 2：打开“选择性粘贴”对话框。单击菜单“编辑”→“选择性粘贴”，此时弹出“选择性粘贴”对话框。

步骤 3：设置粘贴内容。单击“粘贴”选项中的“数值”单选按钮，设置结果如图 6-2 所示。单击“确定”按钮，即可将选定的单元格中的公式删除。

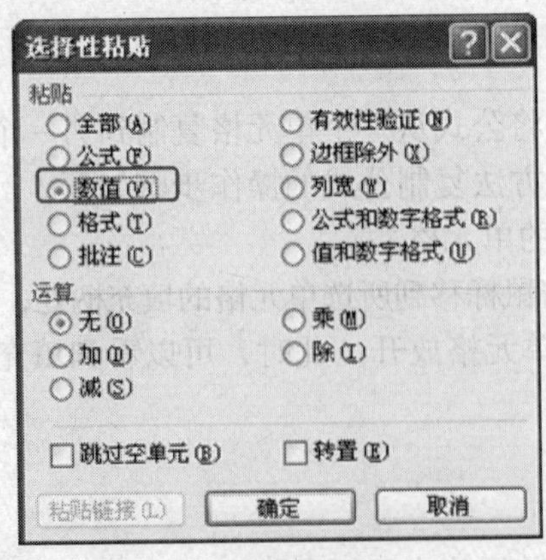

图 6-2　粘贴内容设置结果

注意：　　按【Delete】键，将删除包括数值和公式在内的所有内容。

6.4 引用单元格

在 Excel 中处理数据时，几乎所有的公式都要引用单元格或单元格区域，引用的作用相当于链接，指明公式中使用的数据的位置。公式的计算结果取决于被引用的单元格中的值，并随着其值的变化发生相应的变化。在 Excel 中，共有 3 种引用单元格的方式，分别是相对引用、绝对引用和混合引用。

6.4.1 相对引用

相对引用是指公式所在的单元格与公式中引用的单元格之间的相对位置。若公式所在单元格的位置发生了变化，那么公式中引用的单元格的位置也将随之发生变化，这种变化是以公式所在的单元格为基点的。例如，在 F4 单元格中输入了公式=D4+E4，公式中使用了相对引用 D4 和 E4，被引用的 D4 是以公式所在的单元格 F4 为基点，向左移动 2 列的单元格，被引用的 E4 以公式所在的单元格 F4 为基点，向左移动 1 列的单元格。

当将 F4 单元格中的公式复制到 F5 单元格中时，公式中被引用的单元格是以公式所在的单元格 F5 为基点，向左移动 2 列的单元格是 D5，向左移动 1 列的单元格是 E5，因此 F5 单元格中的公式变为“=D5+E5”。这就是相对引用，也就是说，相对引用是随着公式所在单元格位置的变化而相对变化的。

6.4.2 绝对引用

有时在公式中需要引用某个固定的单元格，无论将引用该单元格的公式复制或者填充到什么位置，都不希望它发生任何改变，这时就要使用单元格的绝对引用。绝对引用的方法是在列标和行号前分别加上“$”符号。例如，$H$2 表示工作表 H2 单元格的绝对引用，而 $A$1:$C$6 则表示 A1:C6 单元格区域的绝对引用。绝对引用与公式所在的单元格位置无关，即使公式所在的单元格位置发生了变化，引用的公式不会改变，引用的内容也不会发生任何变化。

6.4.3 混合引用

有时希望公式中使用的单元格引用的一部分固定不变，而另一部分自动改变。例如，行变列不变，或者列变行不变，这时可以使用混合引用。混合引用有两种形式：一是行使用相对引用，列使用绝对引用；二是行使用绝对引用，列使用相对引用。例如，$C3、C$3 均为混合引用。如果公式所在单元格位置改变，则相对引用改变，而绝对引用不改变。

小技巧：

若要改变公式中的引用方式，可以通过快捷键【F4】来完成。当输入一个单元格引用后，反复按【F4】键可以在 4 种类型中循环选择。例如，在编辑栏中输入=D4，按一下【F4】键，变为"=$D$4"；再按一下【F4】键，变为"=D$4"；再按一次【F4】键，变为"=$D4"；最后按一次【F4】键，又返回到开始时的"=D4"。

6.4.4 外部引用

在公式中引用单元格，不仅可以引用同一工作表中的单元格，还可以引用同一工作簿其他工作表中的单元格，以及不同工作簿中的单元格。

1. 引用同一工作簿中的其他工作表

在同一工作簿中，引用其他工作表单元格的方法是：在单元格引用前加上相应工作表引用（即工作表的名字），并用感叹号"!"将工作表引用和单元格引用分开，引用格式如下。

工作表引用!单元格引用

例如，要引用"工资计算"工作表中的 F6 单元格，则在公式中输入计算工资!$B$6。

一般来说，引用另一个工作表单元格的数据时都采用绝对引用，这样即使将该公式移到其他单元格，所引用的单元格也不会发生变化。

注意：　如果工作表的名字包含空格，则必须用单引号将工作表引用括起来。

2. 引用不同工作簿中的单元格

当需要引用其他工作簿中的单元格时，引用格式为

[工作簿名字]　工作表引用!单元格引用

例如，要引用"工资管理"工作簿的"人员清单"工作表中的 C15 单元格，则在公式中应输入 [工资管理.XLS]人员清单!$C$15。

若引用的工作簿未打开，则在引用中应写出该工作簿存放位置的绝对路径，并用单引号括起来。例如，='D:\Excel\[工资管理.XLS]人员清单'!$C$15。

3. 三维引用

如果需要同时引用工作簿中的多个工作表的单元格或单元格区域，则使用三维引用是非常方便的。尤其当多个工作表的同一单元格或同一区域的数据相关，且要对它们进行统计计算时，三维引用将给用户带来极大的方便。其引用格式如下。

工作表名 1:工作表名 N!单元格引用

例如，在某个工作簿中存放了 12 个月销售情况表，名称依次为 1 月、2 月、3 月……12 月，每张表的结构相同，即相应单元格存放的内容是相同的。假定每张表的 F18 单元格存放的是月销售利润，现需要计算全年销售总利润。

在此，若利用三维引用，就会使问题变得异常简单。方法是：在存放"年销售总利润"的单元格中输入公式=SUM(1 月:12 月!$F$18)。

6.5 合并计算

在实际应用中，常常出现这样的情况：某公司分设了几个分公司，各分公司已经分别建立好了各自的年终报表，现在该公司要想得到总的年终报表，了解全局情况。这就要将各分公司的数据合并汇总，需要使用 Excel 的合并计算命令。

Excel 的合并计算命令可以方便地将多个工作表的数据合并计算存放到另一个工作表中。在合并计算中，存放合并计算结果的工作表称为“目标工作表”，其中接收合并数据的区域称为“目标区域”，目标工作表应是当前工作表，目标区域也应是当前单元格区域。而被合并计算的各个工作表称为“源工作表”，其中被合并计算的数据区域称为“来源区域”，源工作表可以是打开的，也可以是关闭的。

Excel 提供了两种合并计算：按位置合并计算和按分类合并计算。

6.5.1 按位置合并计算

最简单也是最常用的合并计算是根据位置合并工作表。按位置合并工作表时，要求合并的各工作表必须格式相同。按位置合并计算的操作步骤如下。

步骤 1：选定目标区域。选定要存放合并数据的工作表（目标工作表），然后选定存放合并数据的单元区域（目标区域）。

步骤 2：打开“合并计算”对话框。单击菜单“数据”→“合并计算”，弹出“合并计算”对话框。

步骤 3：选择计算函数。在“函数”下拉列表框中选择一个函数。

步骤 4：添加来源区域。单击“引用位置”框中的“折叠”按钮，再选定要合并的工作表中的单元格区域，然后单击“还原”按钮。单击“添加”按钮。这时选定的要合并的单元格区域添加到“所有引用位置”列表框中。

步骤 5：添加其他来源区域。重复步骤 4，依次将所有要合并的单元格区域都添加到“所有引用位置”列表框中。

步骤 6：执行合并计算操作。单击“确定”按钮，完成合并计算，并将合并计算的结果显示在目标区域中。

注意：如果要自动保持合并结果与源数据的一致，应在“合并计算”对话框中勾选“创建连至源数据的链接”复选框。

如果在合并计算时，勾选了“创建连至源数据的链接”复选框，那么存放合并数据的工作表中存放的不是单纯的合并数据，而是计算合并数据的公式，此时在合并工作表的左侧将出现分级显示按钮，用户可以根据需要显示或隐藏源数据。而且当源数据变动时，合并数据会自动更新，保持一致，也就是说合并数据与源数据之间建立了链接关系。如果在合并计算时，未勾选“创建连至源数据的链接”复选框，则存放合并数据的工作表中仅保存单纯的合并数据，此时合并的工作表中将不出现分级显示按钮。这样当源数据变动时，还需要重新进行合并计算。

6.5.2 按分类合并计算

如果要合并计算的各工作表格式不完全相同，则不能简单地使用按位置合并计算的方法汇总数据，而应该按分类进行合并。按分类合并工作表的操作方法与按位置合并工作表的操作方法类似，其操作步骤如下。

步骤 1：选定目标区域。选定要存放合并数据的目标工作表，然后选定存放合并数据的目标区域。与按位置合并不同的是，这时应同时选定分类依据所在的单元格区域。

步骤 2：打开“合并计算”对话框。单击菜单“数据”→“合并计算”，弹出“合并计算”对话框。

步骤 3：选择计算函数。在“函数”下拉列表框中选择一个函数。

步骤 4：添加来源区域。添加各工作表需要合并的来源区域。与按位置合并操作不同的是，来源区域除包含待合并的数据区域外，还包括合并分类的依据所对应的单元格区域，而且各工作表中待合并的数据区域可能不完全相同，因此要逐个选定。

步骤 5：指定“标志位置”。与按位置合并不同的是，还需要在“标志位置”栏中指定分类合并的依据所在的单元格位置。如果分类标志在顶端行，勾选“首行”复选框；如果分类标志在最左列，则应勾选“最左列”复选框。

注意：按分类合并计算的关键步骤是要勾选“标志位置”中的“首行”或“最左列”复选框，或同时勾选“首行”和“最左列”复选框，这样 Excel 才能够正确地按指定的分类进行合并计算。

步骤 6：执行合并计算操作。单击“确定”按钮，完成合并计算，并将合并计算的结果显示在目标区域中。

由于在合并计算时只能使用 SUM、AVERAGE、COUNT、MAX 等 11 种函数，因此 Excel 只合并计算源工作表中的数值，含有文字的单元格将被看作空白单元格。

6.6 审核公式

“正确的数据”是 Excel 进行数据计算最重要的基本条件之一。但是，如果工作表中的公式太多，就很难发现潜在的错误，这时可以使用公式审核工具来追踪引用单元格、从属单元格，以便了解某一单元格公式的来龙去脉。如果某单元格因为公式错误而出现错误信息，也可以通过公式审核工具找出公式错误的根源，找出引起错误的单元格。

6.6.1 错误信息

处理出错信息是审核公式的基本功能之一。在使用公式或函数进行计算的过程中，如果使用不正确，Excel 将在相应的单元格中显示一个错误值。例如，在需要数字的公式中使用了文本、删除了被公式引用的单元格等，都将产生错误值。了解这些错误值的含义，将有助于用户发现和修正错误。表 6-1 所示为 Excel 中常见的 8 种错误值及其功能。

表 6-1 常见的错误值

名称	功能
######	当列不够宽，或者使用了负的日期或负的时间时，产生此类错误
#DIV/0!	当数值被 0 除时，产生此错误值
#N/A	函数或公式中没有可用数值时，产生此错误值
#NAME?	公式中使用了 Excel 不能识别的名字时，产生此错误值
#NULL!	当指定两个并不相交的区域交叉点时，产生此错误值
#NUM!	公式或函数中使用了无效数字值时，产生此错误值
#REF!	公式引用了无效的单元格时，产生此错误值
#VALUE!	当使用错误的参数或运算对象类型时，产生此错误值

6.6.2 追踪单元格

当工作表中使用的公式非常复杂时，往往很难搞清公式与值之间的关联关系。例如，某单元格的公式使用了许多其他单元格，而该单元格又被其他单元格中的公式所使用。利用 Exce 提供的单元格追踪功能，可以有效地解决这类问题。Excel 的审核工具追踪两种单元格，分别为引用单元格和从属单元格。

1. 追踪引用单元格

如果在选定的单元格中包含了一个公式或函数，在公式或函数中引用到的其他单元格称为引用单元格。追踪引用单元格的操作步骤如下。

步骤 1：选定要审核的单元格。

步骤 2：执行追踪引用单元格操作。单击菜单“工具”→“公式审核”→“追踪引用单元格”。

这时，Excel 将该公式的引用单元格用蓝色箭头标出。如果想要取消引用单元格追踪箭头，只要单击“公式审核”工具栏上的“移去引用单元格追踪箭头”按钮或“取消所有追踪箭头”按钮就可以了。“公式审核”工具按钮的名称及其功能如表 6-2 所示。

表 6-2　“公式审核”工具按钮的名称及其功能

按钮	名称	功能
	追踪引用单元格	追踪引用单元格，并在工作表上显示追踪箭头，表明追踪的结果
	移去引用单元格追踪箭头	删除工作表上的引用单元格的追踪箭头
	追踪从属单元格	追踪从属单元格，并在工作表上显示追踪箭头，表明追踪的结果
	移去从属单元格追踪箭头	删除工作表上的从属单元格的追踪箭头
	取消所有追踪箭头	删除工作表上的所有追踪箭头
	追踪错误	显示指向出错误源的追踪箭头
	新批注	添加新的批注
	循环无效数据	标识超过限制的单元格
	清除无效数据标识圈	去掉无效数据标识圈
	公式求值	显示指定单元格公式的计算结果

2. 追踪从属单元格

如果选中了一个单元格，而这个单元格又被一个公式所引用，则被选中的单元格就是包含公式单元格的从属单元格。追踪从属单元格的操作步骤如下。

步骤 1：选定要观察的单元格。

步骤 2：执行追踪从属单元格操作。单击“公式审核”工具栏中的“追踪从属单元格”按钮，或单击菜单“工具”→“公式审核”→“追踪从属单元格”。

这时，Excel 在工作表中将使用该单元格的公式所在的单元格用蓝色箭头线标出，表明选定的单元格被蓝色箭头线指向的单元格所使用。同样，如果需要继续观察下一级从属单元格，可再次选择此命令。

注意：在追踪单元格后，如果对工作表进行了修改操作，比如修改某单元格中的公式、插入一行、删除一行等，那么工作表中的追踪箭头线将消失。

6.6.3 追踪错误

如果某单元格因为公式错误而出现错误信息，如#VALUE!、#NULL!、DIV/0! 等，可以使用“公式审核”工具栏中的“追踪错误”按钮来追踪。其操作步骤如下。

步骤 1：选定想要追踪错误的单元格。

步骤 2：执行追踪错误操作。单击“公式审核”工具栏上的“追踪错误”按钮，或单击菜单“工具”→“公式审核”→“追踪错误”。

这时 Excel 用红色箭头显示引起错误的单元格，用蓝色箭头显示引起错误的单元格包含的公式中引用的其他单元格。当选定红色箭头与蓝色箭头相遇处的单元格时，红色圆点出现在引起错误的单元格中。从而发现并分析造成错误的原因，对其进行修改。

如果选定单元格被另一个工作表或工作簿引用，则用黑色箭头从选定单元格指向工作表图标。但是，在 Excel 追踪这些从属单元格之前，其他工作簿必须打开。

注意：如果希望清除追踪箭头，只需单击“公式审核”工具栏上的“取消所有追踪箭头”按钮或单击菜单“工具”→“公式审核”→“取消所有追踪箭头”即可。

6.6.4 添加监视

在监视窗口中添加监视，可以监视指定单元格的公式及其内容的变化，即使该单元格已经移出屏幕，仍然可以由监视窗口查看其内容。其具体操作步骤如下。

步骤 1：打开“监视窗口”。单击菜单“工具”→“公式审核”→“显示监视窗口”。

步骤 2：添加监视。在打开的窗口中，单击“添加监视”按钮，弹出“添加监视点”对话框。选定要监视的单元格，结果如图 6-3 所示。单击“添加”按钮。

此时可以看到“监视窗口”中显示了所监视单元格的内容及公式，如图 6-4 所示。

图 6-3 监视点添加结果

图 6-4 添加监视单元格

6.6.5 分步查看公式计算结果

可以单击“公式审核”工具栏中的“公式求值”按钮，查看公式的计算结果，以确定公式的正确性。查看公式计算结果的操作步骤如下。

步骤 1：选定要查看公式计算结果的单元格。

步骤 2：打开“公式求值”对话框。单击“公式审核”工具栏中的“公式求值”按钮，或单击菜单“工具”→“公式审核”→“公式求值”，弹出“公式求值”对话框，如图 6-5 所示。

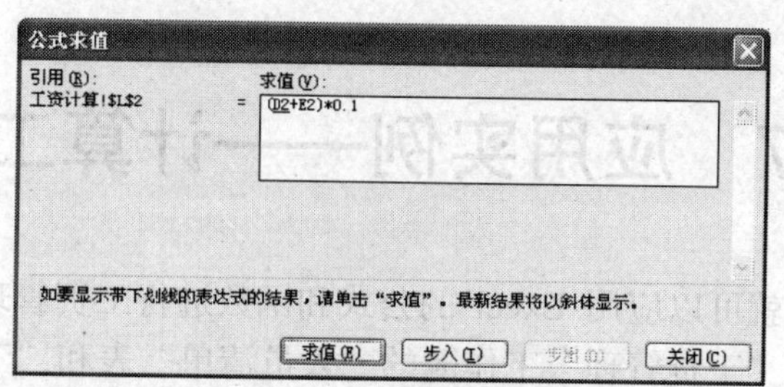

图 6-5 “公式求值”对话框

步骤 3：分步显示公式计算结果。单击“求值”按钮，“求值”框中将按公式计算的顺序逐步显示公式的计算过程，即每单击一次“求值”按钮，将计算一个值，图 6-6 所示为对公式 = (D2+E2)*0.1 进行“公式求值”的过程。

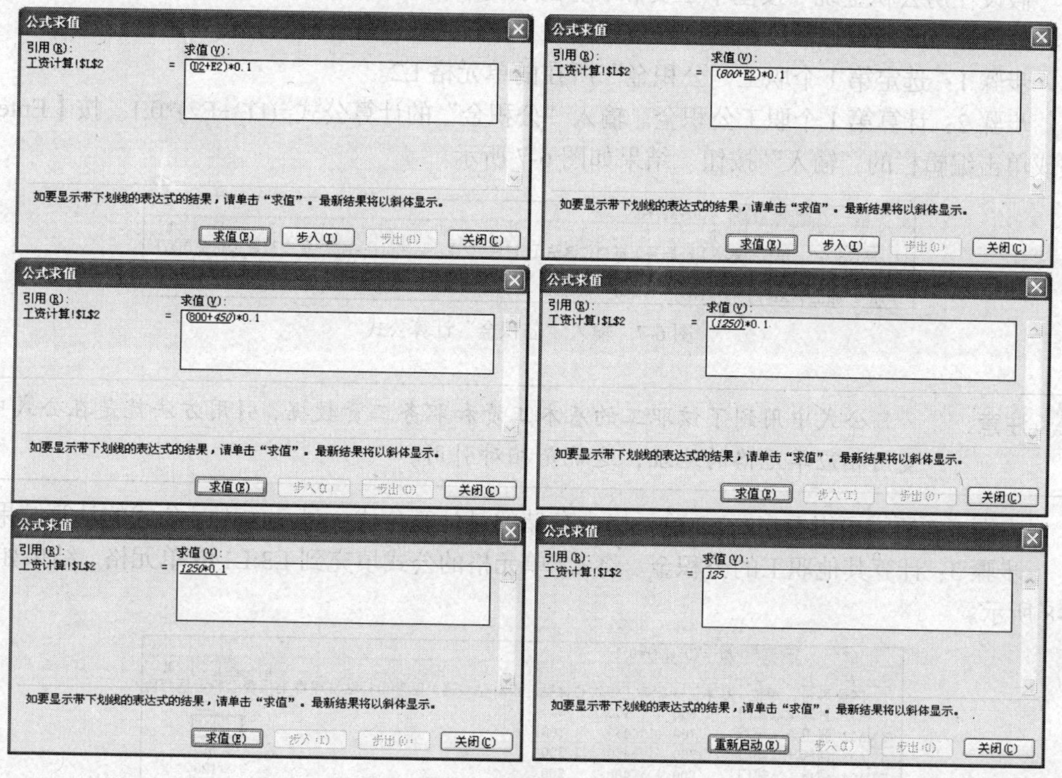

图 6-6 分步查看公式计算结果

小技巧：

如果希望在编辑栏中直接查看公式或公式中部分对象的计算结果，可以使用【F9】键。方法是：在编辑栏中选中选定公式中需要显示计算结果的部分，按【F9】键，即可在编辑栏中显示该部分的计算结果。

注意： 在进行选择时，应选择包含整个运算对象。

6.7 应用实例——计算工资

输入完原始数据，就可以应用 Excel 的公式和函数进行工资管理所需的计算了。在第 2 章应用实例中，已经向“工资管理”工作簿的“人员清单”表和“工资计算”表中输入了所有原始数据，但还有些数据需要通过计算产生，这些数据有些可以使用公式获得，有些需要使用函数计算获得。本节重点介绍使用公式计算工资项。

6.7.1 计算公积金

假设住房公积金统一按基本工资和职务工资之和的 10%计算，则计算“公积金”的基本步骤如下。

步骤 1：选定第 1 个职工“公积金”所在的单元格 L2。

步骤 2：计算第 1 个职工公积金。输入“公积金”的计算公式=(D2+E2)*0.1。按【Enter】键或单击编辑栏的“输入”按钮。结果如图 6-7 所示。

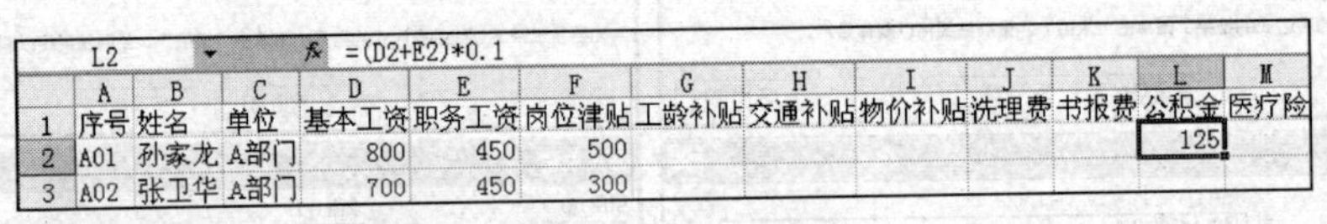

L2 fx =(D2+E2)*0.1

	A	B	C	D	E	F	G	H	I	J	K	L	M
1	序号	姓名	单位	基本工资	职务工资	岗位津贴	工龄补贴	交通补贴	物价补贴	洗理费	书报费	公积金	医疗险
2	A01	孙家龙	A部门	800	450	500						125	
3	A02	张卫华	A部门	700	450	300							

图 6-7 输入“公积金”计算公式

注意：公式中用到了该职工的基本工资和职务工资数据，引用方法就是在公式中使用相应单元格的地址，这就是相对引用。

由图 6-7 所示可以看出，L2 单元格中存储的是计算公式，显示的则是公式的计算结果。

步骤 3：计算其他职工的公积金。将 L2 单元格的公式填充到 L3:L140 单元格。结果如图 6-8 所示。

L3 fx =(D3+E3)*0.1

	A	B	C	D	E	F	G	H	I	J	K	L	M
1	序号	姓名	单位	基本工资	职务工资	岗位津贴	工龄补贴	交通补贴	物价补贴	洗理费	书报费	公积金	医疗险
2	A01	孙家龙	A部门	800	450	500						125	
3	A02	张卫华	A部门	700	450	300						115	
4	A03	何国叶	A部门	700	450	300						115	
5	A04	梁勇	A部门	800	400	300						120	
6	A05	朱思华	A部门	900	600	100						150	

图 6-8 计算其他职工公积金

注意：Excel 填充到 L3单元格的公式自动变为“=(D3+E3)*0.1”，而填充到 L4单元格的公式自动变为“=(D4+E4)*0.1”。这是 Excel 公式自动填充时的重要特征：单元格的相对引用会随着公式填充单元格位置的变化而自动相应地改变。

6.7.2 计算医疗险和养老险

假设该公司“医疗险”和“养老险”分别按基本工资和职务工资之和的 2%和 4%扣除。公式分别为：

医疗险 ＝ （基本工资+职务工资）×0.02

养老险 = （基本工资+职务工资）×0.04

“医疗险”的计算与“公积金”的计算类似，即先在第 1 个职工“医疗险”所在的单元格 M2 中输入计算公式=(D2+E2)*0.1，然后将该公式填充到 M3:M140 单元格区域。“养老险”的计算步骤与此类似，相应的计算请读者自行完成。

6.7.3 计算应发工资

应发工资的计算相对来说比较简单，只需将各类工资和补贴汇总，减去各种扣除即可。其计算公式为

应发工资 =（基本工资+职务工资+岗位津贴+工龄补贴+交通补贴+物价补贴+洗理费+书报费+其他+奖金）－（公积金+医疗险+养老险）

操作步骤如下。

步骤 1：选定第 1 个职工“应发工资”所在的单元格 Q2。

步骤 2：计算第 1 个职工应发工资。输入“应发工资”的计算公式

=D2+E2+F2+G2+H2+I2+J2+K2+O2+P2−(L2+M2+N2)

然后按【Enter】键。

步骤 3：计算其他职工应发工资。将 Q2 单元格的公式填充到 Q3:Q140 单元格。

从上述公式可以看出，由于需要汇总的项数较多，公式较长，因此，对于这样的计算，使用 SUM 函数求和更为简单和方便。

可将上述公式改为：=SUM(D2:K2,O2,P2)−SUM(L2:N2)。SUM 函数的使用方法将在第 7 章中详细介绍。

6.7.4 计算实发工资

实发工资的计算非常简单，直接编写应发工资减去所得税的计算公式即可。计算公式为：实发工资=应发工资－所得税。其计算步骤如下。

步骤 1：选定第 1 个职工“实发工资”所在的单元格要 S2。

步骤 2：计算第 1 个职工实发工资。输入“实发工资”计算公式：=Q2−R2，然后按【Enter】键。

步骤 3：计算其他职工实发工资。将 S2 单元格的公式填充到 S3:S140 单元格。

完成计算后的“工资计算”表如图 6-9 所示。

	A	B	C	D	E	F	G	H	I	J	K	L	M	N	O	P	Q	R	S
1	序号	姓名	单位	基本工资	职务工资	岗位津贴	工龄补贴	交通补贴	物价补贴	洗理费	书报费	公积金	医疗险	养老险	其它	奖金	应发工资	所得税	实发工资
2	A01	孙家龙	A部门	800	450	500		22	50			125	25	50	0	3900	5522		5522
3	A02	张卫华	A部门	700	450	300		22	50			115	23	46	0	3180	4518		4518
4	A03	何国叶	A部门	700	450	300		22	50			115	23	46	0	3060	4398		4398
5	A04	梁勇	A部门	800	400	300		22	50			120	24	48	0	3200	4580		4580
6	A05	朱思华	A部门	900	600	100		22	50			150	30	60	100	3800	5332		5332
7	A06	陈关敏	A部门	650	300	30		22	50			95	19	38	0	2100	3000		3000
8	A07	陈德生	A部门	700	300	50		22	50			100	20	40	0	2220	3182		3182
9	A08	彭庆华	A部门	800	450	70		22	50			125	25	50	0	2800	3992		3992
10	A09	陈桂兰	A部门	800	450	70		22	50			125	25	50	0	2900	4092		4092
11	A10	王成祥	A部门	800	450	70		22	50			125	25	50	-50	2800	3942		3942
12	A11	何家強	A部门	900	600	100		22	50			150	30	60	0	3800	5232		5232
13	A12	曾伦清	A部门	900	600	100		22	50			150	30	60	0	3700	5132		5132
14	A13	张新民	A部门	800	600	300		22	50			140	28	56	0	3680	5228		5228
15	A14	张跃华	A部门	700	450	50		22	50			115	23	46	0	2680	3768		3768

图 6-9　完成计算后的“工资计算”表

6.8 应用实例——调整人事档案基本工资

在人事档案管理中，“基本工资”数据是变动最多的数据项。有的时候是所有职工统一调整，有的时候是所有职工按不同幅度调整，还有的时候可能是个别调整。在第 1 章中，已经建立了“人事档案”工作簿，并输入了人事档案信息，其中包括“基本工资”。下面将在已建工作簿的基础上，利用选择性粘贴、按位置合并和按类别合并等方法完成不同工资调整的工作。

6.8.1 统一调整

假设所有职工的基本工资上调 80 元，应用选择性粘贴实现的具体步骤如下。

步骤 1：将 80 复制到剪贴板中。任选一单元格，输入 80，选中该单元格，按【Ctrl】+【C】组合键或者单击“常用”工具栏中的“复制”命令。

步骤 2：将剪贴板中的 80 加到“基本工资”数据项。选定“人事档案”工作表的 M3:M64 单元格区域，用鼠标右键单击选定的区域，选择快捷菜单中的“选择性粘贴”命令。在弹出的“选择性粘贴”对话框中选择“运算”中的“加”单选按钮，如图 6-10 所示。单击“确定”按钮。

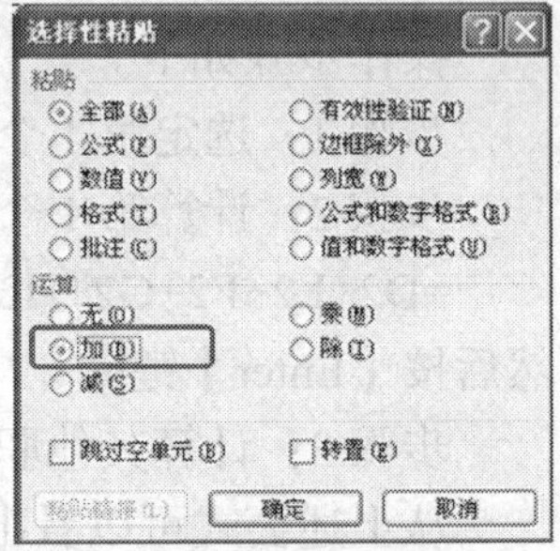

图 6-10 选择性粘贴

Excel 即自动将剪贴板中存储的“80”加到所有选定的单元格中。

6.8.2 按不同幅度调整

更多的情况是按照不同幅度调整工资，比如高级职称上调 100 元、中级职称上调 50 元、初级职称上调 30 元。这时可以根据特定要求或标准，先建立职工的普调工资表，然后利用 Excel 的合并计算功能，将普调工资表与人事档案表合并。合并计算的具体操作步骤如下。

步骤 1：建立原始工资表。用鼠标右键单击“人事档案”工作表标签，在弹出的下拉菜单中选择“移动或复制工作表”，弹出“移动或复制工作表”对话框；在“下列选定工作表之前”列表框中选择“人事档案”，勾选“建立副本”复选框，单击“确定”按钮。新建工作表名为“人事档案（2）”。双击该工作表标签，输入原始工资。

步骤 2：建立普调工资表。将“人事档案”工作表复制一个；将复制后的工作表重命名为“普调工资”；将原来的“基本工资”栏改为“调整工资”，并根据调整标准输入调整工资额。建立好的普调工资表如图 6-11 所示。

因为“原始工资”、“普调工资”和“人事档案” 3 张工作表的格式完全一致，所以，可以应用 Excel 的按位置合并工作表功能进行合并计算。

步骤 3：选定存放合并结果的单元格区域。这里选定“人事档案”工作表的 M3:M65 单元格区域。

步骤 4：执行合并计算命令。单击菜单“数据”→“合并计算”。这时将弹出“合并计算”对话框。

步骤 5：输入合并计算选项。单击“引用位置”框中的“折叠”按钮，选择“原始工

	A	B	C	D	E	F	G	H	I	J	K	L	M
1				人事档案表									
2	序号	部门	姓名	性别	出生日期	职务	职称	学历	参加工作日期	婚姻状况	籍贯	联系电话	调整工资
3	7101	经理室	黄振华	男	1966-04-10	董事长	高级经济师	大专	1982-11-23	已婚	北京	64000872	100.00
4	7102	经理室	尹洪群	男	1958-09-18	总经理	高级工程师	大本	1981-04-18	已婚	山东	65034080	100.00
5	7104	经理室	扬灵	男	1973-03-19	副总经理	经济师	博士	2000-12-04	已婚	北京	66314390	50.00
6	7107	经理室	沈宁	女	1977-10-02	秘书	工程师	大专	1999-10-23	未婚	北京	64272883	50.00
7	7201	人事部	赵文	女	1967-12-30	部门主管	经济师	大本	1991-01-18	已婚	北京	64654756	50.00
8	7203	人事部	胡方	男	1949-04-08	业务员	高级经济师	大本	1968-12-24	已婚	四川	61700659	100.00
9	7204	人事部	郭新	女	1953-03-26	业务员	经济师	大本	1971-12-12	已婚	北京	67719683	50.00
10	7205	人事部	周晓明	女	1951-06-20	业务员	经济师	大专	1973-03-06	已婚	北京	65805905	50.00
11	7207	人事部	张淑纺	女	1968-11-09	统计	助理统计师	大专	2001-03-06	已婚	安徽	65761446	30.00
12	7301	财务部	李忠旗	男	1965-02-10	财务总监	高级会计师	大本	1987-01-01	已婚	北京	63035376	100.00
13	7302	财务部	焦戈	女	1970-02-26	成本主管	高级会计师	大专	1989-11-01	已婚	北京	66032221	100.00
14	7303	财务部	张进明	男	1974-10-27	会计	助理会计师	大本	1996-07-14	已婚	北京	65430108	30.00
15	7304	财务部	傅华	女	1972-11-29	会计	会计师	大专	1997-09-19	已婚	北京	67624956	50.00
16	7305	财务部	杨阳	男	1973-03-19	会计	经济师	硕士	1998-12-05	已婚	湖北	65090099	50.00
17	7306	财务部	任萍	女	1979-10-05	出纳	助理会计师	大本	2004-01-31	未婚	北京	63267813	30.00
18	7401	行政部	郭永红	女	1969-08-24	部门主管	经济师	大本	1993-01-02	已婚	天津	62175686	50.00
19	7402	行政部	李龙吟	男	1973-02-24	业务员	助理经济师	大专	1992-11-11	未婚	吉林	64041578	30.00

图 6-11　“普调工资”表

资”工作表中的 M3 到 M65 单元格区域，单击“还原”按钮，回到“合并计算”对话框，单击“添加”按钮。再次单击“引用位置”框中的“折叠”按钮，选择“普调工资”工作表的 M3 到 M65 单元格区域，单击“还原”按钮，单击“添加”按钮。设置完合并计算选项的对话框如图 6-12 所示。单击【确定】按钮。

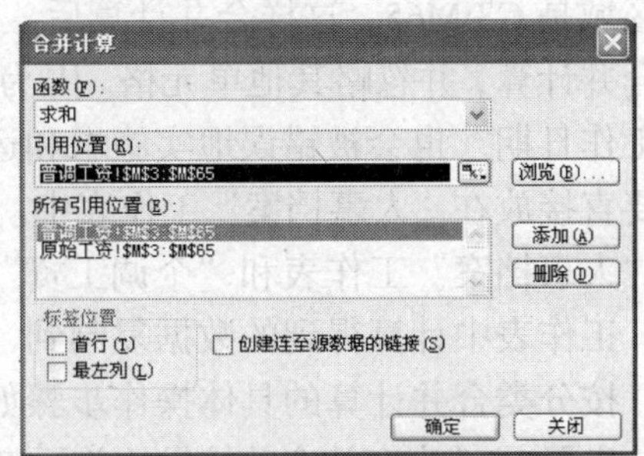

图 6-12　合并计算选项设置结果

注意：在第二次或以后选定新的引用位置时，只需选定要合并的工作表，Excel 就会自动选定与上一次引用位置相同的单元格区域。

完成工资普调计算的“人事档案”工作表如图 6-13 所示。

	A	B	C	D	E	F	G	H	I	J	K	L	M
1				人事档案表									
2	序号	部门	姓名	性别	出生日期	职务	职称	学历	参加工作日期	婚姻状况	籍贯	联系电话	基本工资
3	7101	经理室	黄振华	男	1966-04-10	董事长	高级经济师	大专	1982-11-23	已婚	北京	64000872	2530.00
4	7102	经理室	尹洪群	男	1958-09-18	总经理	高级工程师	大本	1981-04-18	已婚	山东	65034080	2460.00
5	7104	经理室	扬灵	男	1973-03-19	副总经理	经济师	博士	2000-12-04	已婚	北京	66314390	1130.00
6	7107	经理室	沈宁	女	1977-10-02	秘书	工程师	大专	1999-10-23	未婚	北京	64272883	1200.00
7	7201	人事部	赵文	女	1967-12-30	部门主管	经济师	大本	1991-01-18	已婚	北京	64654756	1410.00
8	7203	人事部	胡方	男	1949-04-08	业务员	高级经济师	大本	1968-12-24	已婚	四川	61700659	2530.00
9	7204	人事部	郭新	女	1953-03-26	业务员	经济师	大本	1971-12-12	已婚	北京	67719683	1700.00
10	7205	人事部	周晓明	女	1951-06-20	业务员	经济师	大专	1973-03-06	已婚	北京	65805905	1410.00
11	7207	人事部	张淑纺	女	1968-11-09	统计	助理统计师	大专	2001-03-06	已婚	安徽	65761446	990.00
12	7301	财务部	李忠旗	男	1965-02-10	财务总监	高级会计师	大本	1987-01-01	已婚	北京	63035376	2380.00
13	7302	财务部	焦戈	女	1970-02-26	成本主管	高级会计师	大专	1989-11-01	已婚	北京	66032221	2380.00
14	7303	财务部	张进明	男	1974-10-27	会计	助理会计师	大本	1996-07-14	已婚	北京	65430108	990.00
15	7304	财务部	傅华	女	1972-11-29	会计	会计师	大专	1997-09-19	已婚	北京	67624956	1200.00
16	7305	财务部	杨阳	男	1973-03-19	会计	经济师	硕士	1998-12-05	已婚	湖北	65090099	1130.00
17	7306	财务部	任萍	女	1979-10-05	出纳	助理会计师	大本	2004-01-31	未婚	北京	63267813	990.00
18	7401	行政部	郭永红	女	1969-08-24	部门主管	经济师	大本	1993-01-02	已婚	天津	62175686	1410.00
19	7402	行政部	李龙吟	男	1973-02-24	业务员	助理经济师	大专	1992-11-11	未婚	吉林	64041578	1110.00

图 6-13　计算后的“人事档案”表

6.8.3　个别调整

还有的时候需要对部分职工的工资进行调整，这时的“个调工资”表只包含需要调整工资的职工，如图 6-14 所示。也就是说需要进行合并计算的工作表的格式不同，行数也不同。这时需要按分类进行合并计算。

与相同位置数据的合并计算方法不同的是，在选定目标区域时需要同时将分类依据所在

人事档案表

	序号	部门	姓名	性别	出生日期	职务	职称	学历	参加工作日期	婚姻状况	籍贯	联系电话	调整工资
3	7104	经理室	扬灵	男	1973-03-19	副总经理	经济师	博士	2000-12-04	已婚	北京	66314390	50.00
4	7201	人事部	赵文	女	1967-12-30	部门主管	经济师	大本	1991-01-18	已婚	北京	64654756	50.00
5	7301	财务部	李忠旗	男	1965-02-10	财务总监	高级会计师	大本	1987-01-01	已婚	北京	63035376	100.00
6	7302	财务部	焦戈	女	1970-02-26	成本主管	高级会计师	大专	1989-11-01	已婚	北京	66032221	100.00
7	7401	行政部	郭永红	女	1969-08-24	部门主管	经济师	大本	1993-01-02	已婚	天津	62175686	50.00
8	7501	公关部	安晋文	男	1971-03-31	部门主管	高级经济师	大专	1995-02-28	已婚	陕西	65910605	100.00
9	7601	项目一部	张涛	男	1970-12-21	部门主管	工程师	大本	1994-01-05	未婚	北京	66018871	50.00
10	7701	项目二部	倪明	男	1969-06-02	部门主管	工程师	大本	1991-11-27	已婚	北京	69244765	50.00
11	7703	项目二部	张爽	男	1948-04-08	项目监察	高级工程师	大本	1967-12-25	已婚	北京	61776897	100.00
12	7714	项目二部	俞丽	女	1972-07-30	业务员	经济师	大本	1996-04-16	已婚	天津	66105364	50.00

图 6-14　调整工作表

的单元格区域选中。在此实例中，假设“原始工资”工作表和“个调工资”工作表已分别建立好。由于“人事档案”工作表中的“姓名”列与“基本工资”列不相邻，因此应选定的目标区域是 C3:M65，这样合并计算后，Excel 将对指定单元格区域中所有包含数值的单元格进行合并计算，并忽略其他单元格。因为日期型数据也属于数值型数据，所以“出生日期”、“参加工作日期”也会被错误地实施求和运算。所以若使用该方法进行合并计算，计算结果最好不要直接放在“人事档案”工作表中。可以将已建立的“原始工资”工作表作为目标工作表，将“人事档案”工作表和“个调工资”工作表作为源工作表。待计算完成后，再将“原始工资”工作表中计算得到的数据复制到“人事档案”工作表中。

按分类合并计算的具体操作步骤如下。

步骤 1：选定存放合并结果的单元格区域。这里选定“原始工资”工作表的 C3:M65 单元格区域。

步骤 2：执行合并计算命令。单击菜单“数据”→“合并计算”。这时将弹出“合并计算”对话框。

步骤 3：输入合并计算选项。将焦点定位到“引用位置”框，选定“人事档案”工作表的 C3:M65 单元格区域，单击“添加”按钮；再选定“个调工资”工作表的 C3:M12 单元格区域，单击“添加”按钮；勾选“标志位置”中的“最左列”。设置完合并计算选项的对话框如图 6-15 所示。单击“确定”按钮。

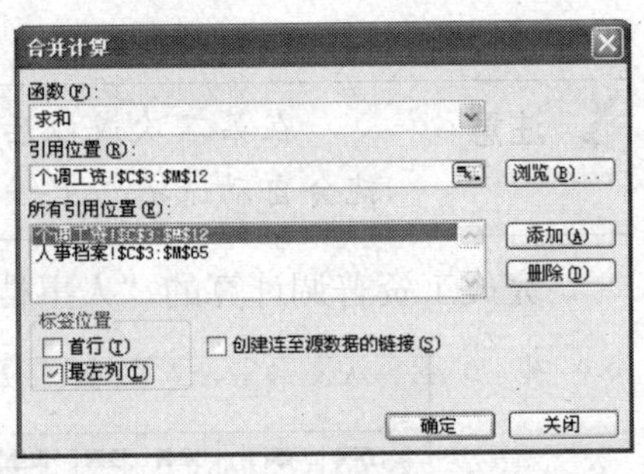

图 6-15　合并计算选项设置结果

这时 Excel 将对指定单元格区域中所有包含数值的单元格进行合并计算，并忽略其他单元格。

步骤 4：复制数据。选定“原始工资”的 M3:M65 单元格区域，按【Ctrl】+【C】组合键，选定“人事档案”工作表 M3 单元格，按【Ctrl】+【V】组合键。结果如图 6-16 所示。

人事档案表

	序号	部门	姓名	性别	出生日期	职务	职称	学历	参加工作日期	婚姻状况	籍贯	联系电话	基本工资
3	7101	经理室	黄振华	男	1966-04-10	董事长	高级经济师	大专	1982-11-23	已婚	北京	64000872	2430.00
4	7102	经理室	尹洪群	男	1958-09-18	总经理	高级工程师	大本	1981-04-18	已婚	山东	65034080	2360.00
5	7104	经理室	扬灵	男	1973-03-19	副总经理	经济师	博士	2000-12-04	已婚	北京	66314390	1130.00
6	7107	经理室	沈宁	女	1977-10-02	秘书	工程师	大专	1999-10-23	未婚	北京	64272883	1150.00
7	7201	人事部	赵文	女	1967-12-30	部门主管	经济师	大本	1991-01-18	已婚	北京	64654756	1410.00
8	7203	人事部	胡方	男	1949-04-08	业务员	高级经济师	大本	1968-12-24	已婚	四川	61700659	2430.00
9	7204	人事部	郭新	女	1953-03-26	业务员	经济师	大本	1971-12-12	已婚	北京	67719683	1650.00
10	7205	人事部	周晓明	女	1951-06-20	业务员	经济师	大专	1973-03-06	已婚	北京	65805905	1360.00
11	7207	人事部	张淑纺	女	1968-11-09	统计	助理统计师	大专	2001-03-06	已婚	安徽	65761446	960.00
12	7301	财务部	李忠旗	男	1965-02-10	财务总监	高级会计师	大本	1987-01-01	已婚	北京	63035376	2380.00
13	7302	财务部	焦戈	女	1970-02-26	成本主管	高级会计师	大专	1989-11-01	已婚	北京	66032221	2380.00
14	7303	财务部	张进明	男	1974-10-27	会计	助理会计师	大本	1996-07-14	已婚	北京	65430108	960.00
15	7304	财务部	傅华	女	1972-11-29	会计	会计师	大专	1997-09-19	已婚	北京	67624956	1150.00
16	7305	财务部	杨阳	男	1973-03-19	会计	经济师	硕士	1998-12-05	已婚	湖北	65090099	1080.00
17	7306	财务部	任萍	女	1979-10-05	出纳	助理会计师	大本	2004-01-31	未婚	北京	63267813	960.00
18	7401	行政部	郭永红	女	1969-08-24	部门主管	经济师	大本	1993-01-02	已婚	天津	62175686	1410.00
19	7402	行政部	李龙吟	男	1973-02-24	业务员	助理经济师	大专	1992-11-11	未婚	吉林	64041578	1080.00

图 6-16　完成工资调整的“人事档案”表

本章小结

通过对本章的学习，读者应理解单元格引用，特别是单元格的相对引用、绝对引用和混合引用的概念，理解按位置合并计算和按分类合并计算的不同特点，理解公式的基本形式，能够根据计算的需要灵活运用公式。

习　　题

1. 单元格引用有哪些？各有何特点？
2. 在公式中如何引用其他工作簿中的单元格？
3. 按位置合并计算与按分类合并计算有何不同？
4. 追踪引用单元格和从属单元格的目的是什么？
5. 当单元格出现错误值时，如何判断错误产生的原因？

实　　训

按照以下规则，完成第 2 章实训中所建“工资”表相关工资项的计算。

1. 三金计算方法为：“养老”个人支付额为“基本工资”的 7%，“医保”个人支付额为“基本工资”的 2%，“失保”个人支付额为“基本工资”的 1%。

2. 应发工资计算方法：应发工资由基本工资、奖金、行政工资、驻外补贴等几项求和得到。

3. 扣款合计计算方法为：扣款合计=养老+医保+失保+其他。

4. 实发工资计算方法为：实发工资=应发工资-扣款合计。

“工资”表计算结果如图 6-17 所示。

	A	B	C	D	E	F	G	H	I	J	K	L	M	N	O
1	工号	姓名	部门	岗位	基本工资	奖金	行政工资	驻外补贴	应发工资	养老	医保	失保	其他	扣款合计	实发工资
2	A01	孙家龙	销售部	经理	1600			500	2100	112	32	16	0	160	1940
3	A02	张卫华	销售部	副经理	1400			300	1700	98	28	14	0	140	1560
4	A03	朱思华	销售部	职员	1400			300	1700	98	28	14	100	240	1460
5	A04	陈关敏	销售部	职员	1600			300	1900	112	32	16	0	160	1740
6	A05	陈德生	销售部	职员	1800			100	1900	126	36	18	0	180	1720
7	A06	张新民	销售部	副经理	1300			30	1330	91	26	13	0	130	1200
8	A07	张跃华	销售部	职员	1400			50	1450	98	28	14	0	140	1310
9	A08	邓都平	销售部	职员	1600			70	1670	112	32	16	0	160	1510
10	A09	张鹏	销售部	职员	1600			70	1670	112	32	16	0	160	1510
11	A10	符智伯	销售部	职员	1600			70	1670	112	32	16	0	160	1510
12	A11	孙连进	销售部	职员	1800			100	1900	126	36	18	0	180	1720
13	A12	王永锋	销售部	职员	1800			100	1900	126	36	18	0	180	1720
14	B01	周小红	市场部	职员	1600			300	1900	112	32	16	0	160	1740
15	B02	钟洪成	市场部	副经理	1400			50	1450	98	28	14	0	140	1310
16	B03	陈文坤	市场部	经理	1800			100	1900	126	36	18	0	180	1720
17	B04	刘宇	市场部	副经理	1400			50	1450	98	28	14	0	140	1310
18	B05	张大贞	市场部	职员	1700			100	1800	119	34	17	0	170	1630
19	B06	李河光	市场部	副经理	1700			100	1800	119	34	17	100	270	1530
20	B07	张伟	市场部	职员	1600			70	1670	112	32	16	0	160	1510
21	B08	陈德辉	市场部	职员	1600			70	1670	112	32	16	0	160	1510
22	B09	周立新	市场部	职员	1700			100	1800	119	34	17	0	170	1630
23	B10	罗敏	市场部	职员	1400			50	1450	98	28	14	0	140	1310
24	B11	陈静	市场部	职员	1300			30	1330	91	26	13	0	130	1200
25	B12	周建兵	市场部	职员	1400			50	1450	98	28	14	0	140	1310
26	B29	汪荣忠	市场部	职员	1600			70	1670	112	32	16	0	160	1510

图 6-17 “工资”表计算结果

第7章 使用函数计算数据

内容提要

本章主要介绍函数的概念和应用，包括函数的结构及分类、函数的输入方法、常用函数的应用等。重点是通过计算工资管理工作簿中的各项工资数据和核定职工的销售业绩，掌握应用 Excel 函数完成各种计算的方法。函数应用是 Excel 实现数据处理最灵活也是最重要的方面，它可以实现比较复杂的数据计算，是学习 Excel 过程中的难点。

主要知识点

- 函数结构和分类
- 函数输入与编辑
- 数学函数
- 统计函数
- 日期与时间函数
- 逻辑函数
- 文本函数
- 查找与引用函数
- 财务函数

在 Excel 中，除可以使用运算符连接常量、单元格地址和名字的简单公式来进行数据计算外，还可以使用函数。Excel 提供了各种各样的函数，使用函数可以大大简化公式，并能实现更为复杂的数据计算。

7.1 认识函数

公式是对工作表中数据进行计算和操作的等式，函数则是一些预先编写的、按特定顺序或结构执行计算的特殊公式。

7.1.1 函数结构

每个函数都具有相同的结构形式，其格式为：函数名(参数 1，参数 2,...)。例如

IF(D2)>0,30,50)。其中，函数名即函数的名称，每个函数名惟一标识一个函数；参数是函数的输入值，用来计算所需的数据，参数可以是数字、文本、表达式、单元格引用、区域名称、逻辑值，或者是其他函数。有时函数不带参数，如 NOW()、TODAY()等。

当函数的参数也是函数时，称为函数的嵌套。例如 IF(D2>0,30,SUM(A1:C10))。其中，IF 和 SUM 都是函数名，IF 函数有 3 个参数，第 1 个参数 D2>0 是逻辑表达式，第 2 个参数 30 是一个数值常量，第 3 个参数 SUM(A1:C10)是作为参数形式出现的嵌套函数。当 D2 大于 0 时，函数值为 30，否则对 A1:C10 单元格区域求和。

7.1.2 函数种类

根据应用领域的不同，Excel 函数一般分为财务、日期与时间、数学与三角、统计、查找与引用、数据库、文本、逻辑、信息等。

账务函数：主要用于进行一般的账务计算，如确定贷款的支付额，投资的未来值或净现值，以及债券或息票的价值等。

日期与时间函数：用于分析和处理公式中的日期值或时间值。

数学与三角函数：用于进行简单或复杂的数学计算，例如数字取整、计算单元格区域的数值总和等。

统计函数：用于对单元格区域进行统计分析，例如计算单元格区域的个数、确定一个数据在一列数据中的排位等。

查找与引用函数：用于在工作表中查找特定的数据，或者特定的单元格引用。

数据库函数：用于分析和处理数据清单中的数据是否符合给定的条件。

文本函数：用于在公式中处理字符串，例如复制文本或者改变英文字母的大小写等。

逻辑函数：用于进行真假值的判断，或者进行复合检验，例如可以使用 IF 函数确定条件为真还是假，并由此返回不同的数值。

信息函数：用于确定存储在单元格中数据的类型。

7.2 输入函数

函数作为公式来使用，输入时应以等号“=”开始，后面是函数。输入函数有 3 种方法：第一种方法是使用“插入函数”向导输入，第二种方法是使用“自动求和”按钮输入，第三种方法是手工直接输入。

7.2.1 使用“插入函数”向导输入

对于比较复杂的函数或者参数较多的函数，可以使用“插入函数”向导输入。其具体操作步骤如下。

步骤 1：选定存放函数公式的单元格。

步骤 2：打开“插入函数”向导对话框。单击编辑栏上的“插入函数”按钮，或单击菜单“插入”→“函数”，或按【Shift】+【F3】组合键，弹出“插入函数”向导对话框。

步骤 3：选择函数。在“或选择类别”下拉列表框中选择函数的类别，在“选择函数”列表框中选择所需函数，如图 7-1 所示。单击“确定”按钮，弹出“函数参数”对话框。

步骤 4：输入函数参数。输入函数所需的各项参数，每个参数框右侧会显示出该参数的当前值。对话框的下方有关于所选函数的一些描述性文字，以及对当前参数的相关说明，如图 7-2 所示。

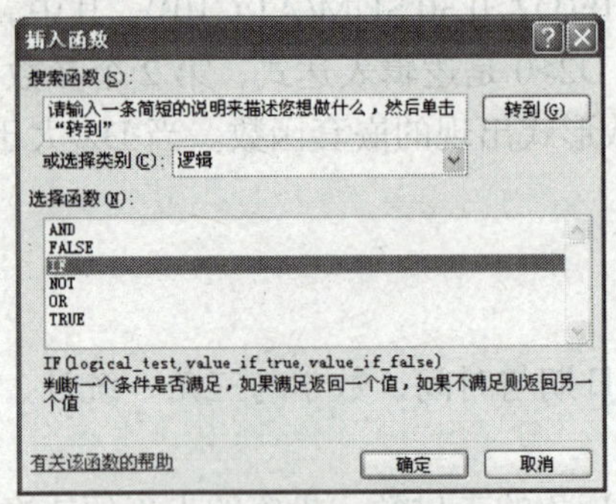

图 7-1　选择函数

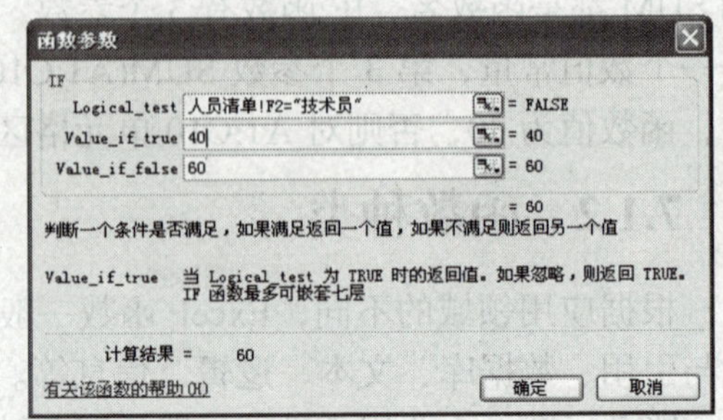

图 7-2　输入参数

注意：　个别函数的参数提示是错误的。如单击 IF 函数的第2个参数时，下方显示"当 Logical_test 为 TRUE 时的返回值。如果忽略，则返回 TRUE"，如图7-2所示。这个提示就是错误的，这个参数不能忽略。

步骤 5：结束输入。单击"确定"按钮，即可完成输入。

7.2.2　使用"自动求和"按钮输入

为了方便用户使用，Excel 在工具栏上设置了一个"自动求和"按钮，单击该按钮可以自动添加求和函数；单击该按钮右侧的下拉箭头，会出现一个下拉菜单，其中包含 SUM、AVERAGE、MAX、MIN、COUNT 和其他函数，如图 7-3 所示。

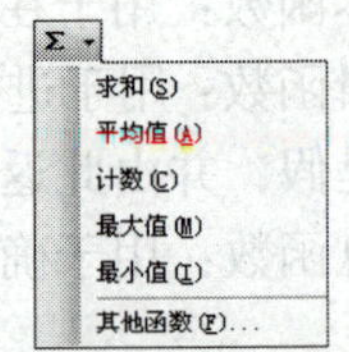

图 7-3　"自动求和"按钮下拉菜单

单击前 5 个函数中的任意一个，Excel 会非常智能地识别出待统计的单元格区域，并将单元格区域地址自动加到函数的参数中，方便了用户输入。单击"其他函数"选项，Excel 将打开"函数参数"对话框，用户可以在其中输入参数。

7.2.3　手工直接输入

如果熟练地掌握了函数的格式，就可以在单元格中直接输入函数。当输入等号、函数名和左括号后，系统会自动出现当前函数语法结构的提示信息，如图 7-4 所示。

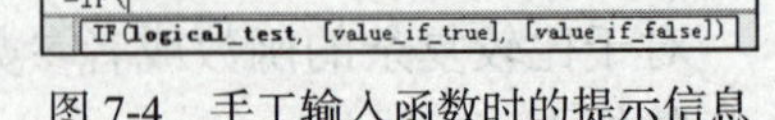

图 7-4　手工输入函数时的提示信息

如果希望进一步了解函数信息，按【Shift】+【F3】组合键，可以打开"函数参数"对话框。

7.2.4　函数的嵌套输入

当处理的问题比较复杂时，计算数据的公式往往需要使用函数嵌套。例如函数公式：= IF(D2>0,30,SUM(A1:C10))。下面以该函数公式为例，介绍嵌套函数公式的输入方法。

步骤 1：选定存放函数公式的单元格。

步骤 2：打开“插入函数”向导。单击编辑栏上的“插入函数”按钮，弹出“插入函数”向导对话框。

步骤 3：选择函数。在“或选择类别”下拉列表框中选择“逻辑”类别，在“选择函数”列表框中选择 IF 函数，如图 7-5 所示。单击“确定”按钮，弹出“函数参数”对话框。

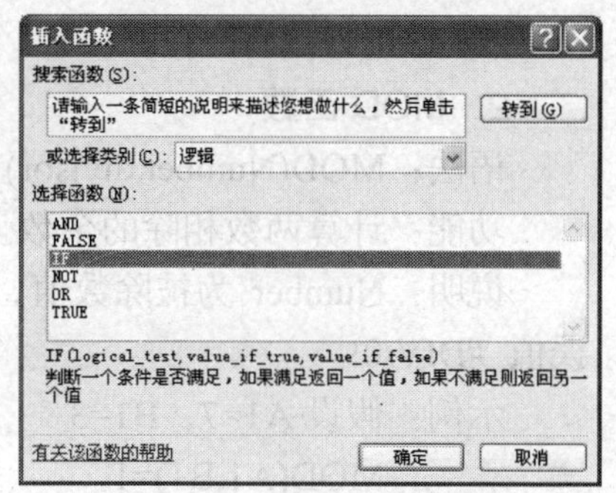

图 7-5 选择 IF 函数

步骤 4：输入函数参数。在第 1 个参数框中输入 D2>0；在第 2 个参数框中输入 30；单击第 3 个参数框，单击编辑栏最左侧的下拉箭头，从弹出的下拉列表中选择 SUM，如图 7-6 所示。此时弹出所选函数的“函数参数”对话框，在第 1 个参数框中输入 A1:C10，如图 7-7 所示。

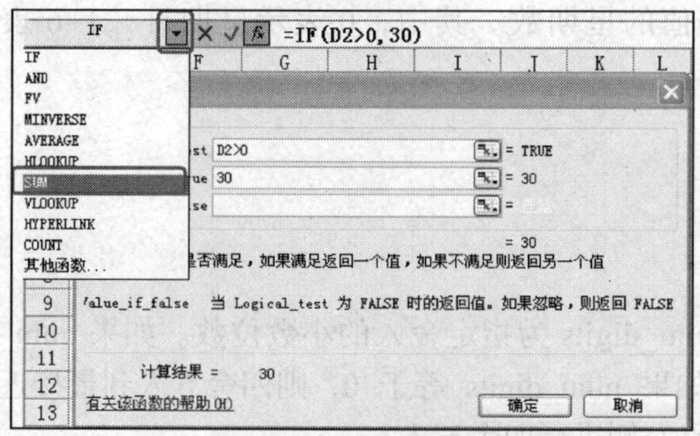

图 7-6 选择嵌套函数

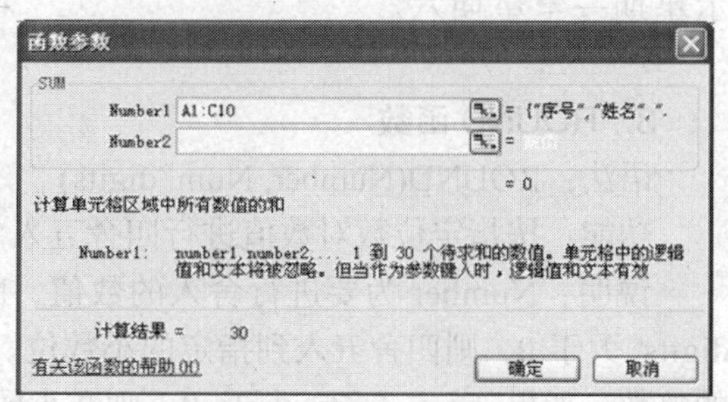

图 7-7 输入嵌套函数参数

步骤 5：结束输入。单击“确定”按钮，即可完成输入。

7.3 常用函数

Excel 提供了丰富的函数，可以完成绝大多数日常工作中的数据处理操作。但因篇幅所限，本节只介绍数学函数、统计函数、日期与时间函数、财务函数、逻辑函数、文本函数等类函数中一些常用的函数。

7.3.1 数学函数

Excel 提供了很多数学函数，如取整函数 INT、计算余数函数 MOD 等。下面简单介绍其中比较常用的几种函数。

1. INT 函数

语法：INT(Number)

功能：将数字向下舍入到最接近的整数。

说明：Number 为要进行取整的数值。

示例：假设 A1=119.576，B1=-119.567

INT(A1)=119

INT(B1)=−120

2. MOD 函数

语法：MOD(Number,divisor)

功能：计算两数相除的余数。结果的正负号与除数相同。

说明：Number 为被除数值，divisor 为除数。如果 divisor 为零，则函数 MOD 返回错误值 #DIV/0!。

示例：假设 A1=7，B1=3

MOD(A1,B1)=1

小技巧：

巧用 MOD 函数，可以判断星期几。假设 A1 单元格是一个日期值，使用公式 =MOD(A1-1, 7)，能够判断 A1 单元格日期值的星期数。其中，0 表示星期日，1~6 表示星期一至星期六。

3. ROUND 函数

语法：ROUND(Number, Num_digits)

功能：按指定位数对数值进行四舍五入。

说明：Number 为要进行舍入的数值，Num_digits 为指定舍入的小数位数。如果 num_digits 大于 0，则四舍五入到指定的小数位。如果 num_digits 等于 0，则四舍五入到最接近的整数。如果 num_digits 小于 0，则在小数点左侧进行四舍五入。

示例：假设 A1=119.214

ROUND(A1, 2)=19.21

ROUND(A1, 1)=119.2

ROUND(A1, 0)=119

ROUND(A1, −1)=120

ROUND(A1, −2)=100

4. SUM 函数

语法：SUM(Number1, Number2…)

功能：计算单元格区域中所有数值的和。

说明：SUM 函数最多允许包含 30 个参数。参数可以是数字、包含数字的名称、含有数值型数据的单元格及含有数值型数据的单元格区域。如果参数为文本、空格或逻辑值，则这些值将被忽略。如果参数为错误值或为不能转换成数字的文本，则将会出现错误。

示例：图 7-8 所示的表格为某学期学生考试成绩表。计算郑南同学 3 门课程考试成绩总和。

计算公式：=SUM(E3:G3)

	A	B	C	D	E	F	G	H	I	J	K	L
1											学生人数:	
2	学号	姓名	性别	出生日期	计算机基础	高等数学	英语	总成绩	平均成绩	名次	交费	检查标志
3	970708	郑南	女	1971-10-17	91	90	89					
4	970707	邓加	男	1972-7-17	90	93	88					
5	970704	朱凯	女	1972-5-10	87	64	85					
6		王鹏	男	1972-3-12	54	45	58					
7	970706		女	1972-8-1	73	72	99					
8		陈小东	男	1971-11-3	60	83	76					
9	970702	沈云	女	1971-12-1	83	85	90					
10	970701	张红	女	1972-2-1	96	95	88					
11	最高分											
12	最低分											
13	70分以下人数											
14	女生总成绩											
15	男生总成绩											

图 7-8 某学期学生考试成绩表

将计算公式输入到 H3 单元格中，其中 E3:G3 为需要求和的单元格地址。如果需要计算所有同学的总成绩，只需将 H3 单元格中的计算公式填充到 H4:H10 单元格区域即可。结果如图 7-9 所示。

	A	B	C	D	E	F	G	H	I	J	K	L
1											学生人数:	
2	学号	姓名	性别	出生日期	计算机基础	高等数学	英语	总成绩	平均成绩	名次	交费	检查标志
3	970708	郑南	女	1971-10-17	91	90	89	270				
4	970707	邓加	男	1972-7-17	90	93	88	271				
5	970704	朱凯	女	1972-5-10	87	64	85	236				
6		王鹏	男	1972-3-12	54	45	58	157				
7	970706		女	1972-8-1	73	72	99	244				
8		陈小东	男	1971-11-3	60	83	76	219				
9	970702	沈云	女	1971-12-1	83	85	90	258				
10	970701	张红	女	1972-2-1	96	95	88	279				
11	最高分											
12	最低分											
13	70分以下人数											
14	女生总成绩											
15	男生总成绩											

图 7-9 总成绩计算结果

5. SUMIF

语法：SUMIF(range,criteria,sum_range)

功能：根据给定的条件对若干单元格求和。

说明：range 为用于条件判断的单元格区域。criteria 为确定哪些单元格将被相加求和的条件，其形式可以为数字、表达式或文本。sum_range 为需要求和的实际单元格。只有当 range 中的相应单元格满足条件时，才对 sum_range 中的单元格求和。如果省略 sum_range，则直接对 range 中的单元格求和。

示例：计算图 7-9 所示表格中女生的“计算机基础”考试成绩总和。

计算公式：=SUMIF(C3:C10,"女",E3:E10)

将计算公式输入到 E14 单元格中，其中 C3:C10 为用于条件判断的单元格区域，"女"为条件，E3:E10 为需要求和的单元格区域。如果需要计算每门课程女生的总成绩，应将 E14 单元格中的计算公式改为=SUMIF（$C3:$C10,"女",E3:E10）。原因是计算其他课程的女生总成绩时，条件判断的单元格区域仍然为“性别”列，因此在向 F14 和 G14 单元格填充公式时，第一个参数单元格区域不能有任何变化。计算结果如图 7-10 所示。

	A	B	C	D	E	F	G	H	I	J	K	L
1											学生人数:	
2	学号	姓名	性别	出生日期	计算机基础	高等数学	英语	总成绩	平均成绩	名次	交费	检查标志
3	970708	郑南	女	1971-10-17	91	90	89	270				
4	970707	邓加	男	1972-7-17	90	93	88	271				
5	970704	朱凯	女	1972-5-10	87	64	85	236				
6		王鹏	男	1972-3-12	54	45	58	157				
7	970706		女	1972-8-1	73	72	99	244				
8		陈小东	男	1971-11-3	60	83	76	219				
9	970702	沈云	女	1971-12-1	83	85	90	258				
10	970701	张红	女	1972-2-1	96	95	88	279				
11	最高分											
12	最低分											
13	70分以下人数											
14	女生总成绩				430	406	451					
15	男生总成绩											

图 7-10　每门课程女生总成绩计算结果

7.3.2　统计函数

Excel 提供了很多统计函数，有些可以统计选定单元格区域数据个数，有些可以确定数字在某组数字中的排位，还有些可以根据条件进行相关统计。这些函数在实际应用中都非常有用。下面简单介绍其中几种常用的统计函数。

1. AVERAGE 函数

语法：AVERAGE(number1,number2,...)

功能：计算单元格区域中所有数值的平均值。

说明：AVERAGE 函数最多允许包含 30 个参数。参数可以是数字、包含数字的名称、含有数值型数据的单元格及含有数值型数据的单元格区域。如果参数为文本、空格或逻辑值，则这些值将被忽略。

示例：计算图 7-10 所示表格中郑南同学 3 门课程的平均成绩，且将计算结果保留两位小数。

计算公式：= ROUND(AVERAGE(E3:G3),2)

将计算公式输入到 I3 单元格中，其中 E3:G3 为需要计算平均值的单元格地址。如果需要计算所有同学的平均成绩，只需将 I3 单元格中的计算公式填充到 I4:I10 单元格区域即可。结果如图 7-11 所示。

	A	B	C	D	E	F	G	H	I	J	K	L
1											学生人数:	
2	学号	姓名	性别	出生日期	计算机基础	高等数学	英语	总成绩	平均成绩	名次	交费	检查标志
3	970708	郑南	女	1971-10-17	91	90	89	0	90			
4	970707	邓加	男	1972-7-17	90	93	88	271	90.33			
5	970704	朱凯	女	1972-5-10	87	64	85	236	78.67			
6		王鹏	男	1972-3-12	54	45	58	157	52.33			
7	970706		女	1972-8-1	73	72	99	244	81.33			
8		陈小东	男	1971-11-3	60	83	76	219	73			
9	970702	沈云	女	1971-12-1	83	85	90	258	86			
10	970701	张红	女	1972-2-1	96	95	88	279	93			
11	最高分											
12	最低分											
13	70分以下人数											
14	女生总成绩				430	406	451					
15	男生总成绩											

图 7-11　平均成绩计算结果

2. COUNT 函数

语法：COUNT(value1,value2,...)

功能：统计单元格区域中数字的个数。利用该函数可以统计出单元格区域中数字的输入项个数。

说明：COUNT 函数最多允许包含 30 个参数。参数可以是数字、日期，或以文本代表的数字，但是错误值或其他无法转换成数字的文本将被忽略。

示例：计算图 7-11 所示表格中参加“计算机基础”考试的学生人数。

计算公式：= COUNT (E3:E10)

其中，E3:E10 为需要计算数字单元格个数的单元格区域地址。计算结果为 8。

3. COUNTA 函数

语法：COUNTA(value1,value2,...)

功能：统计单元格区域中非空单元格的个数。

说明：COUNTA 函数最多允许包含 30 个参数。参数可以是任何类型，参数为空文本""也会被计算在内，只有空单元格不被计数。

示例：计算图 7-11 所示表格中填写了姓名信息的学生人数。

计算公式：= COUNTA (B3:B10)

其中，B3:B10 为需要计算非空单元格个数的单元格区域地址。计算结果为 7。

4. COUNTIF 函数

语法：COUNTIF(range,criteria)

功能：计算单元格区域中满足给定条件的单元格的个数。

说明：参数 range 为需要计算其中满足条件的单元格数目的单元格区域；Range 必须是对单元格区域的直接引用，或引用函数对单元格区域的间接引用，但不能是常量数组或使用公式运算后生成的数组。参数 criteria 为统计条件，其形式可以是数字、表达式或文本。例如，条件可以表示为 32、"32"、">32" 或 "apples"。

示例 1：计算图 7-11 所示表格中“计算机基础”考试成绩小于 70 的学生人数。

计算公式：=COUNTIF(E3:E10,"<70")

将计算公式输入到 E13 单元格中，其中 E3:E10 为需要计算单元格个数的单元格区域地址，"<70"为统计条件。如果需要统计每门课程成绩低于 70 的学生人数，只需将 E13 单元格中的计算公式填充到 F13:G13 单元格区域即可。结果如图 7-12 所示。

	A	B	C	D	E	F	G	H	I	J	K	L
1											学生人数:	
2	学号	姓名	性别	出生日期	计算机基础	高等数学	英语	总成绩	平均成绩	名次	交费	检查标志
3	970708	郑南	女	1971-10-17	91	90	89	270	90			
4	970707	邓加	男	1972-7-17	90	93	88	271	90.33			
5	970704	朱凯	女	1972-5-10	87	64	85	236	78.67			
6		王鹏	男	1972-3-12	54	45	58	157	52.33			
7	970706		女	1972-8-1	73	72	99	244	81.33			
8		陈小东	男	1971-11-3	60	83	76	219	73			
9	970702	沈云	女	1971-12-1	83	85	90	258	86			
10	970701	张红	女	1972-2-1	96	95	88	279	93			
11	最高分											
12	最低分											
13	70分以下人数				2	2	1					
14	女生总成绩				430	406	451					
15	男生总成绩											

图 7-12 成绩低于 70 的学生人数计算结果

示例 2：统计图 7-12 所示表格中“计算机基础”考试成绩大于等于 70 且小于 80 的学生人数。

计算公式：=COUNTIF(E3:E10,">=70")−COUNTIF(E3:E10,">=80")

计算结果为 1。

5. MAX 函数

语法：MAX(number1,number2,...)

功能：返回给定参数的最大值。

说明：MAX 函数最多允许包含 30 个参数。参数可以是数字、空单元格、逻辑值或以数字代表的文本表达式。如果参数为数组引用中的空单元格、逻辑值或文本，则这些值将被忽略。如果参数值为错误值或其他无法转换成数字的文本，则将会出现错误。如果参数不含数字，则函数值为 0。

示例：计算图 7-12 所示表格中“计算机基础”考试成绩的最高分。

计算公式：=MAX(E3:E10)

将计算公式输入到 E11 单元格中，其中 E3:E10 为需要查找最大值的单元格地址。如果需要找出每门课程以及总成绩、平均成绩的最高分，只需将 E11 单元格中的计算公式填充到 F11:I11 单元格区域即可。结果如图 7-13 所示。

	A	B	C	D	E	F	G	H	I	J	K	L
1											学生人数:	
2	学号	姓名	性别	出生日期	计算机基础	高等数学	英语	总成绩	平均成绩	名次	交费	检查标志
3	970708	郑南	女	1971-10-17	91	90	89	270	90			
4	970707	邓加	男	1972-7-17	90	93	88	271	90.33			
5	970704	朱凯	女	1972-5-10	87	64	85	236	78.67			
6		王鹏	男	1972-3-12	54	45	58	157	52.33			
7	970706		女	1972-8-1	73	72	99	244	81.33			
8		陈小东	男	1971-11-3	60	83	76	219	73			
9	970702	沈云	女	1971-12-1	83	85	90	258	86			
10	970701	张红	女	1972-2-1	96	95	88	279	93			
11	最高分				96	95	99	279	93			
12	最低分											
13	70分以下人数				2	2	1					
14	女生总成绩				430	406	451					
15	男生总成绩											

图 7-13　最高分计算结果

6. MIN 函数

语法：MIN(number1,number2,...)

功能：返回给定参数的最小值。

说明：MIN 函数最多允许包含 30 个参数。参数可以是数字、空单元格、逻辑值或以数字代表的文本表达式。如果参数为数组引用中的空单元格、逻辑值或文本，则这些值将被忽略。如果参数值为错误值或其他无法转换成数字的文本，则将会出现错误。如果参数不含数字，则函数值为 0。

示例：计算图 7-13 所示表格中“计算机基础”考试成绩的最低分。

计算公式：=MIN(E3:E10)

将计算公式输入到 E12 单元格中，其中 E3:E10 为需要查找最小值的单元格区域地址。如果需要找出每门课程以及总成绩、平均成绩的最低分，只需将 E12 单元格中的计算公式填充到 F12:I12 单元格区域即可。计算结果如图 7-14 所示。

7. RANK 函数

语法：RANK(number,ref,order)

功能：返回一个数字在数字列表中的排位。

说明：参数 number 为需要进行排位的数字。参数 ref 为数字列表或对数字列表的引用，即需要排位的范围，ref 中的非数值型参数将被忽略。参数 order 为一数字，指明排位的方式，即按何种方式排。如果 order 为 0（零）或省略，Excel 对数字的排位是基于 ref 为按照降序排

	A	B	C	D	E	F	G	H	I	J	K	L
1												
2	学号	姓名	性别	出生日期	计算机基础	高等数学	英语	总成绩	平均成绩	名次	学生人数: 交费	检查标志
3	970708	郑南	女	1971-10-17	91	90	89	270	90			
4	970707	邓加	男	1972-7-17	90	93	88	271	90.33			
5	970704	朱凯	女	1972-5-10	87	64	85	236	78.67			
6		王鹏	男	1972-3-12	54	45	58	157	52.33			
7	970706		女	1972-8-1	73	72	99	244	81.33			
8		陈小东	男	1971-11-3	60	83	76	219	73			
9	970702	沈云	女	1971-12-1	83	85	90	258	86			
10	970701	张红	女	1972-2-1	96	95	88	279	93			
11	最高分				96	95	99	279	93			
12	最低分				54	45	58	157	52.33			
13	70分以下人数				2	2	1					
14	女生总成绩				430	406	451					
15	男生总成绩											

图 7-14　最低分计算结果

列的列表；否则是基于 ref 为按照升序排列的列表。

示例：使用图 7-14 所示表格中数据，按平均成绩确定郑南的排名。

计算公式：=RANK(I3,I$3:I$10,0)

将计算公式输入到 J3 单元格中，其中 I3 需要排位的数字，I$3:I$10 为排位的范围，第 3 个参数 0 表示排位按降序方式。如果需要对每名同学进行排名，只需将 J3 单元格中的计算公式填充到 J4:J10 单元格区域即可。计算结果如图 7-15 所示。

	A	B	C	D	E	F	G	H	I	J	K	L
1												
2	学号	姓名	性别	出生日期	计算机基础	高等数学	英语	总成绩	平均成绩	名次	学生人数: 交费	检查标志
3	970708	郑南	女	1971-10-17	91	90	89	270	90	3		
4	970707	邓加	男	1972-7-17	90	93	88	271	90.33	2		
5	970704	朱凯	女	1972-5-10	87	64	85	236	78.67	6		
6		王鹏	男	1972-3-12	54	45	58	157	52.33	8		
7	970706		女	1972-8-1	73	72	99	244	81.33	5		
8		陈小东	男	1971-11-3	60	83	76	219	73	7		
9	970702	沈云	女	1971-12-1	83	85	90	258	86	4		
10	970701	张红	女	1972-2-1	96	95	88	279	93	1		
11	最高分				96	95	99	279	93			
12	最低分				54	45	58	157	52.33			
13	70分以下人数				2	2	1					
14	女生总成绩				430	406	451					
15	男生总成绩											

图 7-15　按平均成绩排名的结果

注意：　对每名同学来说，排位基于的列表范围是不允许改变的。因此第二个参数应使用混合引用（I$3:I$10）来限制该范围内行号的变化。

7.3.3　日期函数

与日期或时间有关的处理可以使用日期与时间函数。下面简单介绍其中几种常用的日期与时间函数。

1. DATE 函数

语法：DATE(year,month,day)

功能：生成指定的日期。

说明：参数 year 可以为一到四位数字，代表年份；如果 year 为 0（零）到 1899（包含）之间的数字，则 Excel 会将该值加上 1900，再计算年份；如果 year 位于 1900 到 9999（包含）之间，则 Excel 将使用该数值作为年份。参数 Month 代表该年中月份的数字。如果所输入的月份大于 12，则将从指定年份的一月份开始往上加。参数 Day 代表在该月份中第几天的数字。如果 day 大于该月份的最大天数，则将从指定月份的第一天开始往上累加。

示例：=DATE(108,8,8)返回代表“2008 年 8 月 8 日”的日期，显示值为“2008-8-8”

=DATE(2008,8,8)返回代表“2008 年 8 月 8 日”的日期，显示值为“2008-8-8”

=DATE(2008,14,2) 返回代表“2009 年 2 月 2 日”的日期，显示值为“2009-2-2”

=DATE(2008,7,39) 返回代表“2008 年 8 月 8 日的日期”，显示值为“2008-8-8”

2. MONTH 函数

语法：MONTH(serial_number)

功能：返回指定日期对应的月份。返回值是介于 1 到 12 之间的整数。

说明：参数 Serial_number 表示一个日期值，其中包含要查找的月份。如果日期以文本形式输入，则会出现问题。

示例：计算图 7-15 所示表格中郑南同学出生的月份。

计算公式：=MONTH(D3)

计算结果为 10。

3. NOW 函数

语法：NOW ()

功能：返回计算机的系统日期和时间。

说明：该函数没有参数。

示例：假设当前系统日期为“2009-11-17”，时间为“10:36 AM”，则 NOW()值为“2009-11-17 10:36”。

4. TODAY 函数

语法：TODAY()

功能：返回计算机的系统日期。

说明：该函数没有参数。

示例：假设当前系统日期为“2009-11-17”，则 TODAY()值为“2009-11-17”。

5. YEAR 函数

语法：YEAR(Serial_number)

功能：返回指定日期对应的年份，是 1900 到 9999 之间的数字。

说明：参数 Serial_number 为一个日期值，其中包含要查找年份的日期。如果日期以文本形式输入，则会出现问题。

示例：计算图 7-15 所示表格中郑南同学出生的年份。

计算公式：=YEAR(D3)

计算结果为 1971。

注意： 对于 MONTH 函数和 YEAR 函数，如果 Serial_number 为一个具体日期，则应使用 DATE 函数输入该日期。例如，YEAR(DATE(2008,8,8))是正确的表示方式。

小技巧：

利用上述介绍的日期函数，可以显示出本月末的日期。

计算公式为：=DATE(YEAR(NOW()),MONTH(NOW())+1,0)

例如，当前计算机系统日期为“2009-11-17”，使用该公式计算结果为“2009-11-30”。

7.3.4　逻辑函数

Excel 提供了 6 种逻辑函数，包括与、或、非、真、假和条件判断。逻辑函数真和假没有参数，逻辑函数与、或、非的参数均为逻辑值，条件判断函数的第 1 个参数为逻辑值。当需要进行条件判断时，可以使用此类函数。下面简单介绍其中的两种函数。

1. AND 函数

语法：AND(logical1,logical2, ...)

功能：所有参数的逻辑值为真时，返回 TRUE；只要有一个参数的逻辑值为假，则返回 FALSE。

说明：AND 函数最多允许包含 30 个参数。每个参数必须是逻辑值 TRUE 或 FALSE，或者包含逻辑值的数组或引用。如果数组或引用参数中包含文本或空单元格，则这些值将被忽略。如果指定的单元格区域内包括非逻辑值，则 AND 将返回错误值 #VALUE!。

示例：判断图 7-15 所示表格中郑南同学是否为女生。

计算公式：=AND(C3="女")

计算结果为 TRUE。

2. IF 函数

语法：IF(Logical_test,Value_if_true,Value_if_false)

功能：执行真假值判断，根据逻辑计算的真假值，返回不同结果。

说明：该函数有 3 个参数。Logical_test 为逻辑判断条件；Value_if_true 为条件为真时返回的结果；Value_if_false 为条件为假时返回的结果。

示例 1：根据学生的平均成绩，确定图 7-15 所示表格中每名学生的交费情况，如果平均成绩小于 60，需要交费，否则免费。

计算公式：=IF(I3<60,"交费","免费")

在 K3 单元格中输入计算公式，然后将其填充到 K4:K10 单元格区域中。结果如图 7-16 所示。

	A	B	C	D	E	F	G	H	I	J	K	L
1											学生人数:	
2	学号	姓名	性别	出生日期	计算机基础	高等数学	英语	总成绩	平均成绩	名次	交费	检查标志
3	970708	郑南	女	1971-10-17	91	90	89	270	90	3	免费	
4	970707	邓加	男	1972-7-17	90	93	88	271	90.33	2	免费	
5	970704	朱凯	女	1972-5-10	87	64	85	236	78.67	6	免费	
6		王鹏	男	1972-3-12	54	45	58	157	52.33	8	交费	
7	970706		女	1972-8-1	73	72	99	244	81.33	5	免费	
8		陈小东	男	1971-11-3	60	83	76	219	73	7	免费	
9	970702	沈云	女	1971-12-1	83	85	90	258	86	4	免费	
10	970701	张红	女	1972-2-1	96	95	88	279	93	1	免费	
11	最高分				96	95	99	279	93			
12	最低分				54	45	58	157	52.33			
13	70分以下人数				2	2	1					
14	女生总成绩				430	406	451					
15	男生总成绩											

图 7-16　交费情况计算结果

小技巧：

使用 IF 函数和 COUNTA 函数可以检查输入的数据是否有遗漏。例如在图 7-16 所示表格中，A3:G10 为原始数据，每行共 7 列。如果希望检查是否输入了全部的原始数据，可以按如下步骤进行操作。

步骤 1：输入计算公式。在 L3 单元格中输入计算公式=IF(COUNTA(A3:G3)=7,"完毕","")。

单击编辑栏上的“输入”按钮。

步骤 2：填充公式。将鼠标移到 L3 单元格的填充柄处，双击鼠标左键。结果如图 7-17 所示。

	A	B	C	D	E	F	G	H	I	J	K	L
1											学生人数:	
2	学号	姓名	性别	出生日期	计算机基础	高等数学	英语	总成绩	平均成绩	名次	交费	检查标志
3	970708	郑南	女	1971-10-17	91	90	89	270	90	3	免费	完毕
4	970707	邓加	男	1972-7-17	90	93	88	271	90.33	2	免费	完毕
5	970704	朱凯	女	1972-5-10	87	64	85	236	78.67	6	免费	完毕
6		王鹏	男	1972-3-12	54	45	58	157	52.33	8	交费	
7	970706		女	1972-8-1	73	72	99	244	81.33	5	免费	
8		陈小东	男	1971-11-3	60	83	76	219	73	7	免费	
9	970702	沈云	女	1971-12-1	83	85	90	258	86	4	免费	完毕
10	970701	张红	女	1972-2-1	96	95	88	279	93	1	免费	完毕
11	最高分				96	95	99	279	93			
12	最低分				54	45	58	157	52.33			
13	70分以下人数				2	2	1					
14	女生总成绩				430	406	451					
15	男生总成绩											

图 7-17　数据输入检查结果

7.3.5　文本函数

与文本有关的处理可以使用文本函数。例如计算文本的长度，从文本中取子字符串，大小写字母转换，数字与文本的转换等。下面简单介绍其中几种常用的文本函数。

1. FIND 函数

语法：FIND(find_text,within_text,start_num)

功能：查找指定字符在一个文本字符串中的位置。

说明：该函数有 3 个参数。find_text 为需要查找的字符；within_text 为包含要查找字符的文本字符串；start_num 为开始查找的位置，默认为 1。使用时，FIND 函数从 start_num 开始，查找 find_text 在 within_text 中第 1 次出现的位置。

示例：假设 A1="Microsoft Excel"，若查找字符“c”在 A1 中第 1 次出现的位置。

计算公式：=FIND(“c”,A1)

计算结果为 3。

注意：事实上，FIND 函数用于查找字符在指定的文本字符串中是否存在，如果存在，返回具体位置，否则返回#VALUE!错误。无论是数值还是文本，FIND 函数都将其视为文本进行查找。

小技巧：

使用 FIND 函数和 COUNT 函数，可以统计出某个数字中不重复数字的个数。假设 A1 单元格中的数值为 12345234，计算该单元格中不重复数字个数的公式可以写为：=COUNT(FIND({0,1,2,3,4,5,6,7,8,9},A1))。计算结果为 5。

2. LEN 函数

语法：LEN(text)

功能：返回文本字符串中的字符数。

说明：该函数只有 1 个参数。text 为需要计算字符数的文本字符串。空格将作为字符进行计数。

示例：假设 A1="Microsoft Excel"，则 LEN(A1)=15。

3. REPLACE 函数

语法：REPLACE(old_text,start_num,num_chars,new_text)

功能：对指定字符串的部分内容进行替换。

说明：该函数有 4 个参数。old_text 为被替换的文本字符串，start_num 为开始替换位置，num_chars 为替换的字符个数，new_text 为用于替换的字符。

示例：假设 A1="Mircosoft Excel"，将 A1 中第 3、4 个字符替换为"cr"。

计算公式：=REPLACE(A1,3,2,"cr")

计算结果：Microsoft Excel

小技巧：

巧用 REPLACE 函数，可以在字符串的指定位置插入字符。例如 A1 单元格的内容为"Excel"，若要在 E 前面插入"Microsoft"，则计算公式为：=REPLACE(A1,1,,"Microsoft ")，计算结果为 Microsoft Excel。

4. REPT 函数

语法：REPT(text,number_times)

功能：按给定的次数重复显示文本。

说明：该函数有 2 个参数。text 为需要重复显示的文本，number_times 为重复的次数。如果 number_times 为 0，则 REPT 返回空文本（""）。如果 number_times 不是整数，则将被取整。REPT 函数的结果不能大于 32 767 个字符，否则，REPT 将返回错误值 #VALUE!。

示例：假设 A1="Excel"，将 A1 单元格中的文本重复两次。

计算公式：=REPT(A1,2)

计算结果：ExcelExcel。

5. RIGHT 函数

语法：RIGHT(text,num_chars)

功能：从指定字符串中截取最后一个或多个字符。

说明：该函数有 2 个参数。text 为需要截取的文本字符串，num_chars 为需要截取的字符数。Num_chars 必须大于或等于 0。如果 num_chars 大于文本长度，则 RIGHT 返回所有文本。如果忽略 num_chars，则假定其为 1。

示例：假设 A1="Microsoft Excel"，截取 A1 单元格中最后 5 个字符。

计算公式：=RIGHT(A1,5)

计算结果：Excel

小技巧：

如果希望将工作表中 A 列数据的所有数字转换为 10 位数的编码，原位数不足的在前面补 0，可以使用 RIGHT 函数和 REPT 函数。计算公式为：= RIGHT(REPT(0,10)&A1,10)。

注意：与 RIGHT 函数功能类似的函数还有 MID 和 LEFT。前者是从指定的位置开始截取指定个数的字符。后者是从第1位开始截取指定个数的字符。

6. UPPER 函数

语法：UPPER(text)

功能：将指定的文本转换为大写形式。

说明：该函数只有 1 个参数。text 为需要转换成大写形式的文本。Text 可以为引用或文本字符串。

示例：假设 A1="Microsoft Excel"，将其转换为大写形式。

计算公式：=UPPER(A1)

计算结果：MICROSOFT EXCEL。

7.3.6 查找函数

HLOOKUP 函数、MATCH 函数、VLOOKUP 函数和 INDIRECT 函数都属于查找与引用函数，是用户查找数据时使用频率非常高的函数。通常可以满足用户进行简单查询的需求。例如，根据学号查询学生考试的总成绩，根据产品名称查询产品价格等。下面将重点介绍这 4 个函数的功能及用法。

1. HLOOKUP 函数

语法：HLOOKUP(lookup_value,table_array,row_index_num,range_lookup)

功能：在指定的单元格区域的首行查找满足条件的数值，并按指定的行号返回查找区域中的值。

说明：该函数有 4 个参数。Lookup_value 为需要在指定单元格区域中第 1 行查找的数值。可以为数值、引用或文本字符串；Table_array 为指定的需要查找数据的单元格区域。Row_index_num 为 table_array 中待返回的匹配值的行号。Range_lookup 为一个逻辑值，它决定 HLOOKUP 函数的查找方式：如果为 0 或 FALSE，函数进行精确查找；如果为 1 或 TRUE，函数进行模糊查找，也就是说找不到时会返回小于 lookup_value 的最大值。但是，这种查找方式要求数据表必须按第 1 行升序排列。

示例：图 7-18 展示了某公司年度职工加班情况表，查询“邱月清”某季度的加班情况。计算公式：=HLOOKUP(B3,$D$2:$H$7,5)。将公式输入到 B4 单元格中，其中 B3 为需要在指定单元格区域中第 1 行查找的值。查询结果如图 7-18 所示。

	A	B	C	D	E	F	G	H
1	查询邱月清加班次数							
2				季度	1	2	3	4
3	季度	4		林晓彤	2	1	3	1
4	邱月清	3		江雨薇	1	2	1	2
5				郝思嘉	3	4	1	2
6				邱月清	3	1	2	3
7				曾云儿	2	4	1	2

图 7-18 年度职工加班情况表及查询结果

也就是说，当在 B3 单元格输入季度值时，这个计算会将查找到的数值显示在 B4 单元格中。

2. MATCH 函数

语法：MATCH(lookup_value,lookup_array,match_type)

功能：确定查找值在查找范围中的位置序号。

说明：该函数有 3 个参数。Lookup_value 为需要查找的数值，可以是数字、文本或逻辑值，或对数字、文本或逻辑值的单元格引用。Lookup_array 为指定的需要查找数据的单元格区域。Match_type 为-1、0 或 1，它决定怎样在 lookup_array 中查找 lookup_value。如果值为 1，则查找小于或等于 lookup_value 的最大数值。如果为 0，则查找等于 lookup_value 的第一个数值。如果为-1，则查找大于或等于 lookup_value 的最小数值。如果省略，则假设为 1。

示例：图 7-19 展示了某公司年度职工加班情况表，确定每季度加班最多的第一名职工在表中的位置。

计算公式：=MATCH(MAX(B2:B6),B2:B6,0)

在 B7 单元格中输入公式，然后将其填充到 C3:E3 单元格区域。结果如图 7-20 所示。

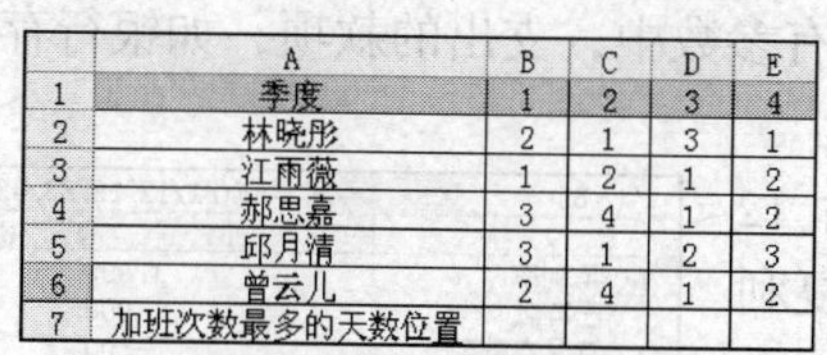

	A	B	C	D	E
1	季度	1	2	3	4
2	林晓彤	2	1	3	1
3	江雨薇	1	2	1	2
4	郝思嘉	3	4	1	2
5	邱月清	3	1	2	3
6	曾云儿	2	4	1	2
7	加班次数最多的天数位置				

图 7-19 某公司年度加班情况表

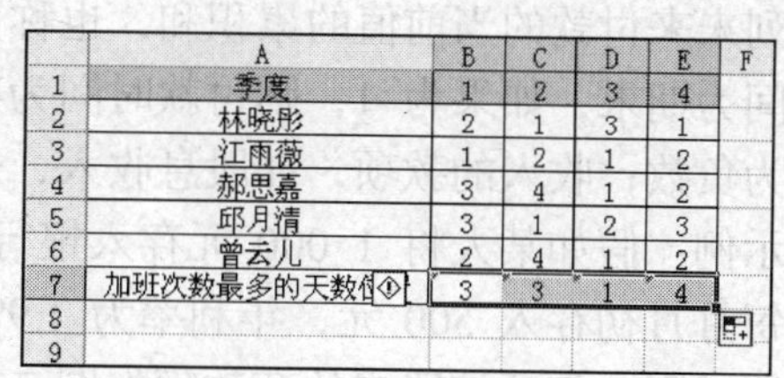

	A	B	C	D	E	F
1	季度	1	2	3	4	
2	林晓彤	2	1	3	1	
3	江雨薇	1	2	1	2	
4	郝思嘉	3	4	1	2	
5	邱月清	3	1	2	3	
6	曾云儿	2	4	1	2	
7	加班次数最多的天数位	3	3	1	4	
8						
9						

图 7-20 计算结果

3. VLOOKUP 函数

语法：VLOOKUP(Lookup_value,Table_array,Col_index_num,Range_lookup)

功能：在指定的单元格区域的首列查找满足条件的数值，并按指定的行号返回查找区域中的值。

说明：该函数有 4 个参数。Lookup_value 为需要在指定单元格区域中第 1 列查找的数值，可以为数值、引用或文本字符串。Table_array 为指定的需要查找数据的单元格区域。Col_index_num 为 Table_array 中待返回的匹配值的列号。Range_lookup 为一逻辑值，它决定 VLOOKUP 函数的查找方式：如果为 0 或是 FALSE，函数进行精确查找；如果为 1 或是 TRUE，函数进行模糊查找。也就是说找不到时会返回小于 Lookup_value 的最大值。但是，这种查找方式要求数据表必须按第 1 列升序排列。

示例：图 7-21 所示为某公司年度职工加班情况表，查询“邱月清”某季度的加班情况。计算公式：=VLOOKUP(B3,$D$2:$I$6,5)。查询结果如图 7-21 所示。

	A	B	C	D	E	F	G	H	I
1	查询邱月清加班次数								
2				季度	林晓彤	江雨薇	郝思嘉	邱月清	曾云儿
3	季度	4		1	2	1	3	3	2
4	邱月清	3		2	1	2	4	1	4
5				3	3	1	2	2	1
6				4	1	2	1	3	2

图 7-21 年度职工加班情况表及查询结果

注意： HLOOKUP 函数和 VLOOKUP 函数的语法非常相似，用法基本相同，区别在于 HLOOKUP 函数按列查询，VLOOKUP 函数按行查询。使用这两个函数，应注意，函数的第3个参数中的行（列）号，不能理解为数据表中实际的行（列）号，而应该是需要返回的数据在查找区域中的第几行（列）。

7.3.7 财务函数

财务函数专门用于财务计算，使用这些函数可以直接得到结果。下面介绍几种常用的财务函数。

1. FV 函数

语法：FV(rate,nper,pmt,pv,type)

功能：基于固定利率及等额分期付款方式，返回某项投资的未来值。

说明：该函数有 5 个参数。rate 为各期利率；nper 为总投资期，即该项投资的付款期总数；pmt 为各期所应支付的金额；pv 为现值，即从该项投资开始计算时已经入帐的款项，或一系列未来付款的当前值的累积和，也称为本金；Type 为各期的付款时间，如果为 0，则付款时间为期末，如果为 1，则付款时间为期初。在所有参数中，支出的款项，如银行存款，表示为负数；收入的款项，如股息收入，表示为正数。

示例：假如某人将 1 000 元存入银行账户，以后 12 个月每月月初存入 500 元，年利率为 1.9%，按每月复利率计算，则一年后该账户的存款额如图 7-22 所示。

B4	=FV(B1/12, 12, B3, B2, 1)	
	A	B
1	年利率	1.90%
2	已存款	-1000
3	每月存款额	-500
4	一年后的存款额	￥7,081.28
5		

图 7-22 FV 函数示例

2. NPER 函数

语法：NPER(rate, pmt, pv, fv, type)

功能：基于固定利率及等额分期付款方式，返回某项投资的总期数。

说明：该函数有 5 个参数。rate 为各期利率；pmt 为各期应支付的金额；pv 为现值，即从该项投资开始计算时已经入帐的款项，或一系列未来付款的当前值的累积和，也称为本金；Fv 为未来值，或在最后一次付款后希望得到的现余额；Type 为各期付款时间，如果为 0 或省略，则付款时间为期末，如果为 1，则付款时间为期初。

示例：某人贷款 45 万元，以后每月偿还 5 000 元，现在的年利率为 4.5%，则将贷款还清的年限如图 7-23 所示。

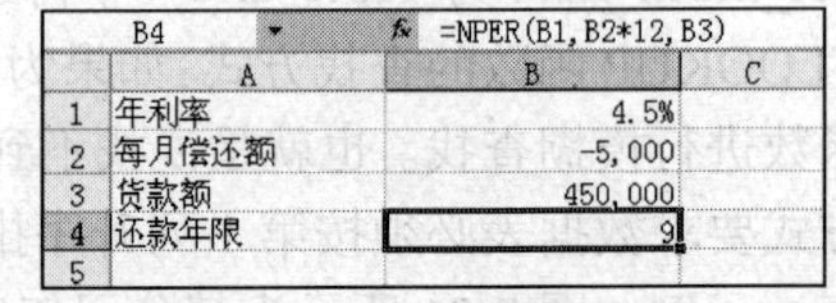

B4	=NPER(B1, B2*12, B3)	
	A	B
1	年利率	4.5%
2	每月偿还额	-5,000
3	贷款额	450,000
4	还款年限	9
5		

图 7-23 NPER 函数示例

3. NPV 函数

语法：NPV(rate,value1,value2, ...)

功能：通过使用贴现率以及一系列未来支出（负值）和收入（正值），返回一项投资的净现值。

说明：参数 rate 为某一期间的贴现率。value1,value2, ...为 1 到 29 个参数，代表支出及收入。单元格、逻辑值或数字的文本表达式，则都会计算在内；如果参数是错误值或不能转化为数值的文本，则被忽略。如果参数是一个数组或引用，则只计算其中的数字。数组或引用中的空单元格、逻辑值、文字及错误值将被忽略。

示例：某公司一年前投资 1 万元，现在年贴现率为 10%，从第一年开始，每年的收益分别为 3 000、4 200、6 800，则该投资的净现值如图 7-24 所示。

B6	=NPV(B1, B2, B3, B4, B5,)	
	A	B
1	年贴现率	10%
2	一年前的初期投资	-10,000
3	第一年的收益	3,000
4	第二年的收益	4,200
5	第三年的收益	6,800
6	投资的净现值	￥1,188.44
7		

图 7-24 NPV 函数示例

4. PMT

语法：PMT(rate,nper,pv,fv,type)

功能：基于固定利率及等额分期付款方式，返回贷款的每期付款额。

说明：该函数有 5 个参数。rate 为贷款利率；nper 为该项贷款的付款总数；pv 为现值，即从该项投资开始计算时已经入账的款项，或一系列未来付款的当前值的累积和，也称为本金；Fv 为未来值，或在最后一次付款后希望得到的现金余额；Type 为各期的付款时间，如果为 0，则付款时间为期末，如果为 1，则付款时间为期初。

示例：假设某公司要贷款 500 万元，年限为 10 年，现在的年利率为 3.86%，分月偿还，则每月的偿还额如图 7-25 所示。

B4　=PMT(B2/12,B3*12,B1)

	A	B	C
1	贷款额	5,000,000	
2	年利率	3.86%	
3	年限	10	
4	每月偿还额	￥-50,290.55	
5			

图 7-25　PMT 函数示例

7.4　应用实例——计算工资

在第 6 章应用实例中，已经通过公式计算出“工资计算”表中的部分工资项，但还有些算法相对复杂的工资项没有计算出来，需要使用函数。为了便于读者学习，以下按计算公式难易程度的顺序介绍各工资项的计算方法。

7.4.1　计算洗理费

假设该公司规定，洗理费标准按男职工每人每月 30 元，女职工每人每月 50 元发放。也就是说“工资计算”工作表中某个职工的洗理费数据项的计算，需要根据该职工的性别决定。可以使用 IF 函数来处理。计算洗理费的操作步骤如下。

步骤 1：选定第 1 个职工“洗理费”所在的单元格 J2。

步骤 2：打开“插入函数”对话框。单击“常用”工具栏的“自动求和”按钮的下拉箭头，如图 7-26 所示。单击下拉列表中的“其他函数”，这时将弹出“插入函数”对话框。

文件(F)　编辑(E)　视图(V)　插入(I)　格式(O)　工具(T)　数据(D)　窗口(W)　帮助(H)

求和(S)
平均值(A)
计数(C)
最大值(M)
最小值(I)
其他函数(F)...

	A	B	C	D	E	F	G	J
1	序号	姓名	单位	基本工资	职务工资	岗位津贴	工龄补贴	理费
2	A01	孙家龙	A部门	800	450	500		
3	A02	张卫华	A部门	700	450	300		
4	A03	何国叶	A部门	700	450	300		

图 7-26　执行“其他函数”命令

步骤 3：选择“IF”函数。一般情况下，可以在常用函数列表中找到“IF”函数。如果该列表中没有列出，可以在“或选择类别”的列表框中选择“逻辑”，然后在下面的“选择函数”列表框中选择“IF”，如图 7-27 所示。单击“确定”按钮，这时将弹出 IF 的“函数参数”对话框，如图 7-28 所示。

步骤 4：设置函数参数。将焦点定位到 IF 函数的第 1 个参数框“Logical_test”中。再选定该职工在“人员清单”工作表中对应的“性别”单元格 D2；接着输入="男"。如图 7-29 所示。

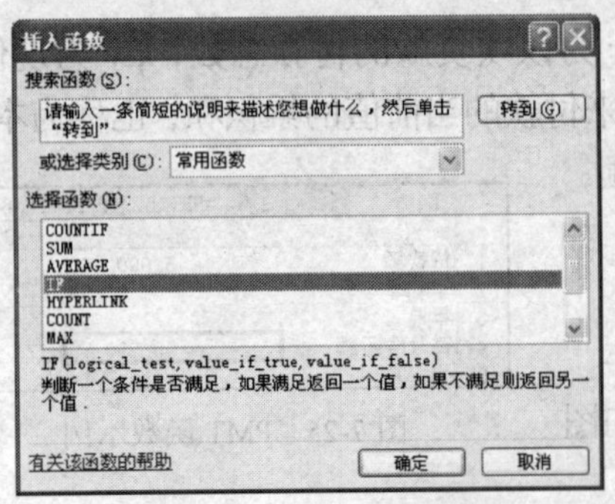

图 7-27 选择“IF”函数

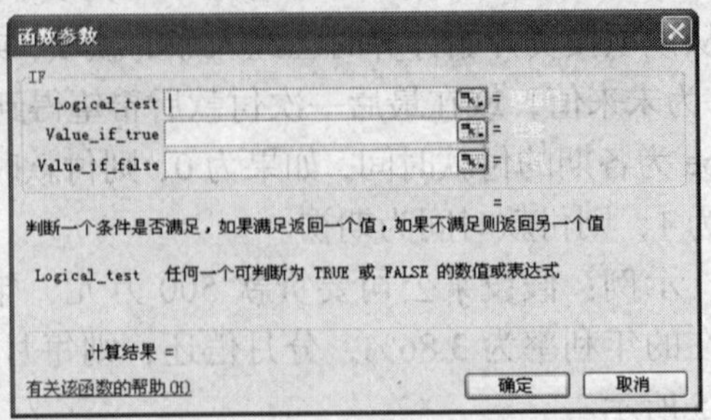

图 7-28 “函数参数”对话框

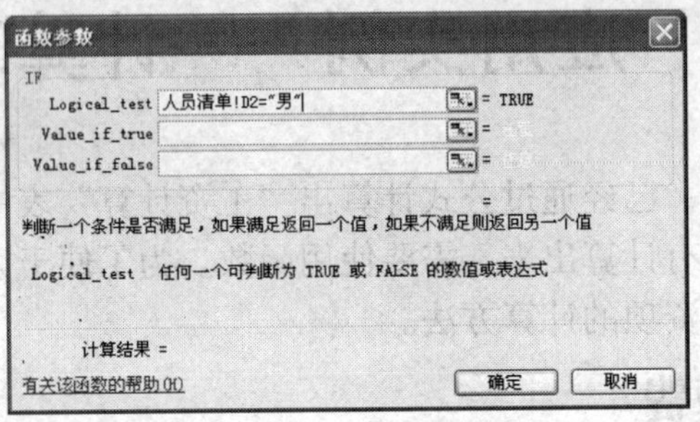

图 7-29 输入第 1 个参数

注意： 在公式中输入的单元格、运算符、分隔符等必须使用半角字符。例如上例中的“人员清单!D2="男"”。

在“Value_if_true”和“Value_if_false”框中分别输入 30 和 50。输入完成的“函数参数”对话框如图 7-30 所示。单击“确定”按钮。

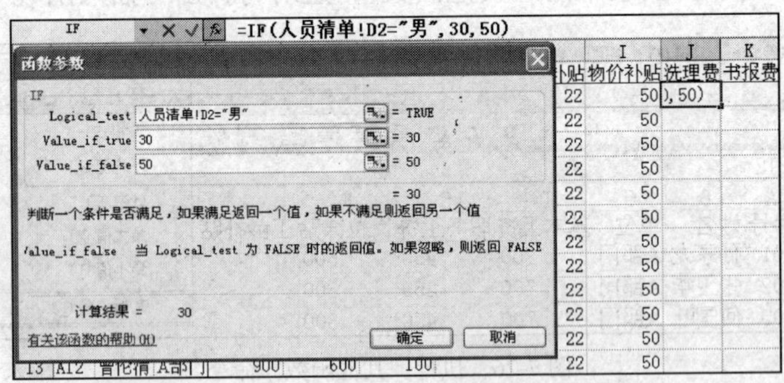

图 7-30 输入完成的“函数参数”对话框

从图 7-30 所示的编辑栏中可以看到所建立的完整公式为“=IF(人员清单!D2="男",30,50)”。该公式的含义是：如果“人员清单”工作表 D2 单元格的值等于“男”，则函数返回值为 30，否则返回值为 50。

步骤 5：将 J2 单元格的公式填充到 J3:J140 单元格区域。用鼠标指向 J2 单元格右下角的填充柄处，然后双击鼠标左键。计算结果如图 7-31 所示。

假设该公司“书报费”与“洗理费”的计算方法相似，技术员每人每月 40 元，技师、工程师和高工每人每月 60 元。则计算公式应为：“=IF(人员清单!F2="技术员",40,60)”。计算的操作步骤与“洗理费”相同，这里不再赘述。计算结果如图 7-32 所示。

J2 =IF(人员清单!D2="男",30,50)

	A	B	C	D	E	F	G	H	I	J	K	L	M	N	O	P	Q	R	S
1	序号	姓名	单位	基本工资	职务工资	岗位津贴	工龄补贴	交通补贴	物价补贴	洗理费	书报费	公积金	医疗险	养老险	其它	奖金	应发工资	所得税	实发工资
115	C28	徐定荣	C部门	700	300	50		0	50	30		100	20	40	0	2220	3190		3190
116	C29	陈车兆	C部门	700	450	50		0	50	30		115	23	46	0	2560	3656		3656
117	C30	钟吉华	C部门	700	300	50		22	50	30		100	20	40	0	2200	3192		3192
118	C31	张敏	C部门	700	300	50		22	50	30		100	20	40	0	2380	3372		3372
119	C32	周洁	C部门	800	400	70		22	50	50		120	24	48	0	2640	3840		3840
120	C33	田勇	C部门	800	450	70		22	50	30		125	25	50	0	2800	4022		4022
121	C34	陈荣	C部门	850	450	100		22	50	50		130	26	52	0	2960	4274		4274
122	C35	谭文安	C部门	800	450	70		22	50	50		125	25	50	0	2800	4042		4042
123	C36	黄奋杰	C部门	800	600	70		0	50	30		140	28	56	200	3300	4826		4826
124	C37	田兴涛	C部门	800	600	70		0	50	30		140	28	56	0	3300	4626		4626
125	C38	彭曼萍	C部门	800	600	70		0	50	30		140	28	56	0	3100	4426		4426
126	C39	赵彩虹	C部门	800	600	70		22	50	50		140	28	56	0	3220	4588		4588
127	C40	张惠信	C部门	800	450	70		22	50	50		125	25	50	0	2920	4162		4162
128	C41	周章兵	C部门	700	300	50		22	50	30		100	20	40	0	2380	3372		3372
129	C42	王文	C部门	700	300	50		0	50	30		100	20	40	0	2220	3190		3190
130	C43	左双娥	C部门	700	300	50		0	50	30		100	20	40	0	2380	3350		3350
131	C44	覃庆松	C部门	800	450	70		22	50	30		125	25	50	0	2920	4142		4142
132	C45	符智全	C部门	700	400	50		22	50	30		110	22	44	0	2520	3596		3596
133	C46	张强	C部门	700	450	50		0	50	30		115	23	46	0	2680	3776		3776
134	C47	严映炎	C部门	700	400	50		22	50	30		110	22	44	0	2560	3636		3636
135	C48	陈保才	C部门	800	450	70		0	50	30		125	25	50	0	2900	4100		4100
136	C49	彭德元	C部门	700	400	50		22	50	30		110	22	44	0	2500	3576		3576
137	C50	张小英	C部门	650	300	30		22	50	50		95	19	38	0	2060	3010		3010
138	C51	熊金春	C部门	800	450	70		22	50	30		125	25	50	0	2800	4022		4022
139	C52	叶国邦	C部门	700	300	50		22	50	30		100	20	40	0	2220	3212		3212
140	C53	钟成江	C部门	850	600	100		22	50	30		145	29	58	0	3380	4800		4800
141																			

图 7-31 洗理费计算结果

K2 =IF(人员清单!F2="技术员",40,60)

	A	B	C	D	E	F	G	H	I	J	K	L	M	N	O	P	Q	R	S
1	序号	姓名	单位	基本工资	职务工资	岗位津贴	工龄补贴	交通补贴	物价补贴	洗理费	书报费	公积金	医疗险	养老险	其它	奖金	应发工资	所得税	实发工资
2	A01	孙家龙	A部门	800	450	500		22	50	30	60	125	25	50	0	3900	5612		5612
3	A02	张卫华	A部门	700	450	300		22	50	30	60	115	23	46	0	3180	4608		4608
4	A03	何国叶	A部门	700	450	300		22	50	30	60	115	23	46	0	3060	4488		4488
5	A04	梁勇	A部门	800	400	300		22	50	30	60	120	24	48	0	3200	4670		4670
6	A05	朱思华	A部门	900	600	100		22	50	50	60	150	30	60	100	3800	5442		5442
7	A06	陈关敏	A部门	650	300	30		22	50	50	40	95	19	38	0	2100	3090		3090
8	A07	陈德生	A部门	700	300	50		22	50	30	40	100	20	40	0	2220	3252		3252
9	A08	彭庆华	A部门	800	450	70		22	50	30	60	125	25	50	0	2800	4082		4082
10	A09	陈桂兰	A部门	800	450	70		22	50	50	60	125	25	50	0	2900	4202		4202
11	A10	王成祥	A部门	800	450	70		22	50	30	60	125	25	50	-50	2800	4032		4032

图 7-32 书报费计算结果

7.4.2 计算工龄补贴

一般单位的工资构成都包括工龄补贴。假设该公司工龄补贴的计算方式是每满一年增加 10 元，但是最高不超过 300 元，即 300 元封顶。工龄工资的计算比较复杂，需要用到多个函数，而且函数要嵌套使用。首先因为“人员清单”工作表中只有“参加工作日期”数据，而没有现成的工龄指标，所以需要先计算出职工的参加工作年份到计算工资年份的工龄。这可以利用 YEAR 函数和 TODAY 函数来计算。

例如，职工孙家龙“参加工作日期”的数据存放在“人员清单”工作表的 G2 单元格，则其工龄的计算公式为“=YEAR(TODAY())-YEAR(人员清单!G2)”。即用计算机系统日期的年份减去参加工作日期的年份。

工龄补贴的计算公式是“工龄 × 10”。则工龄补贴的计算公式为“=(YEAR(TODAY())-YEAR(人员清单!G2))*10”。

因为工龄补贴的上限为“300”，所以最后工龄补贴数应该是上述计算结果和“300”两个数中的较小者。这可以用 MIN 函数实现。

最后完整的计算工龄补贴的计算公式为“=MIN(300,(YEAR(TODAY())-YEAR(人员清单!G2))*10)”。在工作表中建立上述公式的具体操作步骤如下。

步骤 1：选定第 1 个职工“工龄补贴”所在的单元格 G2。

步骤 2：打开“插入函数”对话框。单击“编辑栏”上的“插入函数”按钮，这时将弹出“插入函数”对话框。

步骤 3：选择 MIN 函数。一般情况下，可以在常用函数列表中找到“MIN”函数。如果没有列出，可以在“或选择类别”的列表框中选择“统计”，然后在下面的“选择函数”列表框中选择“MIN”。单击“确定”按钮，这时将弹出 MIN 的“函数参数”对话框。

注意：一般情况下使用 MIN 函数，也可以单击“常用”工具栏中“自动求和”按钮的下拉箭头后，直接单击下拉列表中的“最小值”。

步骤 4：输入 MIN 函数的参数。在“Number1”框中输入工龄补贴的上限 300，在“Number2”框中输入计算一般工龄补贴的公式。

步骤 5：输入计算一般工龄补贴的公式。因为这时需要用到其他函数，所以单击“编辑栏”左端的函数下拉列表按钮，如图 7-33 所示。

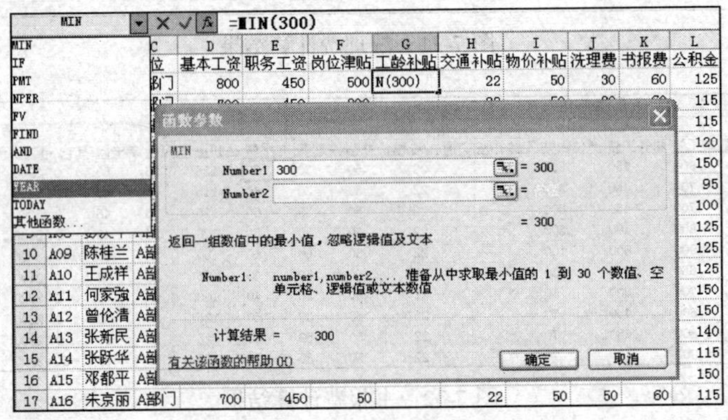

图 7-33　输入其他函数

从函数下拉列表中选择“YEAR”函数，如果下拉列表中没有“YEAR”函数，则单击“其他函数”，然后在弹出的“插入函数”对话框中的“日期与时间”类别中选“YEAR”函数。这时“MIN”的“函数参数”对话框将改变为“YEAR”函数的“函数参数”对话框，如图 7-34 所示。

按照类似的方法输入“Serial_nubmer”参数：单击“编辑栏”左端的函数下拉列表按钮，选择“TODAY”函数。这时“YEAR”的“函数参数”对话框将改变为“TODAY”的“函数参数”对话框。该函数不需要参数，单击“确定”按钮，如图 7-35 所示。

图 7-34　输入 YEAR 函数

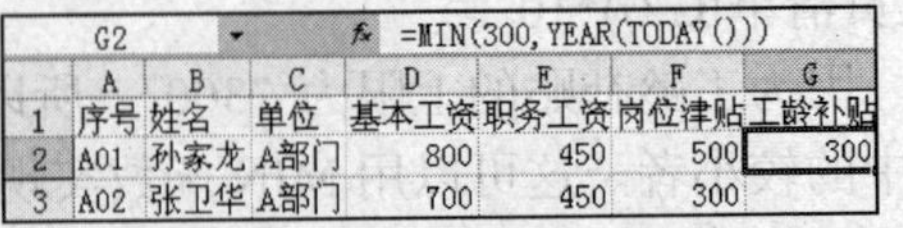

	A	B	C	D	E	F	G
1	序号	姓名	单位	基本工资	职务工资	岗位津贴	工龄补贴
2	A01	孙家龙	A部门	800	450	500	300
3	A02	张卫华	A部门	700	450	300	

图 7-35　输入 TODAY 函数

在编辑栏最后一个右括号的前面输入-。单击“编辑栏”左端的函数下拉列表按钮，再次选择“YEAR”。选定“YEAR”的“函数参数”对话框中“Serial_nubmer”框，然后选定该职工在“人员清单”工作表中对应的“参加工作时间”单元格，如图 7-36 所示。

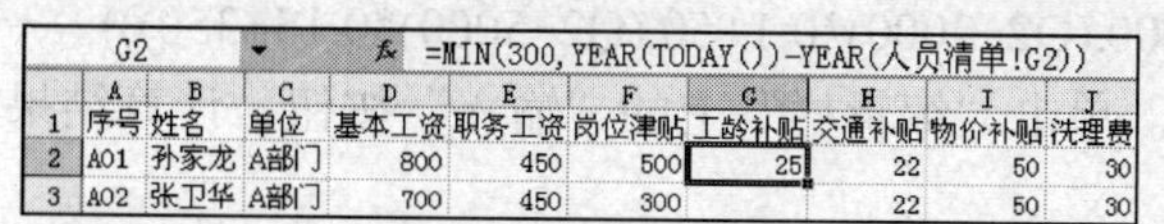

G2 =MIN(300,YEAR(TODAY())-YEAR(人员清单!G2))

	A	B	C	D	E	F	G	H	I	J
1	序号	姓名	单位	基本工资	职务工资	岗位津贴	工龄补贴	交通补贴	物价补贴	洗理费
2	A01	孙家龙	A部门	800	450	500	25	22	50	30
3	A02	张卫华	A部门	700	450	300		22	50	30

图 7-36 输入参加工作时间

最后再将计算出的工龄数乘以 10 即可。将编辑栏中 MIN 函数的第二个参数表达式加上括号并乘以 10。完成的计算公式如图 7-37 所示。

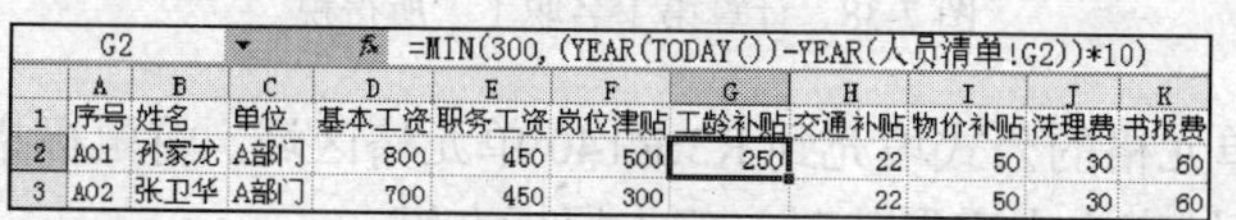

G2 =MIN(300,(YEAR(TODAY())-YEAR(人员清单!G2))*10)

	A	B	C	D	E	F	G	H	I	J	K
1	序号	姓名	单位	基本工资	职务工资	岗位津贴	工龄补贴	交通补贴	物价补贴	洗理费	书报费
2	A01	孙家龙	A部门	800	450	500	250	22	50	30	60
3	A02	张卫华	A部门	700	450	300		22	50	30	60

图 7-37 输入完成的计算公式

步骤 6：将 G2 单元格的公式填充到 G3:G140 单元格区域。将鼠标指向 G2 单元格右下角的填充柄，当鼠标指针变为十字形状时双击鼠标左键。

7.4.3 计算所得税

现在越来越多的单位的财务部门都代征代缴税金，计算个人所得税是工资管理中不可缺少的一项工作。按照我国现行税收制度，不同收入水平其纳税税率是不同的，而且近几年还调高了纳税标准。现假设按下述规定计算个人所得税。

- 应发工资低于 1 000 元的，不纳税。
- 应发工资低于 2 000 元的，超出 10 00 元的部分按 5%纳税。
- 应发工资低于 5 000 元的，2 000 元以下部分同上，超出 2 000 元的部分按 10%纳税。
- 应发工资大于等于 5 000 元的，5 000 元以下部分同上，超出 5 000 元的部分按 15%纳税。

所得税的计算也需要使用 IF 函数，但是比计算洗理费要复杂得多，需要多个 IF 函数嵌套使用。为了便于建立有关的公式，将计算所得税的公式抽象成下述分段函数：

$$r(x)=\begin{cases}0 & x<1\,000 \\ (x-1\,000)\times 0.05 & 1\,000\leqslant x<2\,000 \\ (x-2\,000)\times 0.10+50 & 2\,000\leqslant x<5\,000 \\ (x-5\,000)\times 0.15+350 & x>5\,000\end{cases}$$

其中 x 为应发工资数，$r(x)$是相应的应缴所得税值。第三行的 50 是 1 000 到 2 000 部分的应缴所得税值(1 000 × 0.5)。类似的第四行的 350 是 1 000 到 5 000 部分的应缴所得税值(1 000 × 0.5+3 000 × 0.10)。

计算公式为

=IF(Q2＜1 000,0,IF(Q2＜2 000,(Q2−1 000)*0.05,IF(Q2＜5 000,(Q2−2 000)*0.1+50,(Q2−5 000)*0.15+350)))

计算所得税的具体操作步骤如下。

步骤 1：选定第 1 个职工“所得税”所在的单元格 R2。

步骤 2：输入计算公式。在 R2 单元格中输入计算公式为=IF(Q2<1000,0,IF(Q2<2000,(Q2−1000)* 0.05,IF z(Q2<5000,(Q2−2000)*0.1+50,(Q2−5000)*0.15+350)))。

步骤 3：结束计算。单击“编辑栏”上的“输入”按钮，计算结果填入 R2 单元格中，如图 7-38 所示。

R2 =IF(Q2<1000,0,IF(Q2<2000,(Q2-1000)*0.05,IF(Q2<5000,(Q2-2000)*0.1+50,(Q2-5000)*0.15+350)))

	B	C	D	E	F	G	H	I	J	K	L	M	N	O	P	Q	R	S
1	姓名	单位	基本工资	职务工资	岗位津贴	工龄补贴	交通补贴	物价补贴	洗理费	书报费	公积金	医疗险	养老险	其它	奖金	应发工资	所得税	实发工资
2	孙家龙	A部门	800	450	500	250	22	50	30	60	125	25	50	0	3900	5862	479.3	5383
3	张卫华	A部门	700	450	300	190	22	50	30	60	115	23	46	0	3180	4798		4798
4	何国叶	A部门	700	450	300	130	22	50	30	60	115	23	46	0	3060	4618		4618

图 7-38 计算第 1 名职工“所得税”

步骤 4：将 R2 单元格的公式填充到 R3:R140 单元格区域。将鼠标指向 R2 单元格右下角的填充柄，当鼠标指针变为十字形状时，双击鼠标左键。

至此，完成了“工资计算”表的所有工资项的计算。

7.5 应用实例——计算销售业绩奖金

在激烈的市场竞争中，企业为了生存和发展，一方面要提高产品的数量和质量，提高企业的竞争力；另一方面也要加强销售管理，提高企业的经济效益。销售管理是企业信息管理系统的重要组成部分，销售管理的主要特点是经常需要对销售情况进行统计分析。例如，需要了解每名销售人员的销售业绩，以便进行绩效考核。本节将应用 Excel 公式及函数，对某文化用品公司销售人员的销售业绩进行统计，并确定奖励的奖金。假设该公司有销售人员 11 名，有关的 2008 年销售信息、1 月业绩奖金信息和奖金标准信息分别存放在名为“销售管理.XLS”工作簿文件的“销售情况表”、“1 月业绩奖金表”和“奖金标准”3 张工作表中。

7.5.1 业绩奖金计算方法简介

图 7-39 所示表格为该公司 2008 年销售情况表，图 7-40 所示表格为 1 月业绩奖金表。本案例将根据“1 月业绩奖金表”、“销售情况表”和“奖金标准”3 张工作表计算 2 月销售人员的业绩奖金。

销售人员的业绩奖金一般是根据奖金发放标准计算出来的。不同的企业，奖金发放标准有所不同。有些是从业绩金额中按固定比例计算奖金，有些是从业务金额中抽取固定金额作为奖金，还有些是根据业绩金额按照不同比例计算奖金。假设该公司奖金由基本奖金和奖励奖金构成。奖金计算方法如下。

1．基本奖金标准及算法

每月基本奖金按不同百分比计算。销售额越高，奖金比例也越高。图 7-41 所示为基本奖金标准，该工作表名为“奖金标准”。

文化用品公司销售情况表							
日期	产品代号	产品品牌	订货单位	业务员	单价	数量	销售额
2008-01-31	SG70A3	三工牌	天缘商场	陈明华	￥ 235	22	￥ 5,170
2008-02-05	SG80A3	三工牌	蓝图公司	陈明华	￥ 265	22	￥ 5,830
2008-02-06	XL80B5	雪莲牌	蓓蕾商场	杨韬	￥ 190	15	￥ 2,850
2008-02-06	XL70B5	雪莲牌	白云出版社	杨东方	￥ 185	40	￥ 7,400
2008-02-10	JD70B5	金达牌	天缘商场	张建生	￥ 185	21	￥ 3,885
2008-02-10	JD70B4	金达牌	天缘商场	王霞	￥ 195	23	￥ 4,485
2008-02-14	JN80A3	佳能牌	蓝图公司	李丽	￥ 245	20	￥ 4,900
2008-02-14	SG70A3	三工牌	星光出版社	邓云洁	￥ 230	45	￥ 10,350
2008-02-15	XL70A3	雪莲牌	天缘商场	赵飞	￥ 230	21	￥ 4,830
2008-02-18	SG70A3	三工牌	蓓蕾商场	邓云洁	￥ 235	47	￥ 11,045
2008-02-19	JD70B5	金达牌	星光出版社	杜宏涛	￥ 185	21	￥ 3,885
2008-02-22	JD70B5	金达牌	天缘商场	刘恒飞	￥ 175	23	￥ 4,025
2008-02-26	JN70B5	佳能牌	明月商场	方一心	￥ 185	50	￥ 9,250
2008-03-02	SG80A3	三工牌	海天公司	方一心	￥ 265	20	￥ 5,300

图 7-39　销售情况表

销售人员业绩奖金表						
姓名	累计销售业绩	奖金百分比	本月销售业绩	奖励奖金	总奖金	累计销售额
陈明华	16660	5%	3330	0	166.5	19990
邓云洁	515	25%	23930	0	5982.5	74445
杜宏涛	14012	15%	13690	0	2053.5	27702
方一心	18432	10%	7858	0	785.8	76290
李丽	17933	15%	13690	0	2053.5	31623
刘恒飞	38111	25%	23930	1000	6982.5	62041
王霞	20421	15%	11500	0	1725	31921
杨东方	12252	25%	23930	0	5982.5	86182
杨韬	36223	10%	7858	0	785.8	44081
张建生	15212	25%	25950	0	6487.5	41162
赵飞	22633	25%	25950	0	6487.5	48583

图 7-40　1 月业绩奖金表

基本奖金标准					
	4999以下	5000~9999	10000~14999	15000~19999	20000以上
销售业绩对照	0	5000	10000	15000	20000
奖金比例	5%	10%	15%	20%	25%

图 7-41　基本奖金标准

例如，由图 7-40 可知，销售人员刘恒飞 1 月销售业绩为 23 930 元，对照图 7-41 所示的基本奖金标准，刘恒飞的基本奖金计算比例应为 25%，奖金额为：23 930 × 25%=5 982.5。

2. 奖励奖金标准及算法

销售人员除可得到基本奖金外，还可获得奖励奖金。奖励奖金是根据累计销售业绩进行计算的。当累计销售业绩达到 5 万元时，将发放 1 000 元奖励奖金。为了不重复发放奖金，公司规定奖励奖金发放后，需从累计销售业绩中扣除 5 万元，剩余金额累计到下一个月的累计销售业绩中。例如，刘恒飞 1 月累计销售业绩为 38 111 元，1 月的销售业绩为 23 930 元，则：

1 月累计销售业绩：38 111+23 930=62 041　　达到了奖励奖金的发放标准

扣除后累计销售业绩：62 041−50 000=12 041　　将此金额作为下月的累计销售业绩

本月总奖金：(23 930 × 25%) + 1 000=6 982.5

下面计算“2 月销售人员业绩奖金表”。假设“2 月销售人员业绩奖金表”的工作表名为

“2 月业绩奖金表”，其结构与“旧业绩奖金表”相同，并且已插入了销售人员的姓名。

7.5.2 计算累计销售业绩

累计销售业绩需要根据上一个月奖励奖金进行计算，具体方法如下。

$$
\text{累计销售业绩}=\begin{cases}\text{上月累计销售业绩}+\text{上月销售业绩} & \text{上月奖励奖金}=0\\ \text{上月累计销售业绩}+\text{上月销售业绩}-50\,000 & \text{上月奖励奖金}\neq 0\end{cases}
$$

累计销售业绩计算比较复杂，需要用到 2 个函数，而且函数要嵌套使用。首先需要知道销售人员在 1 月得到的奖励奖金数额，可以利用 VLOOKUP 函数根据销售人员姓名来查找。例如陈明华的数据存放在“1 月业绩奖金表”的第 3 行，那么查找陈明华奖励奖金的计算公式为：= VLOOKUP(A3,'1 月业绩奖金表'!$A$3:$G$13,5,0)。其中，第 1 个参数为姓名，第 2 个参数为查找的单元格区域地址，第 3 个参数为返回值的列号。由于奖励奖金位于表格的第 5 列，因此第 3 个参数值为 5。接下来需要判断奖励奖金是否为 0，并根据判断结果按上述计算方法计算累计销售业绩，这里需要使用 IF 函数。计算公式为：

=IF(VLOOKUP(A3,'1 月业绩奖金表'!$A$3:$G$13,5,0)=0,'1 月业绩奖金表'!B3+'1 月业绩奖金表'!D3,'1 月业绩奖金表'!B3+'1 月业绩奖金表'!D3-50000)

计算每个销售人员“累计销售业绩”的操作步骤如下。

步骤 1：选定第 1 个销售人员的“累计销售业绩”单元格。选定“2 月业绩奖金表”工作表标签，单击 B3 单元格。

步骤 2：输入计算公式。在 B3 单元格中输入计算公式=IF(VLOOKUP(A3,'1 月业绩奖金表'!$A$3:$G$13,5,0)=0,'1 月业绩奖金表'!B3+'1 月业绩奖金表'!D3,'1 月业绩奖金表'!B3+'1 月业绩奖金表'!D3-50000)。

注意：第一个参数 VLOOKUP(A3,'1月业绩奖金表'!A$3:G$13,5,0)=0是判断第1个销售人员1月奖励奖金的值是否为0。由于上月奖励奖金值存储在“1月业绩奖金表”中，所以在判断区域地址的引用前应标明工作表名；第二个参数、第三个参数同理。

步骤 3：执行计算操作。单击“编辑栏”上的“输入”按钮，计算结果填入 B3 单元格中，如图 7-42 所示。

B3 =IF(VLOOKUP(A3,'1月业绩奖金表'!$A$3:$G$13,5,0)=0,'1月业绩奖金表'!B3+'1月业绩奖金表'!D3,'1月业绩奖金表'!B3+'1月业绩奖金表'!D3-50000)

	A	B	C	D	E	F	G
1	销售人员业绩奖金表						
2	姓名	累计销售业绩	奖金百分比	本月销售业绩	奖励奖金	总奖金	累计销售额
3	陈明华	19990					
4	邓云洁						
5	杜宏涛						
6	方一心						
7	李丽						
8	刘恒飞						
9	王霞						
10	杨东方						
11	杨韬						
12	张建生						
13	赵飞						

图 7-42 计算第 1 个职工“累计销售业绩”

步骤 4：将 B3 单元格的公式填充到 B4:B13 单元格区域。将鼠标指向 B3 单元格右下角的填充柄，当鼠标指针变为十字形状时，双击鼠标左键。

7.5.3　计算本月销售业绩

每名销售人员的销售业绩记录在“销售情况表”中。2 月份的销售业绩位于该表的第 22 行到第 33 行，其中“姓名”存放在 E 列，“销售额”存放在 H 列。计算第 1 个销售人员“本月销售业绩”，可以使用 SUMIF 函数，计算公式为

=SUMIF(销售情况表!$E$22:$E$33,A3,销售情况表!$H$22:$H$33)

计算每名销售人员“本月销售业绩”的操作步骤如下。

步骤 1：选定第 1 个销售人员的“本月销售业绩”单元格 D3。

步骤 2：输入计算公式。在 D3 单元格中输入计算公式=SUMIF(销售情况表!$E$22:$E$33,A3,销售情况表!$H$22:$H$33)。

步骤 3：执行计算操作。单击“编辑栏”上的“输入”按钮，计算结果填入 D3 单元格中，如图 7-43 所示。

D3　=SUMIF(销售情况表!$E$22:$E$33,A3,销售情况表!$H$22:$H$33)

	A	B	C	D	E	F	G
1	销售人员业绩奖金表						
2	姓名	累计销售业绩	奖金百分比	本月销售业绩	奖励奖金	总奖金	累计销售额
3	陈明华	19990		5830			
4	邓云洁	24445					
5	杜宏涛	27702					
6	方一心	26290					
7	李丽	31623					
8	刘恒飞	12041					
9	王霞	31921					
10	杨东方	36182					
11	杨韬	44081					
12	张建生	41162					
13	赵飞	48583					

图 7-43　计算第 1 个职工“本月销售业绩”

步骤 4：将 D3 单元格的公式填充到 D4:D13 单元格区域。将鼠标指向 D3 单元格右下角的填充柄，当鼠标指针变为十字形状时，拖放鼠标至 D13 单元格放开。

7.5.4　计算奖金比例

计算出每名销售人员本月的销售业绩后，即可根据“奖金标准”和“2 月业绩奖金表”中的本月销售业绩，确定每名销售人员的奖金比例。例如陈明华的本月销售业绩为 5 830 元，对照奖金标准可知，陈明华的奖金比例为 10%。具体的确定方法是用“2 月业绩奖金表”中的本月销售业绩与“奖金标准”表进行比对，然后将相应的比例值取出。由于这个操作需要返回同一列中指定行的数值，因此可以使用 HLOOKUP 函数来实现。

计算第 1 个销售人员“奖金百分比”的计算公式为

=HLOOKUP(D3,奖金标准!$A$3:$F$4,2)

计算每名销售人员“奖金百分比”的操作步骤如下。

步骤 1：选定第 1 个销售人员的“奖金百分比”单元格 C3。

步骤 2：输入计算公式。在 C3 单元格中输入计算公式=HLOOKUP(D3,奖金标准!$A$3:$F$4,2)。

步骤 3：执行计算操作。单击“编辑栏”上的“输入”按钮，计算结果填入 C3 单元格中，如图 7-44 所示。

步骤 4：将 C3 单元格的公式填充到 C4:C13 单元格区域。将鼠标指向 C3 单元格右下角

的填充柄，当鼠标指针变为十字形状时，双击鼠标左键。

	A	B	C	D	E	F	G
1	销售人员业绩奖金表						
2	姓名	累计销售业绩	奖金百分比	本月销售业绩	奖励奖金	总奖金	累计销售额
3	陈明华	19990	10%	5830			
4	邓云洁	24445		21395			
5	杜宏涛	27702		3885			
6	方一心	26290		9250			
7	李丽	31623		4900			
8	刘恒飞	12041		4025			
9	王霞	31921		4485			
10	杨东方	36182		7400			
11	杨韬	44081		2850			
12	张建生	41162		3885			
13	赵飞	48583		4830			

图 7-44　计算第 1 个职工“奖金百分比”

注意：　如果“奖金百分比”未按“%”方式显示，可以使用“单元格格式”对话框，将数字显示方式设置为“百分比”。

使用这种方法确定的奖金百分比，当“本月销售业绩”发生变化时，奖金百分比也会随之改变，用户无需重新计算。

7.5.5　计算奖励奖金

按照奖励奖金发放标准，当“累计销售业绩”与“本月销售业绩”合计数超过 5 万元时，发放 1000 元奖励奖金。按照此算法，可以使用 IF 函数计算每名销售人员的奖励奖金。计算第 1 个销售人员“奖励奖金”的公式为

=IF((B3+D3)>=50000,1000,0)

计算每名销售人员“奖励奖金”的操作步骤如下。

步骤 1：选定第 1 个销售人员的“奖励奖金”单元格 E3。

步骤 2：输入计算公式。在 E3 单元格中输入计算公式=IF((B3+D3)>=50000,1000,0)。

步骤 3：执行计算操作。单击“编辑栏”上的“输入”按钮，计算结果填入 E3 单元格中，如图 7-45 所示。

E3　　fx　=IF((B3+D3)>=50000,1000,0)

	A	B	C	D	E	F	G
1	销售人员业绩奖金表						
2	姓名	累计销售业绩	奖金百分比	本月销售业绩	奖励奖金	总奖金	累计销售额
3	陈明华	19990	10%	5830	0		
4	邓云洁	24445	25%	21395			
5	杜宏涛	27702	5%	3885			
6	方一心	26290	10%	9250			
7	李丽	31623	5%	4900			
8	刘恒飞	12041	5%	4025			
9	王霞	31921	5%	4485			
10	杨东方	36182	10%	7400			
11	杨韬	44081	5%	2850			
12	张建生	41162	5%	3885			
13	赵飞	48583	5%	4830			

图 7-45　计算第 1 个职工“奖励奖金”

步骤 4：将 E3 单元格中的公式填充到 E4:E13 单元格区域。将鼠标指向 E3 单元格右下角的填充柄，当鼠标指针变为十字形状时，双击鼠标左键。

7.5.6　计算总奖金

总奖金计算方法为：总奖金=（本月销售业绩×奖金百分比）+ 奖励奖金

计算第 1 个销售人员“总奖金”的公式为

=(D3*C3)+E3

计算每名销售人员“总奖金”的操作步骤如下。

步骤 1：选定第 1 个销售人员的“总奖金”单元格 F3。

步骤 2：输入计算公式。在 F3 单元格中输入计算公式=(D3*C3)+E3。

步骤 3：执行计算操作。单击“编辑栏”上的“输入”按钮，计算结果填入 F3 单元格中。

步骤 4：将 F3 单元格的公式填充到 F4:F13 单元格区域。将鼠标指向 F3 单元格右下角的填充柄，当鼠标指针变为十字形状时，双击鼠标左键。

7.5.7　计算累计销售额

累计销售额与累计销售业绩不同，它是到目前为止，销售人员销售业绩的总和，没有扣除奖励奖金所涉及的部分。可以说，累计销售额反映了销售人员的总销售业绩，可以帮助管理者了解每名销售人员的销售成绩和销售能力。累计销售额的计算方法是：

累计销售额=上月累计销售额+本月销售业绩

计算第 1 个销售人员“累计销售额”的公式为：='1 月业绩奖金表'!G3+D3

计算每名销售人员“累计销售额”的操作步骤如下。

步骤 1：选定第 1 个销售人员的“累计销售额”单元格 G3。

步骤 2：输入计算公式。在 G3 单元格中输入计算公式= '1 月业绩奖金表'!G3+D3。

步骤 3：执行计算操作。单击“编辑栏”上的“输入”按钮，计算结果填入 G3 单元格中。

步骤 4：将 G3 单元格的公式填充到 G4:G13 单元格区域。将鼠标指向 G3 单元格右下角的填充柄，当鼠标指针变为十字形状时，双击鼠标左键。

至此 2 月销售人员业绩奖金表计算完成，如图 7-46 所示。

	A	B	C	D	E	F	G
1	销售人员业绩奖金表						
2	姓名	累计销售业绩	奖金百分比	本月销售业绩	奖励奖金	总奖金	累计销售额
3	陈明华	19990	10%	5830	0	583	25820
4	邓云洁	24445	25%	21395	0	5348.75	95840
5	杜宏涛	27702	5%	3885	0	194.25	31587
6	方一心	26290	10%	9250	0	925	85540
7	李丽	31623	5%	4900	0	245	36523
8	刘恒飞	12041	5%	4025	0	201.25	66066
9	王霞	31921	5%	4485	0	224.25	36406
10	杨东方	36182	10%	7400	0	740	93582
11	杨韬	44081	5%	2850	0	142.5	46931
12	张建生	41162	5%	3885	0	194.25	45047
13	赵飞	48583	5%	4830	1000	1241.5	53413

图 7-46　2 月销售人员业绩奖金表计算结果

在上述两个实例中使用了 IF、SUMIF、YEAR、TODAY、MIN、VLOOKUP、HLOOKUP 等多种函数，这些函数应用比较广泛。理解这些函数的功能和参数含义，可以更好、更轻松地解决实际问题。

本 章 小 结

通过对本章的学习，读者应理解函数的概念及其基本形式，特别是函数中各参数的含义及其使用方法，能够根据计算的需要灵活运用函数。

习　题

1. 什么是函数？函数的作用是什么？

2. 输入函数的方法有几种？应如何选择？

3. 输入函数的过程中，如果不了解函数参数，应该如何做？

4. 假设每年年末存入银行 3 500 元，存款的年利率为 2.58%，按年计算复利，到第 5 年年末时全部存款的本利和是多少？

5. 某企业年贷款 1 000 万元，贷款年利率为 6%，从一年后开始分 5 年还清，问平均每年还款额应该是多少？

实　训

1. 按照以下规则，完成第 6 章实训中所建“工资”表相关工资项的计算。

（1）奖金计算方法为：奖金=销售额×提成比率。假定销售额为 160 000，经理奖金提成比率为 1.5%，副经理奖金提成比率为 1%，职员奖金提成比率为 0.5%。

（2）行政工资计算方法为：经理为 1 000，副经理为 800，职员为 500。

“工资”表计算结果如图 7-47 所示。

	A	B	C	D	E	F	G	H	I	J	K	L	M	N	O
1	工号	姓名	部门	岗位	基本工资	奖金	行政工资	驻外补贴	应发工资	养老	医保	失保	其他	扣款合计	实发工资
2	A01	孙家龙	销售部	经理	1600	2400	1000	500	5500	112	32	16	0	160	5340
3	A02	张卫华	销售部	副经理	1400	1600	800	300	4100	98	28	14	0	140	3960
4	A03	朱思华	销售部	职员	1400	800	500	300	3000	98	28	14	100	240	2760
5	A04	陈关敏	销售部	职员	1600	800	500	300	3200	112	32	16	0	160	3040
6	A05	陈德生	销售部	职员	1800	800	500	100	3200	126	36	18	0	180	3020
7	A06	张新民	销售部	副经理	1300	1600	800	30	3730	91	26	13	0	130	3600
8	A07	张跃华	销售部	职员	1400	800	500	50	2750	98	28	14	0	140	2610
9	A08	邓都平	销售部	职员	1600	800	500	70	2970	112	32	16	0	160	2810
10	A09	张鹏	销售部	职员	1600	800	500	70	2970	112	32	16	0	160	2810
11	A10	符智刍	销售部	职员	1600	800	500	70	2970	112	32	16	0	160	2810
12	A11	孙连进	销售部	职员	1800	800	500	100	3200	126	36	18	0	180	3020
13	A12	王永锋	销售部	职员	1800	800	500	100	3200	126	36	18	0	180	3020
14	B01	周小红	市场部	职员	1600	800	500	300	3200	112	32	16	0	160	3040
15	B02	钟洪成	市场部	副经理	1400	1600	800	50	3850	98	28	14	0	140	3710
16	B03	陈文坤	市场部	经理	1800	2400	1000	100	5300	126	36	18	0	180	5120
17	B04	刘宇	市场部	副经理	1400	1600	800	50	3850	98	28	14	0	140	3710
18	B05	张大贞	市场部	职员	1700	800	500	100	3100	119	34	17	0	170	2930
19	B06	李河光	市场部	副经理	1700	1600	800	100	4200	119	34	17	100	270	3930
20	B07	张伟	市场部	职员	1600	800	500	70	2970	112	32	16	0	160	2810
21	B08	陈德辉	市场部	职员	1600	800	500	70	2970	112	32	16	0	160	2810
22	B09	周立新	市场部	职员	1700	800	500	100	3100	119	34	17	0	170	2930
23	B10	罗敏	市场部	职员	1400	800	500	50	2750	98	28	14	0	140	2610
24	B11	陈静	市场部	职员	1300	800	500	30	2630	91	26	13	0	130	2500
25	B12	周建兵	市场部	职员	1400	800	500	50	2750	98	28	14	0	140	2610
26	B29	汪荣忠	市场部	职员	1600	800	500	70	2970	112	32	16	0	160	2810

图 7-47　“工资”表最终计算结果

2. 某公司效绩奖金表如图 7-48 所示。请在图 7-47 所示“工资”表的基础上，按以下要求完成计算。

（1）计算评分、评定结果、系数和绩效奖金，并将计算结果填入相应单元格中。其中：

评分计算方法为：评分=上级评分+浮动分。

评定结果及系数计算方法如下。

	A	B	C	D	E	F	G	H	I	J	K	L	M
1	工号	姓名	岗位	上级评分	浮动分	评分	评定结果	系数	绩效奖金				
2	A01	孙家龙	销售部	67	-3								
3	A02	张卫华	销售部	87	0								
4	A03	朱思华	销售部	92	3								
5	A04	陈关敏	销售部	64	0						总奖金:		
6	A05	陈德生	销售部	88	0						平均奖金:		
7	A06	张新民	销售部	61	0						最高奖金:		
8	A07	张跃华	销售部	59	0								
9	A08	邓都平	销售部	66	0								
10	A09	张鹏	销售部	75	2						评定结果	人数	比率
11	A10	符智伯	销售部	88	0						优秀		
12	A11	孙连进	销售部	51	0						良好		
13	A12	王永锋	销售部	62	0						较好		
14	B01	周小红	市场部	85	1						合格		
15	B02	钟洪成	市场部	93	0						需要改进		
16	B03	陈文坤	市场部	85	0								
17	B04	刘宇	市场部	62	0								
18	B05	张大贞	市场部	74	0								
19	B06	李河光	市场部	62	0								
20	B07	张伟	市场部	78	0								
21	B08	陈德辉	市场部	96	-2								
22	B09	周立新	市场部	45	0								
23	B10	罗敏	市场部	63	2								
24	B11	陈静	市场部	85	0								
25	B12	周建兵	市场部	66	0								
26	B29	汪荣忠	市场部	78	2								

图 7-48 “绩效奖金”表原始数据

评分	评定结果	系数
≥90	优秀	1.5
80~89	良好	1
70~79	较好	0.8
60~69	合格	0.5
<60	需要改进	0

绩效奖金计算方法为：绩效奖金=（基本工资+行政工资）× 系数。

（2）计算总奖金、平均奖金和最高奖金，并将计算结果填入工作表相应单元格中。

（3）计算每类评定结果的人数及占总人数的比率，并将计算结果填入工作表相应单元格中。最终计算结果如图 7-49 所示。

	A	B	C	D	E	F	G	H	I	J	K	L	M
1	工号	姓名	岗位	上级评分	浮动分	评分	评定结果	系数	绩效奖金				
2	A01	孙家龙	销售部	67	-3	64	合格	0.5	1300				
3	A02	张卫华	销售部	87	0	87	良好	1	2200				
4	A03	朱思华	销售部	92	3	95	优秀	1.5	2850				
5	A04	陈关敏	销售部	64	0	64	合格	0.5	1050		总奖金:	45500	
6	A05	陈德生	销售部	88	0	88	良好	1	2300		平均奖金:	1568.97	
7	A06	张新民	销售部	61	0	61	合格	0.5	1050		最高奖金:	3300	
8	A07	张跃华	销售部	59	0	59	需要改进	0	100				
9	A08	邓都平	销售部	66	0	66	合格	0.5	1050				
10	A09	张鹏	销售部	75	2	77	较好	0.8	1680		评定结果	人数	比率
11	A10	符智伯	销售部	88	0	88	良好	1	2100		优秀	3	10.3%
12	A11	孙连进	销售部	51	0	51	需要改进	0	100		良好	8	27.6%
13	A12	王永锋	销售部	62	0	62	合格	0.5	1150		较好	4	13.8%
14	B01	周小红	市场部	85	1	86	良好	1	2100		合格	11	37.9%
15	B02	钟洪成	市场部	93	0	93	优秀	1.5	3300		需要改进	3	10.3%
16	B03	陈文坤	市场部	85	0	85	良好	1	2800				
17	B04	刘宇	市场部	62	0	62	合格	0.5	1100				
18	B05	张大贞	市场部	74	0	74	较好	0.8	1760				
19	B06	李河光	市场部	62	0	62	合格	0.5	1250				
20	B07	张伟	市场部	78	0	78	较好	0.8	1680				
21	B08	陈德辉	市场部	96	-2	94	优秀	1.5	3150				
22	B09	周立新	市场部	45	0	45	需要改进	0	100				
23	B10	罗敏	市场部	63	2	65	合格	0.5	950				
24	B11	陈静	市场部	85	0	85	良好	1	1800				
25	B12	周建兵	市场部	66	0	66	合格	0.5	950				
26	B29	汪荣忠	市场部	78	2	80	良好	1	2100				

图 7-49 最终计算结果

第 8 章 使用图表显示数据

内容提要

本章主要介绍通过图表展示数据特征的基本操作，包括图表的组成及种类、图表的创建及编辑、图表的美化及应用等。重点是通过使用多种图表显示销售业绩奖金及产品销售情况，掌握应用 Excel 图表显示数据的方法。

主要知识点

- 图表组成和种类
- 创建图表
- 编辑图表
- 修饰图表
- 应用图表

在日常工作中，人们常常使用图表来展示数据。事实上，一个设计严谨、制作精美的图表，能够使表格中枯燥的数字变得直观。Excel 提供了丰富实用的图表功能，利用它可以快速地创建各种图表，利用这些图表可以对数据的变化情况、变化周期、变化幅度和发展趋势有一个形象直观的了解。

8.1 认识图表

图表是 Excel 的重要组成部分，是图形化的数据。图表一般由点、线、面等多种图形组合而成。使用工作簿中的数据绘制出来的图表，描述了数据与数据之间的关系，一般依然存放于工作簿中。

8.1.1 图表组成

图表一般由图表区、绘图区、标题、数据系列、坐标轴、图例、网格线等部分组合而成。如图 8-1 所示。认识图表的各个组成部分，有助于正确地选择和设置图表的各种对象。

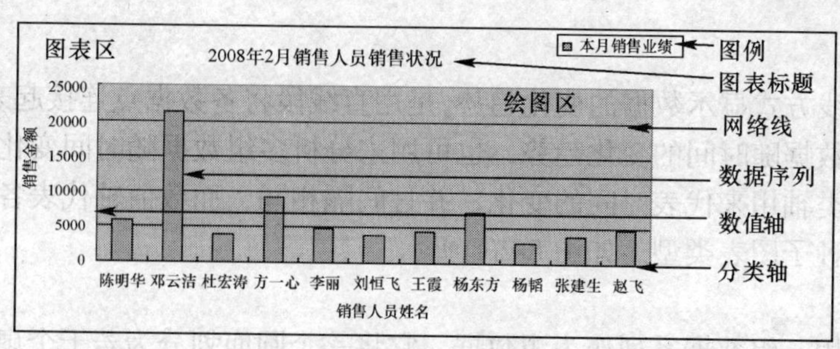

图 8-1　图表组成

1. 图表区与绘图区

图表区是指图表的全部背景区域，包括所有的数据信息以及图表辅助的说明信息，如图表标题、图例、数据系列、坐标轴等。绘图区是指图表区内的图形包含的区域，即以坐标轴为边的矩形区域。

2. 坐标轴与标题

坐标轴按位置不同分为分类轴和数值轴两类。默认情况下，Excel 将数值轴显示在图形的左侧，将分类轴显示在图形的下方。标题是指图表名称、分类轴名称和数值轴名称。图表名称一般显示在绘图区的上方，用来说明图表的主题；分类轴名称一般显示在分类轴下方；数值轴名称一般显示在数值轴的左侧。图表名称只有 1 个，而分类轴名称和数值轴名称最多允许有 2 个。

3. 数据系列与图例

数据系列是由数据点构成的，每个数据点对应工作表中的一个单元格内的数据。每个数据系列对应工作表中的一行或一列。图例用来表示图表中各数据系列的名称。默认情况下，Excel 将图例放在图表区的右侧。

4. 网格线

网格线是坐标轴上刻度线的延伸，它穿过绘图区。添加网格线的目的是便于查看和计算数据。

8.1.2　图表种类

Excel 提供了 14 种不同类型的图表。每种图表还有多种不同的具体形式可供选择。另外，用户还可以自定义图表类型。

1. 柱形图

柱形图也称直方图，是 Excel 默认的图表类型。柱形图在垂直方向进行比较，用矩形的高低长短来描述数据的大小。一般将分类项在分类轴上标出，而将数据的大小在数值轴上标出，这样可以强调数据是随分类项（如时间）变化的。直方图有 7 种子图表类型，如图 8-2(a)所示。

2. 条形图

条形图使用水平横条的长度来表示数据值的大小，描述了各个数据项之间的差别情况，用矩形的高低长短来描述数据的大小。一般将分类项放在数值轴上标出，而将数据的大小放在分类轴上标出。这样可以突出数据的比较，而淡化时间的变化。条形图有 6 种子图表类型，如图 8-2(b)所示。

3. 折线图

折线图以折线方式显示数据的变化趋势，是用直线段将各数据点连接起来而组成的图形。该图常用来分析数据随时间的变化趋势，也可用来分析多组数据随时间变化的相互作用和相互影响。一般分类轴用来代表时间的变化，并且间隔相同，而数值轴代表各时刻的数据的大小。折线图有 7 种子图表类型，如图 8-2(c)所示。

4. 饼图

饼图通常只用一组数据系列作为源数据。它将一个圆面划分为若干个扇形面，每个扇面代表一项数据值，其大小用来表示相应数据项占该数据系列总和的比例值。饼图有 6 种子图表类型，如图 8-2(d)所示。其中复合饼图和复合条饼图是在主饼图的一侧生成一个较小的饼图或堆积条形图，用来将其中一个较小的扇形中的比例数据放大表示。如果数据系列多于一个，Excel 先对同一簇的数据求和，然后再生成相应的饼图。

5. XY 散点图

XY 散点图除了可以显示数据的变化趋势以外，更多地用来描述数据之间的关系。它不仅可以用线段，而且可以用一系列的点来描述数据。在组织数据时，一般将 X 值置于一行或一列中，而将 Y 值置于相邻的行或列中。XY 散点图可以按不等间隔来表示数据。XY 散点图有 5 种子图表类型，如图 8-2(e)所示。其中的平滑线散点图可以自动对折线做平滑处理，以便更好地描述变化趋势。

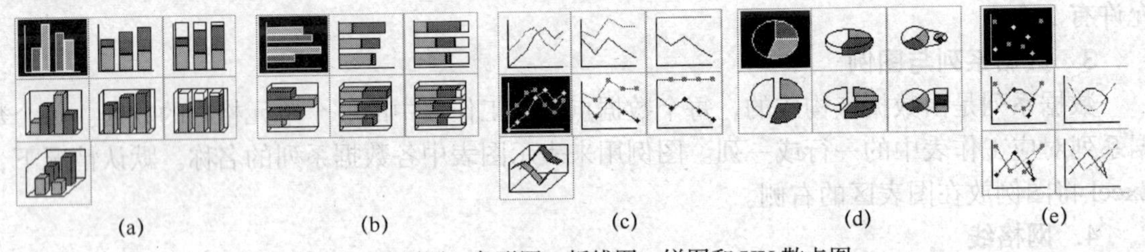

(a) (b) (c) (d) (e)

图 8-2 柱形图、条形图、折线图、饼图和 XY 散点图

6. 面积图

面积图使用折线和分类轴组成的面积以及两条折线之间的面积来显示数据系列的值。面积图强调幅度随时间的变化趋势，通过显示绘制值的总和显示部分与整体的关系。例如，可用面积图来绘制某产业不同时期产品成本的构成情况。面积图有 6 种子图表类型，如图 8-3(a)所示。

7. 圆环图

圆环图也是用来显示部分与整体的关系，但它可以显示多个数据系列，由多个同心的圆环来表示。它将一个圆环划分为若干个圆环段，每个圆环段代表一个数据值在相应数据系列中所占的比例。例如，可以描述多个企业同一产品的各项成本构成。圆环图有 2 个子图表类型，如图 8-3(b)所示。

8. 雷达图

雷达图是由一个中心向四周辐射出多条数值坐标轴，每个分类都拥有自己的数值坐标轴，将同一数据系列的值用折线连接起来而形成的。雷达图用来比较若干数据系列的总体水平值。例如，为了表示企业的经营情况，通常使用雷达图，将该企业的各项经营指标如资金增长率、销售收入增长率、总利润增长率、固定资产比率、固定资产周转率、流动资金周转率、销售利润率等指标与同行业的平均标准值进行比较，可以判断企业的经营状况。雷达图有 3 种子图表类型，如图 8-3(c)所示。

9. 曲面图

曲面图是折线图和面积图的另一种形式，它在原始数据的基础上，通过跨两维的趋势线描述数据的变化趋势，而且可以通过拖放图形的坐标轴，方便地变换观察数据的角度。当需要寻找两组数据之间的最佳组合时，曲面图是很有用的。曲面图中的颜色和图案用来表示出在同一取值范围内的区域。曲面图有 4 种子图表类型，如图 8-3(d)所示。

10. 气泡图

气泡图是一种特殊类型的 XY 散点图，可用来描述多组数据。它相当于在 XY 散点图的基础上增加了第 3 个变量，即气泡的尺寸。气泡所处的坐标分别标出了在分类轴和数值轴的数据值，同时气泡的大小可以表示数据系列中第 3 个数据的值，气泡越大，数据值就越大。在组织数据时，一般将一行或一列作为分类轴，相邻的行或列作为数据值，而另一行或一列作为气泡的大小值。它有 2 种子图表类型，如图 8-3(e)所示。

11. 股价图

股价图是一类专用图形，通常需要特定的几组数据，主要用来表示股票或期货市场的行情，描述一段时间内股票或期货的价格变化情况。它有 4 种子图表类型，如图 8-3(f)所示。

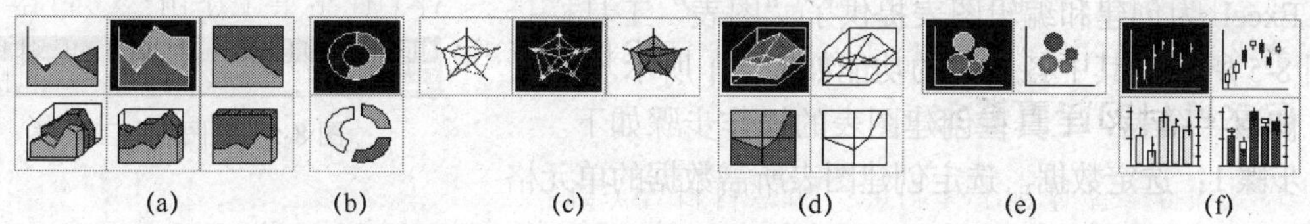

图 8-3　面积图、圆环图、雷达图、曲面图、气泡图和股价图

12. 圆柱图、圆锥图和棱锥图

圆柱图、圆锥图和棱锥图是柱形图和条形图的变化形式，是分别用圆柱体、园锥体和棱锥体代替了柱形图和条形图中的直方体的结果。其子图表类型也与柱形图和条形图相同，如图 8-4(a)、(b)、(c)所示。3 种图的数据标记可以是三维柱形图和条形图，能够产生很好的效果。

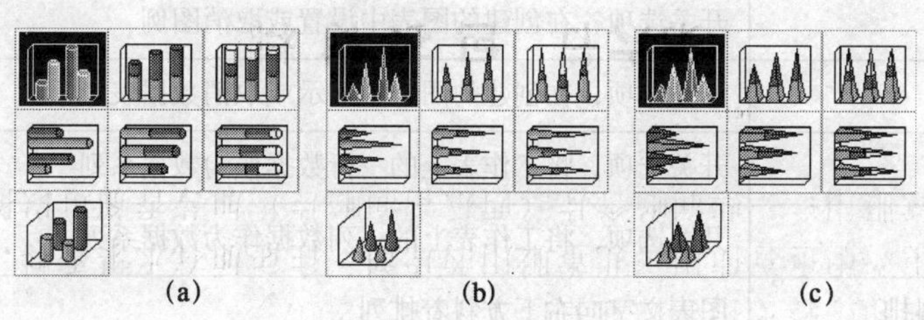

图 8-4　圆柱图、圆锥图和棱锥图

8.2 创 建 图 表

Excel 中的图表是由数据表格中的数据生成的。这些图表分为两类：嵌入式图表和图表工作表。嵌入式图表是将图表直接绘制在原始数据所在的工作表中，可实现数据表格与数据混排。而图表工作表则是将图表绘制成一个独立的工作表，图表的大小由 Excel 自动设置。

图表中图形与表格中的数据系列紧密相关，将表格数据对应到图形中时主要涉及数据系列和分类两个概念。所谓数据系列就是要绘制的数据表格中的数据集合。所谓分类就是安排数值的标题。

8.2.1 使用功能键创建图表

使用功能键创建图表比较简单，具体操作步骤如下。

步骤 1：选定数据。选定创建图表所需数据的单元格区域。

> 注意：选定数据时，应同时选定数据标志（标题行或标题列）。如果选定用于图表的数据单元格不在一个连续的区域内，应先选定第一组包含所需数据的单元格，再按住【Ctrl】键选定其他单元格区域。

步骤 2：执行创建图表操作。按【F11】键，Excel 将立即创建一个图表工作表。默认的工作表名为"Chart1"，图表类型为直方图。

8.2.2 使用"图表"工具栏创建图表

Excel 为创建和编辑图表提供了"图表"工具栏，如图 8-5 所示，其中各按钮的功能如表 8-1 所示。

图 8-5 "图表"工具栏

使用"图表"工具栏创建图表的操作步骤如下。

步骤 1：选定数据。选定创建图表所需数据的单元格区域。

表 8-1 图标按钮及功能

按钮	按钮名称	功能
	（所选对象）格式	打开设置所选对象格式的对话框
	图表类型	选择需要制作图表的类型，单击右侧下拉箭头，下拉列表将列出各图表类型，选定某图表类型，该图表类型就显示在按钮上，为当前图表类型
	图例	开关选项，在创建的图表中设置或取消图例
	数据表	开关选项，在创建的图表中显示或取消数据表
	按行	开关选项，将工作表上的一行数据作为数据系列
	按列	开关选项，将工作表上的一列数据作为数据系列
	顺时针斜排	图表文字向右下方斜着排列
	逆时针斜排	图表文字向右上方斜着排列

步骤 2：执行创建图表操作。单击"图表"工具栏上的"图表类型"按钮的下拉箭头，从弹出的下拉列表中选择所要创建的图表类型，Excel 将在当前工作表中创建所选图表类型的图表。

8.2.3 使用"图表向导"创建图表

使用上述两种方法只能创建简单的图表，而使用"图表向导"创建图表则可以进行更多的设置。其具体操作步骤如下。

步骤 1：选定数据。选定创建图表所需数据的单元格区域。

步骤 2：打开“图表向导”对话框。单击菜单“插入”→“图表”，或单击“常用”工具栏上的“图表向导”按钮，弹出“图表向导”第 1 个对话框。

步骤 3：选择图表类型。在“图表类型”列表框中选择一种图表，在“子图表类型”框中选择一种子图表类型，如图 8-6 所示。

注意：如果想预览各子图表类型的显示效果，可在单击“下一步”按钮之前，单击“按下不放可查看示例”按钮，这时屏幕上将显示该子图表类型的示例。

步骤 4：选定图表源数据。单击“下一步”按钮，弹出“图表向导”第 2 个对话框。该对话框中包含 “数据区域”和“系列”两个选项卡。

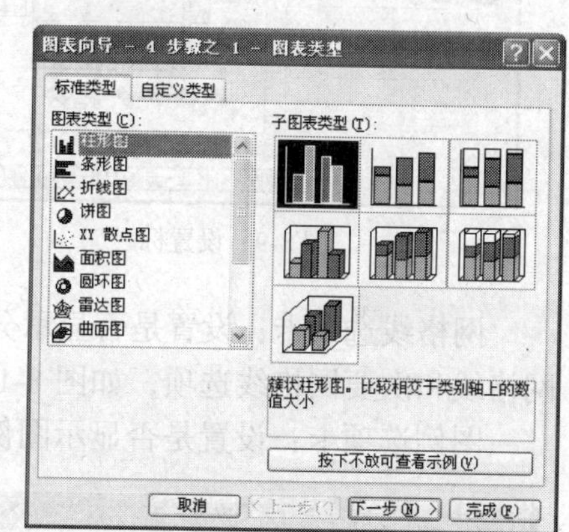

图 8-6 设置图表类型

“数据区域”选项卡：设置图表的数据区域，并选择数据系列是横排还是竖排，包括“数据区域”与“系列产生在”两个选项。通过“数据区域”文本框，可以重新选择需要的区域；默认的数据区域是在进入图表向导之前选择的区域。通过“系列产生在”单选按钮，可以选择“行”或“列”，分别表示是按行还是按列产生数据系列，如图 8-7 所示。

“系列”选项卡：设置更细致的数据引用。对话框中包括“系列”与“分类轴标志”两个区域。“系列”列表框中显示了所选区域的不同数据系列标识，单击“系列”列表框下方的“添加”和“删除”按钮便可更改数据系列。每个数据系列的“名称”、“数值”以及“分类（X）轴标志”可以通过改变右侧框里的单元格区域重新设置，如图 8-8 所示。

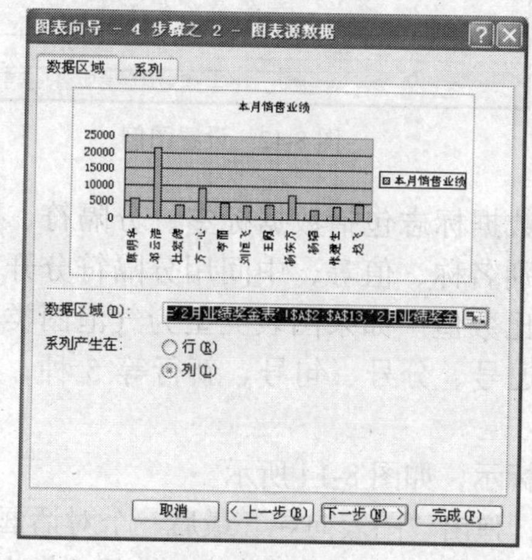

图 8-7 设置数据区域

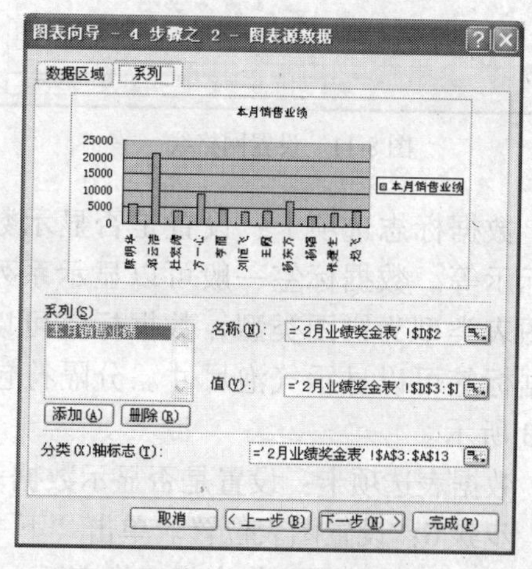

图 8-8 设置系列

步骤 5：设置图表选项。单击“下一步”按钮，弹出“图表向导”第 3 个对话框。单击该对话框中的各选项卡，进行图表选项设置。不同图表类型，图表选项个数不一样，以柱形图类型为例，该对话框包括标题、坐标轴、网格线、图例、数据标志和数据表等 6 个选项卡。

下面逐一对这 6 个选项卡进行介绍。

标题选项卡：包括图表标题、分类（X）轴标题、数值（Y）轴标题。如果图表设置了次坐标，还可以设置次分类（X）轴标题、次数值（Y）轴标题，如图 8-9 所示。

坐标轴选项卡：设置是否显示分类（X）轴、数值（Y）轴。如果是分类轴，可以选择自动、分类、时间刻度等分类轴格式。如果图表设置了次坐标，还可以设置是否显示次分类（X）轴、次数值（Y）轴，如图 8-10 所示。

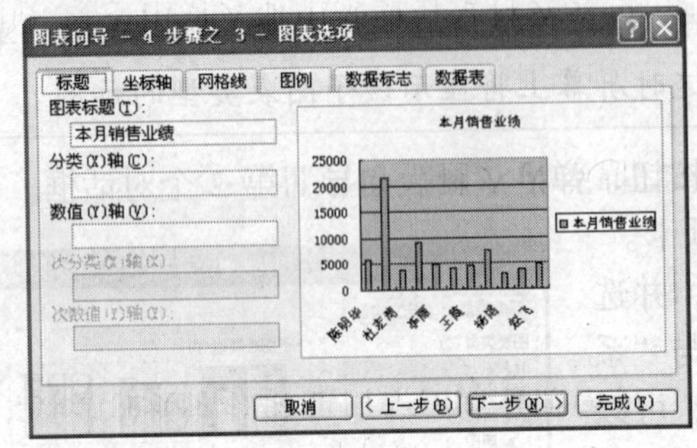

图 8-9　设置标题

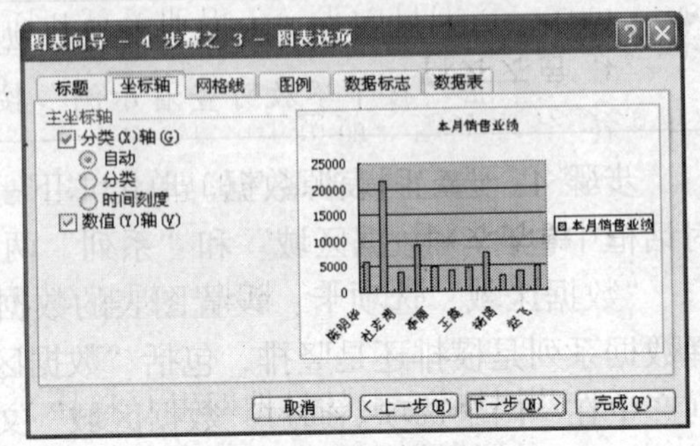

图 8-10　设置坐标轴

网格线选项卡：设置是否显示分类（X）轴、数值（Y）轴的网格线。每一个轴都有主要网格线和次要网格线选项，如图 8-11 所示。

图例选项卡：设置是否显示图例以及图例显示位置，如图 8-12 所示。

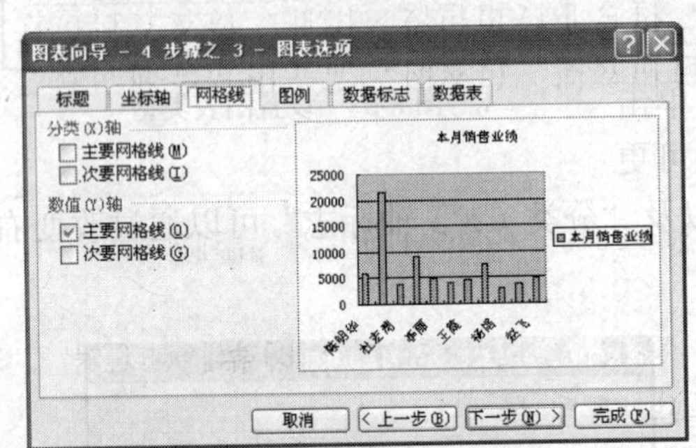

图 8-11　设置网格线

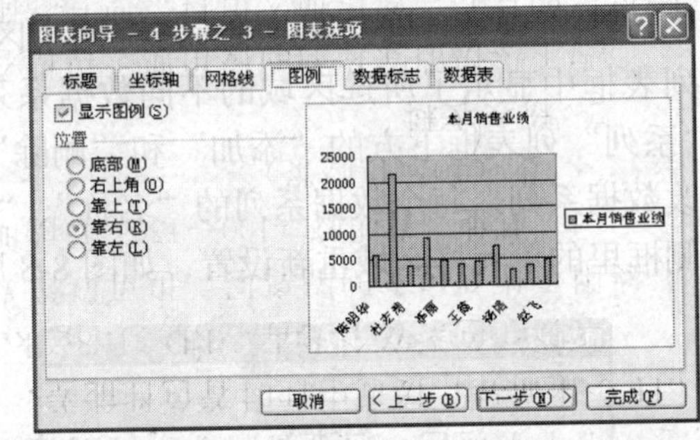

图 8-12　设置图例

数据标志选项卡：设置是否显示数据标志。数据标志包括数据标签、分隔符、图例项标示等。数据标签一般可以显示系列名称、类别名称、值等，中间用分隔符分开。如果图表类型为饼图类型，数据标签可以显示百分比数值。如果图表类型为气泡图类型，数据标签可以显示气泡尺寸。分隔符包括空格、逗号、分号、句号、新行等 5 种，如图 8-13 所示。

数据表选项卡：设置是否显示数据表和图例项标示，如图 8-14 所示。

步骤 6：设置图表位置。单击“下一步”按钮，弹出“图表向导”最后一个对话框，如图 8-15 所示。选择“作为新工作表插入”单选按钮，将创建嵌入式工作表；选择“作为其中的对象插入”单选按钮，将创建图表工作表。

步骤 7：执行创建图表操作。单击“完成”按钮，即可生成图表。

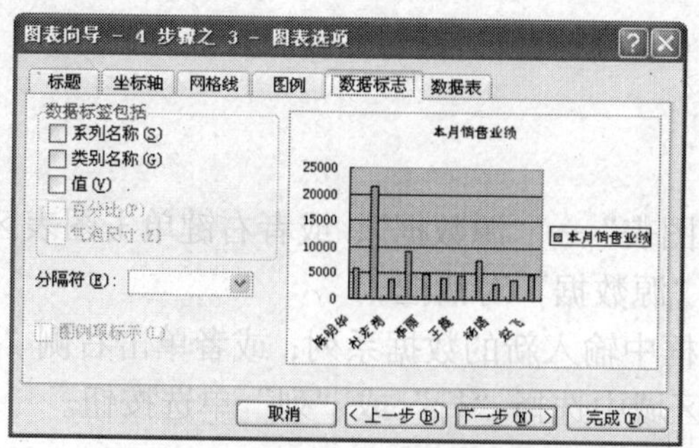

图 8-13 设置数据标志

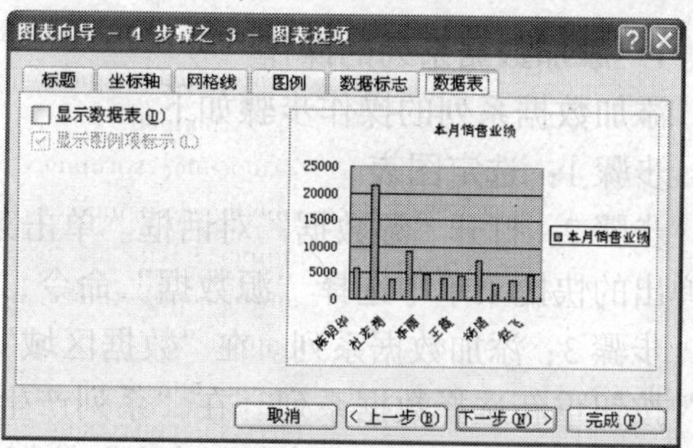

图 8-14 设置数据表

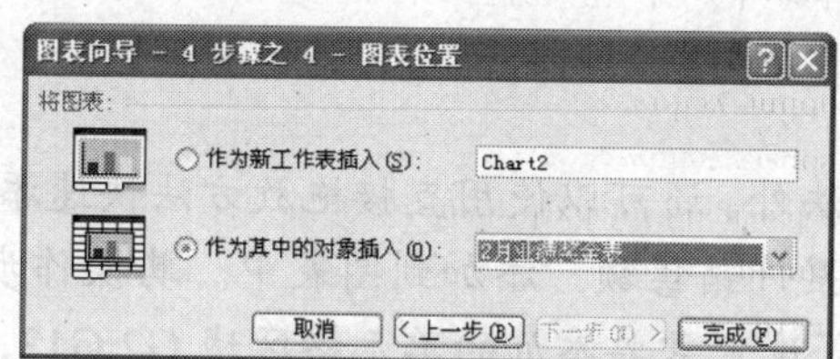

图 8-15 设置图表位置

8.3 编 辑 图 表

对图表进行编辑是指对图表的各个组成部分进行一些必要的修改。例如，改变图表的类型、改变图表的源数据、调整图表对象的大小或位置等。

在对图表工作表进行编辑操作时，首先要选中图表工作表标签使其变成当前工作表，然后单击该工作表中的某个对象，即可对其进行编辑操作。若要选定嵌入式图表，只需用鼠标单击图表区域，该图表的周围出现一黑色的细线矩形框，并在 4 个角上和每条边的中间出现黑色小方块的控制柄，此时可以对图表进行移动、放大、缩小、复制和删除等操作。单击图表的某个对象可以对其进行编辑。在选定某个图表区域或对象后，工作簿窗口的菜单会自动改变，以适应图表编辑的相关操作。

8.3.1 改变图表类型

如果创建的图表不能直观地表达数据，可以更改图表类型。其操作步骤如下。

步骤 1：选定需要更改图表类型的图表。

步骤 2：打开“图表类型”对话框。单击菜单“图表”→“图表类型”，或者用右键单击选定的图表，从弹出的快捷菜单中选择“图表类型”，弹出“图表类型”对话框。

步骤 3：设置图表类型。单击“标准类型”选项卡，在“图表类型”列表框中选择所需的图表类型，在“子图表类型”框中选择所需的子图表类型，然后单击“确定”按钮。

8.3.2 添加数据系列

建立了一张图表后，仍可以通过向图表中加入更多的数据系列或数据点来更新图表，也可以删除不需要的数据系列或数据点。

1．添加数据系列的操作

添加数据系列的操作步骤如下。

步骤 1：选定图表。

步骤 2：打开“源数据”对话框。单击菜单“图表”→“源数据”；或者右键单击图表区，从弹出的快捷菜单中选择“源数据”命令，弹出“源数据”对话框。

步骤 3：添加数据系列。在“数据区域”文本框中输入新的数据系列；或者单击右侧“折叠”按钮重新选择数据系列。在“系列产生在”区域中选择“行”或“列”单选按钮。

步骤 4：完成添加。单击“确定”按钮。

小技巧：

除上述添加数据系列方法外，还可以使用直接拖放方法快速添加数据系列。例如，将“销售人员业绩奖金表”中的“累计销售额”添加到图表中。其操作步骤如下。

步骤 1：选定数据系列。选定需要添加的单元格区域 G2:G13，如图 8-16 所示。

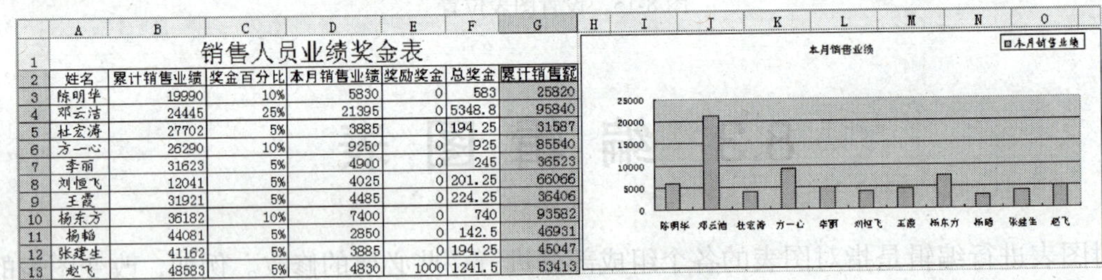

	A	B	C	D	E	F	G
1	销售人员业绩奖金表						
2	姓名	累计销售业绩	奖金百分比	本月销售业绩	奖励奖金	总奖金	累计销售额
3	陈明华	19990	10%	5830	0	583	25820
4	邓云洁	24445	25%	21395	0	5348.8	95840
5	杜宏涛	27702	5%	3885	0	194.25	31587
6	方一心	26290	10%	9250	0	925	85540
7	李丽	31623	5%	4900	0	245	36523
8	刘恒飞	12041	5%	4025	0	201.25	66066
9	王霞	31921	5%	4485	0	224.25	36406
10	杨东方	36182	10%	7400	0	740	93582
11	杨韬	44081	5%	2850	0	142.5	46931
12	张建生	41162	5%	3885	0	194.25	45047
13	赵飞	48583	5%	4830	1000	1241.5	53413

图 8-16　选定需添加的数据系列

步骤 2：向图表中拖放数据系列。将鼠标放到所选区域的任一边框上，待鼠标指针变为十字箭头形状时，按下鼠标左键拖到图表中放开。结果如图 8-17 所示。

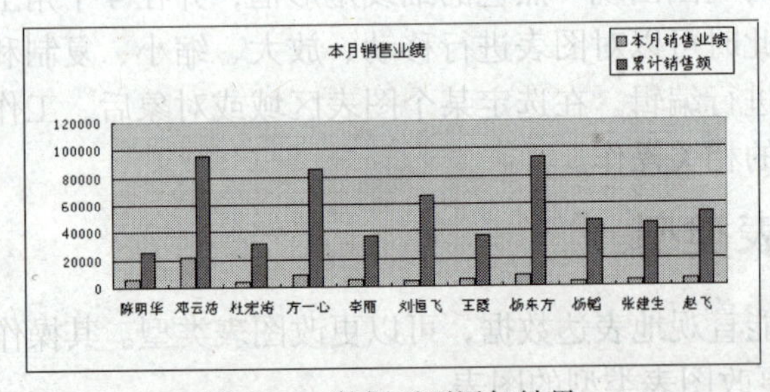

图 8-17　数据系列添加结果

2．删除数据系列的操作

如果某一数据系列需要从图表中删除，操作步骤如下。

步骤 1：选定要删除的数据系列。单击图表，选定要清除的数据系列。

步骤 2：执行删除操作。直接按【Delete】键，或者单击菜单“编辑”→“清除”→“系列”，或者用右键单击要清除的数据系列，从弹出的快捷菜单中选择“清除”命令。

8.3.3　编辑图表对象

图表中包含了图表区、绘图区、图表标题、图例、坐标轴、数据系列等多个部分，每个部分是图表中的一个对象。如果需要，可以调整这些对象的位置和大小，还可以在图表中添加说明信息。

1. **调整图表对象位置**

调整图表对象位置的操作步骤如下。

步骤 1：选定图表对象。选定图表中需要调整位置的对象，如图例、图表标题等。

步骤 2：调整位置。按住鼠标左键，将其拖至合适的位置放开。

2. **调整图表对象大小**

调整图表对象大小的操作步骤如下。

步骤 1：选定图表对象。选定图表中需要调整大小的对象，如图例、绘图区等，此时在其周围会出现 8 个控制柄。

步骤 2：调整大小。将鼠标左键放到某一控制柄上，待指针变为双向箭头时，按住左键不放，拖放到合适的大小放开。

3. **在图表中添加浮动文字**

浮动文字是指可放置在图表任意位置上的文字，主要用来解释图表。其操作步骤如下。

步骤 1：选定图表。

步骤 2：输入说明信息。在“编辑栏”中输入说明信息，然后按【Enter】键。这时浮动文字出现在图表中。

步骤 3：调整浮动文字位置。用鼠标将其拖到合适位置放开,如图 8-18 所示。

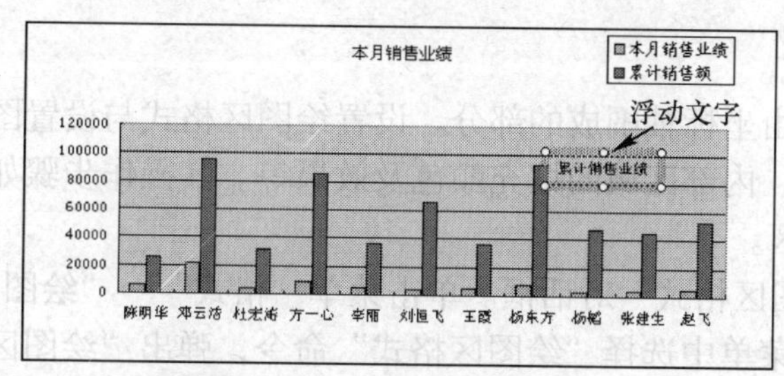

图 8-18　在图表中添加浮动文字

删除浮动文字的方法是：单击浮动文字，然后按【Delete】键或单击菜单“编辑”→“清除”→“全部”。

8.4 修饰图表

当建立好一张图表后，可以对其进行修饰。例如，改变图表区字体及其颜色、为绘图区填充颜色、为某个数据系列添加趋势线或误差线等。

8.4.1 设置图表格式

可以按需要对图表中每个组成部分进行修饰。

1. **设置图表区格式**

图表区是指图表的全部背景区域。设置图表区格式主要包括设置图表区的图案、字体及属性等。其中图案主要用来设置图表的边框样式和内部区域的填充颜色及效果；字体主要用来设置图表中字体的大小和颜色；属性主要用来设置图表的大小和位置是否随单元格变化，选择是否打印或锁定图表等。其操作步骤如下。

步骤 1：选定图表区。

步骤 2：打开“图表区格式”对话框。单击“图表”工具栏中的“图表区格式”按钮；或者用右键单击图表区，在弹出的快捷菜单中选择“图表区格式”命令；或者双击图表区。弹出“图表区格式”对话框，在该对话框中设置图表区的图案、字体和属性。

小技巧：

在修饰图表过程中，经过多次设置，可能会使图表不同区域（绘图区、标题、坐标轴标志、图例等）的字体、颜色和大小变得比较混乱。如果希望将其统一，分别设置会比较麻烦，则可以按以下步骤进行操作。

步骤 1：选定图表区。

步骤 2：打开“图表区格式”对话框。双击图表区，弹出“图表区格式”对话框。

步骤 3：设置字体。在该对话框中设置字体、字号、颜色等。

步骤 4：结束设置。单击“确定”按钮。此时，图表中所有字体将按照设置的参数统一改变。

2. 设置绘图区格式

绘图区是图表区中由坐标轴围成的部分。设置绘图区格式与设置图表区格式类似，主要设置绘图区边框的样式、内部区域的填充颜色及效果等。其操作步骤如下。

步骤 1：选定绘图区。

步骤 2：打开“绘图区格式”对话框。单击菜单“格式”→“绘图区”；或者用右键单击绘图区，在弹出的快捷菜单中选择“绘图区格式”命令，弹出“绘图区格式”对话框。

步骤 3：设置选项。在该对话框中设置绘图区的背景图案、效果、是否加边框、以及边框的样式、颜色等。

3. 设置数据系列格式

数据系列是在绘图区中由一系列点、线或平面的图形构成的图表对象。设置数据系列格式主要包括图案、坐标轴、误差线 x、数据标志、系列次序、选项等。其中图案用来设置数据系列图形边框的样式和内部区域的填充颜色及效果；坐标轴用来选择数据系列绘制在主坐标轴或次坐标轴；误差线 x 用来设置显示方式和误差量；数据标志用来设置数据标签显示的内容；系列次序用来设置不同数据系列的排列次序；选项用来设置数据点图形的数据点重叠比例、间距、分色显示或其他辅助线等。

注意：　不同图表类型，“选项”设置的内容不同。

其操作步骤如下。

步骤 1：选定某一数据系列。

步骤 2：打开“数据系列格式”对话框。单击菜单“格式”→“数据系列”；或者用右键单击数据系列，在弹出的快捷菜单中选择“数据系列格式”命令；或者双击数据系列。弹出

“数据系列格式”对话框。

步骤 3：设置选项。在该对话框中单击某一选项卡，按需求设置其中的选项。例如为数据系列添加说明信息，可以单击“数据标志”选项卡，然后勾选“值”复选框，Excel 将用数值标注数据系列。又如将数据系列图形加宽，可以单击“选项”选项卡，将“分类间距”值改为 40，如图 8-19 所示。Excel 会自动将图形之间的距离变小，图形变宽，结果如图 8-20 所示。

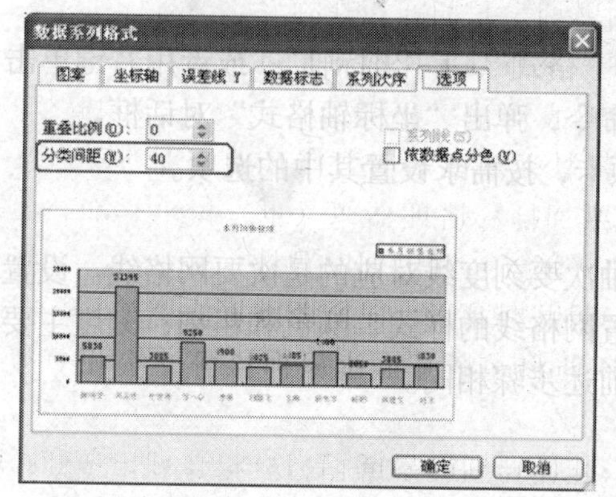

图 8-19　设置分类间距

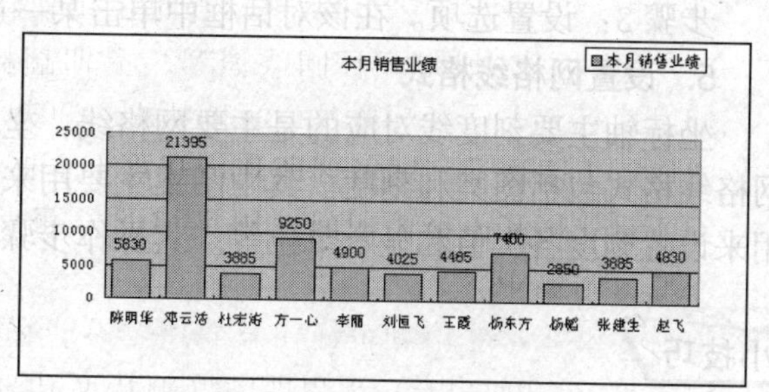

图 8-20　改变数据系列宽度结果

小技巧：

默认情况下，Excel 数据标志都是显示在比较固定的位置，比如柱形图一般显示在柱形的上方，如图 8-20 所示。可以根据需要来设置数据标志的位置。例如，将数据标志显示在数据系列图形中，具体操作步骤如下。

步骤 1：打开“数据标志格式”对话框。双击数据标志，这时弹出“数据标志格式”对话框。

步骤 2：设置数据标志位置。单击“对齐”选项卡，在“标签位置”下拉列表中选择“数据标记内”选项，如图 8-21 所示。单击“确定”按钮，结果如图 8-22 所示。

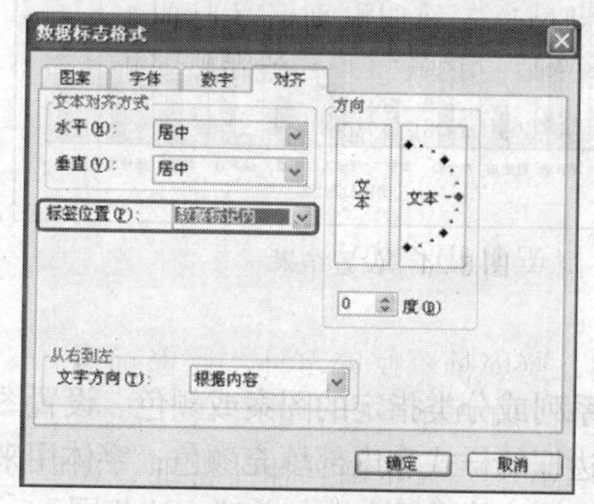

图 8-21　设置数据标志位置

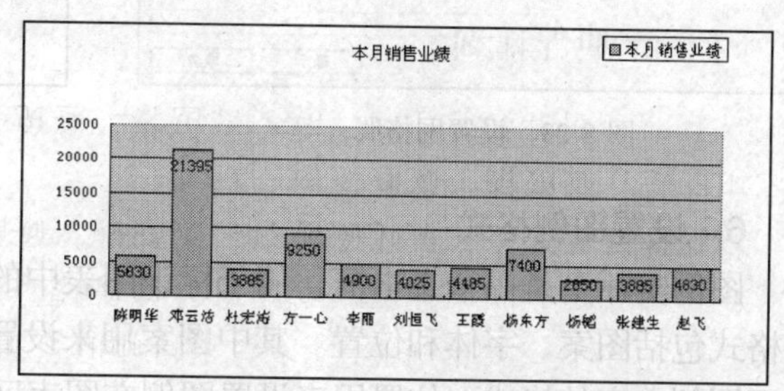

图 8-22　数据标志位置设置结果

4. 设置坐标轴格式

坐标轴是绘图区 4 边的直线，次坐标轴必须要在 2 个以上数据系列的图表中并设置了使用次坐标轴后才会显示。默认情况下，绘图区下方的直线为分类（X）轴；绘图区左侧的直线为数值（Y）轴，右侧的直线为次数值（Y）轴。设置坐标轴格式主要包括图案、刻度、字体、数字、对齐等。其中图案用来设置坐标轴线的样式和刻度线、刻度线标签的显示位置；刻度用来设置坐标轴的刻度量；字体用来设置刻度线标签的字体格式；数字用来设置刻度线标签的数字格式；对齐用来设置刻度线标签的文字方向。

设置坐标轴格式的操作步骤如下。

步骤 1：选定坐标轴。

步骤 2：打开“坐标轴格式”对话框。单击菜单“格式”→“坐标轴”；或者用右键单击坐标轴，在弹出的快捷菜单中选择“坐标轴格式”命令，弹出“坐标轴格式”对话框。

步骤 3：设置选项。在该对话框中单击某一选项卡，按需求设置其中的选项。

5. 设置网格线格式

坐标轴主要刻度线对应的是主要网格线，坐标轴次要刻度线对应的是次要网格线。设置网格线格式包括图案和刻度。其中图案主要用来设置网格线的样式、颜色和粗细；刻度主要用来设置刻度各类值和显示单位等。其操作步骤与前述步骤相同。

小技巧:

Excel 创建图表时，默认设置的网格线是数值（Y）轴上的主要网格线，如果只希望分隔数据系列，不需要了解每个图形数值轴上的具体数字，可以按如下操作步骤进行设置。

步骤 1：打开“图表选项”对话框。右键单击图表区，从弹出的快捷菜单中选择“图表选项”命令，弹出“图表选项”对话框。

步骤 2：设置网格线。单击“网格线”选项卡，勾选“分类（X）轴”中的“主要网格线”复选框；清除“数值（Y）轴”中的“主要网格线”复选框，如图 8-23 所示。单击“确定”按钮。结果如图 8-24 所示。

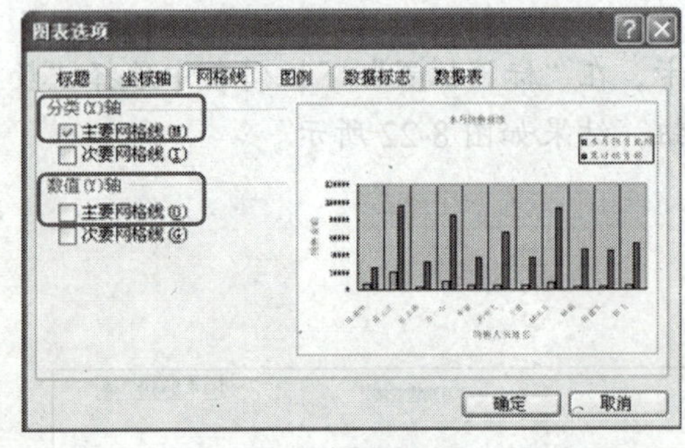

图 8-23　设置网格线

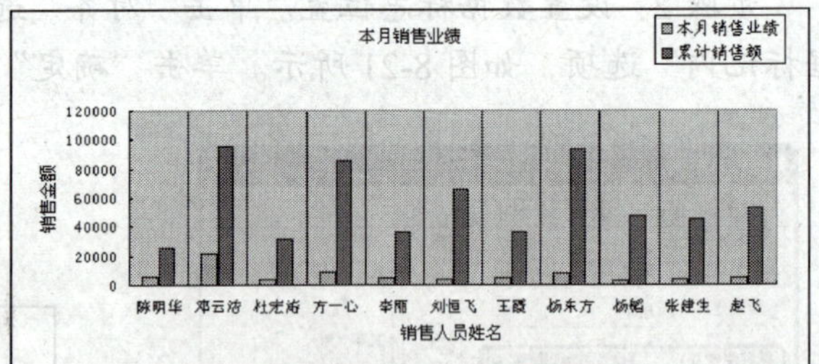

图 8-24　设置结果

6. 设置图例格式

图例实际上是一个文本框，用于标识图表中的数据系列或分类指定的图案或颜色。设置图例格式包括图案、字体和位置。其中图案用来设置图例边框的样式和内部填充颜色；字体用来设置图例文字的格式；位置用来设置图例在图表区中的位置。其设置方法与前述方法相同。

7. 设置标题格式

标题是用于保存说明性文字的文本，标题包括图表标题、分类轴标题和数值轴标题。设置标题格式主要包括图案、字体和对齐。其中图案用来设置标题边框的样式和内部区域的填充颜色及效果；字体用来设置标题字体的大小和颜色；对齐用来设置文本的对齐方式和方向。

其设置方法与前述方法相同。

8.4.2　设置三维图表

与平面图表相比，Excel 提供的三维图表能使图表更具有立体感，但默认情况下创建的三维图表往往不够美观，如图 8-25 所示。可以通过调整参数来美化图表。

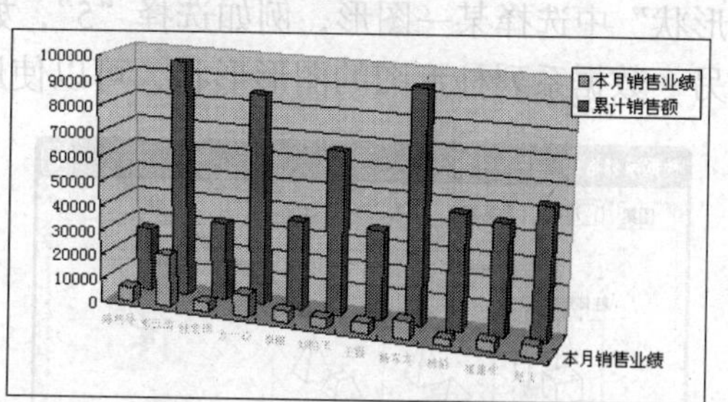

图 8-25　默认情况下的三维图表

1．设置三维图表的高度和角度

其具体操作步骤如下。

步骤 1：打开“设置三维视图格式”对话框。选定三维图表，单击菜单“图表”→“设置三维视图格式”；或者右键单击选定的三维图表，从弹出的快捷菜单中选择“设置三维视图格式”命令。

步骤 2：设置高度和角度。在打开的“设置三维视图格式”对话框中，勾选“直角坐标轴”复选框，在“上下仰角”文本框中输入仰角值 10，在“左右转角”文本框中输入转角值 10，如图 8-26 所示。单击“确定”按钮。结果如图 8-27 所示。

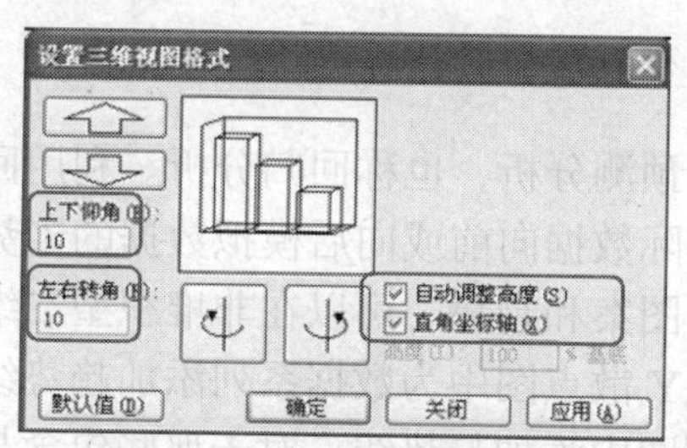

图 8-26　设置三维图表参数

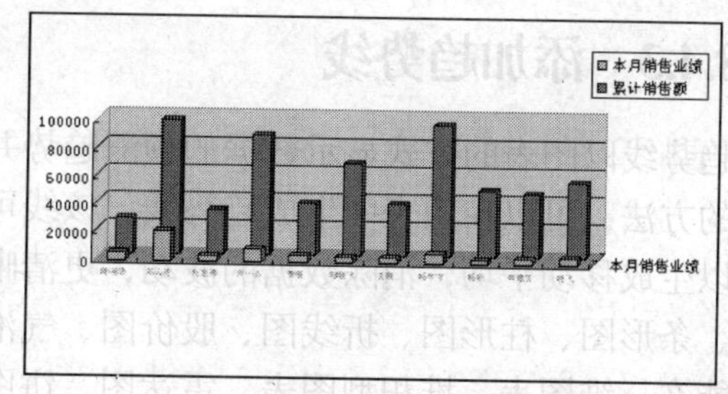

图 8-27　高度及角度设置结果

2．设置三维图表的深度和宽度

三维图表的深度和宽度是通过“数据系列格式”对话框中的选项来设置的。其方法是：打开“数据系列格式”对话框，单击“选项”选项卡，然后修改“透视深度”、“系列间距”和“分类间距”的值，如图 8-28 所示。设置结果如图 8-29 所示。

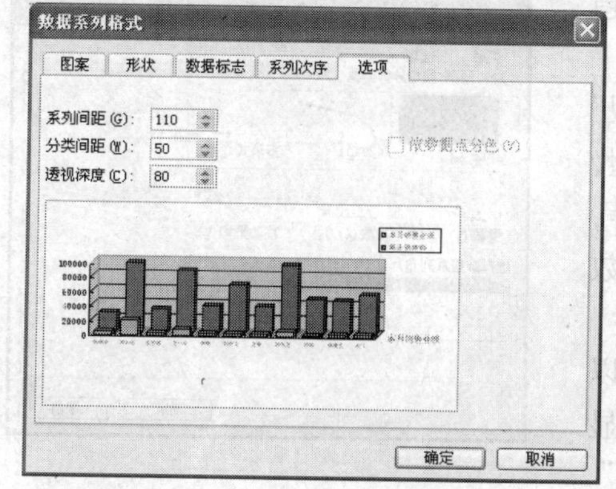

图 8-28　设置三维图表的深度和宽度

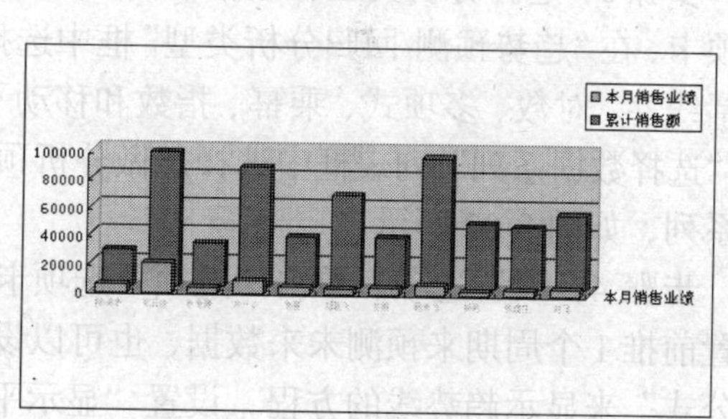

图 8-29　深度和宽度设置结果

3. 设置三维图表的图形形状

除可以进行上述设置外，还可以改变数据系列图形形状。其具体操作方法是：双击某一数据系列，弹出“数据系列格式”对话框。在该对话框中，单击“形状”选项卡，在“柱体形状”中选择某一图形，例如选择“5”，如图 8-30 所示。单击“确定”按钮。如果需要改变另一数据系列柱形图的图形形状，可以使用上述方法再次选择。结果如图 8-31 所示。

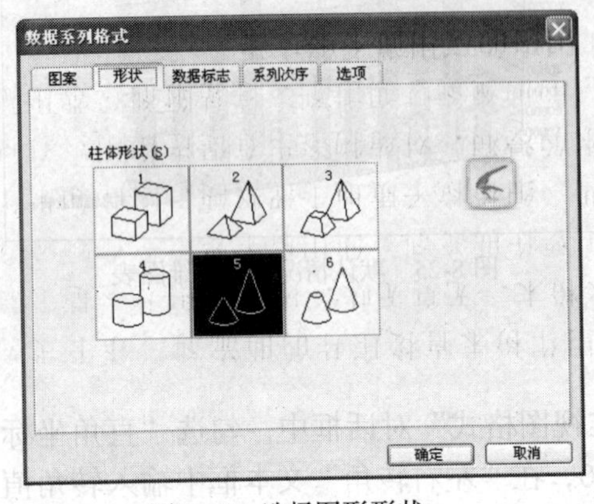

图 8-30 选择图形形状

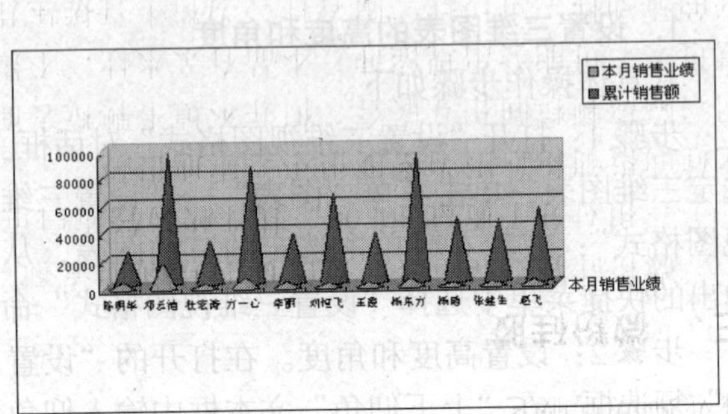

图 8-31 设置图形形状结果

8.4.3 添加趋势线

趋势线以图表的方式显示数据的预测趋势并可用于预测分析，也称回归分析。利用回归分析的方法，可以在图表中生成趋势线，该线可根据实际数据向前或向后模拟数据的走势。还可以生成移动平均，消除数据的波动，更清晰地显示图案和趋势。可以在非堆积型二维面积图、条形图、柱形图、折线图、股价图、气泡图和 XY 散点图中为数据系列添加趋势线；但不能在三维图表、堆积型图表、雷达图、饼图或圆环图中添加趋势线。对于那些包含与数据系列相关的趋势线的图表，如果将它们的图表类型改变成上述几种图表，例如，将图表类型修改为三维图表，则原有的趋势线将丢失。下面以显示某销售人员一年销售业绩的图表为例，介绍添加趋势线的操作步骤如下。

步骤 1：选定图表或其中的某个数据系列。

步骤 2：打开“趋势线格式”对话框。单击菜单“图表”→“添加趋势线”；或者右键单击某个数据系列，从弹出的快捷菜单中选择“添加趋势线”命令，弹出“趋势线格式”对话框。

步骤 3：选择分析类型和数据系列。单击“类型”选项卡，在“趋势预测/回归分析类型”框中选择类型，包括线性、对数、多项式、乘幂、指数和移动平均等，在“选择数据系列”列表框中选择想做分析预测的数据系列，如图 8-32 所示。

步骤 4：设置选项。单击“选项”选项卡，可以设置前推 1 个周期来预测未来数据，也可以设置“显示公式”来显示趋势线的方程，设置“显示平方值”来查看 R 平方的计算值，如图 8-33 所示。

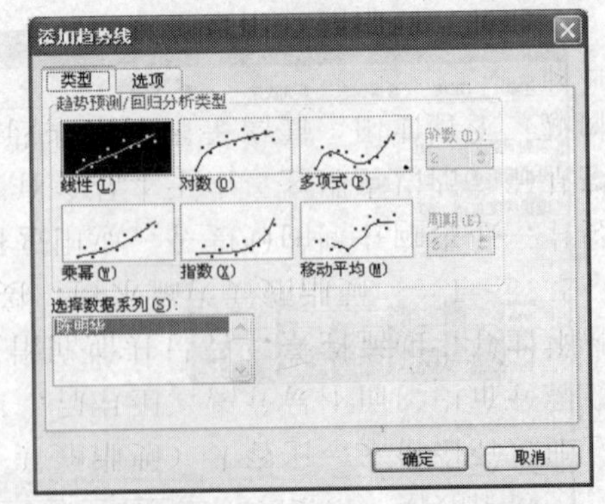

图 8-32 设置类型

步骤 5：完成设置。单击“确定”按钮，结果如图 8-34 所示。

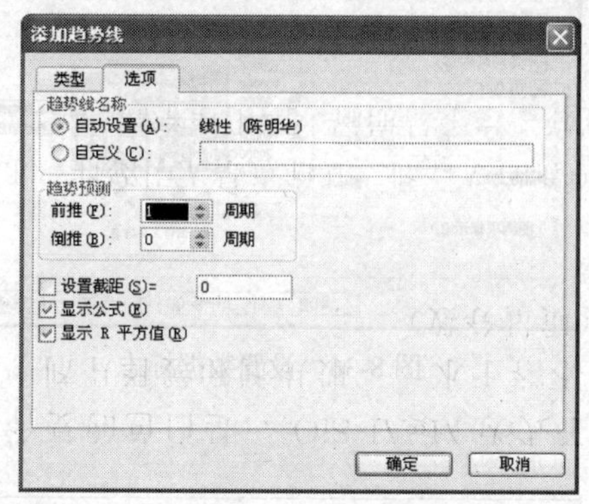

图 8-33 设置选项

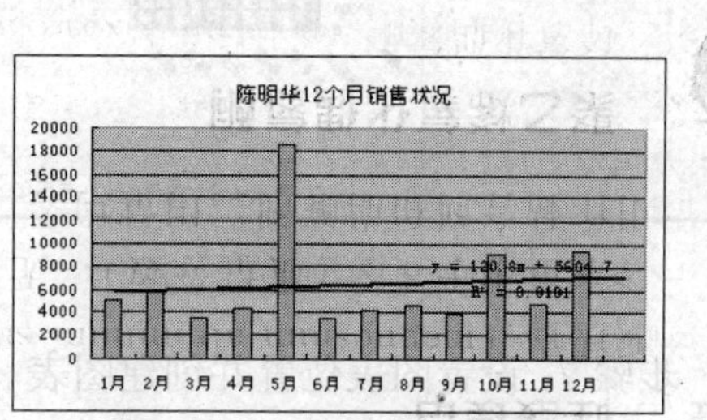

图 8-34 在图表中添加趋势线

8.5 应用实例——显示销售业绩奖金

在销售管理中，虽然以表格方式显示数据能够精确地反映公司的销售情况，能够显示销售人员的销售业绩及奖励奖金。但是表格不能直观地表达多组数据之间的关系，不能从中获取更多的信息。图表是展示数据最直观有效的手段，一组数据的各种特征、发展变化趋势或者多组数据之间的相互关系都可以通过图表一目了然地反映出来。本节将通过使用“销售管理”工作簿中已有的数据，创建图表来进一步说明 Excel 图表的作用和应用范围、图表操作的方法和技巧。

8.5.1 比较销售人员销售业绩

假设公司管理者希望能够更加清晰地了解每名销售人员 2 月的销售业绩和累计销售额，可以使用柱形图显示数据。其具体操作步骤如下。

步骤 1：选定源数据。打开“销售管理.xls”工作簿文件，单击“2 月业绩奖金表”工作表标签，按【Ctrl】键，分别选定 A2:A13 单元格区域、D2:D13 单元格区域和 G2:G13 单元格区域。

步骤 2：打开“图表向导”对话框。单击“常用”工具栏上的“图表向导”按钮。弹出“图表向导”第 1 个对话框。

步骤 3：选择图表类型。在“图表类型”列表框中选择“柱形图”，在“子图表类型”框中选择第 1 个子图。

步骤 4：选择图表源数据。单击“下一步”按钮，弹出“图表向导”第 2 个对话框。在“数据区域”文本框中显示了步骤 1 选择的单元格区域，在“系列产生在”选项组中选择“列”单选按钮。

步骤 5：设置标题。单击“下一步”按钮，弹出“图表向导”第 3 个对话框。单击“标题”选项卡，在“图表标题”文本框中输入销售人员销售业绩比较；在“分类（X）轴”文本框中输入销售人员姓名；在“数值（Y）轴”文本框中输入销售金额，如图 8-35 所示。

步骤 6：设置数据标志。单击“数据标志”选项卡，勾选“值”复选框，如图 8-36 所示。

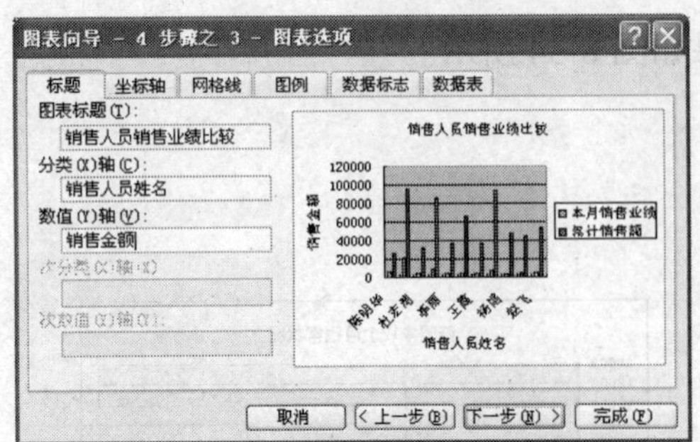

图 8-35 设置标题

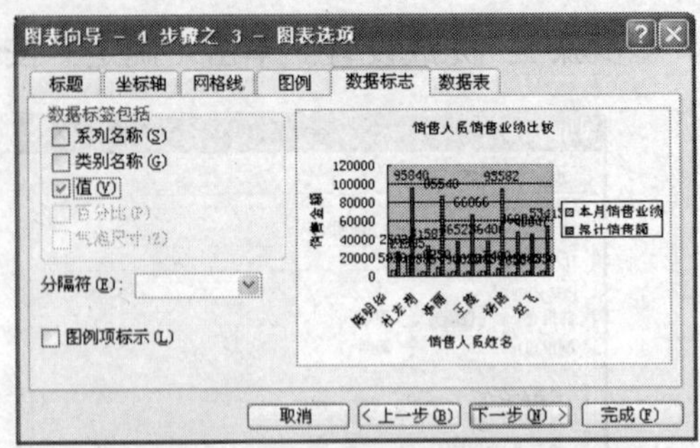

图 8-36 设置数据标志

步骤 7：设置图表位置并创建图表。单击"下一步"按钮，弹出"图表向导"最后一个对话框。选择"作为其中的对象插入"单选按钮。单击"完成"按钮，即可生成图表。结果如图 8-37 所示。

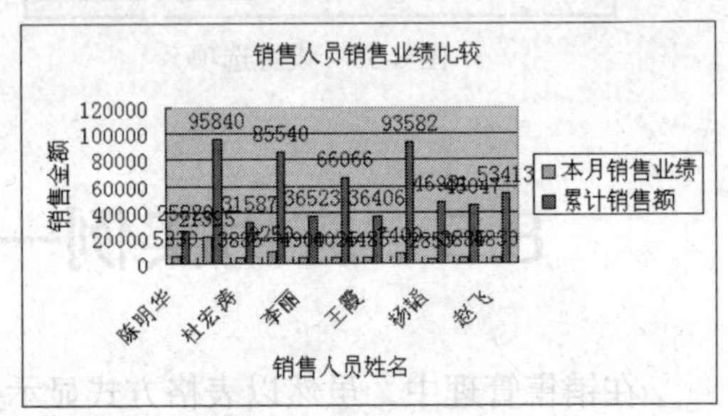

图 8-37 创建图表

从图 8-37 所示可以看出，图表中各个区域的格式比较混乱，需要调整。下面美化所建的图表。其操作内容如下。

（1）调整图表大小。选定图表，此时在其周围会出现 8 个控制柄。将鼠标放到其中一个控制柄上，按下鼠标左键拖动到合适大小放开。

（2）设置图表字体。双击图表区，弹出"图表区格式"对话框，单击"字体"选项卡，将"字号"改为 8，单击"确定"按钮。

（3）设置图表标题。双击图表标题，此时弹出"图表标题格式"对话框，在"字体"列表框中选择"幼园"，在"字号"文本框中输入 12，单击"确定"按钮。

（4）设置图例字体。双击图例，此时弹出"图例格式"对话框，将图例字体改为"楷体_GB2312"，单击"确定"按钮。结果如图 8-38 所示。

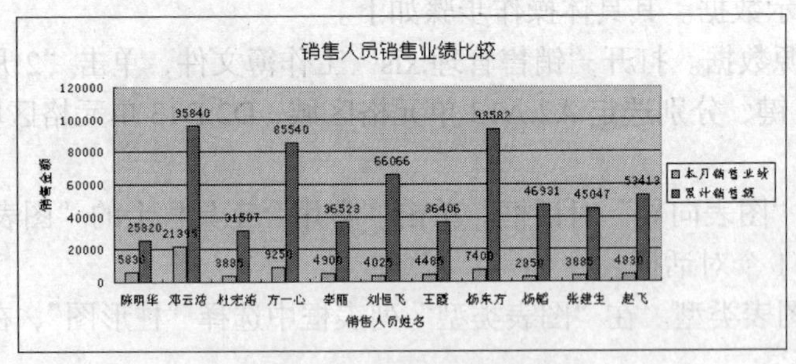

图 8-38 设置图例字体

使用图 8-38 可以对每名销售人员的销售业绩进行比较，从图中可以看出邓云洁 2 月的销售业绩和累计销售额均为最高。

（5）组合图表。使用图表向导创建的图表，所有数据系列都只能使用同一种图表类型。事实上，可以根据需要，为每个数据系列选择不同类型的图表，这样可以使图表更加准确地向阅读者传递信息。例如，将图 8-38 所示图表中的"累计销售额"数据使用饼图显示，这样既可以比较销售人员的本月销售业绩，又可以显示所有销售人员的累计销售额分布情况。下面将“累计销售额”数据序列改为“饼图”。其操作步骤如下。

步骤 1：打开“图表类型”对话框。右键单击“累计销售额”数据序列，从弹出的快捷菜单中选择“图表类型”，弹出“图表类型”对话框。

步骤 2：选择图表类型。在“图表类型”列表框中选择“饼图”，在“子图表类型”框中选择第 1 个子图，单击“确定”按钮。

步骤 3：设置数据标志。将饼图数据标志改为“百分比”，方法是双击饼图，弹出“数据系列格式”对话框，单击“数据标志”选项卡，取消“值”复选框，勾选“百分比”复选框，然后单击“确定”按钮。将柱形图数据标志删除，方法是选中柱形图数据标志，按【Delete】键。结果如图 8-39 所示。

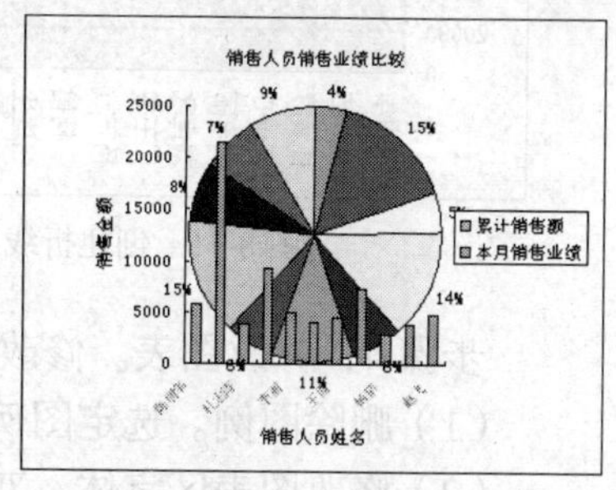

图 8-39 组合图表

8.5.2 显示超级销售人员

累计销售额一般能够反映销售人员的销售能力，而管理者也常常需要了解销售能力最强的销售人员的销售情况。如果使用图表来显示销售能力最强的销售人员的累计销售额，可以将累计销售额最大值突出显示出来。创建这种图表的基本思路是，使用辅助列存放最大值数据情况，然后以此列作为源数据创建图表，再对图表进行修改。其具体操作步骤如下。

步骤 1：计算最大值。判断每名销售人员“累计销售额”是否为所有累计销售额中的最大值，如果是则将该值存入指定列对应单元格中，如果不是则在该单元格中存入一个错误值“#N/A”，该错误值对应的函数为“NA()”。此处使用 H 列存放最大值，单击“2 月业绩奖金表”工作表标签，在 H2 单元格中输入最大值。在 H3 单元格中输入公式=IF(G3=MAX($G$17:$G$13),G3,NA())。将 H3 单元格中的公式填充到 H4:H13 单元格区域。结果如图 8-40 所示。

H3 =IF(G3=MAX($G$3:$G$13),G3,NA())

	A	B	C	D	E	F	G	H	I
1	销售人员业绩奖金表								
2	姓名	累计销售业绩	奖金百分比	本月销售业绩	奖励奖金	总奖金	累计销售额	最大值	
3	陈明华	19990	10%	5830	0	583	25820	#N/A	
4	邓云洁	24445	25%	21395	0	5348.8	95840	95840	
5	杜宏涛	27702	5%	3885	0	194.25	31587	#N/A	
6	方一心	26290	10%	9250	0	925	85540	#N/A	
7	李丽	31623	5%	4900	0	245	36523	#N/A	
8	刘恒飞	12041	5%	4025	0	201.25	66066	#N/A	
9	王霞	31921	5%	4485	0	224.25	36406	#N/A	
10	杨东方	36182	10%	7400	0	740	93582	#N/A	
11	杨韬	44081	5%	2850	0	142.5	46931	#N/A	
12	张建生	41162	5%	3885	0	194.25	45047	#N/A	
13	赵飞	48583	5%	4830	1000	1241.5	53413	#N/A	
14									
15									

图 8-40 计算最大值

步骤 2：创建折线图。使用本章所述方法，以 A2:A13 和 G2:H13 单元格区域为源数据创建折线图，其中子图表类型选择“数据点折线图”。创建结果如图 8-41 所示。

由于 H 列中只有 H4 为有效数据，因此以 H 列数据为数据系列的折线图只有一个数据点，这个点即为最大值。此数据点恰好与以 G 列数据为数据系列的折线图中的最大值的数据点重合，只需要将该数据点的数据标志显示出来，即可标出该数据点的数值。

步骤 3：标识最大值。双击最大值折线图上的数据点（只有一个），打开“数据点格式”对话框，单击“数据标志”选项卡，勾选“值”复选框，单击“确定”按钮，如图 8-42 所示。

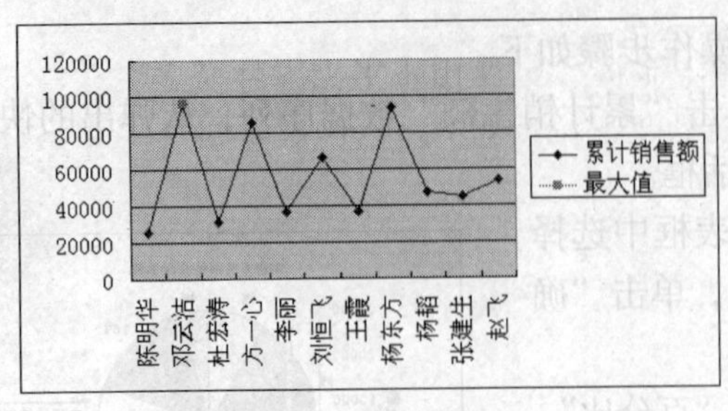

图 8-41　创建折线图

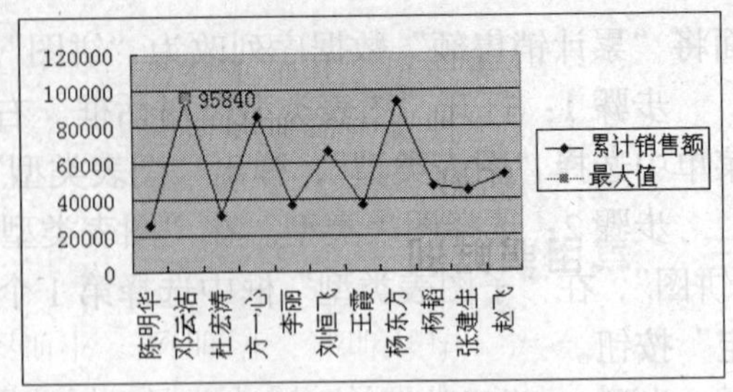

图 8-42　显示最大值

步骤 4：修改图表。修改内容包括以下方面。

（1）删除图例。选定图例，按【Delete】键将其删除。

（2）修改图表区字体。双击图表区，在弹出的“图表区格式”对话框中单击“字体”选项卡，将字号改为 8，单击“确定”按钮。

（3）改变绘图区大小。选定绘图区，将鼠标放到右侧中间控制柄上，按下鼠标左键向右拖放到合适大小后放开。

（4）将绘图背景设为白色。双击绘图区，在弹出的“绘图区格式”对话框的“区域”中选择“白”，单击“确定”按钮。

（5）设置网格线。双击网格线，在弹出的“网格线格式”对话框中单击“图案”选项卡，选择线条样式为“虚线”，单击“确定”按钮。结果如图 8-43 所示。

（6）将折线图改为柱形图。使用直方图能够更加直观地显示数据值的多少，因此可将折线图改为直方图，方法是用右键单击折线图，从弹出的快捷菜单中选择“图表类型”，在打开的“图表类型”对话框中选择“柱形图”，单击“确定”按钮。结果如图 8-44 所示。

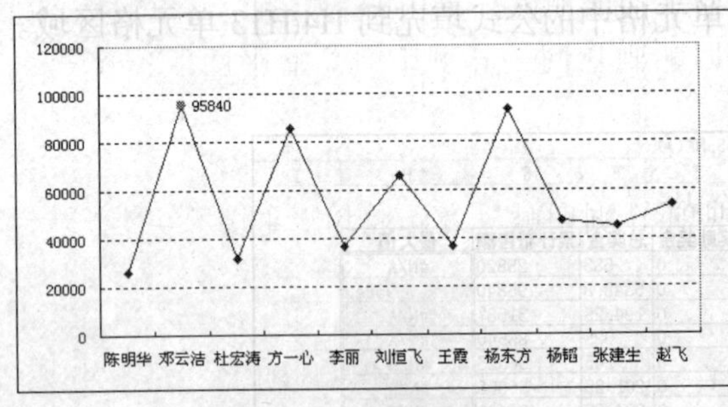

图 8-43　修改后的折线图

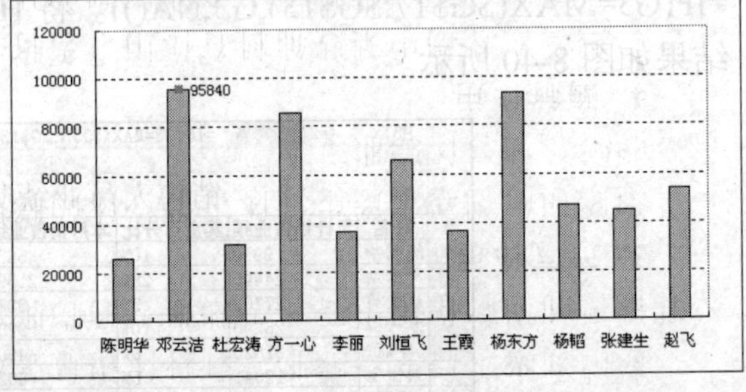

图 8-44　修改后的柱形图

8.5.3　显示产品销售情况

为了更加全面地掌握公司销售情况，公司管理者不仅需要比较每名销售人员的销售业绩，还需要通过更加直观的方式了解公司每种产品的销售情况。假设在“销售管理.xls”工作簿文件中已经建立了名为“产品销售汇总表”工作表，如图 8-45 所示。

	A	B	C	D	E	F	G	H	I	J	K	L	M	N	O
1	产品销售汇总表														
2	产品品牌	1月	2月	3月	4月	5月	6月	7月	8月	9月	10月	11月	12月	总计	平均销售额
3	佳能牌	20665	14150		11865	12950	4655	5390	18915	11285	5635		13685	119195	11920
4	金达牌	39745	16280	29520	39855	26510	32030	44250	59115	23745	37730	41120	40115	430015	35835
5	三工牌	10460	27225	5300	9200	27695	12725	22735	19220	16450	5565	25810	19000	201385	16782
6	三一牌	21000		15020	4400	13000	8380	15780	12600	8810	3990	13410	16380	132770	12070
7	雪莲牌	27048	15080	18700	21055	11478	35072	28169	20004	10435	27139	20052	23874	258106	21509

图 8-45　产品销售汇总表

可以使用条形图来显示全年所有产品的总销售额。条形图的创建方法与上述相同，图表类型选择“条形图”，子图表类型选择“簇状条形图”。结果如图 8-46 所示。

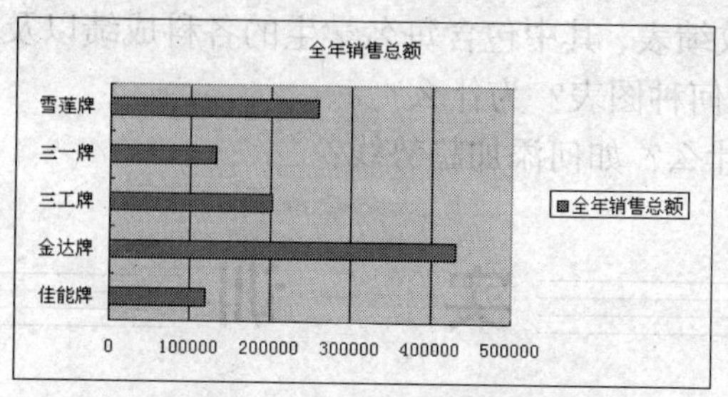

图 8-46　使用条形图显示全年产品销售情况

对于创建后的图表，还可以使用更为形象的图形来表达数据的含义。例如将“全年销售总额”数据系列图形改为箭头。其具体操作步骤如下。

步骤 1：绘制图形。在“绘图”工具栏上选择“右箭头”工具绘制一个箭头图形，并将其背景色设为“红”，边框颜色设置为“无”。

步骤 2：更换数据系列图形。选中所绘图形，按【Ctrl】+【C】组合键；单击“累计销售额”数据系列，然后按【Ctrl】+【V】组合键。结果如图 8-47 所示。

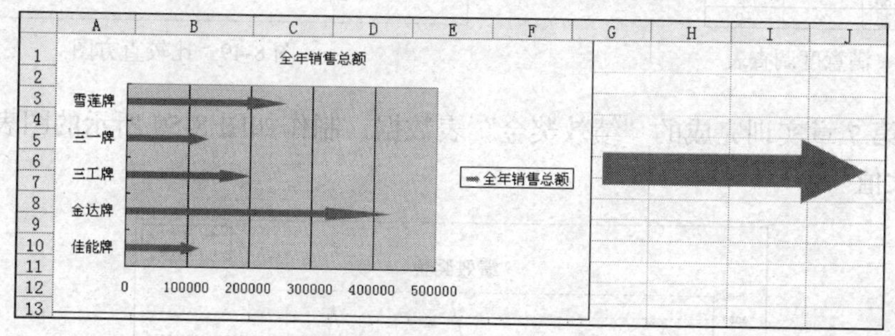

图 8-47　更换数据系列图形

通过上述介绍，可以清楚地看出 Excel 提供的图表功能具有直观形象等特点，可以方便地查看和比较数据的差异、比例以及变化趋势；将其与趋势线结合使用，则可以更好地分析数据；将其与图形或图片结合使用，则可以更形象地展示数据。

本章小结

通过对本章的学习，读者应理解各种图表的形式以及图表中各组成部分的含义，掌握创建图表的基本要点和方法，特别是应掌握各种图表的适用范围，能够根据数据的各种显示要求选择图表，并能够实现图表的创建和设置。

习　题

1．嵌入式图表与图表工作表的区别是什么？

2. 图表有几种？各自的特点是什么？

3. 总结图表及各组成部分格式的设置要点。

4. 假设有一个学生成绩表，其中包含每名学生的各科成绩以及总成绩，若希望了解学生成绩的波动情况，应选择何种图表？为什么？

5. 趋势线的作用是什么？如何添加趋势线？

实　训

1. 根据如图 8-48 所示的“满意度调查”表，制作如图 8-49 所示的图表。

	A	B	C
1	满意度调查表		
2	部门	满意	不满意
3	办公室	2	-1
4	财务部	2	-1
5	工程部	2	-2
6	技术部	3	-1
7	销售部	4	-2

图 8-48　满意度调查表

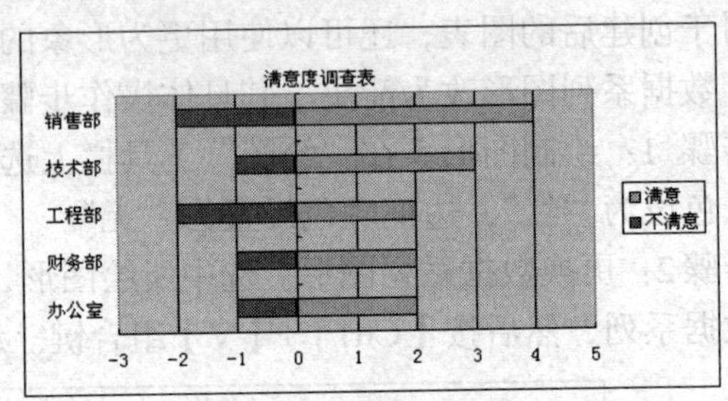

图 8-49　比较直方图

2. 根据第 7 章实训完成的“绩效奖金”表数据，制作如图 8-50 所示的图表。要求标出绩效奖金最大值。

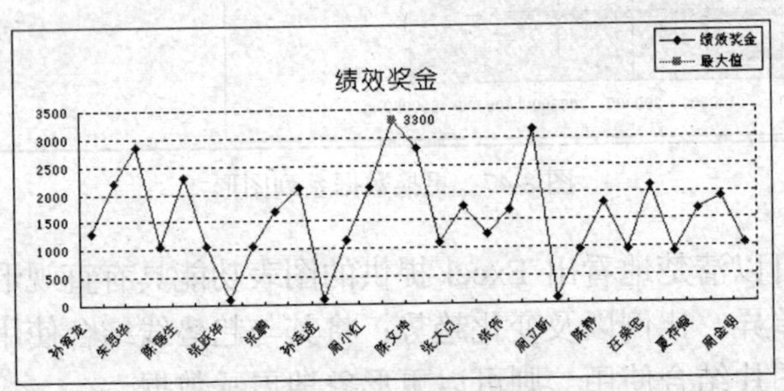

图 8-50　绩效奖金情况图

第 3 篇　数据分析篇

第9章 管理数据

内容提要

本章主要介绍 Excel 应用于管理数据方面的操作。重点是通过人事档案数据的管理，全面了解和掌握 Excel 关于排序、筛选和分类汇总数据的方法。管理数据是 Excel 应用的重要方面，它可以实现数据库软件的一些基本功能，但同时比一般的数据库软件操作更方便，结果更直观。

主要知识点

- 简单排序
- 复合排序
- 自定义排序
- 自动筛选
- 高级筛选
- 分类汇总

Excel 除了可以方便、高效地完成各种复杂的数据计算以外，同时可以实现一般数据库软件所需求的数据管理功能。了解和掌握这些功能，可以广泛地应用于各行各业的信息管理工作中，显著提高计算机的应用水平。

应用数据管理功能时，有关的工作表要求有一定的规范性。最早称为数据库工作表，后来称为数据清单或表单、列表。通常约定每一列作为一个字段，存放相同类型的数据；每一行作为一个记录，存放相关的一组数据；数据的最上方一行作为字段名，存放各字段的名称信息；特别是数据中间应避免出现空行或空列，否则会影响数据管理的操作。例如图 9-1 所示的人事档案工作表就是一个较为规范的工作表。

9.1 排　　序

通过排序可以更方便地浏览和检索数据。例如，要在图 9-1 所示的“人事档案”工作表中按姓名查找某个员工的信息，只能逐行查找；如果要查找参加工作最早的员工就困难了。通过对该工作表按照指定字段排序，上述需求就能轻易满足。Excel 的排序操作大致可以分为简单排序、复合排序和自定义排序。

	A	B	C	D	E	F	G	H	I	J	K	L	M
1	序号	部门	姓名	性别	出生日期	职务	职称	学历	参加工作日期	婚姻状况	籍贯	联系电话	基本工资
2	7101	经理室	黄振华	男	1966-04-10	董事长	高级经济师	大专	1982-11-23	已婚	北京	64000872	2430
3	7102	经理室	尹洪群	男	1958-09-18	总经理	高级工程师	大本	1981-04-18	已婚	山东	65034080	2360
4	7104	经理室	扬灵	男	1973-03-19	副总经理	经济师	博士	2000-12-04	已婚	北京	66314390	1080
5	7107	经理室	沈宁	女	1977-10-02	秘书	工程师	大专	1999-10-23	未婚	北京	64272883	1150
6	7201	人事部	赵文	女	1967-12-30	部门主管	经济师	大本	1991-01-18	已婚	北京	64654756	1360
7	7203	人事部	胡方	男	1949-04-08	业务员	高级经济师	大本	1968-12-24	已婚	四川	61700659	2430
8	7204	人事部	郭新	女	1953-03-26	业务员	经济师	大本	1971-12-12	已婚	北京	67719683	1650
9	7205	人事部	周晓明	女	1951-06-20	业务员	经济师	大专	1973-03-06	已婚	北京	65805905	1360
10	7207	人事部	张淑纺	女	1968-11-09	统计	助理统计师	大专	2001-03-06	已婚	安徽	65761446	960
11	7301	财务部	李忠旗	男	1965-02-10	财务总监	高级会计师	大本	1987-01-01	已婚	北京	63035376	2280
12	7302	财务部	焦戈	女	1970-02-26	成本主管	高级会计师	大专	1989-11-01	已婚	北京	66032221	2280
13	7303	财务部	张进明	男	1974-10-27	会计	助理会计师	大本	1996-07-14	已婚	北京	65430108	960
14	7304	财务部	傅华	女	1972-11-29	会计	会计师	大专	1997-09-19	已婚	北京	67624956	1150
15	7305	财务部	杨阳	男	1973-03-19	会计	经济师	硕士	1998-12-05	已婚	湖北	65090099	1080
16	7306	财务部	任萍	女	1979-10-05	出纳	助理会计师	大本	2004-01-31	未婚	北京	63267813	960
17	7401	行政部	郭永红	女	1969-08-24	部门主管	经济师	大本	1993-01-02	已婚	天津	62175686	1360
18	7402	行政部	李龙吟	男	1973-02-24	业务员	助理经济师	大专	1992-11-11	未婚	吉林	64041578	1080
19	7405	行政部	张玉丹	女	1971-06-11	业务员	经济师	大本	1993-02-25	已婚	北京	65496641	1150
20	7406	行政部	周金馨	女	1972-07-07	业务员	经济师	大本	1996-03-24	已婚	北京	65210378	1150

图 9-1　规范的工作表实例

9.1.1　简单排序

所谓简单排序即将工作表的数据按照指定字段重新排列。例如，人事档案工作表原始信息是按照序号排列的，可以通过简单排序操作令其按姓名或是参加工作日期重新排列。简单排序操作一般可以通过“常用”工具栏的排序工具按钮实现。“常用”工具栏上有两个排序工具按钮：“升序排序”和“降序排序”。分别可以实现按递增方式和递减方式对数据进行排序。简单排序的操作步骤如下。

步骤 1：单击排序依据的字段名。

步骤 2：执行排序操作。单击“升序排序”（或“降序排序”）命令按钮。

注意：　在排序时，应先指定排序的字段名，而不要选择相应字段所在的列标。否则 Excel 会弹出“排序警告”对话框，如图9-2所示。如果选定“以当前选定区域排序”，则只排序指定的列，而不是将整个数据区域排序。

图 9-2　“排序警告”对话框

9.1.2　多重排序

使用常用工具栏的工具按钮排序方便、快捷，但是每次只能按一个字段排序。如果需要多重排序，例如对于“人事档案”工作表，需要按“部门”排序，同一部门的按“职称”排序，相同职称的按“工资”排序，这时如果使用简单排序的方法就需要做 3 次才能完成，还要注意操作的次序。对于需要按多个字段进行多重排序的需求，可以通过 Excel 的排序命令实现。应用排序命令对数据进行多重排序的操作步骤如下。

步骤 1：选定数据区域内的任意单元格。

步骤 2：打开“排序”对话框。单击菜单“数据”→“排序”，系统弹出“排序”对话框，如图 9-3 所示。

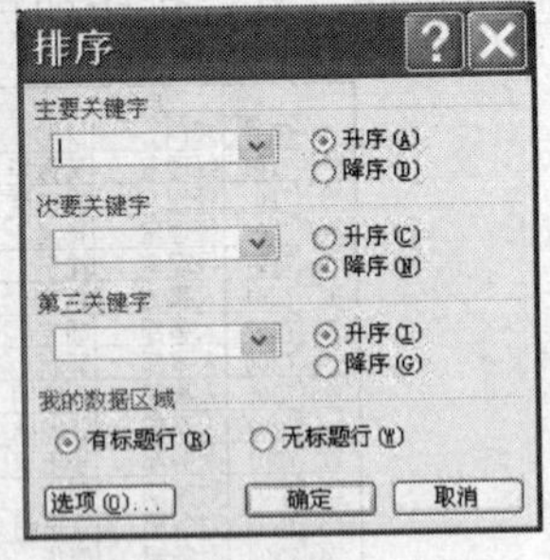

图 9-3 “排序”对话框

步骤 3：指定排序关键字和排序方式。根据需要在“主要关键字”、“次要关键字”、“第三关键字”下拉列表框中分别选定相应的字段名。同时，对不同的关键字还可以分别指定升序或降序选项。单击“确定”按钮，即可完成复合排序操作。

从图 9-3 所示的“排序”对话框中不难看出，“排序”命令最多可同时按 3 个字段的递增或递减顺序对数据排序。若要按 3 个以上字段排序，则必须重复使用两次或两次以上的排序操作方能完成。这时需注意 Excel 排序的特性，当两个字段值大小相同时，它会保留原来或上次排序的顺序。因此对于超过 3 个以上字段排序时，应将较重要的字段放在较后一次排序时处理。

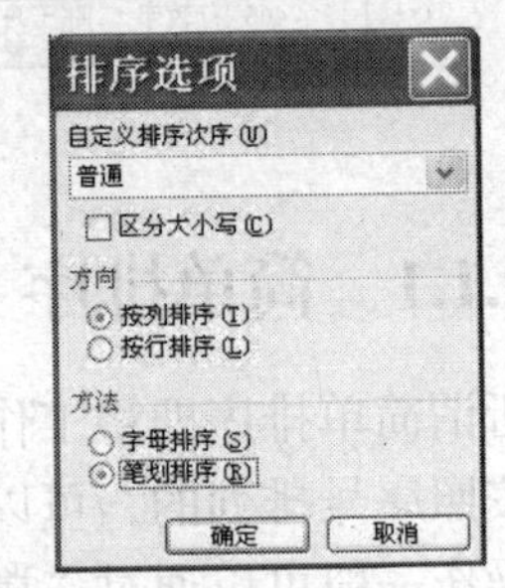

图 9-4 “排序选项”对话框

除了可以按关键字升序和降序排序以外，“排序”对话框还可以实现具有中国特色的按汉字笔划排序，这在按姓名等字段排序时经常用到。其具体操作方法是在打开的“排序”框中单击“选项”命令按钮，这时系统将弹出“排序选项”对话框，如图 9-4 所示。选定“笔划排序”单选按钮即可实现按关键字的笔划排序。

注意：“排序选项”中的设置对所有关键字都有效。换言之，在 Excel 中不可能指定某个关键字按字母排序，而另一个关键字按笔划排序。

9.1.3 自定义排序

对于某些字段无论是按字母排序还是按笔划排序可能都不符合要求。例如学历、职务、职称等字段，对此 Excel 还可以按用户自定义排序次序排序。其具体操作步骤如下。

步骤 1：输入自定义序列。其具体操作参见 25 页 2.4.1 中的填充自定义序列。

步骤 2：打开“排序”对话框。单击菜单“数据”→“排序”，系统弹出“排序”对话框。

步骤 3：指定排序关键字。在“主要关键字”下拉列表框中选定相应的字段名。

步骤 4：打开“排序选项”对话框。单击“排序”框中的“选项”命令，这时会出现“排序选项”对话框。

步骤 5：选择所需的自定义序列。打开“自定义排序次序”下拉列表框，从中选择所需的自定义序列。然后单击“确定”按钮。所选定的关键字将按照指定的序列升序或降序排列。

注意：当选定了“自定义排序次序”选项后，只要不重新选定，这以后的排序操作都将按指定的自定义排序次序排序，包括使用常用工具栏的排序工具按钮：“升序排序”A↓和“降序排序”Z↓。

9.2 筛　选

管理数据时经常需要从众多的数据中挑选出一部分满足某种条件的数据进行处理。例如人事档案管理，需要筛选出到期将要退休的人员；又如学生管理，评选奖学金、推选保送生等，需要筛选出符合条件的学生。Excel 提供了自动筛选和高级筛选两种筛选方法。前者可以满足日常需要的绝大多数筛选需求，后者可以根据用户指定的较为特殊或复杂的筛选条件筛选出自动筛选无法筛选的数据。

9.2.1 自动筛选

执行自动筛选时，首先单击菜单“数据”→“筛选”→“自动筛选”。这时工作表的每个字段名上都会出现一个筛选箭头。单击任意一个筛选箭头，将会出现用于设置筛选条件的列表框，图 9-5 所示为在自动筛选状态下，单击职称字段的筛选箭头时弹出的下拉列表框。

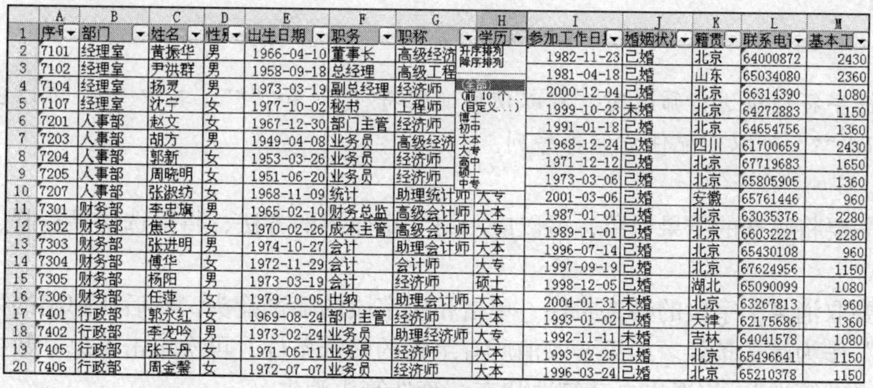

	A	B	C	D	E	F	G	H	I	J	K	L	M
1	序号	部门	姓名	性别	出生日期	职务	职称	学历	参加工作日期	婚姻状况	籍贯	联系电话	基本工资
2	7101	经理室	黄振华	男	1966-04-10	董事长	高级经济		1982-11-23	已婚	北京	64000872	2430
3	7102	经理室	尹洪群	男	1958-09-18	总经理	高级工程		1981-04-18	已婚	山东	65034080	2360
4	7104	经理室	扬灵	男	1973-03-19	副总经理	经济师		2000-12-04	已婚	北京	66314390	1080
5	7107	经理室	沈宁	女	1977-10-02	秘书	工程师		1999-10-23	未婚	北京	64272883	1150
6	7201	人事部	赵文	女	1967-12-30	部门主管	经济师		1991-01-18	已婚	北京	64654756	1360
7	7203	人事部	胡方	男	1949-04-08	业务员	高级经济		1968-12-24	已婚	四川	61700659	2430
8	7204	人事部	郭新	女	1953-03-26	业务员	经济师		1971-12-12	已婚	北京	67719683	1650
9	7205	人事部	周晓明	女	1951-06-20	业务员	经济师		1973-03-06	已婚	北京	65805905	1360
10	7207	人事部	张淑纺	女	1968-11-09	统计	助理统计师	大专	2001-03-06	已婚	安徽	65761446	960
11	7301	财务部	李忠旗	男	1965-02-10	财务总监	高级会计师	大本	1987-01-01	已婚	北京	63035376	2280
12	7302	财务部	焦戈	女	1970-02-26	成本主管	高级会计师	大专	1989-11-01	已婚	北京	66032221	2280
13	7303	财务部	张进明	男	1974-10-27	会计	助理会计师	大本	1996-07-14	已婚	北京	65430108	960
14	7304	财务部	傅华	女	1972-11-29	会计	会计师	大专	1997-09-19	已婚	北京	67624956	1150
15	7305	财务部	杨阳	男	1973-03-19	会计	经济师	硕士	1998-12-05	已婚	湖北	65090099	1080
16	7306	财务部	任萍	女	1979-10-05	出纳	助理会计师	大本	2004-01-31	未婚	北京	63267813	960
17	7401	行政部	郭永红	女	1969-08-24	部门主管	经济师	大本	1993-01-02	已婚	天津	62175686	1360
18	7402	行政部	李龙吟	男	1973-02-24	业务员	助理经济师	大专	1992-11-11	未婚	吉林	64041578	1080
19	7405	行政部	张玉丹	女	1971-06-11	业务员	经济师	大本	1993-02-25	已婚	北京	65496641	1150
20	7406	行政部	周金馨	女	1972-07-07	业务员	经济师	大本	1996-03-24	已婚	北京	65210378	1150

升序排列
降序排列
(全部)
(前 10 个...)
(自定义...)
博士
初中
大本
大专
高中
硕士
中专

图 9-5　自动筛选界面

可以看出，列表框中列出了“全部”、“前 10 个”、“自定义”等筛选条件和该字段的各记录值供用户选择。单击某个条件，Excel 将筛选出满足该条件的所有记录并显示出来。可以分别在多个字段设置筛选条件，这时只有同时满足各筛选条件的记录才会显示出来。例如，图 9-6 所示为部门为“项目一部”，职称为“经济师”的人员记录。从图中可以看到，设置了筛选条件的部门、职称字段上的筛选箭头是蓝色的，满足条件并显示出来的第 34、35、43、44 行数据的行号也是蓝色的。

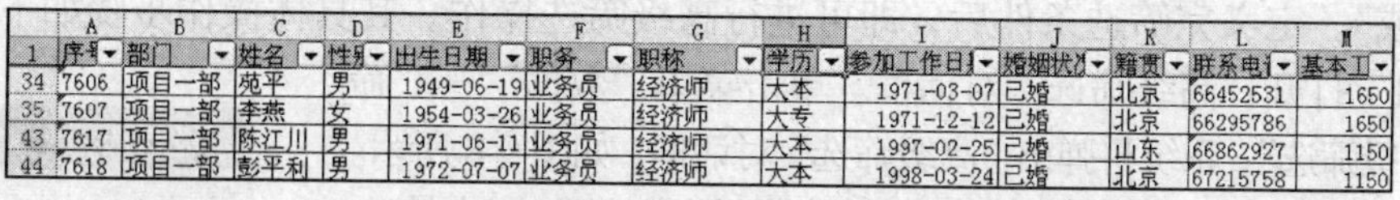

	A	B	C	D	E	F	G	H	I	J	K	L	M
1	序号	部门	姓名	性别	出生日期	职务	职称	学历	参加工作日期	婚姻状况	籍贯	联系电话	基本工资
34	7606	项目一部	苑平	男	1949-06-19	业务员	经济师	大本	1971-03-07	已婚	北京	66452531	1650
35	7607	项目一部	李燕	女	1954-03-26	业务员	经济师	大专	1971-12-12	已婚	北京	66295786	1650
43	7617	项目一部	陈江川	男	1971-06-11	业务员	经济师	大本	1997-02-25	已婚	山东	66862927	1150
44	7618	项目一部	彭平利	男	1972-07-07	业务员	经济师	大本	1998-03-24	已婚	北京	67215758	1150

图 9-6　自动筛选结果示例

如果要进行更复杂的筛选，例如要筛选出所有高级职称（包括高级工程师、高级经济师、高级会计师等）的人员，或是筛选出基本工资在 1 000 到 1 500 之间的人员，这时无法直接从列表框中选择，而需要在列表框中选择“自定义”。这时系统弹出“自定义自动筛选方式”对话框，如图 9-7 所示。

该对话框允许用户选择由关系运算符组成的条件表达式作为筛选条件，其中左侧的下拉框为关系运算符，有“等于”、“不等于”、“大于”、“大于或等于”等常用关系运算符，以及“始于”、“并非起始于”、“止于”、“并非结束于”、“包含”和“不包含”等特殊关系运算符；右侧的下拉文本框可以从下拉列表中选择数据也可以直接输入数据。每个自定义筛选条件可以设置一个或两个条件表达式。如果设置了两个条件表达式，还需要指定两个条件表达式的关系是“与”还是“或”。

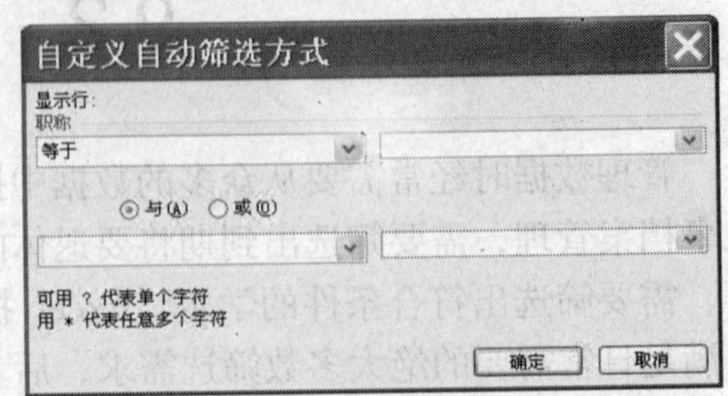

图 9-7 “自定义自动筛选方式”对话框

注意：使用自定义筛选条件，且设置了两个条件表达式时，要注意根据实际问题正确地选择两个条件表达式的与/或关系。

小技巧：

在根据字符型段进行筛选时，可以使用通配符“?”和“*”，其中“?”可以匹配任意一个字符，而“*”可以匹配任意字符序列。

如果需要将筛选的结果保留，可以应用第 3 章介绍的方法，将筛选结果复制、粘贴到其他工作表中。

如果要取消某个字段的筛选条件，单击相应字段的筛选箭头，然后在弹出的列表框中选择“全部”作为筛选条件。如果要取消所有字段的筛选条件，再次单击菜单“数据”→“筛选”→“自动筛选”，将退出自动筛选状态，筛选箭头消失。

9.2.2 高级筛选

有些更复杂的筛选，使用“自定义自动筛选方式”也无法实现，这时就需要使用高级筛选。例如，要从人事档案工作表中筛选出到指定日期应该退休的人员，其条件是性别为“男”且年龄满 60 岁，或是性别为“女”且年龄满 55 岁。该条件显然无法使用自动筛选完成。

使用高级筛选命令时，要求先在某个单元格区域（称作条件区域）设置筛选条件。其格式是第一行为字段名，以下各行为相应的条件值。同一行条件的关系为“与”，不同行条件的关系为“或”。定义完筛选条件后，即可进行高级筛选操作。其具体操作步骤如下。

步骤 1：打开“高级筛选”对话框。单击菜单“数据”→“筛选”→“高级筛选”，系统将弹出“高级筛选”对话框，如图 9-8 所示。

步骤 2：输入高级筛选参数。首先在“列表区域”框中输入筛选数据所在的单元格区域（如果当前单元格在筛选数据所在的单元格区域内，系统通常会自动填上该项）；然后在“条件区域”框中输入条件区域所在的单元格区域。最后根据需要在“方式”选项中选定“在原有区域显示筛选结果”或“将筛选结果复制到其他位置”单选按钮。如果选定了“将筛选结果复制到其他位置”

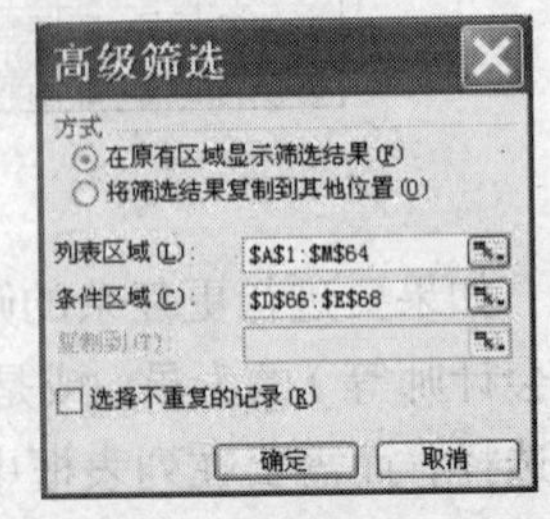

图 9-8 “高级筛选”对话框

单选按钮，则还需要在“复制到”框中指定复制到其他位置的单元格地址。本例选择在原有区域显示筛选结果。有关条件区域和相应的筛选结果如图 9-9 所示。

	A	B	C	D	E	F	G	H	I	J	K	L	M
1	序号	部门	姓名	性别	出生日期	职务	职称	学历	参加工作日期	婚姻状况	籍贯	联系电话	基本工资
7	7203	人事部	胡方	男	1949-04-08	业务员	高级经济师	大本	1968-12-24	已婚	四川	61700659	2430
8	7204	人事部	郭新	女	1953-03-26	业务员	经济师	大本	1971-12-12	已婚	北京	67719683	1650
9	7205	人事部	周晓明	女	1951-06-20	业务员	经济师	大专	1973-03-06	已婚	北京	65805905	1360
27	7505	公关部	张乐	女	1952-08-11	外勤	工程师	大本	1975-04-29	已婚	四川	66495881	1650
31	7603	项目一部	沈核	男	1947-07-21	项目监察	高级工程师	大本	1965-04-06	已婚	陕西	61704598	2360
32	7604	项目一部	王利华	女	1953-07-20	项目监察	高级工程师	大专	1970-04-06	已婚	四川	69252039	2360
33	7605	项目一部	靳晋复	女	1953-02-17	项目监察	高级经济师	大本	1970-11-05	已婚	山东	61501719	2430
34	7606	项目一部	苑平	男	1949-06-19	业务员	经济师	大本	1971-03-07	已婚	北京	66452531	1650
35	7607	项目一部	李燕	女	1954-03-26	业务员	经济师	大专	1971-12-12	已婚	北京	66295786	1650
48	7703	项目二部	张爽	男	1948-04-08	项目监察	高级工程师	大本	1967-12-25	已婚	北京	61776897	2360
49	7704	项目二部	李小平	男	1949-02-17	业务员	工程师	大专	1968-11-04	已婚	山东	66672544	1980
65													
66				性别	出生日期								
67				男	<=1949/12/31								
68				女	<=1954/12/31								

图 9-9 条件区域和筛选结果示意图

9.2.3 删除重复记录

删除重复数据是数据管理工作中经常要做同时也是比较费时费力的一项工作。对于有重复记录的数据，利用高级筛选功能可以方便地剔除重复的记录。这只需要在“高级筛选”对话框中勾选“选择不重复的记录”复选框即可。这时的筛选结果除了只显示满足筛选条件的记录外，将满足条件但是重复的记录也剔除了。

注意：当筛选结果使用完毕，需要显示全部数据时，可以单击菜单“数据”→“筛选”→“全部显示”。

9.3 分类汇总

将有关数据按照某个字段或某几个字段进行分类汇总也是日常管理数据经常需要完成的工作。这些计算虽然可以使用 Excel 的有关函数或公式解决，但是直接使用 Excel 提供的分类汇总命令更为方便、快捷和规范。

9.3.1 创建分类汇总

创建分类汇总之前，首先应该按照分类汇总依据的字段排序，一般可以通过简单排序实现。假设要对“人事档案”工作表的数据按“部门”汇总基本工资，则执行分类汇总的具体操作步骤如下。

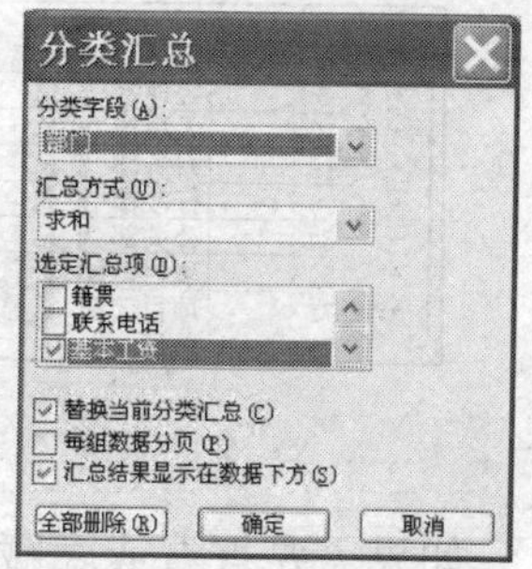

图 9-10 “分类汇总”对话框

步骤 1：打开“分类汇总”对话框。单击菜单“数据”→“分类汇总”命令。系统弹出“分类汇总”对话框，如图 9-10 所示。

步骤 2：指定“分类字段”。在“分类字段”下拉列表框中选定分类汇总依据的字段名。本例选择“部门”。

步骤 3：指定“汇总方式”。根据需求在“汇总方式”下拉列表框中选择合适的计算方式。本例选择“求和”。

步骤 4：指定“汇总项”。“分类汇总”对话框的“选定汇总项”列表框中将自动列出数据区域中所有的数值字段名称，根据需要勾选一个或多个需要汇总的字段。本例选定“基本工资”。

步骤 5：设置其它汇总选项。本例按默认方式，选定“替换当前分类汇总”和“汇总结果显示在数据下方”，单击“确定”按钮。分类汇总的结果如图 9-11 所示。

注意： 如果在执行分类汇总命令之前，没有按相应字段排序，则分类汇总结果可能会出现相同类别的数据没有全部汇总到一起的情况。

9.3.2 分级显示数据

分类汇总完成后，可以根据需要选择分类汇总表的显示层次。从图 9-11 所示可以看出，在显示分类汇总结果的同时，分类汇总表的左侧出现了分级显示符号123和分级标识线。可以根据需要分级显示数据。单击某个显示符号，可将其他的数据隐藏起来，只显示某层的汇总结果。

	A	B	C	D	E	F	G	H	I	J	K	L	M
1	序号	部门	姓名	性别	出生日期	职务	职称	学历	参加工作日期	婚姻状况	籍贯	联系电话	基本工资
2	7101	经理室	黄振华	男	1966-04-10	董事长	高级经济师	大专	1982-11-23	已婚	北京	64000872	2430
3	7102	经理室	尹洪群	男	1958-09-18	总经理	高级工程师	大本	1981-04-18	已婚	山东	65034080	2360
4	7104	经理室	扬灵	男	1973-03-19	副总经理	经济师	博士	2000-12-04	已婚	北京	66314390	1080
5	7107	经理室	沈宁	女	1977-10-02	秘书	工程师	大专	1999-10-23	未婚	北京	64272883	1150
6		**经理室 汇总**											7020
7	7201	人事部	赵文	女	1967-12-30	部门主管	经济师	大本	1991-01-18	已婚	北京	64654756	1360
8	7203	人事部	胡方	男	1949-04-08	业务员	高级经济师	大本	1968-12-24	已婚	四川	61700659	2430
9	7204	人事部	郭新	女	1953-03-26	业务员	经济师	大本	1971-12-12	已婚	北京	67719683	1650
10	7205	人事部	周晓明	女	1951-06-20	业务员	经济师	大专	1973-03-06	已婚	北京	65805905	1360
11	7207	人事部	张淑纺	女	1968-11-09	统计	助理统计师	大专	2001-03-06	已婚	安徽	65761446	960
12		**人事部 汇总**											7760
13	7301	财务部	李忠旗	男	1965-02-10	财务总监	高级会计师	大本	1987-01-01	已婚	北京	63035376	2280
14	7302	财务部	焦戈	女	1970-02-26	成本主管	高级会计师	大专	1989-11-01	已婚	北京	66032221	2280
15	7303	财务部	张进明	男	1974-10-27	会计	助理会计师	大本	1996-07-14	已婚	北京	65430108	960
16	7304	财务部	傅华	女	1972-11-29	会计	会计师	大专	1997-09-19	已婚	北京	67624956	1150
17	7305	财务部	杨阳	男	1973-03-19	会计	经济师	硕士	1998-12-05	已婚	湖北	65090099	1080
18	7306	财务部	任萍	女	1979-10-05	出纳	助理会计师	大本	2004-01-31	未婚	北京	63267813	960
19		**财务部 汇总**											8710
20	7401	行政部	郭永红	女	1969-08-24	部门主管	经济师	大本	1993-01-02	已婚	天津	62175686	1360

图 9-11 分类汇总结果

例如单击 1 级分级显示符号1只显示总的汇总结果，即总计数据；单击 2 级分级显示符号2则显示各产品类别的汇总结果和总计结果；单击 3 级分级显示符号3则显示全部数据。图 9-12 所示为单击 2 级分级显示符号2的显示结果。

	A	B	C	D	E	F	G	H	I	J	K	L	M
1	序号	部门	姓名	性别	出生日期	职务	职称	学历	参加工作日期	婚姻状况	籍贯	联系电话	基本工资
6		**经理室 汇总**											7020
12		**人事部 汇总**											7760
19		**财务部 汇总**											8710
26		**行政部 汇总**											6660
34		**公关部 汇总**											9780
52		**项目一部 汇总**											25850
71		**项目二部 汇总**											26340
72		**总计**											92120

图 9-12 分级显示结果

如果需要查看或隐藏某一类的详细数据，可以单击分级标识线上的“+”号+或“−”号−，以展开或是折叠其详细数据。图 9-13 所示为展开的“公关部”详细数据人事档案工作表。可以看到“公关部”左侧分级标识线上的“+”号变成了“−”号，再次单击它，可以重新折叠其详细数据。

	A	B	C	D	E	F	G	H	I	J	K	L	M
1	序号	部门	姓名	性别	出生日期	职务	职称	学历	参加工作日期	婚姻状况	籍贯	联系电话	基本工资
6		经理室 汇总											7020
12		人事部 汇总											7760
19		财务部 汇总											8710
26		行政部 汇总											6660
27	7501	公关部	安晋文	男	1971-03-31	部门主管	高级经济师	大专	1995-02-28	已婚	陕西	65910605	2430
28	7502	公关部	刘润杰	男	1973-08-31	外勤	经济师	大本	1998-01-16	未婚	河南	67017027	1150
29	7503	公关部	胡大冈	男	1975-05-19	外勤	经济师	高中	1995-05-10	已婚	北京	65966501	1150
30	7504	公关部	高俊	男	1952-03-26	外勤	经济师	大本	1974-12-12	已婚	山东	66111151	1360
31	7505	公关部	张乐	女	1952-08-11	外勤	工程师	大本	1975-04-29	已婚	四川	66495881	1650
32	7506	公关部	李小东	女	1974-10-28	业务员	助理经济师	大本	1996-07-15	已婚	湖北	64934471	960
33	7507	公关部	王霞	女	1983-03-20	业务员	经济师	硕士	2006-12-05	未婚	安徽	66394348	1080
34		公关部 汇总											9780
52		项目一部 汇总											25850
71		项目二部 汇总											26340
72		总计											92120

图 9-13　展开明细数据

9.3.3 复制分类汇总

如果需要将分类汇总的结果复制到其他位置或其他工作表，则不能采用直接复制、粘贴的方法。因为分类汇总时有关明细数据只是隐藏了，直接复制、粘贴会将整个数据区域一并复制，所以需要借助其他方法实现。假设要复制图 9-12 所示的分类汇总结果，具体操作步骤如下。

步骤 1：选取要复制的单元格区域。这里选定 A1:M72 单元格区域。

步骤 2：打开“定位条件”对话框。单击菜单“编辑”→“定位”，系统弹出“定位”对话框。单击“定位”对话框中的“定位条件”命令按钮，将打开“定位条件”对话框。

步骤 3：选中可见单元格。选择“定位条件”对话框中“可见单元格”单选按钮。如图 9-14 所示。然后单击“确定”按钮。

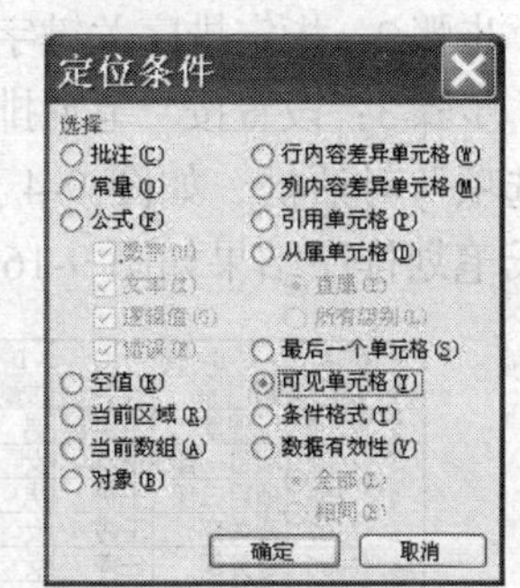

图 9-14　“定位条件”对话框

步骤 4：执行复制/粘贴操作。按【Ctrl】+【C】组合键，将选定单元格区域的内容复制到剪贴板，这时不会复制那些隐藏的明细数据。然后选定另一个工作表的 A1 单元格，按【Ctrl】+【V】组合键粘贴。复制结果如图 9-15 所示。

	A	B	C	D	E	F	G	H	I	J	K	L	M
1	序号	部门	姓名	性别	出生日期	职务	职称	学历	参加工作日期	婚姻状况	籍贯	联系电话	基本工资
2		经理室 汇总											7020
3		人事部 汇总											7760
4		财务部 汇总											8710
5		行政部 汇总											6660
6		公关部 汇总											9780
7		项目一部 汇总											25850
8		项目二部 汇总											26340
9		总计											92120

图 9-15　复制分类汇总结果

9.3.4 清除分类汇总

当需要将分类汇总数据删除，将工作表还原成原始状态时，操作步骤如下。

步骤 1：打开“分类汇总”对话框。单击菜单“数据”→“分类汇总”，系统将弹出“分类汇总”对话框。

步骤 2：清除分类汇总。单击“分类汇总”对话框中的“全部删除”命令按钮，然后单击“确定”按钮，即可清除工作表中的分类汇总数据。

9.4 应用实例——人事档案管理

人事档案管理是典型的数据管理工作，数据相对稳定，计算简单，但是不同需求的排序、查询以及分类汇总等处理十分频繁。本节通过人事档案管理的应用，进一步介绍 Excel 有关数据管理操作的方法和技巧。

9.4.1 人事档案排序

为了满足不同应用的需求，经常需要将人事档案按照不同的字段排序。如果只是简单地按照某个字段排序，可以直接利用常用工具栏的“升序排序”和“降序排序”工具按钮实现。其他更复杂的排序要求则需要通过“排序”命令来实现。

1. 按姓氏笔划排序

当需要对人事档案工作表按员工的姓氏笔划排序时，可以按下述步骤操作。

步骤 1：打开“排序”对话框。单击菜单“数据”→“排序”，系统将弹出“排序”对话框。

步骤 2：指定排序关键字。在“排序”对话中的“主要关键字”下拉列表框中选定“姓名”。

步骤 3：设置按“笔划排序”选项。单击“排序”框中“选项”命令，这时系统将弹出“排序选项”对话框，如图 9-4 所示。选定“笔划排序”单选按钮。然后单击“确定”按钮。按姓氏笔划排序结果如图 9-16 所示。

	A	B	C	D	E	F	G	H	I	J	K	L	M
1	序号	部门	姓名	性别	出生日期	职务	职称	学历	参加工作日期	婚姻状况	籍贯	联系电话	基本工资
2	7102	经理室	尹洪群	男	1958-09-18	总经理	高级工程师	大本	1981-04-18	已婚	山东	65034080	2360
3	7604	项目一部	王利华	女	1953-07-20	项目监察	高级工程师	大专	1970-04-06	已婚	四川	69252039	2360
4	7706	项目二部	王进	男	1952-03-26	业务员	工程师	大专	1973-12-11	已婚	北京	69989096	1650
5	7507	公关部	王霞	女	1983-03-20	业务员	经济师	硕士	2006-12-05	未婚	安徽	66394348	1080
6	7306	财务部	任萍	女	1979-10-05	出纳	助理会计师	大本	2004-01-31	未婚	北京	63267813	960
7	7717	项目二部	刘利	女	1971-06-11	业务员	工程师	博士	1999-02-26	已婚	山西	61942001	1150
8	7502	公关部	刘润杰	男	1973-08-31	外勤	经济师	大本	1998-01-16	未婚	河南	67017027	1150
9	7716	项目二部	孙燕	女	1976-02-16	项目监察	高级工程师	大本	1999-01-16	已婚	湖北	63812307	2360
10	7501	公关部	安晋文	男	1971-03-31	部门主管	高级经济师	大专	1995-02-28	已婚	陕西	65910605	2430
11	7104	经理室	扬灵	男	1973-03-19	副总经理	经济师	博士	2000-12-04	已婚	北京	66314390	1080
12	7610	项目一部	宋维昆	男	1967-09-07	业务员	工程师	中专	1987-05-27	已婚	湖北	63021549	1360
13	7613	项目一部	张山	男	1973-03-19	业务员	助理工程师	大专	1992-12-04	已婚	安徽	64434694	960
14	7505	公关部	张乐	女	1952-08-11	外勤	工程师	大本	1975-04-29	已婚	四川	66495881	1650
15	7405	行政部	张玉丹	女	1971-06-11	业务员	经济师	大本	1993-02-25	已婚	北京	65496641	1150
16	7303	财务部	张进明	男	1974-10-27	会计	助理会计师	大本	1996-07-14	已婚	北京	65430108	960
17	7408	行政部	张玟	女	1984-08-04	业务员	助理经济师	硕士	2008-08-10	未婚	北京	64366059	960
18	7601	项目一部	张涛	男	1970-12-21	部门主管	工程师	大本	1994-01-05	未婚	北京	66018871	1150
19	7207	人事部	张淑纺	女	1968-11-09	统计	助理统计师	大专	2001-03-06	已婚	安徽	65761446	960
20	7703	项目二部	张爽	男	1948-04-08	项目监察	高级工程师	大本	1967-12-25	已婚	北京	61776897	2360

图 9-16 按姓氏笔划排序结果

2. 按部门、性别和婚姻状况排序

假设需要将人事档案按照“部门”排序，相同部门的员工按“性别”排序（女员工在前），相同部门相同性别的按“婚姻状况”（未婚在前）排序。因为是按多个字段复合排序，所以应使用排序命令实现。其具体操作步骤如下。

步骤 1：选定数据区域内的任意单元格。

步骤 2：打开“排序”对话框。单击菜单“数据”→“排序”，系统弹出“排序”对话框。

步骤 3：设置排序参数。在“主要关键字”下拉列表框中选定“部门”；在“次要关键字”下拉列表框中选定“性别”，因为要求女员工在前，所以选定“降序”单选钮；在“第三关键字”下拉列表框中选定“婚姻状况”，因为要求未婚在前，所以选定“升序”单选钮。设置完排序参数的“排序”对话框如图 9-17 所示。单击“确定”按钮，即可完成复合排序操作。

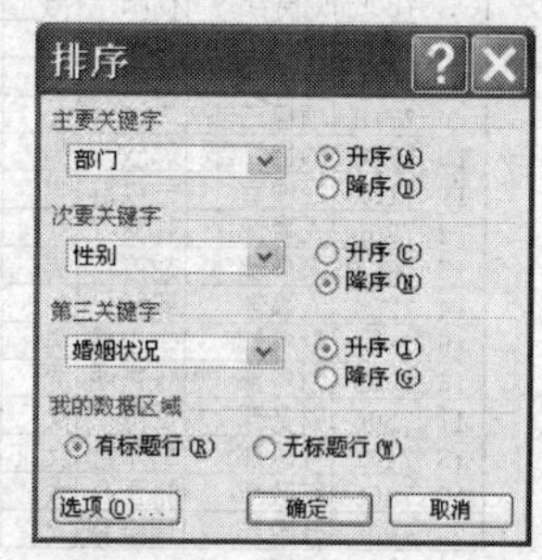

图 9-17 设置完成的“排序”对话框

按部门、性别和婚姻状况排序的结果如图 9-18 所示。

3. **按学历排序**

当需要按“学历”从高到低排序时，系统本身是不知道学历高低的，所以需要先定义有关的自定义序列，然后指定按照该序列排序。其具体操作步骤如下。

	A	B	C	D	E	F	G	H	I	J	K	L	M
1	序号	部门	姓名	性别	出生日期	职务	职称	学历	参加工作日期	婚姻状况	籍贯	联系电话	基本工资
2	7306	财务部	任萍	女	1979-10-05	出纳	助理会计师	大本	2004-01-31	未婚	北京	63267813	960
3	7302	财务部	焦戈	女	1970-02-26	成本主管	高级会计师	大专	1989-11-01	已婚	北京	66032221	2280
4	7304	财务部	傅华	女	1972-11-29	会计	会计师	大专	1997-09-19	已婚	北京	67624956	1150
5	7301	财务部	李忠旗	男	1965-02-10	财务总监	高级会计师	大本	1987-01-01	已婚	北京	63035376	2280
6	7303	财务部	张进明	男	1974-10-27	会计	助理会计师	大本	1996-07-14	已婚	北京	65430108	960
7	7305	财务部	杨阳	男	1973-03-19	会计	经济师	硕士	1998-12-05	已婚	湖北	65090099	1080
8	7507	公关部	王霞	女	1983-03-20	业务员	经济师	硕士	2006-12-05	未婚	安徽	66394348	1080
9	7505	公关部	张乐	女	1952-08-11	外勤	工程师	大本	1975-04-29	已婚	四川	66495881	1650
10	7506	公关部	李小东	女	1974-10-28	业务员	助理经济师	大本	1996-07-15	已婚	湖北	64934471	960
11	7502	公关部	刘润杰	男	1973-08-31	外勤	经济师	大本	1998-01-16	未婚	河南	67017027	1150
12	7501	公关部	安晋文	男	1971-03-31	部门主管	高级经济师	大专	1995-02-28	已婚	陕西	65910605	2430
13	7503	公关部	胡大冈	男	1975-05-19	外勤	经济师	高中	1995-05-10	已婚	北京	65966501	1150
14	7504	公关部	高俊	男	1952-03-26	外勤	经济师	大本	1974-12-12	已婚	山东	66111151	1360
15	7107	经理室	沈宁	女	1977-10-02	秘书	工程师	大专	1999-10-23	未婚	北京	64272883	1150
16	7101	经理室	黄振华	男	1966-04-10	董事长	高级经济师	大专	1982-11-23	已婚	北京	64000872	2430
17	7102	经理室	尹洪群	男	1958-09-18	总经理	高级工程师	大本	1981-04-18	已婚	山东	65034080	2360
18	7104	经理室	扬灵	男	1973-03-19	副总经理	经济师	博士	2000-12-04	已婚	北京	66314390	1080
19	7201	人事部	赵文	女	1967-12-30	部门主管	经济师	大本	1991-01-18	已婚	北京	64654756	1360
20	7204	人事部	郭新	女	1953-03-26	业务员	经济师	大本	1971-12-12	已婚	北京	67719683	1650

图 9-18 按部门、性别和婚姻状况排序结果

步骤 1：输入自定义序列。具体操作参见 25 页 2.4.1 中的填充自定义序列。

步骤 2：打开“排序”对话框。单击菜单“数据”→“排序”，系统弹出“排序”对话框。

步骤 3：指定排序关键字。在“主要关键字”下拉列表框中选定“学历”。因为是从高到低排序，所以选定“降序”单选钮。

步骤 4：打开“排序选项”对话框。选择“排序”框中的“选项”命令，这时会出现“排序选项”对话框。

步骤 5：选择所需的自定义序列。打开“自定义排序次序”下拉列表框，从中选定预先输入的有关职称自定义序列，如图 9-19 所示。然后单击“确定”按钮。

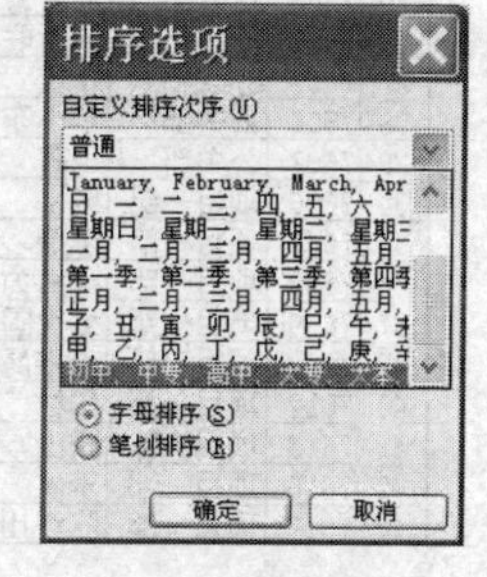

图 9-19 “自定义排序次序”下拉链表框

人事档案将按照制定的职称序列从高到低降序排列，排序结果如图 9-20 所示。

	A	B	C	D	E	F	G	H	I	J	K	L	M
1	序号	部门	姓名	性别	出生日期	职务	职称	学历	参加工作日期	婚姻状况	籍贯	联系电话	基本工资
2	7104	经理室	扬灵	男	1973-03-19	副总经理	经济师	博士	2000-12-04	已婚	北京	66314390	1080
3	7619	项目一部	李进	男	1975-01-29	业务员	工程师	博士	2002-10-16	已婚	湖北	67702600	1080
4	7717	项目二部	刘利	女	1971-06-11	业务员	工程师	博士	1999-02-26	已婚	山西	61942001	1150
5	7719	项目二部	李丹	男	1973-03-19	业务员	工程师	博士	2000-12-04	未婚	北京	61440649	1080
6	7305	财务部	杨阳	男	1973-03-19	会计	经济师	硕士	1998-12-05	已婚	湖北	65090099	1080
7	7408	行政部	张玫	女	1984-08-04	业务员	助理经济师	硕士	2008-08-10	未婚	北京	64366059	960
8	7507	公关部	王霞	女	1983-03-20	业务员	经济师	硕士	2006-12-05	未婚	安徽	66394348	1080
9	7718	项目二部	李红	女	1975-01-29	业务员	工程师	硕士	2000-10-15	已婚	黑龙江	61676825	1080
10	7720	项目二部	郝放	男	1979-01-26	业务员	工程师	硕士	2005-12-29	未婚	四川	65922950	1080
11	7102	经理室	尹洪群	男	1958-09-18	总经理	高级工程师	大本	1981-04-18	已婚	山东	65034080	2360
12	7201	人事部	赵文	女	1967-12-30	部门主管	经济师	大本	1991-01-18	已婚	北京	64654756	1360
13	7203	人事部	胡方	男	1949-04-08	业务员	高级经济师	大本	1968-12-24	已婚	四川	61700659	2430
14	7204	人事部	郭新	女	1953-03-26	业务员	经济师	大本	1971-12-12	已婚	北京	67719683	1650
15	7301	财务部	李忠旗	男	1965-02-10	财务总监	高级会计师	大本	1987-01-01	已婚	北京	63035376	2280
16	7303	财务部	张进明	男	1974-10-27	会计	助理会计师	大本	1996-07-14	已婚	北京	65430108	960
17	7306	财务部	任萍	女	1979-10-05	出纳	助理会计师	大本	2004-01-31	未婚	北京	63267813	960
18	7401	行政部	郭永红	女	1969-08-24	部门主管	经济师	大本	1993-01-02	已婚	天津	62175686	1360
19	7405	行政部	张玉丹	女	1971-06-11	业务员	经济师	大本	1993-02-25	已婚	北京	65496641	1150
20	7406	行政部	周金馨	女	1972-07-07	业务员	经济师	大本	1996-03-24	已婚	北京	65210378	1150

图 9-20　按职称排序结果

9.4.2　人事档案查询

人事档案数据量通常都比较大，经常需要从中找出满足某些条件的人员或人员集合。一般的日常查询大多可通过自动筛选来实现。只有特殊复杂的才需要使用高级筛选。

1．查询籍贯为四川的业务员

要查询籍贯为四川的业务员，实际查询条件为“籍贯”字段值为“四川”而且“职务”字段值为“业务员”。这可以用自动筛选实现。其具体操作步骤如下。

步骤 1：进入自动筛选状态。单击菜单“数据”→“筛选”→“自动筛选”。这时工作表的每个字段名上都会出现一个筛选箭头。

步骤 2：设置“职务”字段的筛选条件。单击“职务”字段的筛选箭头，从下拉列表中选定“业务员”。

初步筛选结果如图 9-21 所示。

	A	B	C	D	E	F	G	H	I	J	K	L	M
1	序号	部门	姓名	性	出生日期	职务	职称	学历	参加工作日	婚姻状况	籍贯	联系电话	基本工
7	7203	人事部	胡方	男	1949-04-08	业务员	高级经济师	大本	1968-12-24	已婚	四川	61700659	2430
8	7204	人事部	郭新	女	1953-03-26	业务员	经济师	大本	1971-12-12	已婚	北京	67719683	1650
9	7205	人事部	周晓明	女	1951-06-20	业务员	经济师	大专	1973-03-06	已婚	北京	65805905	1360
18	7402	行政部	李龙吟	男	1973-02-24	业务员	助理经济师	大专	1992-11-11	未婚	吉林	64041578	1080
19	7405	行政部	张玉丹	女	1971-06-11	业务员	经济师	大本	1993-02-25	已婚	北京	65496641	1150
20	7406	行政部	周金馨	女	1972-07-07	业务员	经济师	大本	1996-03-24	已婚	北京	65210378	1150
21	7407	行政部	周新联	男	1975-01-29	业务员	助理经济师	大本	1996-10-15	已婚	北京	64789401	960
22	7408	行政部	张玫	女	1984-08-04	业务员	助理经济师	硕士	2008-08-10	未婚	北京	64366059	960
28	7506	公关部	李小东	女	1974-10-28	业务员	助理经济师	大本	1996-07-15	已婚	湖北	64934471	960
29	7507	公关部	王霞	女	1983-03-20	业务员	经济师	硕士	2006-12-05	未婚	安徽	66394348	1080
34	7606	项目一部	苑平	男	1949-06-19	业务员	经济师	大本	1971-03-07	已婚	北京	66452531	1650
35	7607	项目一部	李燕	女	1954-03-26	业务员	经济师	大专	1971-12-12	已婚	北京	66295786	1650
36	7608	项目一部	郝海为	男	1960-09-11	业务员	工程师	大本	1985-05-29	已婚	北京	66213429	1360
37	7609	项目一部	盛代国	男	1962-09-29	业务员	工程师	大本	1985-06-16	已婚	湖北	66885107	1360
38	7610	项目一部	宋维昆	男	1967-09-07	业务员	工程师	中专	1987-05-27	已婚	湖北	63021549	1360
40	7612	项目一部	邵林	女	1965-10-26	业务员	工程师	大本	1988-07-13	已婚	四川	67881751	1360
41	7613	项目一部	张山	男	1973-03-19	业务员	助理工程师	大专	1992-12-04	已婚	安徽	64434694	960
42	7616	项目一部	李仪	女	1972-07-30	业务员	工程师	大本	1996-04-16	已婚	北京	65099351	1150
43	7617	项目一部	陈江川	男	1971-06-11	业务员	经济师	大本	1997-02-25	已婚	山东	66862927	1150

图 9-21　初步筛选结果

步骤 3：设置“籍贯”字段的筛选条件。单击“籍贯”字段的筛选箭头，从下拉列表中选定“四川”。

最终筛选结果如图 9-22 所示。

	A	B	C	D	E	F	G	H	I	J	K	L	M
1	序号	部门	姓名	性	出生日期	职务	职称	学历	参加工作日	婚姻状况	籍贯	联系电话	基本工
7	7203	人事部	胡方	男	1949-04-08	业务员	高级经济师	大本	1968-12-24	已婚	四川	61700659	2430
40	7612	项目一部	邵林	女	1965-10-26	业务员	工程师	大本	1988-07-13	已婚	四川	67881751	1360
64	7720	项目二部	郝放	男	1979-01-26	业务员	工程师	硕士	2005-12-29	未婚	四川	65922950	1080

图 9-22　最终筛选结果

2. 查询高级职称的员工

假设“人事档案”工作表中包含“高级工程师”、“高级会计师”和“高级经济师”3 种高级职称的员工，当要筛选出所有高级职称的员工时，需要通过自动筛选的“自定义自动筛选方式”对话框来设置相应的筛选条件。其具体操作步骤如下。

步骤 1：进入自动筛选状态。单击菜单“数据”→“筛选”→“自动筛选”。

步骤 2：打开“自定义自动筛选方式”对话框。单击“职称”字段的筛选箭头，从下拉列表中选定“自定义”。系统弹出“自定义自动筛选方式”对话框。

步骤 3：设置自定义筛选条件。分析筛选条件可以看出，要筛选的职称都是以“高级”二字开头的，所以可以利用 Excel 的特殊关系运算符“始于”设置自定义筛选条件。在左侧列表框中选择“始于”，在右侧下拉文本框中输入“高级”。然后单击“确定”按钮。

人事档案高级职称员工的筛选结果如图 9-23 所示。

	A	B	C	D	E	F	G	H	I	J	K	L	M
1	序号	部门	姓名	性	出生日期	职务	职称	学历	参加工作日	婚姻状况	籍贯	联系电话	基本工
2	7101	经理室	黄振华	男	1966-04-10	董事长	高级经济师	大专	1982-11-23	已婚	北京	64000872	2430
3	7102	经理室	尹洪群	男	1958-09-18	总经理	高级工程师	大本	1981-04-18	已婚	山东	65034080	2360
7	7203	人事部	胡方	男	1949-04-08	业务员	高级经济师	大本	1968-12-24	已婚	四川	61700659	2430
11	7301	财务部	李忠旗	男	1965-02-10	财务总监	高级会计师	大本	1987-01-01	已婚	北京	63035376	2280
12	7302	财务部	焦戈	女	1970-02-26	成本主管	高级会计师	大专	1989-11-01	已婚	北京	66032221	2280
23	7501	公关部	安晋文	男	1971-03-31	部门主管	高级经济师	大专	1995-02-28	已婚	陕西	65910605	2430
31	7603	项目一部	沈核	男	1947-07-21	项目监察	高级工程师	大本	1965-04-06	已婚	陕西	61704598	2360
32	7604	项目一部	王利华	女	1953-07-20	项目监察	高级工程师	大专	1970-04-06	已婚	四川	69252039	2360
33	7605	项目一部	靳晋复	女	1953-02-17	项目监察	高级经济师	大本	1970-11-05	已婚	山东	61501719	2430
39	7611	项目一部	谭文广	男	1969-01-01	项目监察	高级工程师	初中	1987-09-03	已婚	四川	65257851	2360
48	7703	项目二部	张爽	男	1948-04-08	项目监察	高级工程师	大本	1967-12-25	已婚	北京	61776897	2360
56	7711	项目二部	黄和中	男	1968-06-19	项目监察	高级工程师	大专	1990-03-06	已婚	北京	69534428	2360
60	7716	项目二部	孙燕	女	1976-02-16	项目监察	高级工程师	大本	1999-01-16	已婚	湖北	63812307	2360

图 9-23　高级职称筛选结果

筛选高级职称的条件也可以用通配符“*”实现，即设置条件左侧的关系运算符为“等于”，条件右侧的值为“高级*”。

请读者考虑：如何用另一种通配符“?”设置筛选中级职称的条件？假设中级职称包括“工程师”、“会计师”和“经济师”3 种。但是显然不能用“止于”“师”这样的条件，因为高级职称的最后一个字也是“师”。也不能用“并非起始于”“高级”且“止于”“师”这样的条件，因为初级职称，如“助理会计师”、“助理统计师”等也符合这个条件。

3. 查询基本工资 1 500～2 000 的员工

要筛选出所有基本工资在 1 500 元到 2 000 元之间的员工，也需要通过自动筛选的“自定义自动筛选方式”对话框来设置相应的筛选条件，而且需要同时设置两个条件。其具体操作步骤如下。

步骤 1：进入自动筛选状态。单击菜单“数据”→“筛选”→“自动筛选”。

步骤 2：打开“自定义自动筛选方式”对话框。单击“基本工资”字段的筛选箭头，从下拉列表中选择“自定义”。系统弹出“自定义自动筛选方式”对话框。

步骤 3：设置自定义筛选条件。分析筛选条件可以看出，要设置的条件是大于或等于 1 500 和小于 2 000 两个条件，而且两个条件的关系是“与”的关系。所以在第一行左侧列表框中选择“大于或等于”，在右侧下拉文本框中输入“1500”；在第二行左侧列表框中选择“小于”，在右侧下拉文本框中输入“2000”。然后单击“确定”按钮。

人事档案基本工资在 1 500～2 000 范围内的员工筛选结果如图 9-24 所示。

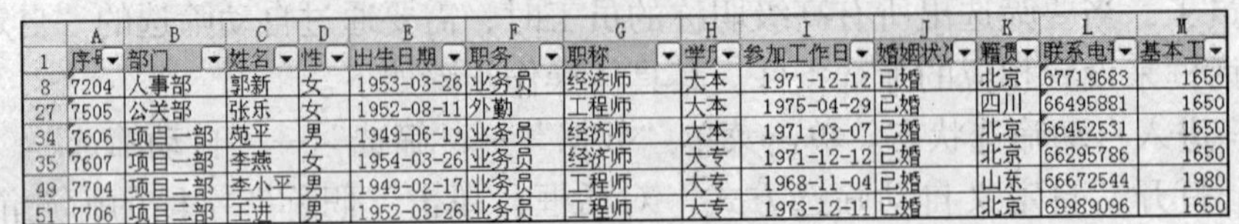

	A	B	C	D	E	F	G	H	I	J	K	L	M
1	序号	部门	姓名	性	出生日期	职务	职称	学历	参加工作日	婚姻状况	籍贯	联系电话	基本工
8	7204	人事部	郭新	女	1953-03-26	业务员	经济师	大本	1971-12-12	已婚	北京	67719683	1650
27	7505	公关部	张乐	女	1952-08-11	外勤	工程师	大本	1975-04-29	已婚	四川	66495881	1650
34	7606	项目一部	苑平	男	1949-06-19	业务员	经济师	大本	1971-03-07	已婚	北京	66452531	1650
35	7607	项目一部	李燕	女	1954-03-26	业务员	经济师	大专	1971-12-12	已婚	北京	66295786	1650
49	7704	项目二部	李小平	男	1949-02-17	业务员	工程师	大专	1968-11-04	已婚	山东	66672544	1980
51	7706	项目二部	王进	男	1952-03-26	业务员	工程师	大专	1973-12-11	已婚	北京	69989096	1650

图 9-24　基本工资在 1 500~2 000 范围内的员工筛选结果

4．查询年龄最大的 5 位职工

要查询年龄最大的 5 位职工，需要通过自动筛选的“自动筛选前 10 个”对话框来设置筛选条件。其具体操作步骤如下。

步骤 1：进入自动筛选状态。单击菜单“数据”→“筛选”→“自动筛选”。

步骤 2：打开“自动筛选前 10 个”对话框。单击“出生日期”字段的筛选箭头，从下拉列表中选择“前 10 个”。系统弹出“自动筛选前 10 个”对话框。

步骤 3：设置“前 10 个”筛选条件。分析筛选条件可以看出，因为要筛选的是年龄最大的，对应的出生日期应该是最小的。所以在左侧下拉列表中选择“最小”；因为要筛选出 5 个，所以在中间输入 5（也可以通过数字调节箭头调整为 5），右侧选项保持不变。然后单击“确定”按钮。

人事档案年龄最大的 5 位员工筛选结果如图 9-25 所示。

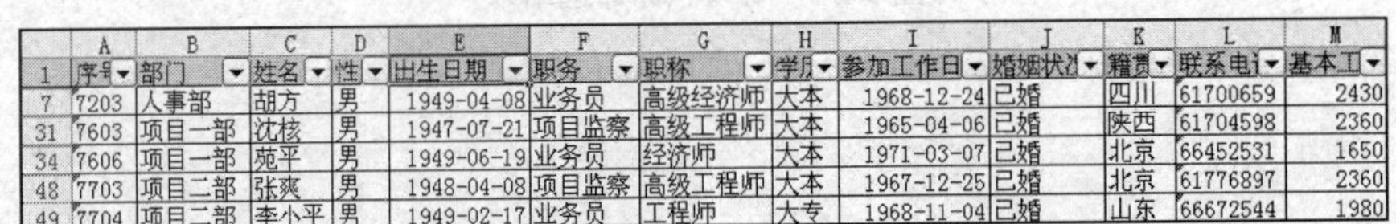

	A	B	C	D	E	F	G	H	I	J	K	L	M
1	序号	部门	姓名	性	出生日期	职务	职称	学历	参加工作日	婚姻状况	籍贯	联系电话	基本工
7	7203	人事部	胡方	男	1949-04-08	业务员	高级经济师	大本	1968-12-24	已婚	四川	61700659	2430
31	7603	项目一部	沈核	男	1947-07-21	项目监察	高级工程师	大本	1965-04-06	已婚	陕西	61704598	2360
34	7606	项目一部	苑平	男	1949-06-19	业务员	经济师	大本	1971-03-07	已婚	北京	66452531	1650
48	7703	项目二部	张爽	男	1948-04-08	项目监察	高级工程师	大本	1967-12-25	已婚	北京	61776897	2360
49	7704	项目二部	李小平	男	1949-02-17	业务员	工程师	大专	1968-11-04	已婚	山东	66672544	1980

图 9-25　年龄最大的 5 位职工筛选结果

9.5　应用实例——销售管理

销售管理经常需要根据不同指标进行分类汇总，其中比较常用的主要有生产计划部门较为关心的不同产品销售情况，以及销售部门比较关心的业务员的销售业绩。本节通过销售管理的应用，进一步说明 Excel 有关分类汇总操作的方法和技巧。

9.5.1　按产品汇总

按产品分类汇总有些比较简单，例如按产品品牌分类汇总，因为是独立的字段，所以比较容易实现。但有些则相对复杂些，例如按产品规格分类汇总，因为规格信息嵌入在产品代号中，所以首先要将其分列出来，然后才能进行分类汇总。下面分别介绍有关操作。

1. 按产品品牌分类汇总

由于销售情况工作表已经包含产品品牌字段，所以按产品品牌分类汇总十分方便。其具体操作步骤如下。

步骤 1：按“产品品牌”字段排序。选定“产品品牌”字段名 C2 单元格，单击常用工具栏的“升序排序”按钮。

步骤 2：打开“分类汇总”对话框。单击菜单“数据”→“分类汇总”命令。系统弹出“分类汇总”对话框。

步骤 3：指定“分类字段”。在“分类字段”下拉列表框中选定“产品品牌”。

步骤 4：指定“汇总方式”。在“汇总方式”下拉列表框中选择“求和”。

步骤 5：指定“汇总项”。勾选“数量”和“销售额”两个数据字段。

步骤 6：设置其他汇总选项。按默认方式设置，选择“替换当前分类汇总”和“汇总结果显示在数据下方”，单击“确定”按钮。

如图 9-26 所示为按产品品牌分类汇总，并按 2 级分级符号显示的结果。

2. 按产品规格分类汇总

由于产品规格不是独立的字段，而是嵌入在产品代号中，因此首先用分列命令将其独立出来，然后再进行分类汇总。分列的具体操作步骤如下。

	A	B	C	D	E	F	G	H
2	日期	产品代号	产品品牌	订货单位	业务员	单价	数量	销售额
19			佳能牌 汇总				559	￥ 119,195
89			金达牌 汇总				2211	￥ 430,015
117			三工牌 汇总				832	￥ 201,385
145			三一牌 汇总				641	￥ 132,770
187			雪莲牌 汇总				1297	￥ 258,106
188			总计				5540	￥1,141,471

图 9-26 按产品品牌分类汇总结果

步骤 1：在产品代号右侧插入 1 列。选定 C2:C182 单元格区域，右键单击该区域，在弹出的快捷菜单中选择“插入”。在弹出的“插入”菜单中选择“活动单元格右移”单选按钮，单击“确定”按钮。在 C2 单元格中输入新字段名称“产品规格”。

步骤 2：选定要分列的数据。选定 C3:C182 单元格区域。

步骤 3：打开“分列”命令向导。单击菜单“数据”→“分列”。系统弹出“文本分列向导—3 步骤之 1”对话框。在“请选择最合适的文件类型”选项中选择“固定宽度”单选钮，如图 9-27 所示。单击“下一步”按钮。系统弹出“文本分列向导—3 步骤之 2”对话框。

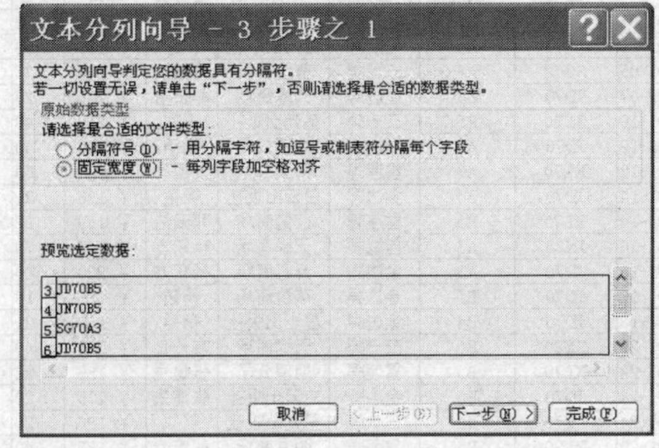

图 9-27 文本分列向导—3 步骤之 1

步骤 4：设置分列字段宽度。在“文本分列向导—3 步骤之 1”对话框中的分列线的适当位置单击，如图 9-28 所示。单击“下一步”按钮。系统弹出“文本分列向导—3 步骤之 3”对话框。

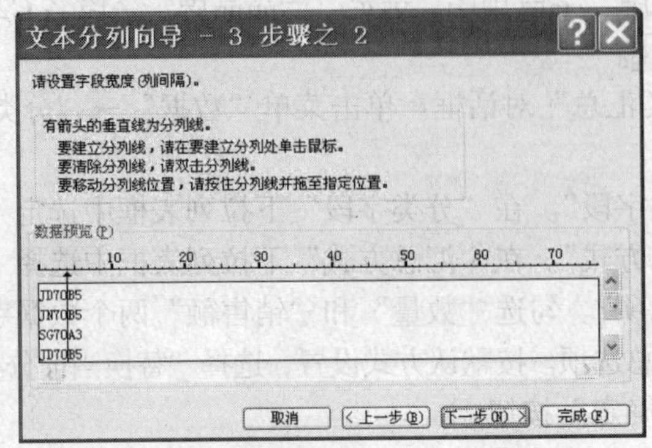

图 9-28　文本分列向导—3 步骤之 2

步骤 5：设置分列单元格格式。分别设置分列后的两列单元格格式为文本，如图 9-29 所示。单击“完成”按钮。

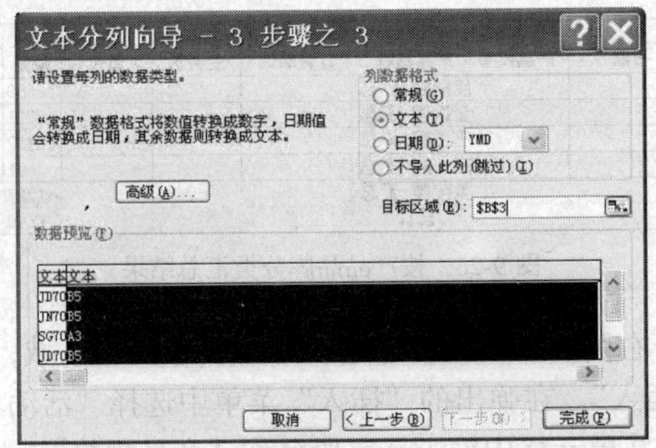

图 9-29　文本分列向导—3 步骤之 3

分列后数据如图 9-30 所示。注意，原来的产品代号分成了两列，分别是原来的前 4 位和后 2 位。

	A	B	C	D	E	F	G	H	I
2	日期	产品代号	产品规格	产品品牌	订货单位	业务员	单价	数量	销售额
3	2008-01-02	JD70	B5	金达牌	天缘商场	李丽	￥ 185	18	￥ 3,330
4	2008-01-05	JN70	B5	佳能牌	白云出版社	杨韬	￥ 185	19	￥ 3,515
5	2008-01-05	SG70	A3	三工牌	蓝图公司	王霞	￥ 230	23	￥ 5,290
6	2008-01-07	JD70	B5	金达牌	天缘商场	邓云洁	￥ 185	20	￥ 3,700
7	2008-01-10	SY80	B5	三一牌	星光出版社	王霞	￥ 210	40	￥ 8,400
8	2008-01-12	JD70	A4	金达牌	期望公司	杨韬	￥ 225	40	￥ 9,000
9	2008-01-12	XL70	A3	雪莲牌	海天公司	刘恒飞	￥ 230	50	￥ 11,500
10	2008-01-14	JD70	B4	金达牌	白云出版社	杨韬	￥ 195	21	￥ 4,095
11	2008-01-14	XL70	B5	雪莲牌	蓓蕾商场	邓云洁	￥ 189	22	￥ 4,158
12	2008-01-16	JN80	A3	佳能牌	天缘商场	杨东方	￥ 245	70	￥ 17,150
13	2008-01-16	JD70	A3	金达牌	开心商场	杨东方	￥ 220	40	￥ 8,800
14	2008-01-18	JD70	B5	金达牌	蓓蕾商场	杨韬	￥ 185	18	￥ 3,330
15	2008-01-18	JD70	B4	金达牌	星光出版社	杨韬	￥ 190	21	￥ 3,990
16	2008-01-20	SY80	B5	三一牌	天缘商场	方一心	￥ 220	40	￥ 8,800
17	2008-01-22	XL70	B5	雪莲牌	期望公司	张建生	￥ 185	22	￥ 4,070
18	2008-01-24	JD70	B5	金达牌	白云出版社	张建生	￥ 175	20	￥ 3,500
19	2008-01-24	SY70	B4	三一牌	星光出版社	赵飞	￥ 190	20	￥ 3,800
20	2008-01-29	XL80	B4	雪莲牌	明月商场	杜宏涛	￥ 183	40	￥ 7,320

图 9-30　分列后的数据

按照前面所介绍的操作步骤，先按“产品规格”排序，然后按“产品规格”分类汇总即可。按产品规格分类汇总的结果如图 9-31 所示。

	A	B	C	D	E	F	G	H	I
2	日期	产品代号	产品规格	产品品牌	订货单位	业务员	单价	数量	销售额
54			A3 汇总					1734	￥ 410,110
63			A4 汇总					287	￥ 64,575
98			B4 汇总					880	￥ 166,204
186			B5 汇总					2639	￥ 500,582
187			总计					5540	￥ 1,141,471

图 9-31　按产品规格分类汇总的结果

9.5.2 按业务员汇总

对于销售部门来说，主要希望通过汇总不同业务员的情况来考核业务员的销售业绩。最常用的就是按业务员汇总。其具体操作步骤在此不再赘述。按业务员汇总的结果如图 9-32 所示。

	A	B	C	D	E	F	G	H	I
2	日期	产品代号	产品规格	产品品牌	订货单位	业务员	单价	数量	销售额
15						陈明华 汇总		336	￥ 76,678
40						邓云洁 汇总		795	￥ 163,628
53						杜宏涛 汇总		319	￥ 65,916
68						方一心 汇总		455	￥ 95,539
81						李丽 汇总		313	￥ 61,617
96						刘恒飞 汇总		425	￥ 88,010
112						王霞 汇总		437	￥ 85,511
140						杨东方 汇总		1015	￥ 212,850
165						杨韬 汇总		722	￥ 147,682
182						张建生 汇总		465	￥ 92,480
193						赵飞 汇总		258	￥ 51,560
194						总计		5540	￥ 1,141,471

图 9-32　按销售员汇总结果

如果需要建立按业务员分类汇总的销售情况表，可以将给汇总结果复制/粘贴到另一个工作表中。注意，复制时应采用 9.3.3 小节所介绍的方法，先按条件定位至可见单元格，再执行复制操作。

从图 9-32 中可以看出业务员“杨东方”的销售业绩比较突出，如果要查看该业务员的明细数据，可以单击该业务员所在行对应的“+”号，显示其明细数据。图 9-33 所示是明细数据显示结果。

如果需要进行更进一步的详细分析，例如分析不同业务员销售业绩和订货单位的关系、不同业务员在不同时期销售业绩的变化情况，则使用下一章介绍的数据透视表更为方便。

	A	B	C	D	E	F	G	H	I
2	日期	产品代号	产品规格	产品品牌	订货单位	业务员	单价	数量	销售额
15						陈明华 汇总		336	￥ 76,678
40						邓云洁 汇总		795	￥ 163,628
53						杜宏涛 汇总		319	￥ 65,916
68						方一心 汇总		455	￥ 95,539
81						李丽 汇总		313	￥ 61,617
96						刘恒飞 汇总		425	￥ 88,010
112						王霞 汇总		437	￥ 85,511
113	2008-01-16	JN80	A3	佳能牌	天缘商场	杨东方	￥ 245	70	￥ 17,150
114	2008-01-16	JD70	A3	金达牌	开心商场	杨东方	￥ 220	40	￥ 8,800
115	2008-04-08	XL70	A3	雪莲牌	蓓蕾商场	杨东方	￥ 230	40	￥ 9,200
116	2008-05-26	JD70	A3	金达牌	天缘商场	杨东方	￥ 220	21	￥ 4,620
117	2008-07-09	JD70	A3	金达牌	星光出版社	杨东方	￥ 220	40	￥ 8,800
118	2008-07-11	SG70	A3	三工牌	星光出版社	杨东方	￥ 235	23	￥ 5,405
119	2008-07-13	XL70	A3	雪莲牌	海天公司	杨东方	￥ 230	70	￥ 16,100
120	2008-07-23	JN80	A3	佳能牌	蓓蕾商场	杨东方	￥ 245	22	￥ 5,390
121	2008-08-14	SG70	A3	三工牌	星光出版社	杨东方	￥ 235	22	￥ 5,170
122	2008-08-24	SG80	A3	三工牌	期望公司	杨东方	￥ 265	40	￥ 10,600
123	2008-10-17	JD70	A3	金达牌	星光出版社	杨东方	￥ 220	15	￥ 3,300
124	2008-10-31	JN80	A3	佳能牌	星光出版社	杨东方	￥ 245	23	￥ 5,635
125	2008-06-11	JD70	A4	金达牌	海天公司	杨东方	￥ 225	40	￥ 9,000
126	2008-09-01	JD70	A4	金达牌	白云出版社	杨东方	￥ 225	22	￥ 4,950
127	2008-06-05	SY70	B4	三一牌	开心商场	杨东方	￥ 190	22	￥ 4,180
128	2008-06-07	XL80	B4	雪莲牌	天缘商场	杨东方	￥ 183	40	￥ 7,320
129	2008-10-29	JD70	B4	金达牌	蓓蕾商场	杨东方	￥ 190	18	￥ 3,420
130	2008-02-06	XL70	B5	雪莲牌	白云出版社	杨东方	￥ 185	40	￥ 7,400
131	2008-03-21	JD70	B5	金达牌	期望公司	杨东方	￥ 185	22	￥ 4,070
132	2008-04-05	JD70	B5	金达牌	星光出版社	杨东方	￥ 185	85	￥ 15,725
133	2008-07-05	SY80	B5	三一牌	天缘商场	杨东方	￥ 210	18	￥ 3,780
134	2008-08-08	JN70	B5	佳能牌	白云出版社	杨东方	￥ 185	40	￥ 7,400
135	2008-08-10	JD70	B5	金达牌	开心商场	杨东方	￥ 185	65	￥ 12,025
136	2008-08-12	XL70	B5	雪莲牌	星光出版社	杨东方	￥ 185	18	￥ 3,330
137	2008-08-16	SY80	B5	三一牌	白云出版社	杨东方	￥ 220	19	￥ 4,180
138	2008-11-10	XL70	B5	雪莲牌	期望公司	杨东方	￥ 185	70	￥ 12,950
139	2008-12-19	JD70	B5	金达牌	星光出版社	杨东方	￥ 185	70	￥ 12,950
140						杨东方 汇总		1015	￥ 212,850

图 9-33 明细数据显示结果

本章小结

通过对本章的学习，读者应全面了解 Excel 在数据管理方面的强大功能，理解数据清单的概念，熟练掌握有关数据排序、筛选以及分类汇总的操作。能够根据实际需要灵活操控工作表中的数据。

习题

1. 数据清单基本约定包括哪几部分？
2. 简单排序有几种排序方式？
3. 复合排序一次可设置几个关键字段？
4. 自定义排序次序的基本步骤为何？
5. 自动筛选的自定义可以设置几行筛选条件？
6. 高级筛选的条件区域应如何设置？
7. 分类汇总操作对工作表有何要求？

实　训

现有“人事档案”表如图 9-1 所示，按以下要求完成操作。

1. 按照职称从高到低排序。
2. 按照部门、性别、学历顺序排序。
3. 筛选出所有学历为硕士和博士的员工。
4. 筛选出所有学历为大专或大本且为 20 世纪 80 年代出生的员工。
5. 计算出不同学历的平均基本工资。
6. 计算出不同职称的平均基本工资，并将计算结果复制粘贴到另一个新工作表中。

第10章 透视数据

内容提要

本章主要介绍 Excel 数据透视表的特性，建立数据透视表的基本步骤，应用数据透视表和数据透视图进行数据分析的方法和技巧。重点是通过销售情况的透视分析，掌握数据透视表和数据透视图工具的应用。数据透视表是 Excel 分析数据的利器，掌握和应用好数据透视表，可以有效地提高数据分析的效率和水平。

主要知识点

- 数据透视表的概念
- 数据透视表的建立
- 数据透视表的编辑
- 数据透视表的应用
- 数据透视图的应用

数据透视表是 Excel 提供的一种简单实用的数据分析工具，它综合了前面介绍的数据排序、筛选和分类汇总等数据处理工具的优点，并具有上述工具无法比拟的灵活性，用它可以完成绝大多数日常的数据计算和分析工作。

10.1 创建数据透视表

要应用数据透视表分析数据，首先需要在原有数据的基础上创建数据透视表。Excel 可以根据需要，利用 Excel 数据列表、多重合并计算区域以及外部数据源建立数据透视表。

10.1.1 认识数据透视表

从外表看，数据透视表除了某些单元格的格式较为特殊外，与一般的工作表没有明显区别，也是二维电子表格，也可以定义单元格的格式，还可以对表格中的数据进行排序、筛选等操作，以及根据数据制作图表等。但是，实际上它们有着重要的差异。

“透视”特性：数据透视表是具有第三维查询应用的表格。它通常是根据多个工作表或是一个较长的数据列表经过重新组织得到的。其中的基本数据可能都是根据某个工作表的一行或一列数据计算得出的。所以可以认为它是一个三维表格。同时，数据透视表可以方便地调整计算的方法和范围，因而可以从不同的角度，更清楚地给出数据的各项特征，所以称其为数据透视表。

"只读"属性：数据透视表中的数据都具有只读属性，即不可以直接在数据透视表中直接输入数据，或是修改数据透视表中的数据。只有当存放原始数据的工作表中相应的数据变更，且执行了数据透视表操作中的有关更新数据的命令后，数据透视表中的数据才会更新。

数据透视表的应用十分灵活，当创建了数据透视表后，可以方便地组织和显示存在于多个工作表或工作簿中的数据；可以通过改变数据透视表的页面布局对数据进行不同角度的综合分析；可以根据需要显示或隐藏所需的任何细节数据；而所有这些都可以在创建了的透视表上实现，而不需要重新构建数据透视表。所以说，数据透视表是 Excel 中最为常用的数据分析工具，特别适合于对数据的计算和分类操作，像数据的分类汇总、交叉分析、评分与排名、百分比计算以及准备各种报告等日常常用的数据分析，均可利用数据透视表的操作完成。

10.1.2 建立数据透视表

建立和应用数据透视表的关键问题是设计数据透视表的布局：根据现有的数据由哪些字段组成行，哪些字段组成列，按哪几个字段的值分类，对哪些字段进行计算。这些问题如果不设计好，则建立的数据透视表可能会是杂乱无章、毫无意义的。

下面仍然应用第 9 章关于销售管理的实例说明建立数据透视表的操作步骤。"销售情况表"工作表中是某公司上一年度的销售情况数据。其中包括日期、产品代号、产品品牌、订货单位、业务员、单价、数量和金额等字段。假设需要分析该公司各业务员在不同时间段的销售业绩，为此建立数据透表的操作步骤如下。

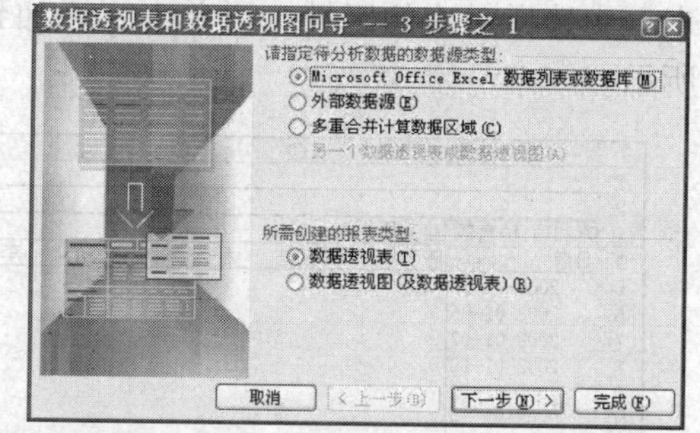

图 10-1 数据透视表向导—3 步骤之 1

步骤 1：打开"数据透视表和数据透视图向导"对话框。单击菜单"数据"→"数据透视表和数据透视图"，系统弹出"数据透视表和数据透视图向导—3 步骤之 1"对话框，如图 10-1 所示。

步骤 2：指定数据源类型和要创建的报表类型。选定"Microsoft Office Excel 数据列表或数据库"作为数据源，选定"数据透视表"作为要创建的报表类型。单击"下一步"按钮。系统弹出"数据透视表和数据透视图向导—3 步骤之 2"对话框，如图 10-2 所示。

图 10-2 数据透视表向导—3 步骤之 2

步骤 3：指定数据源区域。一般系统会自动识别并选定数据源区域，如果所需要的数据源区域与此有出入，可以在"选定区域"框内输入或编辑。这里默认系统自动选定的区域"销售情况表!$A$2:$H$182"。单击"下一步"按钮。系统弹出"数据透视表和数据透视图向导—3 步骤之 3"对话框，如图 10-3 所示。

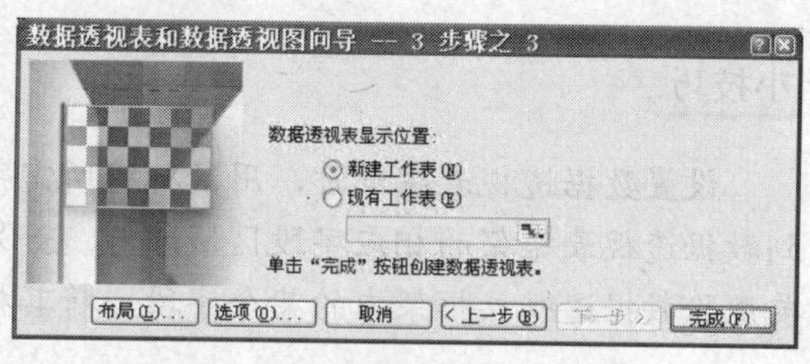

图 10-3 数据透视表向导—3 步骤之 3

步骤 4：指定数据透视表显示区域。可以为数据透视表新建一个工作表；也可以在原工作表中建立数据透视表，这时需在相应的文本框中输入显示数据透视表位置的左上角单元格地址。这里按系统默认选项“新建工作表”，指定新建一个工作表显示所建立的数据透视表，然后单击“完成”按钮。这时将完成数据透视表的框架创建，如图 10-4 所示。

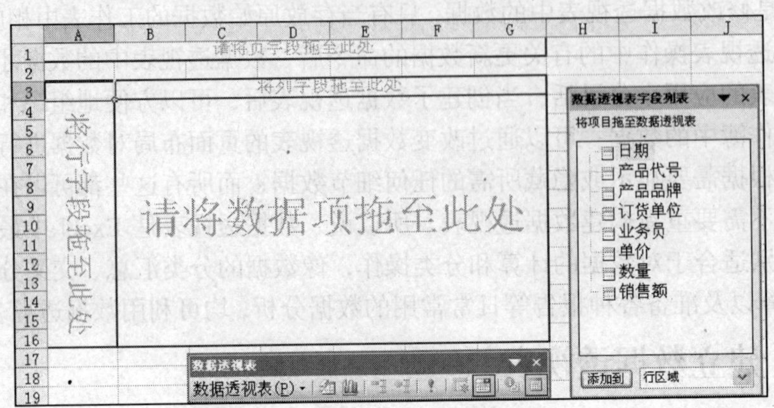

图 10-4　数据透视表框架

步骤 5：设置数据透视表布局。因为需要分析各业务员在不同时间段的销售业绩，所以行字段和列字段应分别是“日期”和“业务员”；数据字段应是“销售额”。设置数据透视表字段时，先在“数据透视表字段列表”对话框中选定相应字段，然后在下方的下拉列表框中选择对应的区域，再单击“添加到”命令按钮。初步建立的数据透视表如图 10-5 所示。

求和项:销售额	业务员											
日期	陈明华	邓云洁	杜宏涛	方一心	李丽	刘恒飞	王霞	杨东方	杨韬	张建生	赵飞	总计
2008-01-02					3330							3330
2008-01-05							5290		3515			8805
2008-01-07		3700										3700
2008-01-10							8400					8400
2008-01-12						11500			9000			20500
2008-01-14		4158							4095			8253
2008-01-16								25950				25950
2008-01-18									7320			7320
2008-01-20				8800								8800
2008-01-22										4070		4070
2008-01-24										3500	3800	7300
2008-01-29			7320									7320
2008-01-31	5170											5170
2008-02-05	5830											5830
2008-02-06								7400	2850			10250
2008-02-10							4485			3885		8370

图 10-5　初步建立的数据透视表

小技巧：

设置数据透视表字段时，用鼠标将所需字段从“数据透视表字段列表”对话框直接拖曳到数据透视表框架的相应字段区域即可。如果放置错了，可以重新拖曳到正确的区域。如果要删除数据透视表框架中的某个字段，将其拖曳到数据透视表框架以外即可。

这时的数据透视表将销售额数据横向按日期、纵向按业务员姓名顺序显示出来，可以直观地进行比较分析。

10.1.3 编辑数据透视表

数据透视表虽然具有“透视”“只读”特性，但是其他方面和一般的工作表一样，也可以进行编辑、格式设置以及排序等操作。

1．添加、删除字段

数据透视表的编辑同一般工作表的编辑不同，不允许在数据中间插入、删除或修改数据，而是可以根据需要插入、删除行字段、列字段或数据字段。例如需要分析不同业务员销售的不同产品品牌的情况，可以在图 10-5 所示的数据透视表中，将行字段中的“日期”删除，然后添加“产品品牌”字段。其具体操作步骤如下。

步骤 1：隐藏/删除“日期”行字段。用鼠标右键单击数据透视表的“日期”（A4 单元格），在弹出的快捷菜单中选择“隐藏”。也可以用鼠标将“日期”字段直接拖曳到数据透视表以外的区域。

步骤 2：添加“产品品牌”到行字段。在“数据透视表字段列表”对话框中选定“产品品牌”字段，然后在下方的下拉列表框中选择“行区域”，再单击“添加到”命令按钮。也可以用鼠标将“产品品牌”字段直接拖到数据透视表的行字段区域。调整后的数据透视表如图 10-6 所示。

	A	B	C	D	E	F	G	H	I	J	K	L	M
1	请将页字段拖至此处												
2													
3	求和项:销售额	业务员											
4	产品品牌	陈明华	邓云洁	杜宏涛	方一心	李丽	刘恒飞	王霞	杨东方	杨韬	张建生	赵飞	总计
5	佳能牌	3885			14640	16955			35575	13315	21875	12950	119195
6	金达牌	3420	48420	20840	28750	28555	35300	26395	87660	81810	48855	20010	430015
7	三工牌	43720	60080	4830	9275		12650	5290	21175	30640	10200	3525	201385
8	三一牌	8040	31980	12800	26200	7980	13640	12580	12140			7410	132770
9	雪莲牌	17613	23148	27446	16674	8127	26420	41246	56300	21917	11550	7665	258106
10	总计	76678	163628	65916	95539	61617	88010	85511	212850	147682	92480	51560	1141471

图 10-6 调整后的数据透视表

2．排序

数据透视表的排序主要是针对行字段、列字段。从图 10-6 中可以看出，数据透视表中的列字段“业务员”从左到右、行字段“产品品牌”从上到下都是按字母排序的。如果有需要，可以对数据透视表重新进行排序。例如，可以按“产品品牌”降序排序；或者按“业务员”姓名姓氏笔划排序。操作方法与一般工作表类似，只是不像一般工作表排序时，纵向数据按列排序，横向数据按行排序，而是行列字段分别按行列方向排序。

3．修饰数据透视表

如果需要提交或打印数据透视表，为了使表格更加美观、醒目、规范或重点突出，还应通过单元格格式的设置进行一定的修饰。有关单元格格式设置的操作与一般工作表操作类似，这里不再赘述。

注意：在“自动套用格式”命令中，系统所给出的数据透视表的自动套用格式与一般工作表的自动套用格式不同，包括10种报表、10种列表和传统数据透视表等自动套用格式。

10.1.4 更新数据透视表

由于数据透视表是一种“只读”的工作表，因此，如果数据透视表中的数据有误，不能直接在其上进行修改。而是需要修改数据来源，然后通过刷新数据命令，使数据透视表更新为正确的信息。

例如发现“销售情况表”工作表中的数据有误，应将 G6 单元格的销售数量“23”改为“32”，这时数据透视表的数据也应做相应的修改。其具体操作步骤如下。

步骤 1：修改原始数据所在的工作表。将“销售情况表”工作表的 G6 单元格的数据改为“32”。

步骤 2：刷新数据透视表。切换到数据透视表，打开“数据透视表”工具栏中的“数据透视表”下拉菜单，单击“刷新数据”命令。如果数据透视表上没有“数据透视表”工具栏，也可以用鼠标右键单击数据透视表所在的任意单元格，在弹出的快捷菜单中选择“刷新数据”命令。

这样原来数据透视表中的数据将根据修改后的源数据重新计算。

10.2 应用数据透视表

数据透视表建立以后，还可以根据分析的需要，灵活地进行多种应用，充分满足多种透视数据的需求。

10.2.1 组合数据项

有些数据在分析过程中需要进行组合。例如日期数据，可能需要按照周、月、季度或年等不同周期进行汇总；又比如省市数据，可能需要按照一定范围合并成地区数据等。这些可以通过 Excel 的组合数据项功能实现。例如，将图 10-5 所示的数据透视表中的“日期”字段组合成月份的具体操作步骤如下。

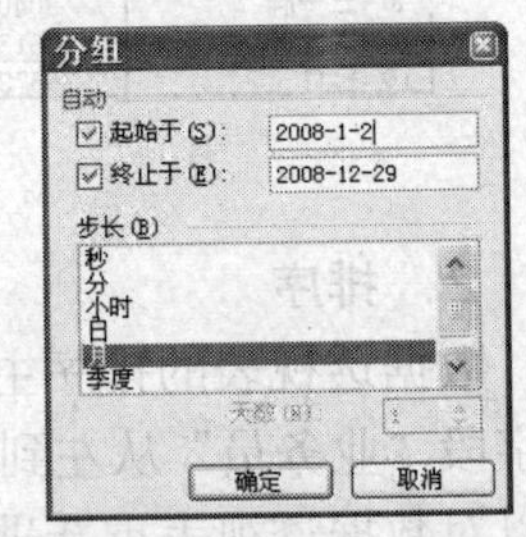

图 10-7 “分组”对话框

步骤 1：打开“分组”对话框。用鼠标右键单击任意“日期”数据单元格，在弹出的快捷菜单中单击“组及显示明细数据”→“组合”，系统弹出“分组”对话框，如图 10-7 所示。

步骤 2：指定组合步长。在“步长”列表框中选定“月”选项，然后单击“确定”按钮。组合数据项后的数据透视表如图 10-8 所示。

请将页字段拖至此处

求和项:销售额	业务员											
日期	陈明华	邓云洁	杜宏涛	方一心	李丽	刘恒飞	王霞	杨东方	杨韬	张建生	赵飞	总计
1月	5170	7858	7320	8800	3330	11500	13690	25950	23930	7570	3800	118918
2月	5830	21395	3885	9250	4900	4025	4485	7400	2850	3885	4830	72735
3月	3420	7320	4950	5300	3150	12440	3780	4070	9500	11000	3610	68540
4月	4255	4070	4050	5390	3700	13200	7600	24925	9200	6475	3510	86375
5月	18550	9160		16975	4158	7000	7320	4620	3900	7000	12950	91633
6月	3420	8270	16100	4180	8355	9200	3402	20500	3885	12025	3525	92862
7月	4158	22800	4026	15725	8325	4400	3800	39475	3885	5830	3900	116324
8月	4620	3800		9200	9500	3450	3294	42705	32970	11515	8800	129854
9月	3885	16450	8810	4025	7400	3700	7000	4950	7600	4070	2835	70725
10月	9200	12965	3990	9000	3969	7320	10160	12355	7400	3700		80059
11月	4770	25560	3885	4400	4830	7875	4180	12950	20072	8070	3800	100392
12月	9400	23980	8900	3294		3900	16800	12950	22490	11340		113054
总计	76678	163628	65916	95539	61617	88010	85511	212850	147682	92480	51560	1141471

图 10-8 组合数据项后的数据透视表

这样创建的数据透视表可以更清晰地反映各销售人员不同时期的销售业绩。

10.2.2　选择计算函数

默认情况下，数据透视表对于数值型字段总是按“求和”方式进行计算的，而对非数值型字段则是按“计数”方式进行计算的。实际应用中可以根据需要使用其他函数，如“平均值”、“最大值”、“最小值”等。改变计算函数的操作步骤如下。

步骤 1：打开“数据透视表字段”对话框。单击“数据透视表”工具栏中的“数据透视表”按钮，或者直接用鼠标右键单击数据区域任意单元格，然后在弹出的菜单中选择“字段设置”命令。系统弹出“数据透视表字段”对话框，如图 10-9 所示。

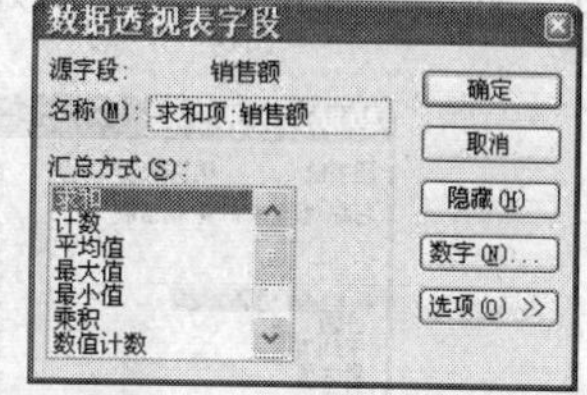

图 10-9　“数据透视表字段”对话框

步骤 2：选择计算函数。根据需要在“数据透视表字段”对话框的“汇总方式”列表框中选择所需的计算函数。数据透视表的汇总方式包括下述计算函数：“求和”、“计数”、“平均值”、“最大值”、“最小值”、“乘积”、“数值计数”、“标准偏差”、“总体标准偏差”、“方差”和“总体方差”。然后单击“确定”按钮。

数据透视表将自动按照指定的函数重新进行计算。

10.2.3　改变显示方式

数据透视表创建以后，可以根据需求以多种不同的方式来显示数据。主要包括以下几个方面的操作。

1. 改变显示布局

在图 10-8 所示的数据透视表中，“日期”是行字段，数据按行方向显示，而“业务员”是列字段，数据按列方向显示。“销售额”是数据项，进行分类汇总计算。此外，还可以设置某个字段为页字段，令其数据分页显示。在实际应用过程中，还可以随时根据分析的需要，方便地调整显示方式。

当需要改变显示布局时，可以通过 10.1.3 小节所介绍的插入/删除字段的方法重新设置。而更简单的方法是直接用鼠标拖曳相应字段到指定位置即可。当用鼠标拖曳某个字段到数据透视表的不同位置时，鼠标指针的形状会发生变化，分别表示该字段将按照行字段、列字段、页字段或数据项显示。这时如果放开鼠标键，该字段则会改为相应的显示方式。鼠标指针形状以及对应的意义如图 10-10 所示。

图 10-10　鼠标指针形状说明

2. 改变数据显示方式

默认情况下数据透视表都是按“普通”方式显示汇总数据的，为了更清晰地分析数据间的相关关系，可以指定数据透视表以特殊的数据显示方式，例如以“差异”、“百分比”、“差异百分比”等方式显示数据。当需要以特定方式显示数据时，具体操作步骤如下。

步骤 1：打开“数据透视表字段”对话框。单击“数据透视表”工具栏中的“数据透视表”按钮，或者直接用鼠标右键单击数据区域任意单元格，然后在弹出的菜单中选择“字段设置”命令。系统弹出“数据透视表字段”对话框。

步骤 2：打开“数据显示方式”选项。单击“数据透视表字段”对话框中的“选项”命令按钮，“数据透视表”对话框将显示“数据显示方式”选项。单击“数据显示方式”下拉箭头，系统将展开相应的下拉列表，包括“差异”、“百分比”、“差异百分比”、“计算求和至”、“总行数的百分比”、“总列数的百分比”、“总和的百分比”和“指数”等，如图 10-11 所示。

步骤 3：指定所需的数据显示方式。从“数据显示方式”列表中选择所需的数据显示方式。假设这里选择“差异”。系统会显示有关“差异”显示方式所需指定的“基本字段”和“基本项”列表，如图 10-12 所示。

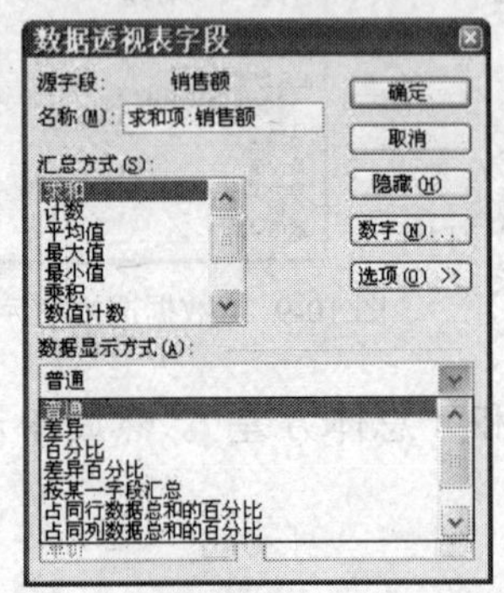

图 10-11 “数据显示方式”下拉列表框

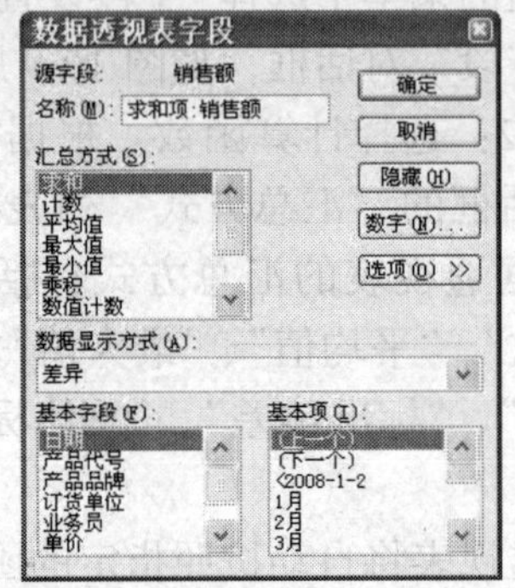

图 10-12 “基本字段”、“基本项”列表框

步骤 4：指定“基本字段”和“基本项”。因为指定的是“差异”显示方式，所以需要具体指定差异的比较对象。这里选择“基本字段”为“日期”，“基本项”为“(上一个)”。然后单击“确定”按钮。

3. 隐藏汇总项

数据透视表建立以后，通常按默认方式显示各字段的总计，若数据透视表包含了多个行字段或列字段，则还会显示各行字段或列字段的分类汇总。如果不希望显示某行或列的分类汇总，可以双击相应的字段标题，然后在出现的数据透视表字段对话框中的分类汇总栏中选择“无”。如果只是要隐藏某个数据项，则可以直接在隐藏项列表中指定需隐藏的项目名称。

4．显示明细数据

默认情况下，数据透视表显示的是经过分类汇总后的汇总数据。如果需要了解其中某个汇总信息的距离来源，可以令数据透视表显示该数据对应的明细数据。显示明细数据可以采用以下几种方法。

(1) 使用工具栏按钮。单击“数据透视表”工具栏上的“显示明细数据”按钮。

(2) 使用菜单命令。单击菜单“数据”→“组及分级显示”→“显示明细数据”。

(3) 使用快捷菜单命令。用鼠标右键单击有关数据，在弹出的快捷菜单中单击“组及分级显示”→“显示明细数据”。

(4) 使用鼠标。直接双击相应的有关数据。

无论使用上述 4 种方法中的哪一种，系统都会自动创建一个新的工作表，显示该汇总数据的细节。当然，一般情况下第 4 种方法最方便和直观。

10.3 应用数据透视图

图表是展示数据最直观有效的手段。一组数据的各种特征、发展变化趋势或多组数据之间的相互关系都可以通过图表一目了然地反映出来。Excel 为数据透视表提供了配套的数据透视图，任何时候都可以方便地将数据透视表以数据透视图的形式展示。本节介绍有关数据透视图的建立和编辑操作。

10.3.1 创建数据透视图

当需要根据当前的数据透视表建立数据透视图时，可以选择以下几种方法。

（1）使用快捷菜单命令。用鼠标右键单击数据透视表的任意单元格，然后在系统弹出的快捷菜单中选择“数据透视图”命令。

（2）使用“数据透视表”工具栏按钮。单击“数据透视表”工具栏中的“图表向导”按钮。

（3）使用“常用”工具栏按钮。单击“常用”工具栏中的“图表向导”按钮。

这时系统会自动新建一图表工作表，以堆积柱形图的形式显示数据透视表的相应数据。例如，根据图 10-8 所示的数据透视表所建立的数据透视图如图 10-13 所示。

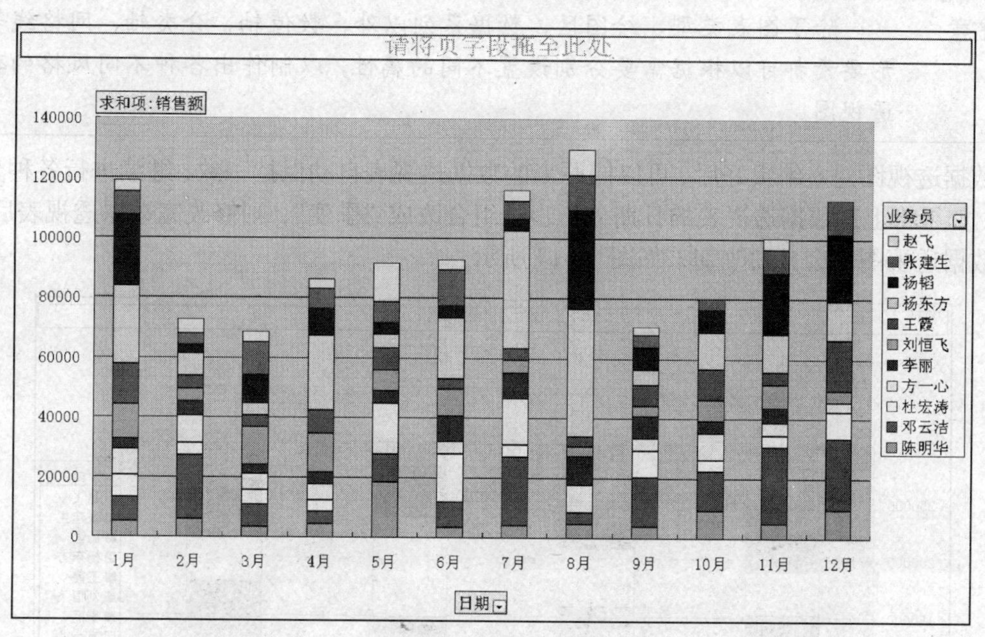

图 10-13 数据透视图

10.3.2 调整数据透视图

图 10-13 所示的数据透视图分类轴为行字段，右侧图例为列字段。可以根据分析的需要进行设置和调整。

如果需要交换行、列字段，可以直接将下方的分类字段拖曳到右侧，然后将右侧的有关字段拖曳到下方。

如果希望能够更加直观地反映出不同业务员销售业绩的变化趋势，可以改变数据透视图的图表类型，比如选用折线图显示销售额数据。其具体操作可以有以下几种方法。

（1）使用快捷菜单命令。用鼠标右键单击数据透视表的任意单元格，然后在系统弹出的快捷菜单中选择“图表类型”命令。

（2）使用“数据透视表”工具栏按钮。单击“数据透视表”工具栏中的“图表向导”按钮。

（3）使用“常用”工具栏按钮。单击“常用”工具栏中的“图表向导”按钮。

系统会弹出“图表向导—4 步骤之 1—图表类型”对话框，然后在“图表类型”对话框中的“图表类型”列表中选择“折线图”，在“子图表类型”列表中选择“数据点折线图”，最后单击“确定”按钮。

如果需要使用黑白打印机打印该数据透视图，可以适当调整和修改绘图区颜色和数据系列图形的颜色。修改绘图区颜色的操作方法是用右键单击绘图区，在系统弹出的快捷菜单中选择“绘图区格式”命令。然后在“绘图区格式”对话框的“区域”调色板中选择一种相对较浅的颜色。修改数据系列图形的颜色的操作方法是用右键单击某个数据系列的图形，在系统弹出的快捷菜单中选择“数据系列格式”命令。然后在“数据系列格式”对话框的“图案”选项卡中“内部”调色板中选择一种相对较深的颜色。

注意: 除了图表类型、绘图区、数据系列以外，数值轴、分类轴、网格线等图形要素都可以根据需要分别设置不同的属性，以制作出各种不同风格的数据透视图。

数据透视图建立编辑好后，可以同原来的数据透视表自动保持一致，继续进行各种分析。例如，如果将上述数据透视表的日期分析步长组合改成“季度”，则修改完数据透视表后，相应的数据透视图也会自动改变，如图 10-14 所示。

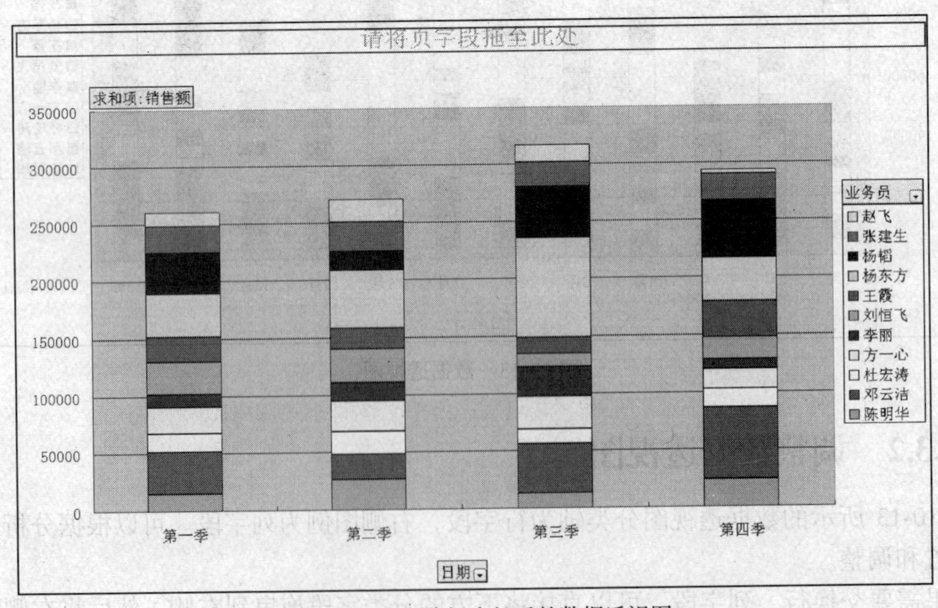

图 10-14　改变分析步长后的数据透视图

10.4 应用实例——分析销售情况

这里仍以前几章使用过的销售情况工作表为例。通过本节的介绍可以发现，使用数据透视表进行计算、分析更为灵活方便。为了使分析更为全面，这里使用图 9-30 所示的添加了“产品规格”分列后的工作表。首先建立数据透视表框架。

10.4.1 产品销售情况分析

假设首先分析不同时期各个产品品牌的销售数量。其具体操作步骤如下。

步骤 1：设置数据透视表的行、列字段和数据字段。将“数据透视表字段列表”中的“日期”、“产品品牌”和“数量”字段分别拖放到行区域、列区域和数据区域。

步骤 2：设置“日期”字段步长。用鼠标右键单击任意“日期”列数据单元格，在弹出的快捷菜单中单击“组及显示明细数据”→“组合”，然后在弹出的“分组”对话框的“步长”列表框中选定“月”，单击“确定”按钮。

建立好的数据透视表如图 10-15 所示。

	A	B	C	D	E	F	G
1	请将页字段拖至此处						
2							
3	求和项:数量	产品品牌					
4	日期	佳能牌	金达牌	三工牌	三一牌	雪莲牌	总计
5	1月	89	198	45	100	134	566
6	2月	70	88	114		76	348
7	3月		144	20	74	100	338
8	4月	57	203	40	20	103	423
9	5月	70	142	107	60	62	441
10	6月	19	164	55	42	172	452
11	7月	22	230	95	78	135	560
12	8月	87	297	77	61	98	620
13	9月	61	127	70	41	55	354
14	10月	23	191	21	21	136	392
15	11月		210	109	65	108	492
16	12月	61	217	79	79	118	554
17	总计	559	2211	832	641	1297	5540

图 10-15 “产品品牌” / “日期” / “数量”数据透视表

如果需要分析计算不同时期的销售金额情况，只需要简单地移去/添加字段即可。其具体操作步骤如下。

步骤 1：移去“数量”字段。用鼠标选定“求和项:数量”（即 A3 单元格），然后将其拖到数据透视表区域之外。

步骤 2：添加“销售金额”字段。将“数据透视表字段列表”中的“销售金额”字段拖到行区域。

修改后的数据透视表如图 10-16 所示。

如果需要进一步分析不同时期各种规格产品的销售金额，可以采用上述操作步骤，在列区域移去“产品品牌”字段，添加“产品规格”字段。再次重建的数据透视表如图 10-17 所示。

如果需要更直观地显示不同时期各种规格产品的销售趋势，可以改用数据透视图展示分析结果。其具体操作步骤如下。

步骤 1：建立数据透视图。用鼠标右键单击数据透视表中任意单元格。在弹出的快捷菜单中单击“数据透视图”命令。系统自动建立的数据透视图如图 10-18 所示。

	A	B	C	D	E	F	G
1	请将页字段拖至此处						
2							
3	求和项:销售额	产品品牌					
4	日期	佳能牌	金达牌	三工牌	三一牌	雪莲牌	总计
5	1月	20665	39745	10460	21000	27048	118918
6	2月	14150	16280	27225		15080	72735
7	3月		29520	5300	15020	18700	68540
8	4月	11865	39855	9200	4400	21055	86375
9	5月	12950	26510	27695	13000	11478	91633
10	6月	4655	32030	12725	8380	35072	92862
11	7月	5390	44250	22735	15780	28169	116324
12	8月	18915	59115	19220	12600	20004	129854
13	9月	11285	23745	16450	8810	10435	70725
14	10月	5635	37730	5565	3990	27139	80059
15	11月		41120	25810	13410	20052	100392
16	12月	13685	40115	19000	16380	23874	113054
17	总计	119195	430015	201385	132770	258106	1141471

图 10-16 “产品品牌” / “日期” / “销售金额” 数据透视表

	A	B	C	D	E	F
1	请将页字段拖至此处					
2						
3	求和项:销售额	产品规格				
4	日期	A3	A4	B4	B5	总计
5	1月	47910	9000	19205	42803	118918
6	2月	36955		4485	31295	72735
7	3月	16300	4950	23850	23440	68540
8	4月	32590	4050	3510	46225	86375
9	5月	32315		15210	44108	91633
10	6月	33480	9000	14920	35462	92862
11	7月	53025		19326	43973	116324
12	8月	48735	15750	20884	44485	129854
13	9月	16450	4950		49325	70725
14	10月	23700	9000	18240	29119	80059
15	11月	30650	7875	7980	53887	100392
16	12月	38000		18594	56460	113054
17	总计	410110	64575	166204	500582	1141471

图 10-17 “日期” / “产品规格” / “销售金额” 数据透视表

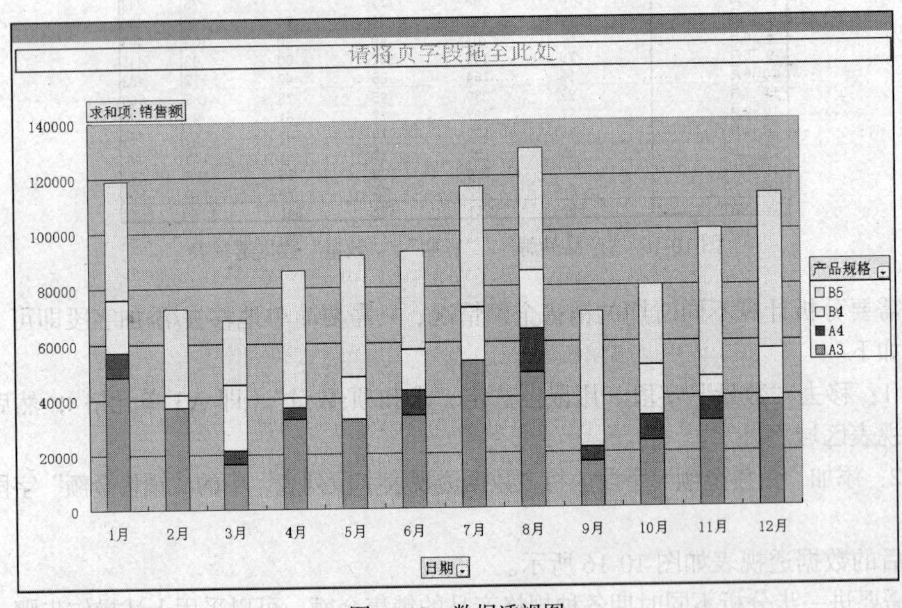

图 10-18 数据透视图

步骤 2：将图表类型更改为折线图。单击“图表”工具栏“图表类型”按钮的下拉箭头，在弹出的图表类型列表中选择“折线图”。也可以单击“常用”工具栏“图表向导”按钮，或单击菜单“图表”→“图表类型”，然后在弹出的对话框中选择“折线图”。更改后的数据透视图如图 10-19 所示。

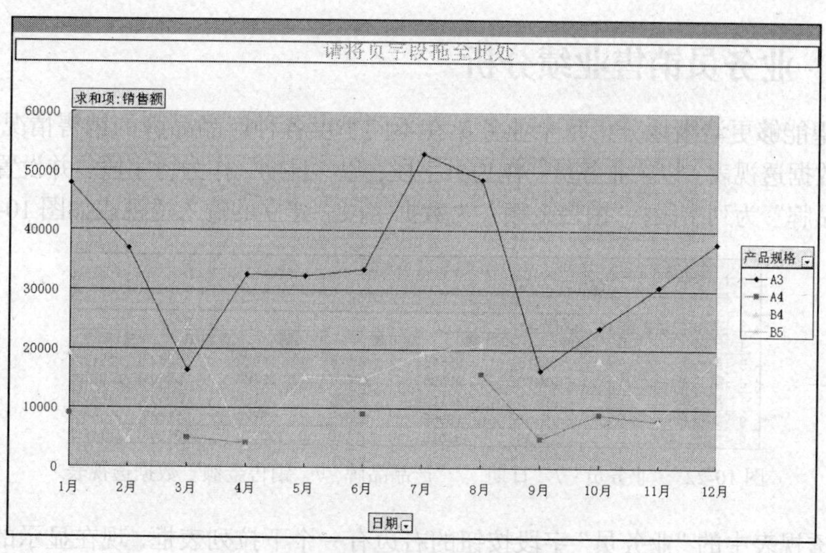

图 10-19 更改图表类型后的数据透视图

由于规格为“A4”的产品销售金额不太稳定，从现有图形看销售趋势不太明显，为此可以为该数据系列添加趋势线。具体操作步骤如下。

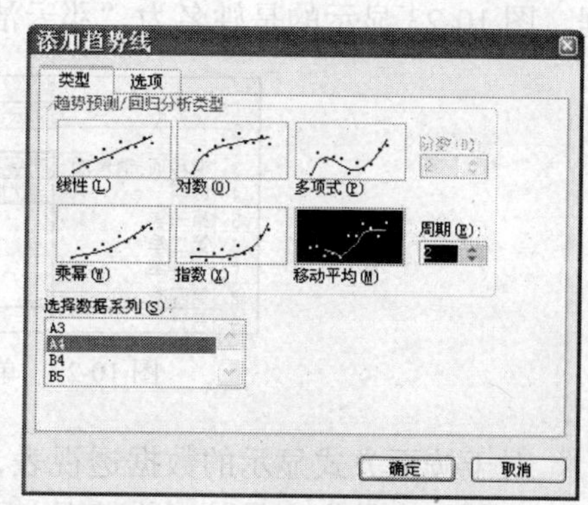

图 10-20 “添加趋势线”对话框

步骤 1：打开“添加趋势线”对话框。右键单击数据透视图中“A4”数据系列折线，在系统弹出的快捷菜单中单击“添加趋势线”命令。系统弹出“添加趋势线”对话框。

步骤 2：选择趋势线类型。在“添加趋势线”对话框的“趋势预测/回归分析类型”选项中选“移动平均”，在“周期”中选“2”，如图 10-20 所示。单击“确定”按钮。

添加了趋势线的数据透视图如图 10-21 所示。

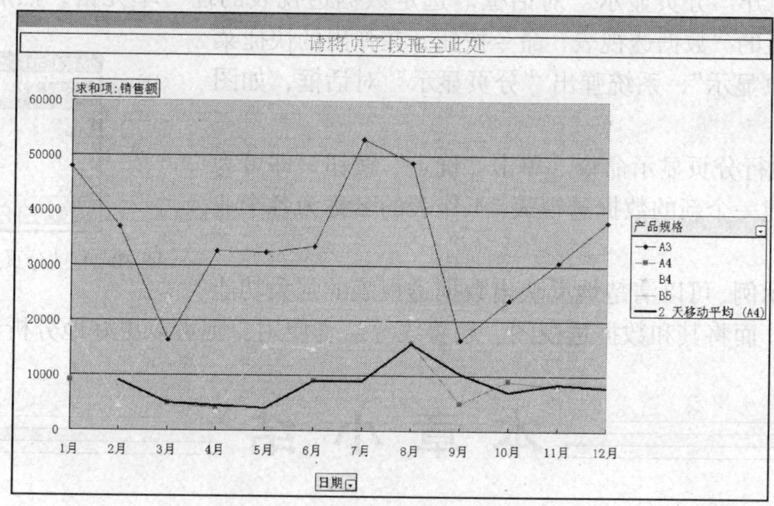

图 10-21 添加趋势线的数据透视图

10.4.2 业务员销售业绩分析

假设希望能够更清晰地分析每个业务员在不同季度各种产品品牌的销售情况。可以按下述方式建立数据透视表：以“业务员”作为页字段；以“日期”作为行字段，并设置步长为“季度”；“产品品牌”为列字段；“销售金额”为数据字段。建立的输入透视表如图 10-22 所示。

	A	B	C	D	E	F	G
1	业务员	(全部)					
2							
3	求和项:销售额	产品品牌					
4	日期	佳能牌	金达牌	三工牌	三一牌	雪莲牌	总计
5	第一季	34815	85545	42985	36020	60828	260193
6	第二季	29470	98395	49620	25780	67605	270870
7	第三季	35590	127110	58405	37190	58608	316903
8	第四季	19320	118965	50375	33780	71065	293505
9	总计	119195	430015	201385	132770	258106	1141471

图 10-22 “业务员”/“日期”/“产品品牌”/“销售金额”数据透视表

该数据透视表中的“业务员”字段按钮的右边有一个下拉列表框，现在显示的内容为“全部”，即该页数据透视表显示的是全部业务员销售的汇总数据。单击下拉列表框的下箭头，可以显示出业务员姓名的列表，从中选择一个业务员，则数据透视表将显示该业务员的销售数据。图 10-23 显示的是姓名为“邓云洁”的业务员的销售数据。

	A	B	C	D	E	F
1	业务员	邓云洁				
2						
3	求和项:销售额	产品品牌				
4	日期	金达牌	三工牌	三一牌	雪莲牌	总计
5	第一季	3700	21395		11478	36573
6	第二季	8060	5170	4200	4070	21500
7	第三季	3700	27950	11400		43050
8	第四季	32960	5565	16380	7600	62505
9	总计	48420	60080	31980	23148	163628

图 10-23 单个业务员销售情况的数据透视表

对于按页方式显示的数据透视表，还可以根据需要为每一页创建独立的工作表。假设要详细分析每个销售人员的工作情况，可以将所有销售员的销售数据打印出来。其具体操作步骤如下。

步骤 1：打开“分页显示”对话框。选定数据透视表的任一单元格，然后单击“数据透视表”工具栏的“数据透视表”命令按钮，在弹出的快捷菜单上单击“分页显示”，系统弹出“分页显示”对话框，如图 10-24 所示。

图 10-24 “分页显示”对话框

步骤 2：执行分页显示命令。单击“确定”按钮，即可为每个业务员创建一个新的数据透视表。工作表的名称为各个业务员的姓名。

通过以上示例，可以清楚地反映出数据透视表的强大功能和应用灵活性。而将其和数据透视图、趋势线等结合使用，则可以更好地分析、展示数据。

本 章 小 结

通过对本章的学习，读者应全面了解 Excel 有关数据透视表的强大功能，理解数据透视表的特性，能够熟练地运用数据透视表和数据透视图进行各种数据的透视分析，为管理决策提供更为科学的信息。

习　　题

1. 数据透视表具有什么特性？
2. 建立数据透视表的关键步骤是什么？
3. 设置数据透视表的行字段、列字段、页字段的最快捷方法是什么？
4. 数据透视表的计算可以使用哪些函数？
5. 数据透视表中通常可以对哪种数据字段设置组合？
6. 数据透视表如何查看明细数据？
7. 数据透视表的内容如何更新？
8. 如何将数据透视表的数据改用数据透视图显示？

实　　训

1. 根据销售情况工作表的数据，建立分析不同订货单位、各种品牌的销售数量的数据透视表。

2. 将上述数据透视表的计算函数改为“计数”。将显示方式改为以“产品规格”为基本字段，“A3”为基本项的“差异”显示方式。

3. 根据销售情况工作表的数据，建立以“业务员”为页字段，“日期”为行字段，“订货单位”为列字段，销售额为数据字段的数据透视表。

4. 将上述数据透视表转换为数据透视图方式显示，并将图表类型更改为“折线图”。

第11章 分析数据

内容提要

本章主要介绍 Excel 在数据分析方面的应用。分别通过不同的应用实例说明了 Excel 的模拟运算表、单变量求解、方案、规划求解等数据分析工具的功能、特点、适应范围和使用方法。Excel 的数据分析工具功能强大，使用方便，掌握和用好数据分析工具，能够为管理决策提供更为有效的信息。

主要知识点

- 单变量模拟运算表
- 双变量模拟运算表
- 单变量求解
- 方案分析
- 规划求解

除了各种计算函数之外，Excel 还为金融分析、财政决算、工程核算、计划管理等数据处理提供了许多分析工具。其中模拟运算表、单变量求解、方案和规划求解是最为常用的几个工具。相对来说，使用这些工具来分析处理数据更为方便、快捷和高效。

11.1 模拟运算表

模拟运算表是对一个单元格区域中的数据进行模拟运算，测试在公式中使用变量时，变量值的变化对公式运算结果的影响。在 Excel 中可以构造两种类型的模拟运算表：单变量模拟运算表和双变量模拟运算表。前者测试一个输入变量的变化对公式的影响，后者可以测试两个输入变量的变化对公式的影响。

11.1.1 单变量模拟运算表

在单变量模拟运算表中，输入的数据值需要放在同一行或同一列中，并且，单变量模拟运算表中使用的公式必须要引用“输入单元格”。输入单元格是指模拟运算表中其值不确定而需要用输入行或输入列的单元格中的值替换的单元格。

例如：某公司计划贷款 1 000 万元，年限为 10 年，目前的年利率为 3%，需要计算出分月偿还时每个月的偿还额。

利用 Excel 的 PMT 函数可以直接计算出每月的偿还额。但根据宏观经济的发展情况，国家会通过调整利率对经济发展进行宏观调控。投资人为了更好地进行决策，需要全面了解利率变动对偿贷能力的影响。一般的应用可以通过直接修改“利率”单元格的数值来查看“月偿还额”单元格数据的变化情况。这种方法只能观测到在某一利率条件下每月的偿还额，不能将不同利率下相对应的偿还额进行对比。使用单变量模拟运算表可以更直观地以表格的形式，将偿贷能力与利率变化的关系在工作表上列出来，供投资人参考。

用单变量模拟运算表解决此问题的步骤如下。

步骤 1：在工作表中输入有关参数，如图 11-1 所示。

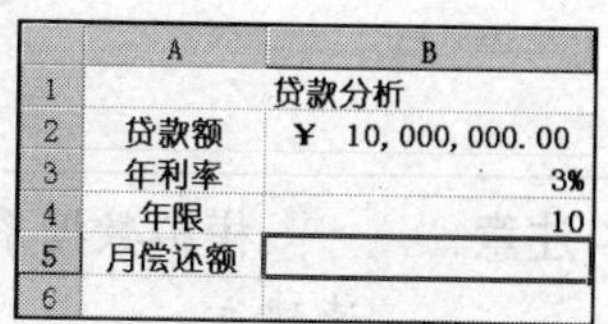

	A	B
1		贷款分析
2	贷款额	￥ 10, 000, 000. 00
3	年利率	3%
4	年限	10
5	月偿还额	
6		

图 11-1 贷款分析有关参数

步骤 2：利用 PMT 函数计算出每月的偿还额。选定 B5 单元格，打开“插入函数”对话框，选择“财务”类别中的 PMT 函数，然后在弹出的“公式选项板”对话框中输入有关参数。在“Rate”栏中填入 B3/12，其中 B3 为存放年利率的单元格。因为要计算的偿还额是按月计算的，所以要将年利率除以 12，将其转换成月利率。同样道理，在“Nper”栏中输入 B4*12，即付款期总数为贷款年度 10 乘以 12，为 120。在“Pv”栏中输入 B2，即贷款总额所在的单元格。“Fv”和“Type”栏均输入“0”，如图 11-2 所示。

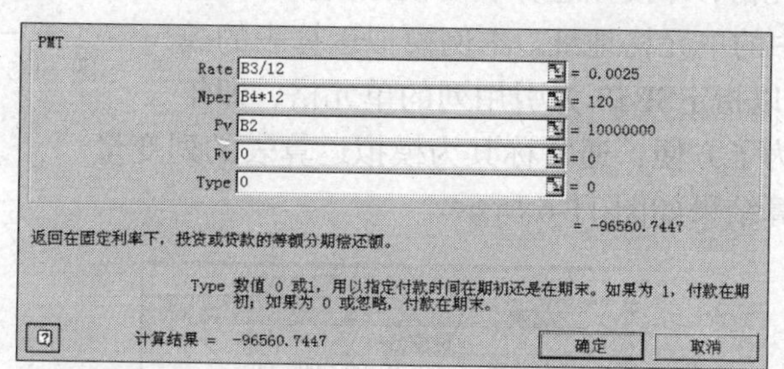

图 11-2 PMT 函数参数设置结果

最后该函数的计算结果为“-96 560.7447”，即在年利率为 3%，年限为 10 年的条件下，每月需偿还约 96 560.74 元，如图 11-3 所示。

B5 = =PMT(B3/12, B4*12, B2, 0, 0)

	A	B	C	D
1		贷款分析		
2	贷款额	￥ 10, 000, 000. 00		
3	年利率	3%		
4	年限	10		
5	月偿还额	￥-96, 560. 74		
6				

图 11-3 月偿还额计算结果

步骤 3：输入模拟数据和计算公式。选择某个单元格区域作为模拟运算表存放区域，本例选择 A7:B16 单元格区域。在该区域的最左列即 A8:A16 单元格区域输入假设的利率变化范围的数据，本例为 2.25%、2.50%、2.75%…4.25%。在模拟运算表区域的第 2 列第 1 行（即 B7 单元格）输入计算月偿还额的计算公式=PMT(B3/12,B4*12,B2,0,0)，然后选定整个模拟运算表区域（即 A7：B16），如图 11-4 所示。

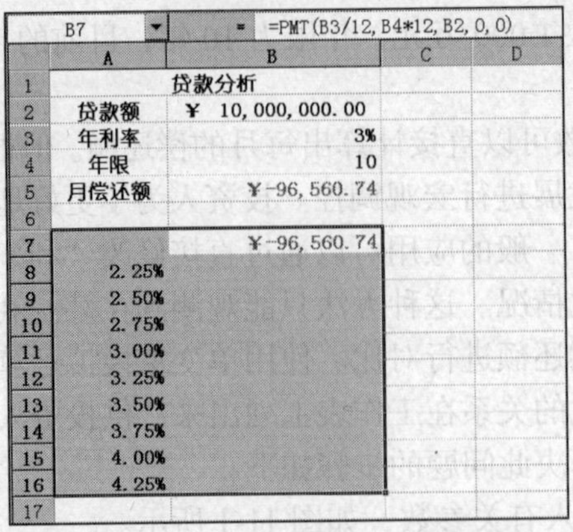

B7 = =PMT(B3/12, B4*12, B2, 0, 0)

	A	B	C	D
1	贷款分析			
2	贷款额	¥ 10,000,000.00		
3	年利率	3%		
4	年限	10		
5	月偿还额	¥-96,560.74		
6				
7		¥-96,560.74		
8	2.25%			
9	2.50%			
10	2.75%			
11	3.00%			
12	3.25%			
13	3.50%			
14	3.75%			
15	4.00%			
16	4.25%			
17				

图 11-4　选定整个模拟运算表区域

注意：模拟数据系列通常是等差或是等比数列，可利用 Excel 的自动填充功能快速建立。

步骤 4：执行“模拟运算表”命令。单击菜单“数据”→“模拟运算表”，系统弹出“模拟运算表”对话框，如图 11-5 所示。在“模拟运算表”的“输入引用列的单元格”框中输入$B$3，单击“确定”按钮。

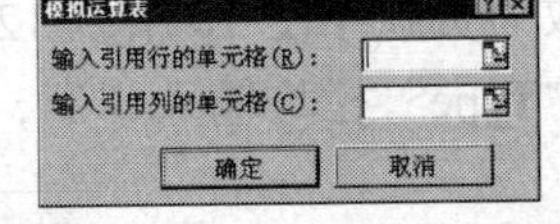

图 11-5　“模拟运算表”对话框

所谓引用列的单元格，即模拟运算表的模拟数据（最左列数据）要代替公式中的单元格地址。本例模拟运算表的模拟数据是“利率”，所以指定$B$3 为引用列的单元格，即年利率所在的单元格。为了方便，通常称其为模拟运算表的列变量。

模拟运算表的计算结果如图 11-6 所示。

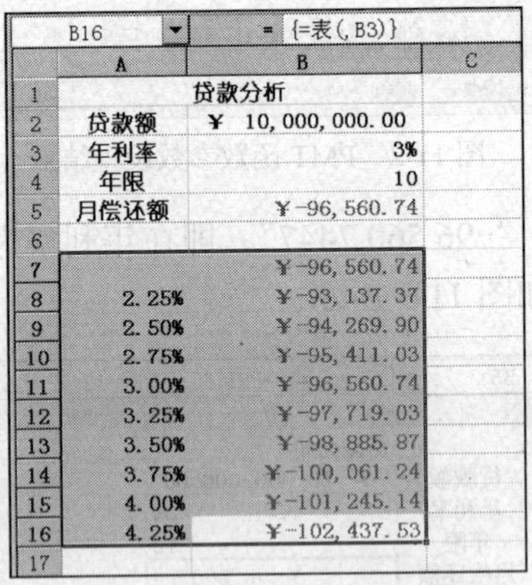

B16 = {=表(,B3)}

	A	B	C
1	贷款分析		
2	贷款额	¥ 10,000,000.00	
3	年利率	3%	
4	年限	10	
5	月偿还额	¥-96,560.74	
6			
7		¥-96,560.74	
8	2.25%	¥-93,137.37	
9	2.50%	¥-94,269.90	
10	2.75%	¥-95,411.03	
11	3.00%	¥-96,560.74	
12	3.25%	¥-97,719.03	
13	3.50%	¥-98,885.87	
14	3.75%	¥-100,061.24	
15	4.00%	¥-101,245.14	
16	4.25%	¥-102,437.53	
17			

图 11-6　模拟运算表的计算结果

注意：在已经生成的模拟运算表中，单元格区域 B8：B16中的公式为“{=表(,B3)}”，表示一个以 B3为列变量的模拟运算表。表中原有的数值和公式都可以修改，如本例中的 A8：A16，B7；而结果区域不能被修改，如本例中的 B8：B16。如果改变模拟数据，模拟运算表的数据会自动重新计算。

初次接触 Excel 模拟运算表的读者在被这个强大工具所吸引的同时，可能不太理解上述操作步骤中有关参数对最终结果产生的作用。为了让读者理解模拟运算表各个参数的意义，下面用另一种形式生成模拟运算表。其步骤如下。

步骤 1：在工作表中输入有关参数。

步骤 2：利用 PMT 函数计算出每月的偿还额。计算结果如图 11-7 所示。

D4　=PMT(B3/12,B4*12,B2,0,0)

	A	B	C	D
1		贷款分析		
2	贷款额	￥10,000,000.00		
3	年利率	3%		月偿还额
4	年限	10		￥-96,560.74

图 11-7　月偿还额计算结果

步骤 3：输入模拟数据和计算公式。选择 D3：M4 作为模拟运算表存放区域。在 E3：M3 单元格区域输入假设的利率变化范围数据：2.25%、2.50%、2.75%…4.25%，如图 11-8 所示。

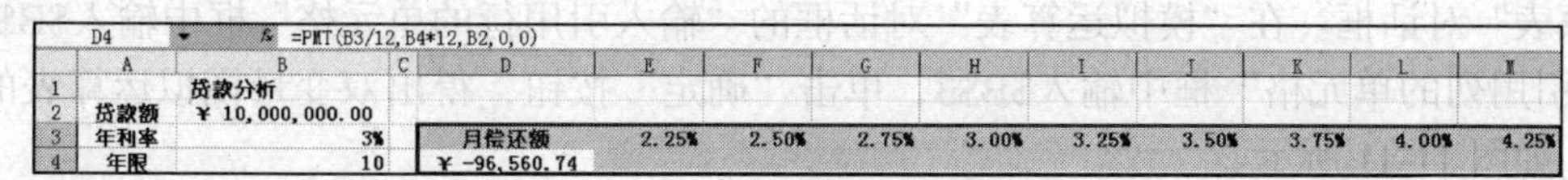

D4　=PMT(B3/12,B4*12,B2,0,0)

	A	B	C	D	E	F	G	H	I	J	K	L	M
1		贷款分析											
2	贷款额	￥ 10,000,000.00											
3	年利率	3%		月偿还额	2.25%	2.50%	2.75%	3.00%	3.25%	3.50%	3.75%	4.00%	4.25%
4	年限	10		￥ -96,560.74									

图 11-8　模拟运算表区域

步骤 4：执行“模拟运算表”命令。单击菜单“数据”→“模拟运算表”，系统弹出“模拟运算表”对话框。在“模拟运算表”的“输入引用行的单元格”框中输入$B$3，单击“确定”按钮。模拟运算表计算结果如图 11-9 所示。

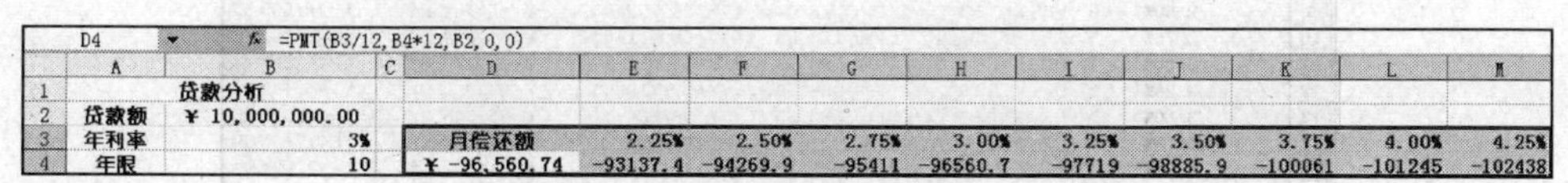

D4　=PMT(B3/12,B4*12,B2,0,0)

	A	B	C	D	E	F	G	H	I	J	K	L	M
1		贷款分析											
2	贷款额	￥ 10,000,000.00											
3	年利率	3%		月偿还额	2.25%	2.50%	2.75%	3.00%	3.25%	3.50%	3.75%	4.00%	4.25%
4	年限	10		￥ -96,560.74	-93137.4	-94269.9	-95411	-96560.7	-97719	-98885.9	-100061	-101245	-102438

图 11-9　横向的模拟运算表

在该模拟运算表中，模拟数据“利率”位于模拟运算表的最上方一行，所以指定$B$3为引用行的单元格，它也被称为模拟运算表的行变量。

除了用于贷款分析之外，其他需要分析单个决策变量变化对某个计算公式的影响时，也可以使用单变量模拟运算表工具。

11.1.2　双变量模拟运算表

单变量模拟运算表只能解决一个输入变量对一个或多个公式计算结果的影响，如果想查看两个变量变化对公式计算结果的影响就需要用到双变量模拟运算表。例如上例中，如果不仅要考虑利率的变化，还需要分析不同贷款年限的选择对偿还额的影响，则可以使用双变量模拟运算表。

双变量模拟运算表的操作步骤与单变量模拟运算表的类似，下面仍使用贷款分析示例说明建立双变量模拟运算表的具体操作步骤。

步骤 1：选定某个单元格区域作为模拟运算表存放区域。本例选定 A7：F16 作为模拟运算表选定区域。

步骤 2：在模拟运算表区域的第一列和第一行分别输入两个可变变量的模拟数据。本例在模拟运算表区域的最左列（即 A8：A16 单元格区域）输入假设的利率变化范围数据，在模拟运算表区域的第 1 行（即 B7：F7 单元格区域）输入可能的贷款年限数据。

步骤 3：在模拟运算表区域左上角的单元格输入计算公式。本例在 A7 单元格中输入计算月偿还额的计算公式，然后选定整个模拟运算表区域，如图 11-10 所示。

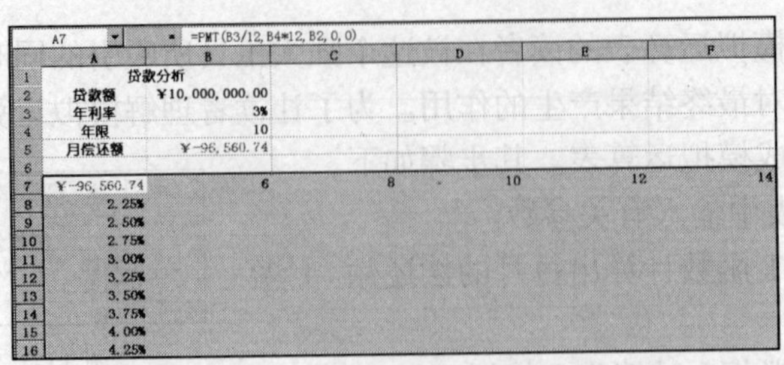

图 11-10　选定整个模拟运算表区域

步骤 4：执行“模拟运算表”命令。单击菜单“数据”→“模拟运算表”，系统弹出“模拟运算表”对话框。在“模拟运算表”对话框的“输入引用行的单元格”框中输入$B$4，在“输入引用列的单元格”框中输入$B$3，单击“确定”按钮，得出双变量模拟运算表的计算结果，如图 11-11 所示。

F16　= {=表(B4, B3)}

	A	B	C	D	E	F
1	贷款分析					
2	贷款额	¥10, 000, 000. 00				
3	年利率	3%				
4	年限	10				
5	月偿还额	¥-96, 560. 74				
6						
7	¥-96, 560. 74	6	8	10	12	14
8	2. 25%	¥-148, 604. 73	¥-113, 920. 13	¥-93, 137. 37	¥-79, 305. 50	¥-69, 445. 51
9	2. 50%	¥-149, 710. 23	¥-115, 038. 43	¥-94, 269. 90	¥-80, 452. 94	¥-70, 608. 23
10	2. 75%	¥-150, 820. 91	¥-116, 163. 63	¥-95, 411. 03	¥-81, 610. 67	¥-71, 782. 92
11	3. 00%	¥-151, 936. 76	¥-117, 295. 72	¥-96, 560. 74	¥-82, 778. 67	¥-72, 969. 54
12	3. 25%	¥-153, 057. 78	¥-118, 434. 68	¥-97, 719. 03	¥-83, 956. 91	¥-74, 168. 05
13	3. 50%	¥-154, 183. 97	¥-119, 580. 52	¥-98, 885. 87	¥-85, 145. 37	¥-75, 378. 43
14	3. 75%	¥-155, 315. 32	¥-120, 733. 21	¥-100, 061. 24	¥-86, 344. 02	¥-76, 600. 61
15	4. 00%	¥-156, 451. 83	¥-121, 892. 75	¥-101, 245. 14	¥-87, 552. 84	¥-77, 834. 57
16	4. 25%	¥-157, 593. 49	¥-123, 059. 13	¥-102, 437. 53	¥-88, 771. 78	¥-79, 080. 24

图 11-11　双变量模拟运算表的计算结果

注意：双变量模拟运算表中 B8：F16单元格区域的计算公式为“{=表(B4,B3)}”，表示其是一个以 B4为行变量，B3为列变量的模拟运算表。

11.2　单变量求解

模拟运算表可以实现模拟不同变量的变化，计算可能达到的最终目标。有些应用需求恰恰相反，需要根据预先设定的目标来分析要达到该目标所需实现的具体指标。在进行这样的分析时，往往由于计算方法较为复杂或许多因素交织在一起而很难进行，这时可以利用 Excel 提供的单变量求解命令来完成计算。以下通过具体示例说明单变量求解命令的应用方法。

	A	B
1	项目	本月数
2	一. 产品销售收入	1402700. 00
3	减：产品销售成本	624201. 50
4	产品销售费用	70135. 00
5	产品销售税金及附加	561080. 00
6	二. 产品销售利润	147283. 50
7	加：其他业务利润	28054. 00
8	减：管理费用	14728. 35
9	财务费用	2805. 40
10	三. 营业利润	157803. 75
11	加：投资收益	18700. 00
12	营业外收入	10938. 80
13	减：营业外支出	45987. 20
14	四. 利润总额	141455. 35

图 11-12　损益简表

图 11-12 所示为某公司编制的损益简表，假设该公司下个月的利润总额指标要达到 150 000 元，请分析在其他条件基本保持不变的情况下，产品销售收入需要增加到多少。

在本例中，产品销售成本、产品销售费用

以及产品销售税金及附加等金额均是与产品销售收入有关的公式计算出来的，其计算公式如下。

产品销售成本=产品销售收入×44.5%

产品销售费用=产品销售收入×5%

产品销售税金及附加金额=产品销售收入×40%

管理费用=产品销售收入×1.05%

财务费用=产品销售收入×0.2%

由于利润总额与产品销售收入的关系不是简单的同量增加的关系（即不是销售收入增加 1 元，利润总额也增加 1 元），也不是简单的同比例增长关系（即不是销售收入增加 1 元，利润总额按 70%比例增加 0.7 元），而可能要涉及其他多方面因素，例如，销售收入增加，可能导致销售成本、销售费用等开支的增加。

要手工完成这些计算是比较复杂的，需要根据工作表中的计算公式一项一项地进行倒推计算。但如果利用单变量求解命令就可以方便地完成计算。

应用单变量求解命令计算的步骤如下。

步骤 1：打开“单变量求解”对话框。单击菜单“工具”→“单变量求解”。系统弹出“单变量求解”对话框，如图 11-13 所示。

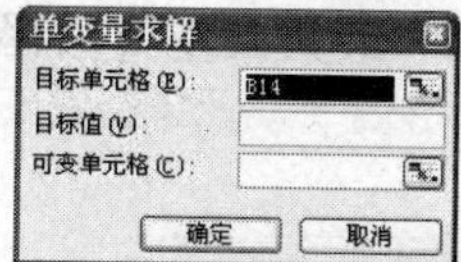

图 11-13 “单变量求解”对话框

注意： 打开“单变量求解”对话框前的当前单元格地址，会自动填到“单变量求解”对话框的“目标单元格”框中。

步骤 2：输入单变量求解有关参数。选定目标单元格 B14，在“目标值”框中输入预定的目标 150 000；在“可变单元格”框中输入产品销售收入所在的单元格地址$B$2，也可指定“可变单元格”框后，直接单击 B2 单元格。

步骤 3：执行单变量求解命令。单击“单变量求解”对话框中的“确定”按钮，系统弹出“单变量求解状态”对话框，如图 11-14 所示。说明已找到一个解，并与所要求的解一致。单击“确定”按钮。

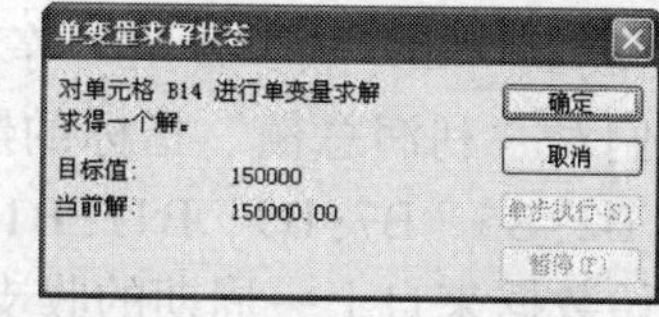

图 11-14 “单变量求解状态”对话框

最终求解的结果如图 11-15 所示。可以看出要达到利润总额增加到 150 000 元，产品销售收入需要增加到 1 495 074 元。也就是说利润增额要增加 8 544 元，销售收入需要增加 92 374 元。

利润总额 = =营业利润+投资收益+营业外收入-营业外支出

	A	B	C	D
1	项目	本月数		
2	一. 产品销售收入	1495074.59		
3	减：产品销售成本	665308.19		
4	产品销售费用	74753.73		
5	产品销售税金及附加	598029.84		
6	二. 产品销售利润	156982.83		
7	加：其他业务利润	28054.00		
8	减：管理费用	15698.28		
9	财务费用	2990.15		
10	三. 营业利润	166348.40		
11	加：投资收益	18700.00		
12	营业外收入	10938.80		
13	减：营业外支出	45987.20		
14	四. 利润总额	150000.00		

图 11-15 单变量求解的计算结果

注意：使用单变量求解命令的关键是在工作表上建立正确的数学模型，即通过有关的公式和函数描述清楚相应数据之间的关系。这是保证分析结果有效和正确的前提。

在 Excel 中，单变量求解是通过迭代来实现的，即通过不断修改可变单元格中的值逐个地测试数值，直到求得的解是目标单元格中的目标值，或在目标值的精度许可范围内。

许多时候，不可能求得与目标值完全匹配的结果，只需得出单变量求解的近似解即可，这时，就需要指定迭代次数或精确度。操作方法如下：单击菜单“工具”→“选项”。在弹出的“选项”对话框中的“重新计算”选项卡中设置“迭代次数”和“最大误差”，如图 11-16 所示。

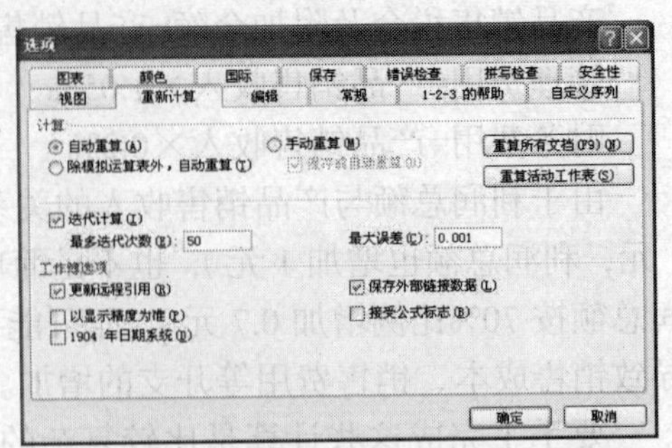

图 11-16 设置“迭代次数”和“最大误差”

11.3 方案分析

单变量求解只能解决具有一个未知变量的问题，模拟运算表最多只能解决两个变量变化引起的问题。如果要解决包括多个可变因素的问题，或是要在几种假设分析中找出最佳执行方案，上述两种工具就无法实现了，这时可以使用 Excel 的方案分析工具来完成。

Excel 的方案分析主要用于多方案求解问题，利用方案管理器，模拟不同方案的大致结果，根据多个方案的对比分析，考查不同方案的优劣，从中寻求最佳的解决方案。本节以图 11-12 所示的某公司编制的损益简表为例，说明如何通过建立和比较“增加收入”、“减低成本”和“减少费用”等不同方案，分析它们对“利润总额”指标的影响。损益简表中 B2:B5、B7:B9、B11:B13 单元格区域的原始数据来自上一周期的收支平衡表，B6、B10 和 B14 单元格中是产品销售利润、营业利润和利润总额的计算公式。有关公式如图 11-17 所示。

	A	B
1	项目	本月数
2	一. 产品销售收入	1402700
3	减：产品销售成本	624201.5
4	产品销售费用	70135
5	产品销售税金及附加	561080
6	二. 产品销售利润	=B2-B3-B4-B5
7	加：其他业务利润	28054
8	减：管理费用	14728.35
9	财务费用	2805.4
10	三. 营业利润	=B6+B7-B8-B9
11	加：投资收益	18700
12	营业外收入	10938.8
13	减：营业外支出	45987.2
14	四. 利润总额	=B10+B11+B12-B13

图 11-17 “损益简表”中的计算公式

11.3.1 命名单元格

在应用方案分析工具之前，首先应做些准备工作。为了使创建的方案能够明确地显示有关变量，以及将来在进行方案总结时便于阅读方案摘要报告，需要先给有关变量所在的单元格命名。其具体操作步骤如下。

步骤 1：输入有关指标名称。在存放有关变量数据单元格的右侧单元格中输入相应指标的名称，然后选定要命名的单元格区域和单元格名称区域 B2:C14，如图 11-18 所示。

	A	B	C
1	项目	本月数	
2	一. 产品销售收入	1402700.00	销售收入
3	减：产品销售成本	624201.50	销售成本
4	产品销售费用	70135.00	销售费用
5	产品销售税金及附加	561080.00	销售税金
6	二. 产品销售利润	147283.50	销售利润
7	加：其他业务利润	28054.00	其他利润
8	减：管理费用	14728.35	管理费用
9	财务费用	2805.40	财务费用
10	三. 营业利润	157803.75	营业利润
11	加：投资收益	18700.00	投资收益
12	营业外收入	10938.80	营业外收入
13	减：营业外支出	45987.20	营业外支出
14	四. 利润总额	141455.35	利润总额

图 11-18 选定要命名的单元格区域和单元格名称区域

步骤 2：打开“指定名称”对话框。单击菜单“插入”→“名称”→“指定”，系统弹出“指定名称”对话框，如图 11-19 所示。

步骤 3：指定有关选项。在“指定名称”对话框中的“名称创建于”框中选定“最右列”复选框，单击“确定”按钮。

步骤 4：打开“应用名称”对话框。单击菜单“插入”→“名称”→“应用”，系统弹出“应用名称”对话框，如图 11-20 所示。单击“确定”按钮。

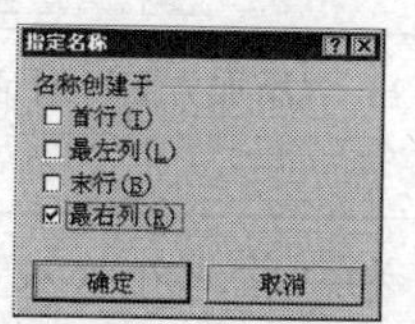

图 11-19 “指定名称”对话框

图 11-20 “应用名称”对话框

此时单元格 B2: B14 全部用 C2: C14 单元格的内容命名。计算公式中引用的单元格也被相应的名称替代，这样使得计算公式的意义更加明确。单元格命名后的工作表和单元格中的公式如图 11-21 所示。

	A	B
1	项目	本月数
2	一. 产品销售收入	1402700
3	减：产品销售成本	624201.5
4	产品销售费用	70135
5	产品销售税金及附加	561080
6	二. 产品销售利润	=销售收入-销售成本-销售费用-销售税金
7	加：其他业务利润	28054
8	减：管理费用	14728.35
9	财务费用	2805.4
10	三. 营业利润	=销售利润+其他利润-管理费用-财务费用
11	加：投资收益	18700
12	营业外收入	10938.8
13	减：营业外支出	45987.2
14	四. 利润总额	=营业利润+投资收益+营业外收入-营业外支出

图 11-21 单元格命名以后的工作表

注意：在创建方案前先将相关的单元格定义为易于理解的名称，可以在后续的创建方案过程中简化操作，也可以让将来生成的方案摘要更具可读性。这一步不是必需的，但却是非常有意义的。

11.3.2 创建方案

创建方案是方案分析的关键，应根据实际问题的需要和可行性来创建各个方案。下面逐一创建所需的各个方案。

步骤 1：打开“方案管理器”对话框。单击菜单“工具”→“方案”。系统弹出“方案管理器”对话框。由于现在还没有任何方案，因此“方案管理器”对话框中间显示“未定义方案”的信息，如图 11-22 所示。

步骤 2：打开“添加方案”对话框。单击“添加”按钮，出现“添加方案”对话框，如图 11-23 所示。

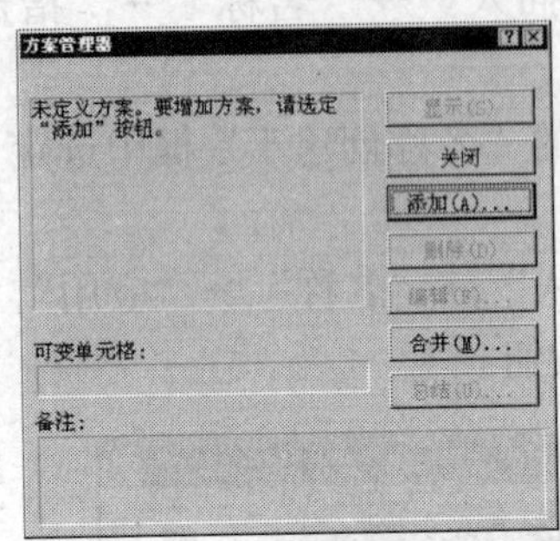

图 11-22 “方案管理器”对话框

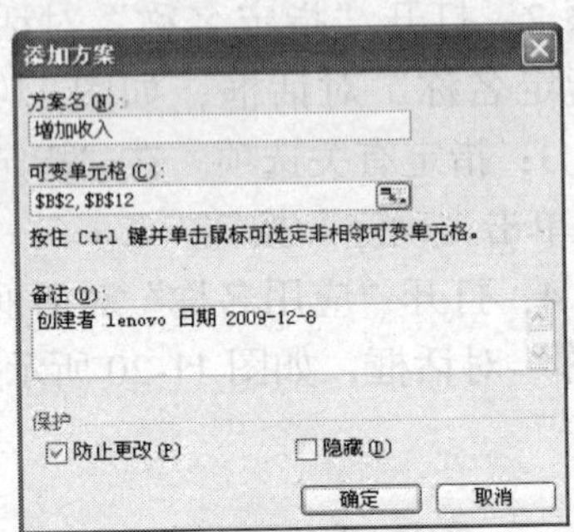

图 11-23 “添加方案”对话框

注意：因为在可变单元格中需要输入“销售收入”和“营业外收入”两个单元格的地址，在选定一个单元格后，可以按住【Ctrl】键再单击另一个单元格。也可以直接输入两个单元格的地址，两个单元格地址之间用逗号分隔。

步骤 3：输入有关方案信息。在“添加方案”对话框的“方案名”框中输入方案的名称，这里输入“增加收入”，然后指定“销售收入”和“营业外收入”所在的单元格为可变单元格，单击“确定”按钮。出现“方案变量值”对话框，框中显示可变单元格原来的数据。在相应的框中输入方案模拟数值，如图 11-24 所示。

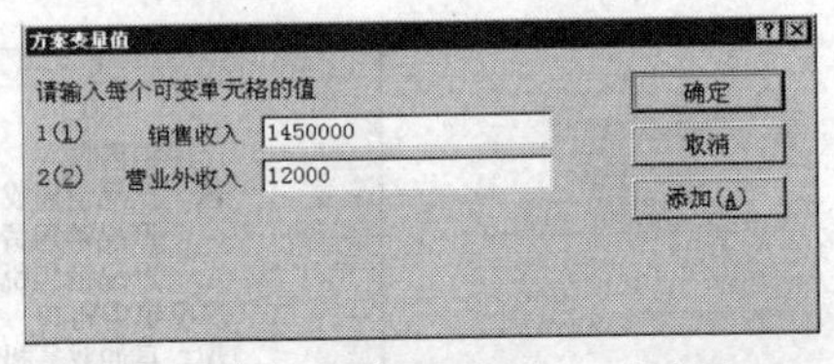

图 11-24 “方案变量值”对话框

步骤 4：创建方案。单击“确定”按钮，“增加收入”方案创建完毕，相应的方案自动添加到“方案管理器”的方案列表中。

步骤 5：按照上述步骤可依次建立“减少费用”和“降低成本”两个方案。这时的“方案管理器”对话框如图 11-25 所示。

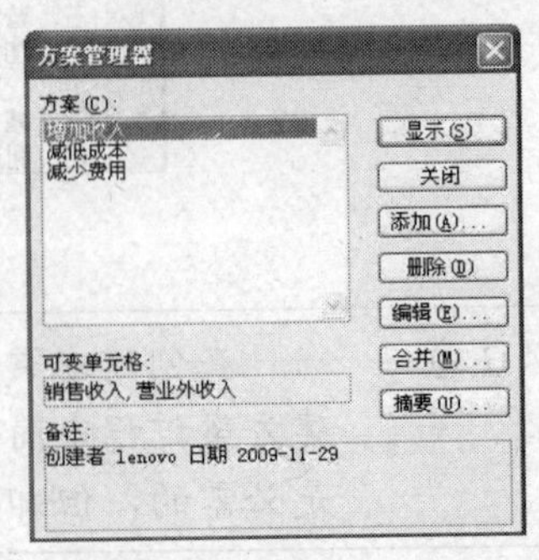

图 11-25 建立三个方案

方案创建完成以后，可以通过在“方案管理器”对话框的“方案”列表中，选定某一方案，单击“显示”按钮，来查看这个方案对利润总额的影响。执行上述操作后，在方案中保存的变量值将会替换工作表中可变单元格中的数据。

同时，还可以通过“方案管理器”对话框中的“编辑”、“删除”按钮来修改、删除已建立的方案。

11.3.3 建立方案总结报告

应用“方案管理器”对话框中的“显示”按钮只能一个方案一个方案地查看，如果能将所有方案汇总到一个工作表中，形成一个方案报告，然后再对不同方案的影响进行比较分析，将更有助于决策人员综合考查各种方案的效果。Excel 的方案工具可以根据需要对多个方案创建方案总结，具体操作步骤如下。

步骤 1：打开“方案管理器”对话框。单击菜单“工具”→“方案”，系统弹出“方案管理器”对话框。

步骤 2：打开“方案摘要”对话框。单击“方案管理器”对话框中的“摘要”按钮，出现“方案摘要”对话框，如图 11-26 所示。

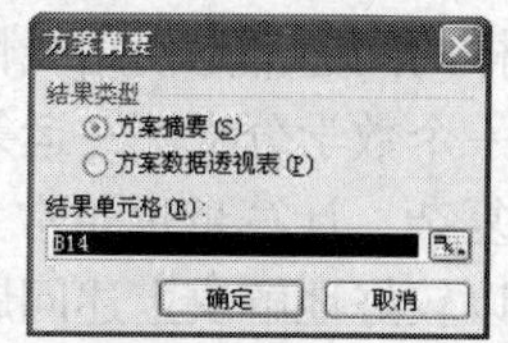

图 11-26 “方案摘要”对话框

步骤 3：指定生成方案摘要的“结果类型”和“结果单元格”。在“方案摘要”对话框中选择“结果类型”为“方案摘要”，在“结果单元格”框中指定“利润总额”所在的单元格 B14，单击“确定”按钮。方案摘要的结果如图 11-27 所示。

	A	B	C	D	E	F	G
1							
2		方案摘要					
3				当前值:	增加收入	减低成本	减少费用
5		可变单元格:					
6			销售收入	1402700.00	1450000.00	1402700.00	1402700.00
7			营业外收入	10938.80	12000.00	10938.80	10938.80
8			销售成本	624201.50	624201.50	590000.00	624201.50
9			营业外支出	45987.20	45987.20	42000.00	45987.20
10			管理费用	14728.35	14728.35	14728.35	13000.00
11			财务费用	2805.40	2805.40	2805.40	2600.00
12			销售费用	70135.00	70135.00	70135.00	65000.00
13		结果单元格:					
14			利润总额	141455.35	189816.55	179644.05	148524.10
15		注释：“当前值 ”这一列表示的是在					
16		建立方案汇总时，可变单元格的值。					
17		每组方案的可变单元格均以灰色底纹突出显示。					

图 11-27 方案摘要结果

在方案摘要中，“当前值”列显示的是在建立方案汇总时，可变单元格原来的数值。每组方案的可变单元格均以灰色底纹突出显示。根据各方案的模拟数据计算出的目标值也同时显示在摘要中（单元格区域 D14: G14），便于管理人员比较分析。比较 3 个方案的结果单元格“利润总额”的数值，可以看出“增加收入”方案效果最好，“降低成本”方案次之，“减少费用”方案对目标值的影响最小。

注意： 对于比较简单的方案，一般情况下可选择“方案摘要”类型，如果方案比较复杂多样，或者需要对方案总结的结果做进一步分析，可选择“方案数据透视表”。

11.4 规 划 求 解

以上介绍的一些方法可以求解信息管理工作中的许多问题，但也存在一定的局限性。模拟运算表只能分析一两个决策变量对最终目标的影响，方案分析在可行方案过多时操作会比较烦琐；单变量求解只能通过一个变量的变化求得一个目标值。在实际工作中往往会有众多因素、无数方案需要计算、比较和分析，从中选择出最优方案。例如，人员调度、材料调配、运输规划等问题，都是希望能够合理地利用有限的人力、物力、财力等资源，得到最佳的经济效果，即达到产量最高、利润最大、成本最小、资源消耗最少等目标。解决这些问题时通常要涉及众多的关联因素，复杂的数量关系，只凭经验进行简单估算显然是不行的。传统上，对于这样的问题都是使用线性规划、非线性规划和动态规划等方法来解决的，为此，人们还建立了一个数学分支——运筹学。但这些方法的缺点是即使最简单的问题，用手工解决过程也非常复杂，计算量也非常大。这种工作显然比较适合用计算机来完成。Excel 的规划求解工具可以较好地解决上述问题。利用该工具，可以避开难懂的细节，方便快捷地得到各种规划问题的最佳解。

规划问题种类繁多，归结起来可以分成两类：一类是确定了某个任务，研究如何使用最少的人力、物力和财力去完成它；另一类是已经有了一定数量的人力、物力和财力，研究如何使它们获得最大的收益。从数学角度来看，规划问题都有下述 3 个共同特征。

（1）决策变量：每个规划问题都有一组需要求解的未知数（$x1,x2,\cdots,xn$），称为“决策变量”。这组决策变量的一组确定值就代表一个具体的规划方案。

（2）约束条件：对于规划问题的决策变量通常都有一定的限制条件，称为“约束条件”。约束条件通常是用包含决策变量的不等式或等式来表示。

（3）目标函数：每个问题都有一个明确的目标，如利润最大或成本最小。目标通常是用与决策变量有关的表达式表示，称为“目标函数”。

如果约束条件和目标函数都是线性函数，则称为线性规划；否则为非线性规划。如果要求决策变量的值为整数，则称为整数规划。

11.4.1 安装规划求解工具

规划求解是 Excel 的一个加载项，默认安装时不加载规划求解工具。使用前必须要先加载。其具体操作步骤如下。

步骤 1：打开“加载宏”对话框。单击菜单“工具”→“加载宏”，系统弹出“加载宏”对话框。

步骤 2：选定“规划求解”加载宏。在“加载宏”对话框的“可用加载宏”列表中选定“规划求解”复选框，单击“确定”按钮，如图 11-28 所示。

Excel 将安装“规划求解”工具。这以后的 Excel“工具”菜单中会出现“规划求解”命令。

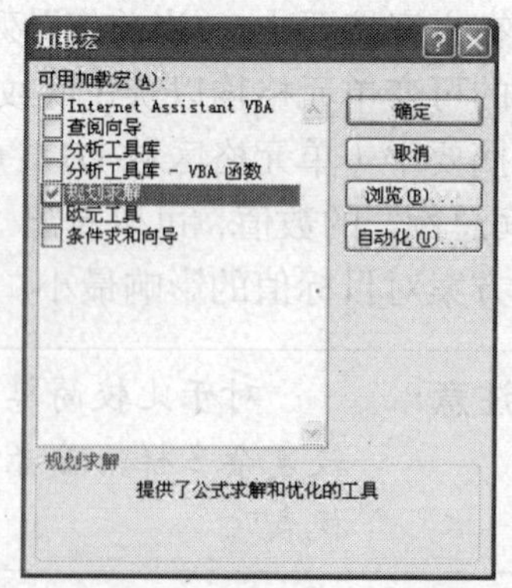

图 11-28 “加载宏”对话框

11.4.2 建立规划模型

在进行规划求解时首先要将实际问题数学化、模型化，即将实际问题用一组决策变量、一组用不等式或等式表示的约束条件以及目标函数来表示，这是求解规划问题的关键。然后才可以应用 Excel 的规划求解工具求解。

例如：某企业要制定下一年度的生产计划。按照合同规定，该企业第一季度到第四季度需分别向客户供货 80、60、60 和 90 台。该企业的季度最大生产能力为 130 台，生产费用为 $f(x) = 80 + 98x - 0.12x^2$（元），这里的 x 为季度生产的台数。该函数反映出生产规模越大，平均生产费用越低。若生产数量大于交货数量，多余部分可以下季度交货，但企业需支付每台 16 元的存储费用。所以生产规模过大，超过交货数量太多，将增加存储费用。那么如何安排各季度的产量，才能既满足供货合同，同时使得企业的各种费用最小呢？

这个问题是一个典型的非线性规划问题。先将其模型化，即根据实际问题确定决策变量，设置约束条件和目标函数。

（1）决策变量。

该问题的决策变量为一季度、二季度、三季度和四季度的产量，设其分别为 x_1、x_2、x_3 和 x_4。

（2）约束条件。

$$\text{交货数量约束}\begin{cases} x_1 \geqslant 80 \\ x_1 + x_2 \geqslant 140 \\ x_1 + x_2 + x_3 \geqslant 200 \\ x_1 + x_2 + x_3 + x_4 \geqslant 290 \end{cases}$$

$$\text{生产能力约束}\begin{cases} x_1 \leqslant 130 \\ x_2 \leqslant 130 \\ x_3 \geqslant 130 \\ x_4 \geqslant 130 \end{cases}$$

（3）目标函数。

该问题的目标是企业的费用最小，费用为生产费用 P 和可能发生的存储费用 S 之和，用公式表示则分别为

$$P = \sum_{i=1}^{4} \left(80 + 98x_i - 0.12{x_i}^2 \right)$$

$$S = \sum_{i=1}^{4} 16y_i$$

则目标函数 Z 为

$$\min \quad Z = P + S$$

其中 y 为实际生产数量与交货数量之差。

11.4.3 输入规划模型

建立好规划模型后，下一步工作是将规划模型的有关数据和公式输入到工作表中，具体步骤如下。

步骤 1：输入有关参数。在工作表的 B5:B8 单元格区域输入一季度到四季度的应交货数量。在 C5:C8 单元格区域存放需要计算求解的一季度到四季度的生产数量，设置其初始值与应交货数量相同，可以直接将 B5:B8 单元格区域的内容复制到 C5:C8 单元格区域。在 G5:G8 单元格区域输入生产能力限制。

步骤 2：建立有关计算公式。在 D5 单元格建立计算一季度生产费用的公式=80+98*C5-0.12*C5^2，并将其填充到 D6:D8 单元格区域，计算出其他季度的生产费用。在 E5 单元格建立计算一季度存储数量的公式=C5-B5，即等于一季度的生产数量减去一季度的应交货数量。在 E6 单元格建立计算二季度存储数量的公式=E5+C6-B6，即等于一季度的存储数量加上二季度的生产数量减去二季度的应交货数量。将其填充到 E7:E8 单元格区域，计算出三季度和四季度的存储数量。在 F5 单元格建立计算一季度存储费用的公式=16*E5，并将其填充到 F6:F8 单元格区域，计算出其他季度的存储费用。在 H5 单元格建立计算一季度可交货数量的公式=C5，即应等于一季度的生产数量。在 H6 单元格建立计算二季度可交货数量的公式=E5+C6，即等于一季度的存储数量加上二季度的生产数量。将其填充到 H7:H8 单元格区域，计算出三季度和四季度的可交货数量。在 B9:F9 单元格区域输入计算应交货数量、生产数量、生产费用、存储数量、存储费用合计的公式。最后在 B2 单元格输入计算目标函数的公式=D9+F9，即等于生产费用和存储费用的总和。

计算结果如图 11-29 所示。

B2 = =D9+F9

	A	B	C	D	E	F	G	H
1				规划求解				
2	目标函数	26136						
3								
4		应交货数量	生产数量	生产费用	存储数量	存储费用	生产能力	可交货数量
5	第一季	80	80	7152	0	0	130	80
6	第二季	60	60	5528	0	0	130	60
7	第三季	60	60	5528	0	0	130	60
8	第四季	90	90	7928	0	0	130	90
9	合计	290	290	26136	0	0		

图 11-29 初始生产方案结果

可以看出，按照应交货数量安排生产计划时，生产费用为 26 136 元，存储费用为 0 元，总的费用为 26 136 元。

如果按照均衡生产方式安排生产，即按 80、70、70 和 70 的数量安排生产计划，计算结果如图 11-30 所示。

B2 = =D9+F9

	A	B	C	D	E	F	G	H
1				规划求解				
2	目标函数	26688						
3								
4		应交货数量	生产数量	生产费用	存储数量	存储费用	生产能力	可交货数量
5	第一季	80	80	7152	0	0	130	80
6	第二季	60	70	6352	10	160	130	70
7	第三季	60	70	6352	20	320	130	80
8	第四季	90	70	6352	0	0	130	90
9	合计	290	290	26208	30	480		

图 11-30 均衡生产方案结果

这时的生产费用和存储费用分别为 26 208 元和 480 元，总费用为 26 688 元，效益不如初始生产方案好。

通过生产函数可知，生产规模越大，单位生产费用越低。考查按 120、40、40 和 90 的数量安排生产计划，计算结果如图 11-31 所示。

B2 = =D9+F9

	A	B	C	D	E	F	G	H
1				规划求解				
2	目标函数	26616						
3								
4		应交货数量	生产数量	生产费用	存储数量	存储费用	生产能力	可交货数量
5	第一季	80	120	10112	40	640	130	120
6	第二季	60	40	3808	20	320	130	80
7	第三季	60	40	3808	0	0	130	60
8	第四季	90	90	7928	0	0	130	90
9	合计	290	290	25656	60	960		

图 11-31 规模生产方案结果

该方案的生产费用和存储费用分别为 25 656 元和 960 元，总费用为 26 616 元，效益介于初始生产方案和均衡生产方案之间。可选的方案很多，究竟哪一个方案最佳呢？一个方案一个方案地试算显然不是好的办法。使用 Excel 提供的规划求解工具求解，可以快速找到最优解。

11.4.4 求解规划模型

应用规划求解工具的具体操作步骤如下。

步骤 1：打开“规划求解参数”对话框。单击菜单“工具”→“规划求解”，系统弹出“规划求解参数”对话框，如图 11-32 所示。

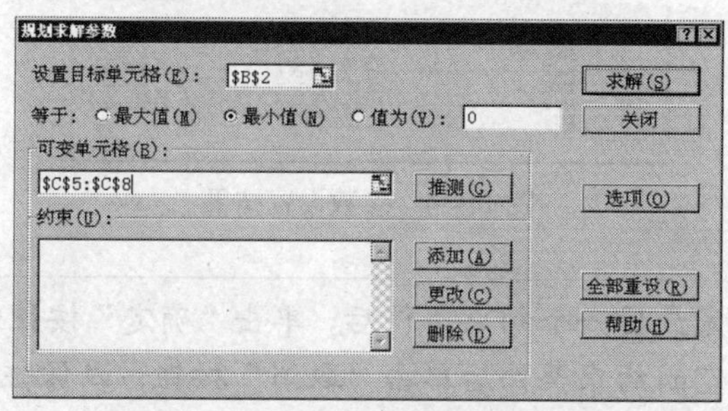

图 11-32 “规划求解参数”对话框

步骤 2：设置目标函数。指定“设置目标单元格”为目标函数所在的单元格$B$2，并选定“最小值”单选钮。

步骤 3：设置决策变量。指定“可变单元格”为决策变量所在的单元格区域$C$5:$C$8。

注意：最多可在“可变单元格”中输入200个单元格。另外，通过单击“推测”按钮可在“可变单元格”文本框中输入被目标单元格的公式直接或间接引用的所有非公式单元格。

步骤 4：设置约束条件。单击“约束”框中的“添加”按钮，弹出“添加约束”对话框，如图 11-33 所示。在“单元格引用位置”中指定一季度可交货数量所在单元格的地址$H$5，选择“>=”关系运算符，在“约束值”中输入一季度应交货数量所在的单元格地址$B$5，单击“添加”按钮，即添加了一个约束条件“$H$5>=$B$5”，表示一季度的可交货数量应大于或等于一季度的应交货数量。

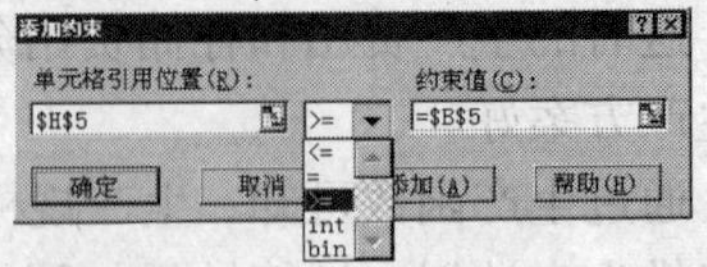

图 11-33 “添加约束”对话框

步骤 5：按照步骤 4 逐个添加其他的约束条件，约束条件及说明如表 11-1 所示。添加完毕后，单击“确定”按钮。这时的“规划求解参数”对话框如图 11-34 所示。

表 11-1 约束条件说明

约束条件	说明
$H$6>=$B$6	二季度的可交货数量应大于或等于二季度的应交货数量
$H$7>=$B$7	三季度的可交货数量应大于或等于三季度的应交货数量
$H$8=$B$8	四季度的可交货数量应等于四季度的应交货数量
$C$5<=$G$5	一季度的生产数量应小于或等于一季度的生产能力
$C$6<=$G$6	二季度的生产数量应小于或等于二季度的生产能力
$C$7<=$G$7	三季度的生产数量应小于或等于三季度的生产能力
$C$8<=$G$8	四季度的生产数量应小于或等于四季度的生产能力

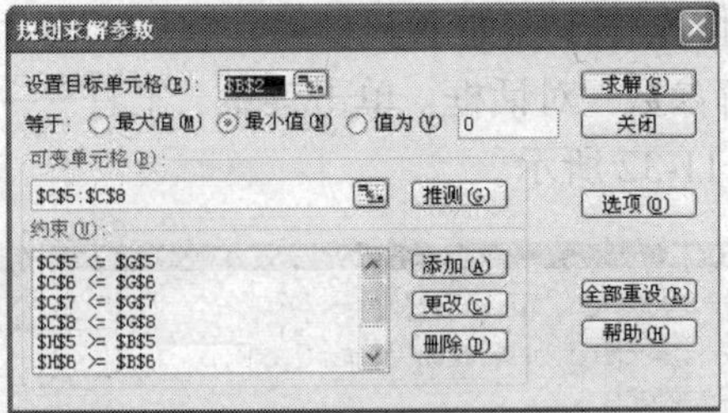

图 11-34 参数设置结果

注意：在输入完最后一个约束条件后，单击“确定”按钮或仍单击“添加”按钮，待出现一个空的约束条件后单击“取消”按钮，以保证最后一个约束条件加入到约束列表框。最多可添加100个约束。

步骤 6：开始求解。单击“求解”按钮，Excel 即开始进行计算，最后出现“规划求解结果”对话框，如图 11-35 所示。该对话框显示的信息表明规划求解工具已经找到一个最优解。

步骤 7：保存求解结果。根据需要选择“保存规划求解结果”或“恢复为原值”。本例选定“保存规划求解结果”，单击“确定”按钮。计算结果如图 11-36 所示。

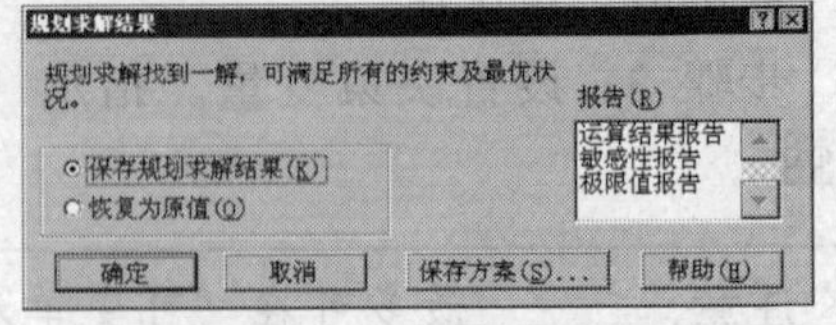

图 11-35 “规划求解结果”对话框

从计算结果可以看出，最佳生产方案是第一季度到第四季度分别生产 130、10、60 和 90，生产费用和存储费用分别为 25 296 元和 800 元，总费用为 26 096 元，较手工试算的最佳方案节省 520 元。

	A	B	C	D	E	F	G	H
1	规划求解							
2	目标函数	26096						
3								
4		应交货数量	生产数量	生产费用	存储数量	存储费用	生产能力	可交货数量
5	第一季	80	130	10792	50	800	130	130
6	第二季	60	10	1048	0	0	130	60
7	第三季	60	60	5528	0	0	130	60
8	第四季	90	90	7928	0	0	130	90
9	合计	290	290	25296	50	800		

图 11-36 最佳生产方案

注意：如果规划求解失败，可以单击“规划求解参数”对话框中的“选项”按钮，在弹出的“规划求解选项”对话框中，设置“最长运算时间”、“迭代次数”、“精度”和“允许误差”等选项，然后单击“确定”按钮，再重新求解。

11.4.5 分析求解结果

从图 11-35 所示的“规划求解结果”对话框中可以看出，规划求解找到解后，将提供生成 3 种报告的选项：“运算结果报告”、“敏感性报告”、“极限值报告”。可以根据需要在“报告”列表中选中需要建立的结果分析报告，单击“确定”按钮，Excel 将在独立的工作表中自动建立有关报告。图 11-37 所示为运算结果报告。

A1 = Microsoft Excel 9.0 运算结果报告

目标单元格（最小值）

单元格	名字	初值	终值
$B$2	目标函数	26616	26096

可变单元格

单元格	名字	初值	终值
$C$5	第一季 生产数量	120	130
$C$6	第二季 生产数量	40	10
$C$7	第三季 生产数量	40	60
$C$8	第四季 生产数量	90	90

约束

单元格	名字	单元格值	公式	状态	型数值
$H$5	第一季 可交货数量	130	$H$5>=$B$5	未到限制值	50
$H$6	第二季 可交货数量	60	$H$6>=$B$6	到达限制值	0
$H$7	第三季 可交货数量	60	$H$7>=$B$7	到达限制值	0
$H$8	第四季 可交货数量	90	$H$8=$B$8	未到限制值	0
$C$5	第一季 生产数量	130	$C$5<=$G$5	到达限制值	0
$C$6	第二季 生产数量	10	$C$6<=$G$6	未到限制值	120
$C$7	第三季 生产数量	60	$C$7<=$G$7	未到限制值	70
$C$8	第四季 生产数量	90	$C$8<=$G$8	未到限制值	40

图 11-37 运算结果报告

从报告中“目标单元格”和“可变单元格”的初值和终值可以清楚地看出最佳方案与原方案的差异。通过“约束单元格”的状态可以进一步了解规划求解的细节。在有关决策变量的约束条件中，约束“$C$5<=$G$5”，即第一季度的生产数量小于或等于第一季度的生产能力的约束条件已达到限制值。这一点通过图 11-38 所示的敏感性报告可以更清楚地反映出来。

A1 = Microsoft Excel 9.0 敏感性报告

可变单元格

单元格	名字	终值	递减梯度
$C$5	第一季 生产数量	130	-12.79998779
$C$6	第二季 生产数量	10	0
$C$7	第三季 生产数量	60	0
$C$8	第四季 生产数量	90	0

约束

单元格	名字	终值	拉格朗日乘数
$H$5	第一季 可交货数量	130	0
$H$6	第二季 可交货数量	60	28
$H$7	第三季 可交货数量	60	23
$H$8	第四季 可交货数量	90	92

图 11-38 敏感性报告

从图 11-38 中可以看出，决策变量为$C$5，第一季度生产数量的递减梯度为-12.80，这说明第一季度生产数量增加一个单位，将使目标函数值约降低 13。

本章小结

通过对本章的学习，读者应掌握 Excel 模拟运算表、单变量求解、方案和规划求解工具的应用方法。能够熟练地运用上述工具在信息管理领域中进行假设分析、目标分析、方案分析和优化分析，提高数据分析的质量和管理的水平。

习　题

1. Excel 提供了哪些数据分析工具？
2. 模拟运算表有哪几种类型？
3. 单变量求解方法用于解决哪方面的问题？
4. 与模拟运算表相比，方案分析的优势体现在哪里？
5. 在使用 Excel 进行规划求解时，若发现 Excel 的菜单中没有“规划求解”命令，应怎样安装它？

实　训

1. 某开发商想贷款 100 万元建立一个山林果园，贷款利率 8%，期限为 25 年，月偿还额是多少？如果有多种不同的利率（5%、7%、9%、11%）和不同贷款年限（10 年、15 年、20 年、30 年）可供选择，各种情况下的月偿还额各是多少？

2. 对于上题中的 100 万元贷款，若想每月还贷 2 万元，在贷款利率为 8%的情况下，需要多少年才能还清？

3. 根据上题中的有关数据，分别建立利率 5%、贷款年限 30 年；利率 7%、贷款年限 20 年和利率 9%、贷款年限 10 年 3 种方案，并建立相应的方案摘要报告。

4. 某公司需要采购一批赠品用于促销活动，采购的目标品种有 4 种，单价分别为 18、11、20、9，根据需要，采购原则如下：（1）全部赠品的总数量为 4 000 件；（2）赠品 A 不能少于 400 件；（3）赠品 B 不能少于 600 件；（4）赠品 C 不能少于 800 件；（5）赠品 D 不能少于 200 件，但也不能多于 1 000 件，如何拟定采购计划，使采购成本最小？

第 4 篇　拓展应用篇

第 12 章 设置更好的操作环境

内容提要

本章主要介绍利用 Excel 宏自定义操作环境的基本方法，包括宏的录制及使用、自定义工具栏、自定义菜单、窗体控件等。重点是通过创建销售管理用户界面，掌握窗体控件的灵活运用和宏的各种操作。应用好本章介绍的这些功能，可以创建更好的操作环境，可以有效提高 Excel 的自动化程度和工作效率。

主要知识点

- 录制宏
- 窗体控件
- 自定义菜单
- 自定义工具栏

Excel 除了可以方便、高效地完成各种复杂的数据计算、实现有效的数据管理和数据分析以外，还可以通过宏自动完成特定的操作。宏是 Excel 的重要组成部分，学好用好宏，可以更方便地操作 Excel，更好地控制 Excel，更深入地挖掘 Excel 的强大功能。

12.1 创 建 宏

宏是一组指令的集合，它类似于计算机程序，告诉 Excel 所要执行的操作。宏可以使频繁、重复的操作自动化。比如数据分析员对数据进行分析时，通常是首先选定数据，然后执行“工具”菜单中相应的数据分析命令，指定要使用的“分析工具”，并在打开的对话框中输入所需的内容。如果将这些操作设置为一个宏，那么只要运行该宏，上述操作就可以自动完成。也就是说，如果在 Excel 中经常重复某项操作，就可以用宏将其设置为可自动执行的操作。

12.1.1 创建宏的方法

创建宏有两种方法，一种方法是使用宏记录器将一系列操作录制下来，并为其起一个名字；另一种方法是用 Visual Basic（简称 VBA）程序设计语言编写宏代码。事实上，二者在本质上是一样的，Excel 是将用宏记录器录制的宏转换成 VBA 程序存储在模块中。因此可以将两种方法混合使用，先录制宏，再用 VBA 语言修改宏代码，这样可以大大提高编写宏的效率。录制宏的操作步骤如下。

步骤 1：打开“录制新宏”对话框。单击菜单“工具”→“宏”→“录制新宏”，系统弹出“录制新宏”对话框。或者单击“视图”→“工具栏”→“Visual Basic”，打开“Visual Basic”工具栏，单击“录制宏”按钮，同样会弹出“录制新宏”对话框。

步骤 2：准备录制宏。在“录制新宏”对话框的“宏名”文本框中输入所建宏的名字，并根据需要设置其他相关选项。比如指定运行宏的快捷键、定义宏的保存位置等。

步骤 3：录制宏。单击“确定”按钮，这时状态栏中出现“录制”字样，工作表上出现“停止录制”工具栏，此后所进行的操作，Excel 将自动记录下来，并将其转换成相应的 VBA 程序。当状态栏出现“录制”字样后，就可以开始录制宏，即执行该宏所要完成的操作，最后单击“停止录制”工具栏上的“停止录制”按钮停止录制。

注意：在录制宏的过程中，如果出现操作错误，那么对错误的修改操作也将记录在宏中。因此在记录或编写宏之前，应事先制订计划，确定宏所要执行的步骤和命令。

12.1.2 编辑宏

创建宏以后，如果需要可以查看其宏代码，或对其进行编辑。具体操作步骤如下。

步骤 1：打开“宏”对话框。单击菜单“工具”→“宏”→“宏”，系统弹出“宏”对话框。

步骤 2：显示宏代码。选定需要编辑的宏名称，如图 12-1 所示。然后单击“编辑”按钮，这时系统打开 VBA 编辑器，如图 12-2 所示。

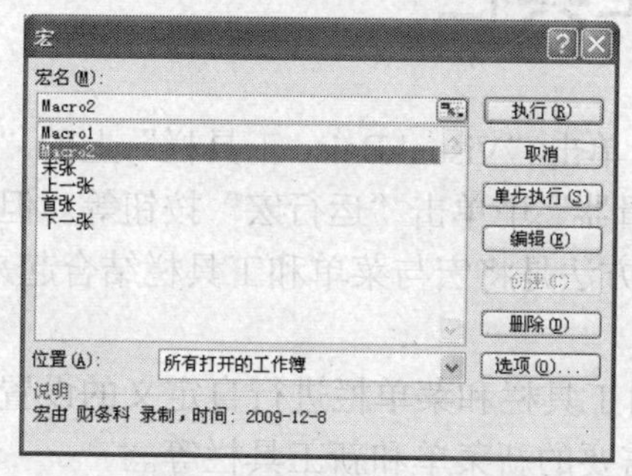

图 12-1 选择要查看或编辑的宏

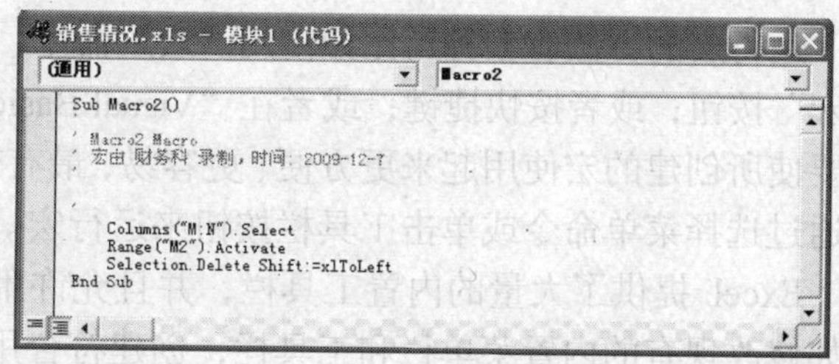

图 12-2 所建宏的 VBA 程序

在图 12-2 所示的 VBA 编辑器的代码窗口中，可以看到已创建宏的 VBA 程序。在宏语句中，以单引号开始的行是注释语句。注释语句在运行宏时并不执行，它的作用仅仅是为了提高程序的可读性，可以根据需要对其进行添加、删除或修改。在宏语句中，为了提高程序的可读性，还用不同的颜色显示不同的部分。如用绿色显示注释行，用蓝色显示语句的关键字，用黑色显示语句的其余部分。

步骤 3：编辑宏。在 VBA 编辑器的代码窗口中，可以修改宏当中的程序代码。

12.1.3 运行宏

宏最大的优点是可以很方便地执行一系列复杂的操作，这是通过运行宏来实现的。运行宏有以下几种方法。

1．使用菜单

宏录制完成后，将会保存在模块中，此时可以直接通过执行“宏”菜单命令来运行宏。其具体操作步骤如下。

步骤 1：打开“宏”对话框。单击菜单“工具”→“宏”→“宏”，系统弹出“宏”对话框。

步骤 2：运行宏。选定需要运行的宏名称，如图 12-1 所示。然后单击“执行”按钮，这时将自动执行所选定宏的操作。

2．使用快捷键

如果在创建宏时，在“录制新宏”对话框中设置了快捷键，那么可以直接按快捷键来运行宏。但是需要特别注意的是，有许多快捷键是 Excel 默认的，比如【Ctrl】+【C】、【Ctrl】+【A】组合键等。如果为创建的宏设置快捷键时与系统内部已有的快捷键发生冲突，那么 Excel 会将这个快捷键赋予宏，当按下这个快捷键时，将执行宏的操作。也就是说，将改变原有快捷键的含义。因此在设置快捷键时，应尽量避免使用系统中常用命令的快捷键。

3. 其他运行方法

打开“Visual Basic”工具栏，单击“运行宏”按钮▶，或在“Visual Basic 编辑器”中单击“运行宏”按钮。除此之外，为了满足特别的需要，还可以在工作表上增加窗体控件，作为运行宏的工具，具体设置方法是用鼠标右键单击窗体控件，从弹出的快捷菜单中选择“指定宏”命令，然后输入宏名。

12.2 自定义工具栏

运行宏的方法有多种，比如使用“宏”命令，或者单击“Visual Baisc 工具栏”上的“运行宏”按钮；或者按快捷键；或者在“Visual Basic 编辑器”中单击“运行宏”按钮等。但是若要使所创建的宏使用起来更方便、更容易，最有效的方法是将宏与菜单和工具栏结合起来，即通过选择菜单命令或单击工具栏按钮来运行宏。

Excel 提供了大量的内置工具栏，并且允许用户对工具栏和菜单栏进行自定义的设置。比如修改现有的内置菜单栏和工具栏，创建符合用户需要的新菜单和新工具栏等。

12.2.1 调整内置工具栏

工具栏上的每个按钮都是以直观醒目的图形来表示，每个按钮都可以实现一种操作。因此工具栏的使用使得许多操作变得更直观、更方便。但是由于显示空间的限制，Excel 内置的工具栏只包含了一些常用的命令按钮，用户可以通过自定义的方法调整工具栏上现有按钮的布局和样式，或者在工具栏上增加所需要的命令按钮，或者将自己创建的宏作为工具按钮命令，或者将不需要的按钮从工具栏中移除。

1．添加命令按钮

可以通过“自定义”对话框在工具栏上添加新的命令按钮。其具体操作步骤如下。

步骤 1：打开“自定义”对话框。单击菜单“视图”→“工具栏”→“自定义”；或者单击菜单“工具”→“自定义”；或者在工具栏上单击鼠标右键，从弹出的快捷菜单中选择“自定义”命令；或者单击工具栏上的“工具栏选项”按钮，从弹出的下拉菜单中单击“添加或删除按钮”子菜单中的“自定义”命令，如图 12-3 所示。这时系统弹出“自定义”对话框，单击“命令”选项卡。

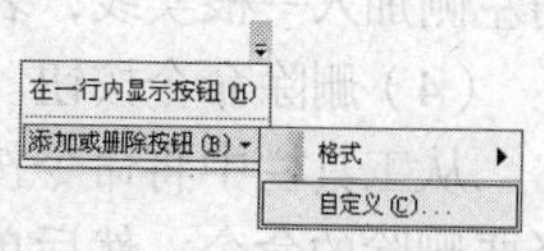

图 12-3　工具栏选项

步骤 2：向工具栏中添加命令按钮。在对话框左侧列表框中显示了命令类别，右侧列表框中显示了相应类别中所包含的各种命令。这时可以在左侧列表框中选择所需命令类别，在右侧列表框中找到所需命令，然后拖动鼠标将该按钮放到工具栏上方，当鼠标指针附近位置出现黑色竖线时，即指示了该命令按钮可在当前工具栏上插入的位置。此时放开鼠标左键，即可完成命令按钮的添加操作。

2．为工具按钮指定宏

用户可以将创建的宏以命令按钮的形式放到工具栏上，当需要运行宏时单击相应的命令按钮即可。其具体操作步骤如下。

步骤 1：打开“自定义”对话框。

步骤 2：在工具栏上添加用于运行宏的命令按钮。在“自定义”对话框中单击“命令”选项卡，在“类别”列表框中选定“宏”选项，在“命令”列表框中将“自定义按钮”选项拖放到工具栏上。

步骤 3：指定按钮名称。用鼠标右键单击该按钮，并在弹出的快捷菜单的“命名”编辑框中输入新的名称，然后按【Enter】键。

步骤 4：为按钮指定宏。右键单击该按钮，从弹出的快捷菜单中选择“指定宏”命令，这时系统弹出“指定宏”对话框。在该对话框的“宏名”列表框中选定要指定的宏名，然后单击“确定”按钮。

完成上述设置后，当单击该命令按钮时，系统会自动运行指定的宏。

3．编辑命令按钮

用户可以对工具栏上的命令按钮进行编辑操作，比如重新命名、从工具栏中移除、重新分组、重新排列等。对工具栏上命令按钮的任何编辑操作都应在“自定义”对话框打开的状态下进行。因此需要首先打开“自定义”对话框，然后再进行相关的编辑操作。其具体操作包括以下内容。

（1）重新命名。

重新命名命令按钮的方法是：首先打开“自定义”对话框；然后使用鼠标右键单击需要重新命名的命令按钮，在弹出的快捷菜单的“命名”编辑框中输入新的名称。

（2）重新排列。

重新排列命令按钮的方法是：首先打开“自定义”对话框；然后单击“命令”选项卡，再单击“重新排列”命令按钮，打开“重排命令”对话框。在该对话框中单击“工具栏”单选按钮，然后选择需要重新排列的工具栏。最后根据需要，使用“添加”命令按钮向该工具栏中添加所需的命令按钮；使用“删除”命令按钮移除不需要的命令按钮；使用“上移”或“下移”命令按钮，调整命令按钮在工具栏中的位置。完成设置后，单击“确定”按钮。

（3）重新分组。

为了便于用户使用，Excel 将工具栏中的命令按钮分为了若干组，每组之间用实线隔开，如果需要可以修改分组。方法是：首先打开“自定义”对话框；然后使用鼠标右键单击需要重新分组的命令按钮，在弹出的快捷菜单中选择“开始一组”命令。这时系统会在命令按钮的左侧加入一根实线，表示新一组的开始。

（4）删除命令按钮。

从工具栏中将命令按钮删除通常可用两种方法，一种方法是在“重排命令”对话框中选择要删除的命令，然后单击“删除”按钮。另一种方法是打开“自定义”对话框，然后使用鼠标将工具栏上需要删除的命令按钮拖动到工具栏外放开。

12.2.2 创建自定义工具栏

除可以对 Excel 内置的工具栏进行更改外，还可以创建新的自定义工具栏，并且可以将个人常用的命令或创建的宏放置到自定义的工具栏上。其具体操作步骤如下。

步骤 1：打开“自定义”对话框。

步骤 2：打开“新建工具栏”对话框。单击“工具栏”选项卡，单击“新建”按钮，这时系统弹出“新建工具栏”对话框。

步骤 3：设置新工具栏属性。在该对话框中输入自定义工具栏的名称，然后单击“确定”按钮。

这时屏幕上显示出新创建的工具栏，同时新创建的工具栏名称会显示在“工具栏”列表框中。接下来可以按照 12.2.1 小节中介绍的方法将所需的命令按钮放置到新建的工具栏上，也可以为命令按钮指定宏。

如果希望删除自定义的工具栏，可以在“自定义”对话框的“工具栏”选项卡下，勾选要删除的工具栏对应的复选框，然后单击“删除”按钮。

12.3 自定义菜单

Excel 的操作基本上是依靠菜单、工具栏或快捷键来完成的。与自定义工具栏相似，Excel 也允许用户根据需要自行定义菜单栏和菜单命令，将不用的菜单和菜单命令移去，而在需要的位置以自己创建的宏作为菜单或菜单命令。

12.3.1 调整内置菜单

与工具栏相似，Excel 也拥有大量的内置菜单，但同样因为显示范围的限制，在 Excel 窗口中仅显示了一些常用的菜单命令。用户可以根据需要对其进行调整。

1．添加菜单命令

可以通过“自定义”对话框为当前菜单栏上的菜单项添加新的菜单命令。其具体操作步骤如下。

步骤 1：打开“自定义”对话框。

步骤 2：添加子菜单命令。添加子菜单命令的方法有两种，一种是将“命令”选项卡下的“命令”列表框中的命令拖放到当前菜单中；另一种是利用已有的工具栏来建立。这里采用前一种方法。单击“命令”选项卡，然后在“类别”列表框中选定所需的类别选项，此时在“命令”列表框中显示该类别包含的所有菜单命令，找到所需的命令后，使用鼠标将其拖放到需要添加的菜单项上，当鼠标指针附近位置出现黑色横线时放开鼠标左键，即可完成菜单命令的添加操作。

2．为菜单命令指定宏

与工具按钮的应用相似，用户也可以将创建的宏以菜单命令形式放到菜单中，当需要运行宏时单击相应的菜单命令即可。其具体操作步骤如下。

步骤 1：打开“自定义”对话框。

步骤 2：在菜单上添加用于运行宏的菜单命令。在“自定义”对话框中单击“命令”选项卡，然后在“类别”列表框中选定“宏”选项，此时在“命令”列表框中显示“自定义菜单项”选项。使用鼠标将该选项拖动到菜单栏适当位置放开。

步骤 3：为自定义菜单命令命名。右键单击该命令，然后在弹出的快捷菜单的“命名”编辑框中输入新的名称，按【Enter】键。

步骤 4：为自定义菜单项指定宏。右键单击该菜单命令，从弹出的快捷菜单中选择“指定宏”命令，这时系统弹出“指定宏”对话框。在该对话框的“宏名”列表框中选定要指定的宏名，然后单击“确定”按钮。

完成上述设置后，当单击该命令时，系统会自动运行指定的宏。

3．编辑菜单命令

用户可以对菜单栏上的菜单命令进行编辑操作，比如重新命名、从菜单中移除、重新分组、重新排列等。与工具栏按钮的编辑操作相似，任何编辑操作都应在“自定义”对话框打开的状态下进行。因此需要首先打开“自定义”对话框，然后再进行相关的编辑操作。编辑菜单命令的操作方法与工具栏相似，这里不再赘述。

12.3.2　创建自定义菜单

创建新菜单的操作步骤与创建工具栏的方式相似，具体操作步骤如下。

步骤 1：打开“自定义”对话框。

步骤 2：创建新菜单。单击“命令”选项卡，在“类别”列表框中选定“新菜单”选项，将“命令”列表框中“新菜单”命令拖放到当前菜单栏的适当位置放开。这时在当前菜单栏上将显示“新菜单”菜单项。

步骤 3：指定新菜单名称。选定当前菜单栏上的“新菜单”菜单项，单击“自定义”对话框中的“更改所选内容”按钮，并在弹出的下拉菜单的“命名”编辑框中输入名称。然后按【Enter】键。

接下来可以按照 12.3.1 小节中介绍的方法将所需的命令放置到新创建的菜单上，也可以为某一菜单命令指定宏。

如果希望删除自定义的菜单，可以打开“自定义”对话框，然后使用鼠标将新建菜单项拖动到当前菜单栏以外放开。

12.4　在工作表中应用控件

菜单和工具栏作为运行宏的基本工具，可以提高 Excel 的自动化程度和工作效率，可以改善用户的操作环境。同样在工作表中使用控件，也能够为用户提供更加友好的操作界面。控件是在 Excel 与用户交互时，用于输入数据或操作数据的对象。Excel 中的控件有两种，分别是窗体控件和 ActiveX 控件。两种控件从外观上看是相同的，其功能也非常相似。本节将重点介绍窗体控件的应用。

12.4.1 认识常用控件

常用的窗体控件包括按钮、选项按钮、复选框、列表框、组合框、编辑框、滚动条等。使用它们可以创建出丰富多彩、使用方便的用户界面。

其中，按钮是 Excel 中最常用的窗体控件，一般用来运行指定的宏；当单击按钮时，将运行指定的宏的操作。

复选框控件用于二元选择，控件的返回值为 True 或 False；在工作表中可以同时选中多个复选框。选项按钮同样用于二元选择，控件的返回值为 True 或 False。与复选框控件不同的是，选项按钮控件用于单项选择，在多个选项按钮形成一组时，选中其中某个选项按钮后，同组的其他选项按钮的值将设置为 False。而复选框用于多项选择，单个复选框控件是否被选中，并不影响其他的复选框控件。

组合框与列表框控件非常相似，两种控件都可以在一组列表中进行选择，二者的区别是列表框控件显示多个选项；而组合框控件为一个下拉列表框，在此列表框中选中的选项将出现在文本框中。组合框的优点在于控件占用的面积小，除了可以在预置选项中进行选择外还可以输入其他数据。

编辑框控件主要用于接受用户的输入。一般情况下，用户会在工作表的单元格中直接输入数据，但当单元格处于编辑状态时，Excel 应用程序则无法运行任何代码，借助编辑框控件，就可以实现对用户键盘输入的控制。

滚动条控件可以实现用户单击控件中的滚动箭头或拖动滚动块来滚动数据。单击滚动箭头或拖动滚动块时，可以滚动一定区域的数据；单击滚动箭头与滚动块之间的区域时，可以滚动整页数据。

12.4.2 在工作表中添加控件

下面以“按钮”控件为例，介绍如何在工作表中添加一个控件。其具体操作步骤如下。

步骤 1：调出“窗体”工具栏。单击菜单“视图”→“工具栏”→“窗体”；或者在工具栏上单击鼠标右键，从弹出的快捷菜单中选择“窗体”命令。这时系统将弹出“窗体”工具栏，如图 12-4 所示。

图 12-4 “窗体”工具栏

步骤 2：在工作表中添加控件。单击要添加的“按钮”控件，这时鼠标指针变为十字形状，在工作表上拖放出一个长宽适中的矩形，即创建了一个按钮控件。这时会打开“指定宏”对话框。

步骤 3：设置“按钮”控件。如果需要将已创建的宏指定给该按钮，可以在“宏名”列表框中选定需要的宏，然后单击“确定”按钮；如果不需要指定宏，则单击“取消”按钮。

注意：只有在激活一张工作表时，工作表中的控件才能运行宏。如果希望按钮在任何工作簿或工作表中都可用，则可指定宏从工具栏按钮上运行。

步骤 4：修改“按钮”控件上的显示文字。双击“按钮”控件，输入需要的文字。

步骤 5：设置控件格式。用鼠标右键单击控件，从弹出的快捷菜单中选择“设置控件格式”命令，系统弹出“设置控件格式”对话框，如图 12-5 所示。此时可以对控件进行格式设置，包括字体、对齐、大小、保护、属性等。

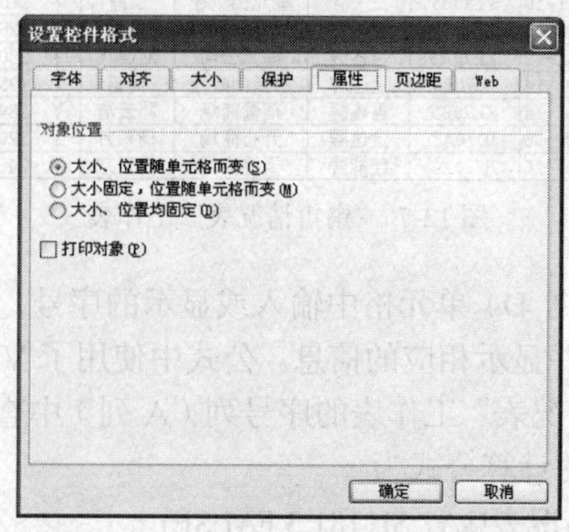

图 12-5 “设置控件格式”对话框

12.5 应用实例——创建销售管理用户界面

销售管理可以在用户自己创建的操作界面中进行，不仅可以使操作环境变得更加美观、清晰，也可以通过使用 Excel 提供的宏和窗体控件功能设置用户的操作方式，提高 Excel 的自动化程度和工作效率。本节将通过创建销售管理用户界面，进一步说明有关宏、窗体控件、自定义工具栏和菜单等操作的方法和技巧。

12.5.1 建立管理卡片

在很多传统的管理工作中，经常采用卡片的管理方式，如人员管理、图书管理、仪器管理等。销售管理也可以采用此方式，将商品的销售情况以卡片形式显示，在卡片中输入销售人员的销售信息等。本节创建的销售管理用户界面，首先是在工作表中建立销售管理卡片。

过去，创建图形用户界面必须是计算机专业人员使用专用的软件工具才能完成的工作。而现在，几乎不用编写程序，就可以在 Excel 工作表中直接使用各种图形化的窗体控件，创建符合用户习惯的图形用户界面。

1. 建立管理卡工作表

首先根据用户习惯和要求，创建如图 12-6 所示的管理卡工作表。管理卡工作表显示了“销售情况表”工作表中某一行的数据，“销售情况表”如图 12-7 所示。

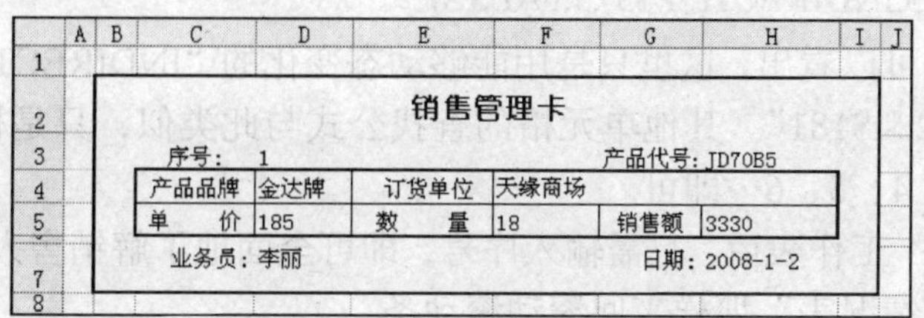

图 12-6 “管理卡”工作表

	A	B	C	D	E	F	G	H	I
1	序号	日期	产品代号	产品品牌	订货单位	业务员	单价	数量	销售额
2	1	2008-01-02	JD70B5	金达牌	天缘商场	李丽	¥ 185	18	¥ 3,330
3	2	2008-01-05	JN70B5	佳能牌	白云出版社	杨韬	¥ 185	19	¥ 3,515
4	3	2008-01-05	SG70A3	三工牌	蓝图公司	王霞	¥ 230	23	¥ 5,290
5	4	2008-01-07	JD70B5	金达牌	天缘商场	邓云洁	¥ 185	20	¥ 3,700
6	5	2008-01-10	SY80B5	三一牌	星光出版社	王霞	¥ 210	40	¥ 8,400
7	6	2008-01-12	JD70A4	金达牌	期望公司	杨韬	¥ 225	40	¥ 9,000
8	7	2008-01-12	XL70A3	雪莲牌	海天公司	刘恒飞	¥ 230	50	¥ 11,500
9	8	2008-01-14	JD70B4	金达牌	白云出版社	杨韬	¥ 195	21	¥ 4,095
10	9	2008-01-14	XL70B5	雪莲牌	蓓蕾商场	邓云洁	¥ 189	22	¥ 4,158
11	10	2008-01-16	JD70A3	金达牌	开心商场	杨东方	¥ 220	40	¥ 8,800
12	11	2008-01-16	JN80A3	佳能牌	天缘商场	杨东方	¥ 245	70	¥ 17,150

图 12-7 “销售情况表”工作表

卡片中的数据均可以根据 D4 单元格中输入或显示的序号，通过公式在“销售情况表”工作表中查找匹配的记录，并显示相应的信息。公式中使用了 VLOOKUP 函数，该函数根据 D4 单元格的内容在“销售情况表”工作表的序号列（A 列）中查找，然后返回对应行的指定列信息。例如 H3 单元格中的计算公式为

=VLOOKUP($D$3,销售情况表!$A2:$I$181,3,FALSE)

其中$D$3 为要查找的序号；“销售情况表!$A2:$i$181”为整个数据清单所在的单元格区域；3 表示函数返回数据清单的第 3 列，即 C 列“产品代号”信息；FALSE 指定函数的查找方式为精确查找。当 D3 单元格内数据为 1 时，H3 将显示第一行商品的产品代号“JD70B5”信息。

考虑到“销售情况表”的数据是动态增加的，当增加一条新记录时，单元格区域就会增加一行。因此 VLOOKUP 函数的查找和引用范围应该是动态变化的。解决的方法是将动态变化的单元格区域以字符串的形式存放在某个单元格中，再利用 INDIRECT 函数间接引用。这其中需要用到 COUNTA 函数、INDIRECT 函数和字符串连接运算。

INDIRECT 函数的语法规则是：INDIRECT(Ref_text,A1)。

该函数返回文本字符串指定的引用，相当于间接地址引用。一般有 2 个参数，第 1 个参数是单元格引用地址，通常此单元格中存放的是另一个单元格或单元格区域的地址；第 2 个参数是逻辑值，用以指定第 1 个参数的单元格引用方式，如果采用 A1 形式，则可以省略。当需要更改公式中单元格的引用，而不更改公式本身时经常使用该函数。

应用 COUNTA 函数、INDIRECT 函数和字符串连接运算实现动态单元格区域引用的具体操作步骤如下。

步骤 1：计算出当前销售情况表的行数。在 P2 单元格中输入公式=COUNTA(销售情况表!A:A)，当前计算结果为 181，并且会自动随着销售情况表记录的增减而动态增减。

步骤 2：建立数据清单的地址字符串。在 P3 单元格中输入公式="销售情况表!A2:I"&P2，当前计算结果为“销售情况表!A2:I181”，同样会自动随着销售情况表记录的增减而动态变化。

步骤 3：建立查找公式。例如在 H3 单元格中输入如下公式。

=VLOOKUP($D$3,INDIRECT($P$3),3,FALSE)

对照前面的公式可以看出，这里只是用能够动态变化的“INDIRECT($P$3)”代替了固定的“销售情况表!$A2:$i$181”。其他单元格的查找公式与此类似，只是根据需要返回值的不同，将第 3 个参数改 4、5、6…即可。

创建好“管理卡”工作表后，只需输入序号，即可全面地了解销售人员的所有销售信息，而不用像查看“销售情况表”那样来回滚动滚动条。

2．添加窗体控件

用直接输入序号的方法查看商品销售信息，有时还不够方便。例如看完了第 150 张卡片，还希望看上一张、或下一张时，需要重新输入 149 或 151。特别是当输入了错误的序号时，例如输入了 0，整个卡片将会出现混乱，如图 12-8 所示。

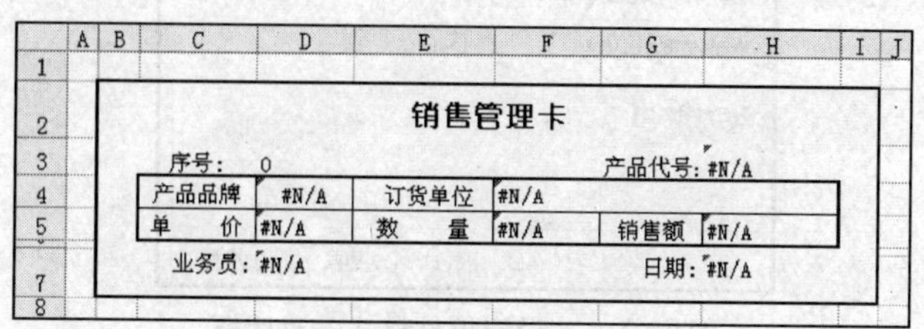

图 12-8　出现错误的管理卡

为了避免发生由输入错误而导致的混乱，也为了更方便地浏览卡片，可以在“管理卡”工作表上添加窗体控件。下面将为“管理卡”工作表添加“滚动条”控件和“按钮”控件。添加之前需要先调出“窗体”工具栏。

（1）在工作表中添加滚动条。

其具体操作步骤如下。

步骤 1：建立滚动条控件。单击“窗体”工具栏上的“滚动条”控件，鼠标指针变为十字形状，在销售管理卡右侧拖放出一个长宽适中的矩形，如图 12-9 所示。

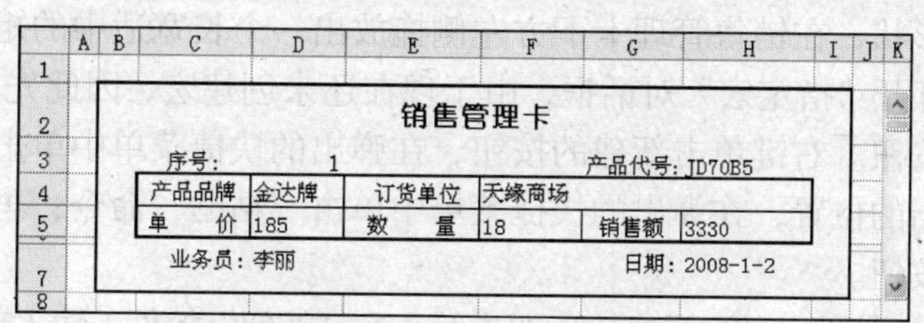

图 12-9　创建滚动条后的管理卡

步骤 2：设置滚动条控件格式。右键单击滚动条，在快捷菜单中选择“设置控件格式”命令，打开“设置控件格式”对话框。滚动条控件常用来控制输入特定范围的数据。可以根据需要设置其最小值、最大值、步长、页步长和单元格链接等选项。其中“最小值”和“最大值”选项决定了滚动条上滑块的变化范围。假设卡片序号的变化范围是 1 到 1 000，则分别设置这两个选项值为 1 和 1 000。“步长”选项表示当用鼠标单击滚动条两端箭头时滑块增加或减少的值，即滑块移动的最小步长。“页步长”选项表示当用鼠标单击滚动条的空白处时，滑块移动的增加量。假设希望当用鼠标单击滚动条两端箭头时，序号每次增加或减少 1，当用鼠标单击滚动条的空白处时，序号每次增加或减少 10，则分别设置“步长”和“页步长”为 1 和 10。“单元格链接”选项可以指定该滚动条控件控制的单元格，该单元格的值将随着滚动条的变化而变化。为了防止操作失误，不让该滚动条直接控制卡片的序号，而是让其临时与 P4 单元格链接。设置完成的“设置控件格式”对话框如图 12-10 所示。单击“确定”按钮完成设置。

步骤 3：测试滚动条。分别单击滚动条的两端箭头，单击滚动条滑块上下的空白处，或是拖动滚动条，查看 P4 单元格的数据变化情况。

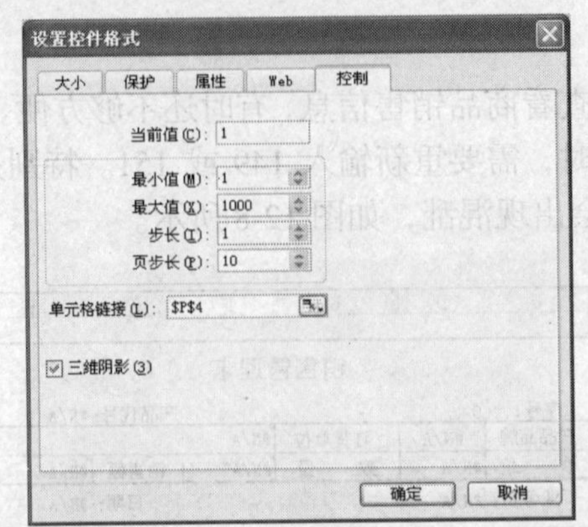

图 12-10 “设置控件格式”对话框

步骤 4：设置序号单元格与滚动条控制的单元格关联。在 D3 单元格中输入公式=IF(P4>=P2,P2-1,P4)，这时，整个卡片的信息都会随着滚动条的操作而变化。

公式“=IF(P4>=P2,P2-1,P4)”的含义是如果滚动条链接的单元格 P4 的值超出了“销售情况表”数据的范围，则按“P2-1”计算序号，否则按 P4 的值计算序号。

（2）添加按钮控件

在管理卡工作表中，除了添加滚动条控件以外，还可以添加按钮控件，使其能够直接定位到第一个、最后一个、上一个和下一个记录。添加按钮控件的操作步骤如下。

步骤 1：在窗体中添加“按钮”控件。单击“窗体”工具栏上的“按钮”控件，这时鼠标指针变为十字形状，在销售管理卡下方左侧拖放出一个长宽适中的矩形，即创建了一个按钮控件。这时会打开“指定宏”对话框，由于现在还未创建宏，因此先单击“取消”按钮。

步骤 2：复制按钮。右键单击新建的按钮，在弹出的快捷菜单中单击“复制”命令；右键单击工作表中适当的位置，在弹出的快捷菜单中单击“粘贴”命令；再重复两次，即建立了 4 个外观相同的按钮。

步骤 3：修改按钮控件上的显示文字。双击第一个“按钮”控件，输入首张，使用相同方法将另外 3 个控件上的文字分别改为“上一张”、“下一张”和“末张”，并将这 4 个按钮均匀排列在销售管理卡的下方，如图 12-11 所示。

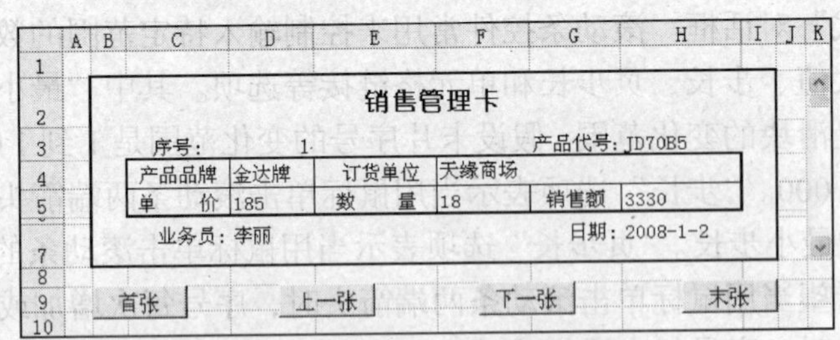

图 12-11 创建按钮后的管理卡

3. 创建浏览卡片宏

虽然在管理卡工作表上创建了按钮，但是还不能进行任何操作，还需要先创建进行“首张”、“末张”、“上一张”和“下一张”等浏览操作的宏，然后将这些宏指定到相应的按钮上。创建关于“首张”按钮宏的具体操作步骤如下。

步骤 1：打开“录制新宏”对话框。单击菜单“工具”→“宏”→“录制新宏”，系统弹出“录制新宏”对话框。

步骤 2：准备录制宏。将“宏名”文本框内容改为“首张”。因为主要通过命令按钮运行宏，所以不指定快捷键，单击“确定”按钮。

步骤 3：录制宏。单击 P4 单元格，输入 1，然后按【Enter】键，这时工作表中将显示序号为 1 的卡片。单击“停止录制”工具栏上的“停止录制”按钮。

至此，有关显示首张卡片的宏录制完成。如果要查看或编辑刚刚录制的宏，可以单击菜单“工具”→“宏”→“Visual Basic 编辑器”，打开 Microsoft Visual Basic 窗口，刚刚录制的宏如图 12-12 所示。

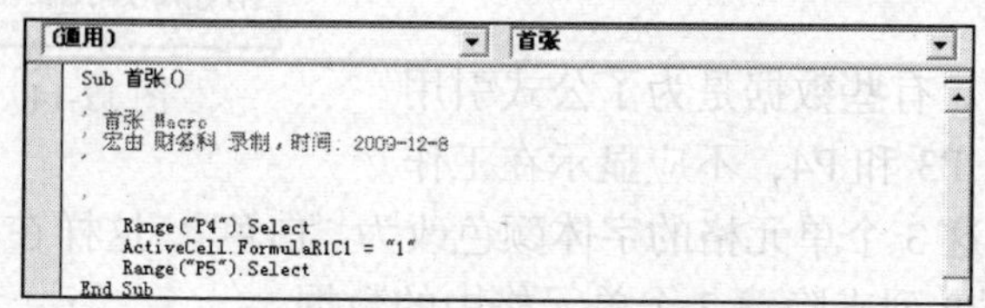

图 12-12　录制的宏代码

从图 12-12 中可以看出，Excel 录制了以下 3 步操作。

- Range("P4").Select：将 P4 单元格设置为活动单元格。
- ActiveCell.FormulaR1C1 = "1"：将活动单元格（即 P4 单元格）的值设置为 1。
- Range("P5").Select：将 P5 单元格定义为活动单元格。

参照这个宏，可以直接编写出“末张”、“上一张”和“下一张”的宏。只需将第 2 条语句分别改为“ActiveCell.FormulaR1C1=Range("P3")”、“ActiveCell.FormulaR1C1 = ActiveCell.FormulaR1C1 －1”和“ActiveCell.FormulaR1C1 = ActiveCell.FormulaR1C1 ＋ 1”。这样几个宏就可以执行了，但是“上一张”和“下一张”对应的宏还有些问题。当 P4 的当前值已经是 1 时，如果再执行“上一张”的宏，将会出现 0 甚至是负数的序号；类似地，当 P4 单元格的当前值已经等于“销售情况表”最后一行时，如果再执行“下一张”的宏，将会出现超过现有序号的数。若要避免出现上述情况，需要进一步完善这两个宏，也就是在执行“＋1”或“－1”操作前先进行判断，如果已经到达边界，就不再继续“＋1”或“－1”操作。最后编写好的 4 个宏代码如图 12-13 所示。

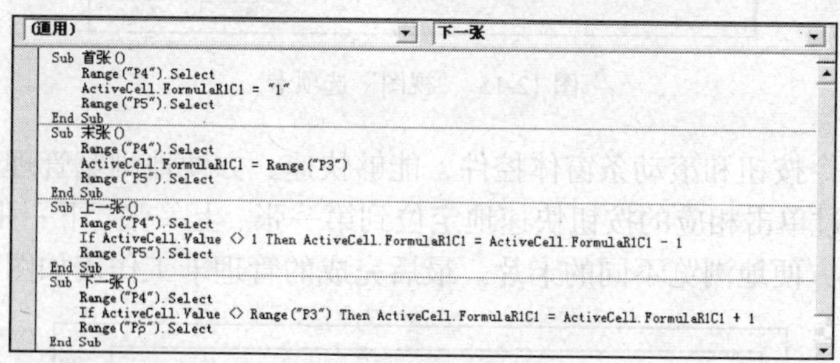

图 12-13　编写好的宏代码

4．为按钮指定宏

下面可以将编制好的宏指定到相应的按钮上，具体操作步骤如下。

步骤 1：打开“指定宏”对话框。右键单击工作表上的“首张”按钮，在弹出的快捷菜单中选择“指定宏”命令，打开“指定宏”对话框。

步骤 2：为“首张”按钮指定宏。在“指定”宏对话框的“宏名”列表框中选择“首张”，如图 12-14 所示。单击“确定”按钮。

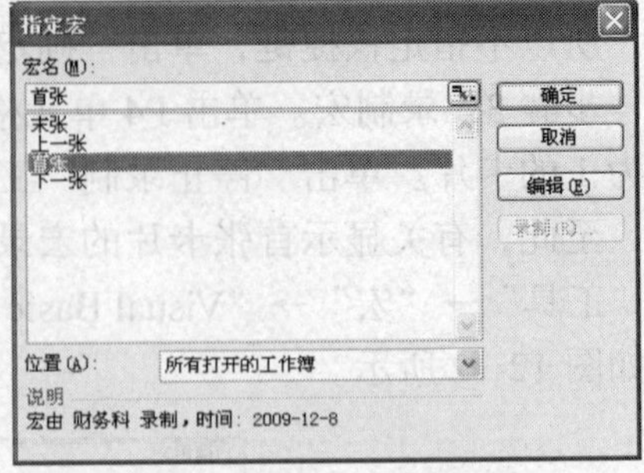

图 12-14 “指定宏”对话框

步骤 3：为其他按钮指定宏。重复上述操作步骤，为“上一张”、“下一张”和“末张”按钮指定相应的宏。

5．美化管理卡界面

为了更加美观实用，可以将工作表中无关的信息隐藏起来，可以隐藏窗口元素等。

（1）隐藏无关数据。

在管理卡工作表中，有些数据是为了公式引用方便而设置的，如 P2、P3 和 P4，不应显示在工作表中。隐藏的方法是将这 3 个单元格的字体颜色改为“白色”，这样在工作表中将看不到这些数据。也可以通过隐藏 P 列来隐藏 3 个单元格中的数据。

（2）隐藏窗口元素。

可以将管理卡工作表中的网格线、行号、列标等元素隐藏起来，使得窗口更为简洁和清晰。其具体操作步骤如下。

步骤 1：打开“选项”对话框。单击菜单“工具”→“选项”，打开“选项”对话框。

步骤 2：设置视图选项。单击“视图”选项卡，取消“网格线”和“行号列标”复选框的选定，如图 12-15 所示。单击“确定”按钮。

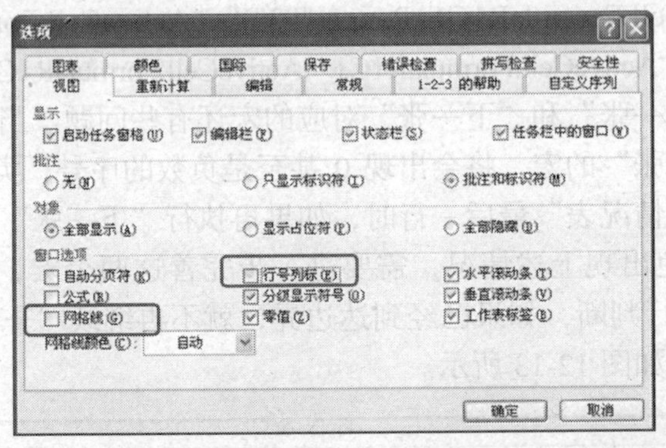

图 12-15 “视图”选项卡

至此，带有命令按钮和滚动条窗体控件，能够快速、方便地浏览管理卡工作表就设置完成了。用户可以通过单击相应的按钮快速地定位到第一张、上一张、下一张或最后一张卡片，也可以利用滚动条方便地浏览不同的卡片。最后完成的管理卡工作表如图 12-16 所示。

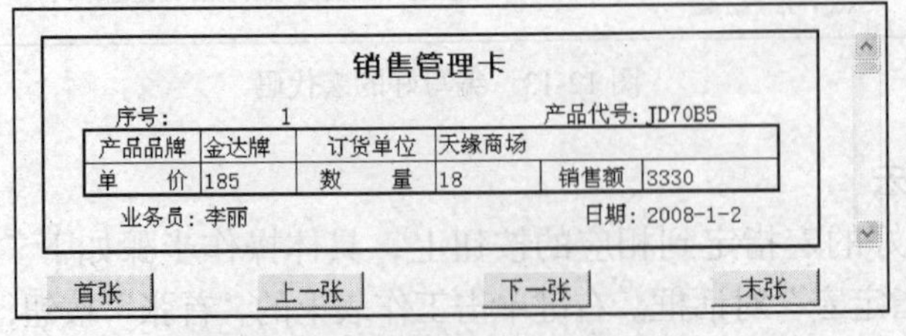

图 12-16 完成后的管理卡工作表

12.5.2　创建自定义工具栏

创建用户界面、提高操作效率的另外一个方面，就是由用户根据自己的使用习惯和要求，将经常进行的操作定义成宏，然后再将宏指定到自定义工具栏中的按钮上。事实上，对于应用较为普遍的宏，运行它最为有效的方法就是将其与工具栏和菜单栏结合起来，也就是说，通过选择菜单命令或单击工具栏按钮来执行宏。例如将上述创建的 4 个宏指定到自定义的工具栏中。其具体操作步骤如下。

步骤 1：打开“自定义”对话框。

步骤 2：打开“新建工具栏”对话框。单击“工具栏”选项卡，单击“新建”按钮，这时系统弹出“新建工具栏”对话框。

步骤 3：设置新工具栏属性。在该对话框中输入浏览，作为自定义工具栏的名称，如图 12-17 所示。单击“确定”按钮。这样就创建了“浏览”工具栏，并出现在工作表中，如图 12-18 所示。

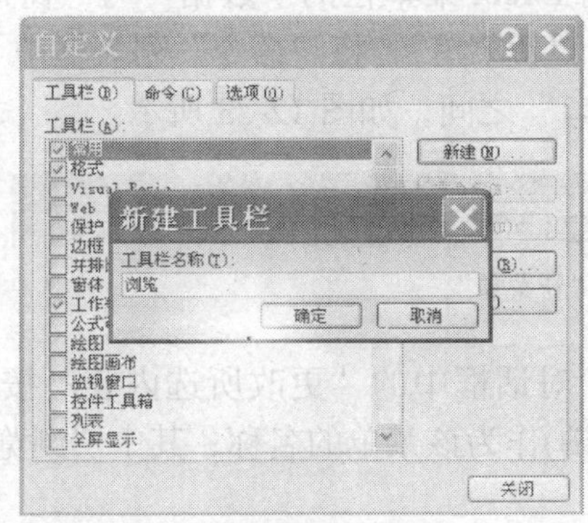

图 12-17　设置好的“新建工具栏”对话框

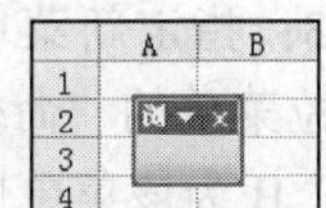

图 12-18　新建的工具栏

步骤 4：为新建工具栏添加按钮。在“自定义”对话框中选定新创建的“浏览”工具栏，单击“命令”选项卡，在“类别”列表框中选择“宏”，在“命令”列表框中将“自定义按钮”拖放到“浏览”工具栏上，这时新建的“浏览”工具栏如图 12-19 所示。

步骤 5：指定按钮名称。右键单击新建工具栏上的按钮，在弹出的快捷菜单的“命名”编辑框中输入首张（&F），作为按钮的名称。其中“首张”将作为该工具按钮的名称，“&F”表示指定 F 为该工具按钮的快捷键。选择“图像与文本”命令，表示自定义的工具按钮上同时显示图像和文本。添加了按钮名称的“浏览”工具栏如图 12-20 所示。

步骤 6：修改按钮图标。单击“自定义”对话框的“更改所选内容”按钮，在打开的下拉菜单中选择“更改按钮图标”命令，在打开的图标菜单中选择所需的图标。修改图标以后的“浏览卡片”工具栏如图 12-21 所示。

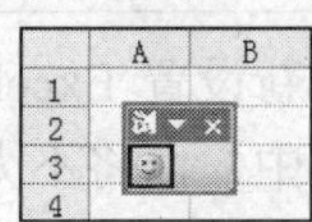

图 12-19　添加自定义按钮后的工具栏

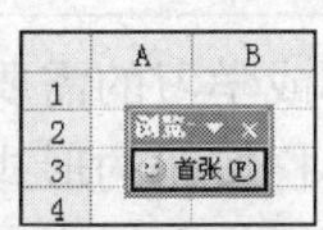

图 12-20　添加了按钮名称的工具栏

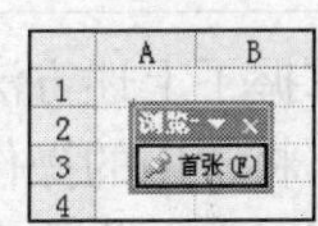

图 12-21　修改图标后的工具栏

步骤 7：为按钮指定宏。右键单击该按钮，从弹出的快捷菜单中选择“指定宏”命令，这时系统弹出“指定宏”对话框。在该对话框的“宏名”列表框中选择“首张”宏，然后单击“确定”按钮。

步骤 8：添加并编辑其他宏。重复步骤 4~步骤 7，在“浏览”工具栏中添加 3 个按钮，名称分别为“上一张（&B）”、“下一张（&N）”和“末张（&E）”，指定的宏分别为“上一张”、“下一张”和“末张”。设置完成的“浏览”工具栏如图 12-22 所示。

图 12-22　设置完成后的“浏览”工具栏

12.5.3　创建自定义菜单

菜单栏实际上是一种特殊的工具栏。对于应用更为普遍的宏也可以将其直接作为菜单命令放置到菜单中。例如将已建立的 4 个宏指定到自定义菜单中。其操作步骤如下。

步骤 1：打开“自定义”对话框。

步骤 2：创建新菜单。假设将新菜单添加到 Excel 菜单栏的“数据”与“窗口”之间。单击“命令”选项卡，在“类别”列表框中选定“新菜单”，将“命令”列表框中“新菜单”命令拖至 Excel 菜单栏，放置于“数据”与“窗口”之间，如图 12-23 所示。

图 12-23　添加“新菜单”

步骤 3：指定新菜单名称。单击“自定义”对话框中的“更改所选内容”按钮，并在弹出的下拉菜单的“命名”编辑框中输入浏览(&B)作为该菜单的名称，其中“浏览”为该菜单的名称，B 为该菜单快捷键。

步骤 4：为自定义菜单增加子菜单命令。添加子菜单命令有两种方法，一种是在“命令”选项卡中通过拖放“新菜单”项来实现；另一种是利用已有的工具栏来建立。这里采用后一种方法，在按住【Ctrl】键的同时，用鼠标将“浏览”工具栏中的按钮拖放到“浏览”菜单中，创建好的“浏览”菜单如图 12-24 所示。

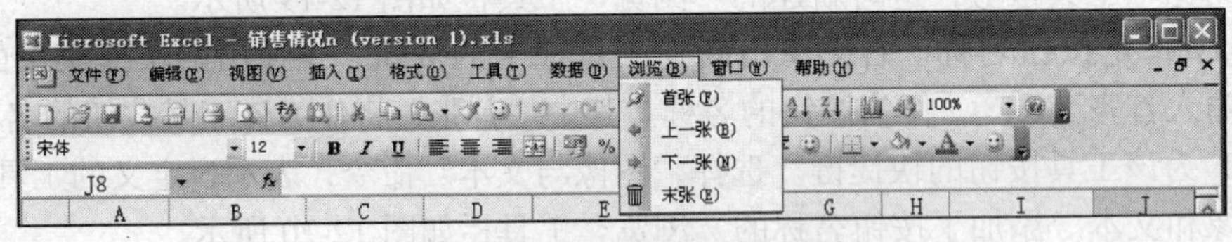

图 12-24　创建好的“浏览”菜单

注意：如果不按住【Ctrl】键直接拖曳，将会把“浏览”工具栏中的按钮移动到“浏览”菜单中。

掌握了上述方法，就可以根据工作或学习的需要以及个人偏好来重新设置 Excel 的工作环境。将常用的操作命令以菜单或工具栏按钮的形式放置在工作簿窗口中，而将不太常用的命令暂时从工作簿窗口中移除，以方便操作和提高工作效率。

本章小结

通过对本章的学习，读者应理解宏的基本概念，掌握录制宏和执行宏的操作，并初步掌握窗体控件的使用方法。可以根据需要自定义工具栏和菜单栏，能够将 Excel 的内容融会贯通，使得应用 Excel 更加得心应手。

习　题

1. 什么是宏？其主要作用是什么？
2. 创建宏的方法有几种？各自的特点是什么？它们之间的联系是什么？
3. 运行宏的方法有几种？各自的特点是什么？
4. 使用窗体控件的目的是什么？如何在工作表中添加一个控件？
5. 如何创建自定义的工具栏？

实　训

1. 现有“办公信息调整”表，如图 4-26 所示，按以下要求完成操作。

（1）在“办公信息调整”工作表中建立 4 个命令按钮，分别实现“行政部”、“技术部”、“销售部”和“客服部”办公信息的自动筛选。

（2）建立“办公信息管理卡”工作表，其格式和内容自行确定。要求能够根据输入的“序号”，显示相关信息。

2. 自定义 Excel 工作环境。

（1）在“格式”工具栏上“货币样式”按钮的左侧添加“增大字号”和“减小字号”工具按钮，并将添加的两个按钮设为一组。

（2）在“工具”菜单中的第一组命令最下面添加“照相机”命令。

第 13 章 使用 Excel 的协同功能

内容提要

本章主要介绍 Excel 实现协同工作、信息共享的方法，包括超链接及其应用、Excel 与 Internet 交换信息、Excel 与 Office 组件共享信息、共享工作簿及追踪修订等等。重点是通过 Excel 协同功能的介绍，掌握应用 Excel 进行协同工作、共享信息的方法。

主要知识点

- 超链接
- 创建和发布网页
- Web 查询
- 链接与嵌入
- 共享工作簿
- 追踪修订

随着网络应用的迅猛发展和办公信息化的不断深入，人们在工作中更加强调信息共享、强调团队与协作。Excel 不但可以与其他 Office 组件无缝链接，还可以帮助用户通过 Internet 与其他用户协同工作，交换信息。

13.1 超 链 接

用户使用 Internet 浏览网页时，往往是通过单击网页中的图片或文字打开另一个网页，这就是超链接。在 Excel 中，可以创建具有这种跳转功能的超链接，能够使用户轻松地从一个工作表跳转到另一个工作表，或是另一个工作簿文件，也可以跳转到网页，还可以在其他 Office 组件创建的文档之间进行跳转。

13.1.1 创建超链接

超链接可以利用图片或图形创建，也可以在单元格中创建。超链接要链接到的目的地，称为超链接目标，一般包括原有的文件或网页、本文档中的位置、新建文档以及电子邮件地址等 4 种。

1. 创建链接到原有的文件的超链接

原有的文件是指本地计算机中已经存在的文件。如果超链接的目标是本地计算机中某一个已经存在的文件或文件夹，则使用“原有的文件或网页”选项来创建超链接。其具体操作步骤如下。

步骤 1：选定需要创建超链接的图形或单元格。

步骤 2：打开“插入超链接”对话框。单击菜单“插入”→“超链接”，或右键单击选定的单元格或图形，从弹出的快捷菜单中选择“超链接”命令，这时系统弹出“插入超链接”对话框。

步骤 3：设置超链接目标。单击“链接到”框中的“原有文件或网页”按钮，单击“查找范围”下方的“当前文件夹”按钮。从“查找范围”下拉列表中找到文件所在文件夹，单击其下方显示的文件名，此时 Excel 会自动在“地址”下拉列表中显示出文件所在文件夹的完整路径，如图 13-1 所示。

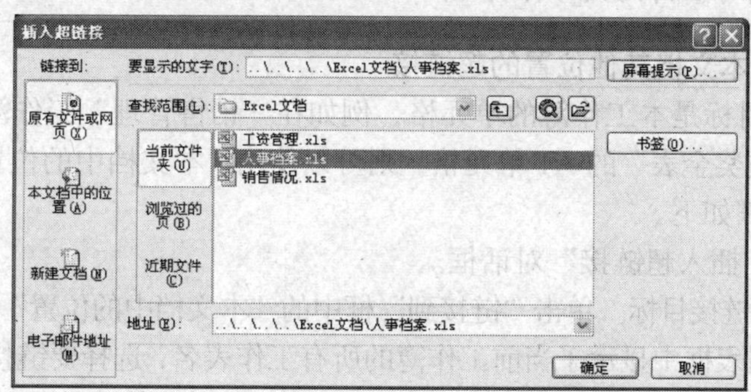

图 13-1　创建链接到原有文件的超链接

步骤 4：执行创建操作。单击“确定”按钮，关闭“插入超链接”对话框。

此时回到工作表，单击建立了超链接的单元格或图形，Excel 会自动打开链接的文件。

2. 创建链接到网页的超链接

如果超链接的目标是网页，则使用“原有的文件或网页”选项来创建超链接。例如创建链接到某学校主页的超链接，具体操作步骤如下。

步骤 1：打开“插入超链接”对话框。右击需要创建超链接的图形或单元格，从弹出的快捷菜单中选择“超链接”命令，这时弹出“插入超链接”对话框。

步骤 2：设置超链接目标。单击“链接到”框中的“原有文件或网页”按钮。

步骤 3：设置屏幕显示文字。在“要显示的文字”文本框中输入转到学校主页；单击“屏幕提示”按钮，在弹出的“设置超链接屏幕提示”对话框的“屏幕提示”文本框中输入单击单元格可以打开学校主页；单击“确定”按钮。

步骤 4：输入超链接目标地址。在“地址”下拉列表框中输入网页地址 http://www..cueb.edu.cn，如图 13-2 所示。

步骤 5：执行创建操作。单击“确定”按钮，关闭“插入超链接”对话框。

这时包含超链接的单元格内将显示“转到学校主页”文字，当鼠标指向该文字上时，鼠标下方将显示提示信息“单击单元格可以打开学校主页”，当单击该单元格时，Excel 将自动打开学校主页。

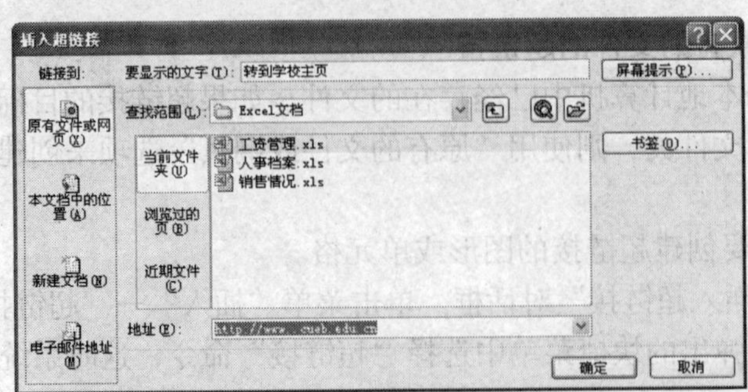

图 13-2　创建链接到网页的超链接

注意：　　如果使用空白单元格创建超链接，则可以在“插入超链接”对话框的“要显示的文字”文本框中输入相关文字来说明超链接，以明确超链接的内容。这种说明对任何链接目标均适用。

3. 创建链接到本文档其他位置的超链接

如果超链接的目标是本工作簿的单元格，例如在“销售管理”工作簿中创建超链接，链接目标为“2 月业绩奖金表”的 A1 单元格，则可以使用“本文档中的位置”选项来创建超链接。其具体操作步骤如下。

步骤 1：打开“插入超链接”对话框。

步骤 2：设置超链接目标。单击“链接到”框中的“本文档中的位置”按钮，在“或在这篇文档中选择位置”列表框中显示了当前工作簿的所有工作表名，选择要链接的工作表“2月业绩奖金表”，在“请输入单元格引用”文本框中输入要引用的单元格地址 A1，如图 13-3 所示。

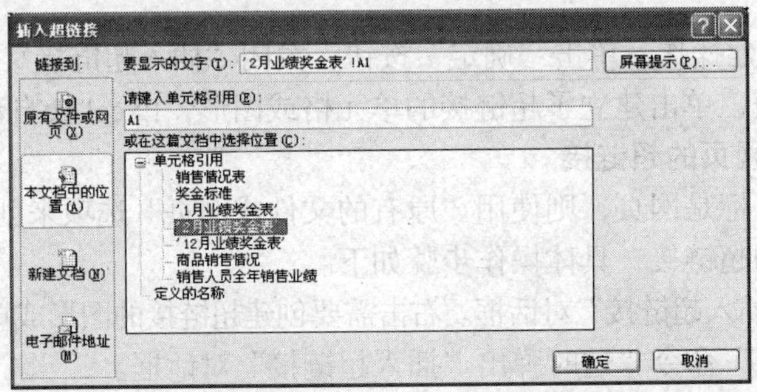

图 13-3　创建链接到本文档其他位置的超链接

步骤 3：执行创建操作。单击“确定”按钮，关闭“插入超链接”对话框。

此时返回到工作表，单击包含超链接的单元格或图形，Excel 将自动跳转到“2 月业绩奖金表”工作表的 A1 单元格。

4. 创建链接到电子邮件地址的超链接

如果超链接的目标是电子邮件地址，则可以使用“电子邮件地址”选项来创建超链接。例如创建链接到“mis@cueb.edu.cn”电子邮件地址的超链接，具体操作步骤如下。

步骤 1：打开“插入超链接”对话框。

步骤 2：设置超链接目标。单击“链接到”框中的“电子邮件地址”按钮，在“电子邮件地址”文本框中输入 mis@cueb.edu.cn，这时 Excel 将自动在邮件地址前添加 mailto:；在“主题”

文本框中输入要发送的主题，如图 13-4 所示。

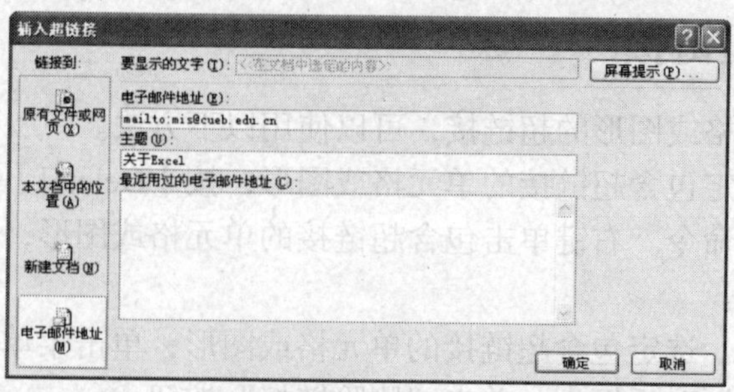

图 13-4 创建链接到电子邮件地址的超链接

步骤 3：执行创建操作。单击“确定”按钮，关闭“插入超链接”对话框。

此时单击包含超链接的单元格或图形，Excel 将自动使用当前系统默认的邮件客户端程序（如 Outlook Express）创建一封邮件，如图 13-5 所示。编写邮件后，单击“发送”按钮即可发送邮件。

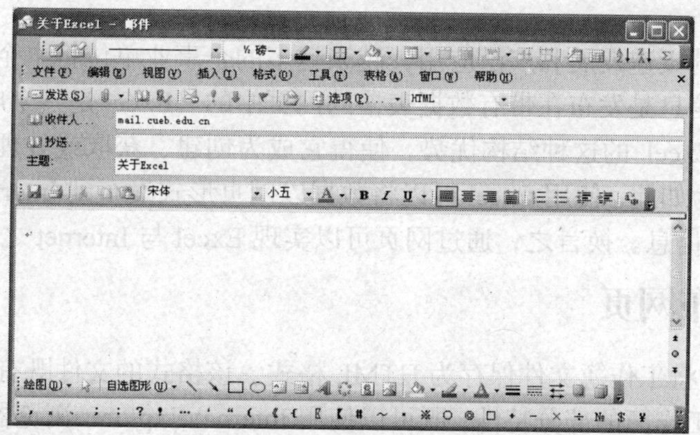

图 13-5 创建的新邮件

13.1.2 修改超链接

创建超链接后，如果需要可以对其进行修改，比如重新指定超链接的目标等。其具体操作步骤如下。

步骤 1：打开“编辑超链接”对话框。右键单击包含超链接的单元格或图形，在弹出的快捷菜单中选择“编辑超链接”命令；或者选定包含超链接的单元格或图形，单击菜单“插入”→“超链接”。弹出“编辑超链接”对话框。

注意： 若要选定包含超链接的单元格，可以先选定超级链接旁边的单元格，然后使用方向键移动到包含超链接的单元格上。若要选定包含的图形，可以按住【Ctrl】键再单击图形。

步骤 2：修改超链接。“编辑超链接”对话框与“插入超链接”对话框一样，用户可以根据需要，先在“链接到”框中选择“原有文件或网页”按钮，或“本文档中的位置”按钮，或“新建文档”按钮，或“电子邮件地址”按钮，再输入所需的内容。

步骤 3：单击“确定”按钮。

13.1.3 删除超链接

如果需要删除单元格或图形的超链接，可以使用以下方法。

（1）使用键盘。选定包含超链接的单元格或图形，按【Delete]】键。

（2）使用快捷菜单命令。右键单击包含超链接的单元格或图形，从弹出的快捷菜单中选择“取消超链接”命令。

（3）使用菜单命令。选定包含超链接的单元格或图形，单击菜单“插入”→“超链接”，在弹出的“编辑超链接”对话框中，单击“删除链接”按钮。

第一种方法将超链接和单元格中的文本全部删除。后两种方法只删除超链接，不删除单元格中的文本。

13.2 与 Internet 交换信息

随着 Internet 的飞速发展和广泛应用，越来越多的企事业单位将本企业的多种信息发布到网上，其中很多信息是发布在带有数据表格的网页中的。Excel 是一个电子表格处理软件，其结构就是表格，Excel 的这种结构优势，使得它成为创建、获取或处理此类网页数据的最佳工具之一。正因为如此，使用 Excel 可以将数据以网页形式发布到 Internet 上，也可以获取 Internet 上网页中的信息。换言之，通过网页可以实现 Excel 与 Internet 之间的信息交换。

13.2.1 发布网页

Excel 允许用户将工作簿文件保存为 HTML 格式。该格式的文件既有 HTML 文件特征，同时也保留了原始工作簿的部分特性；既可以使用 Internet Explorer 浏览器来浏览，也可以被 Excel 识别，在其应用窗口中查看。在保存为 HTML 格式的文件时，用户可以选择是保存为静态 HTML，还是保存为能够进行交互的 HTML。

创建和发布网页的操作步骤如下。

步骤 1：打开“另存为”对话框。单击菜单“文件”→“另存为网页”，打开“另存为”对话框。

步骤 2：指定保存类型。在“另存为”对话框的“保存类型”下拉列表框中，有两种网页格式可以选择，一种是“单个文件网页”，另一种为“网页”。保存为“单个文件网页”时，保存的文件只有一个，其扩展名为.mht 或.htm；保存为“网页”时，除保存了一个扩展名为.htm 或.html 的网页文件之外，在该文件同一目录下还增加了一个名称为“xxx.files”的文件夹（其中，xxx 为工作簿的文件名）。根据需要选择保存类型。

步骤 3：指定保存位置。在“保存位置”下拉列表框中指定保存文档的文件夹。

步骤 4：指定发布的数据区域。在“保存”区域中，选择发布到网页上的数据区域，如果发布整个工作簿，则单击“整个工作簿”单选按钮；如果只发布当前工作表，则单击“选择工作表”单击按钮。

步骤 5：指定 HTML 文档名。在“文件名”框中输入待保存 HTML 文档的名字。

步骤 6：保存网页。保存和发布的网页可以有两种，一种是不具有交互性的静态网页，另一种是具有交互性的网页。如果是前者，则取消“添加交互”复选框，如图 13-6 所示，然后单击“保存”按钮，将完成 HTML 文件的保存。保存的静态网页与常见的网页非常相似，没有 Excel 表格中的行号和列标，如图 13-7 所示。

另存为
保存位置(I): 辅助资料
工具(L)
我最近的文档
桌面
我的文档
我的电脑
网上邻居
Page.htm
保存: 整个工作簿(W)　重新发布(E):工作表
发布(P)...
添加交互(A)
页标题:
更改标题(C)...
文件名(N):
保存(S)
保存类型(T): 网页 (*.htm; *.html)
取消

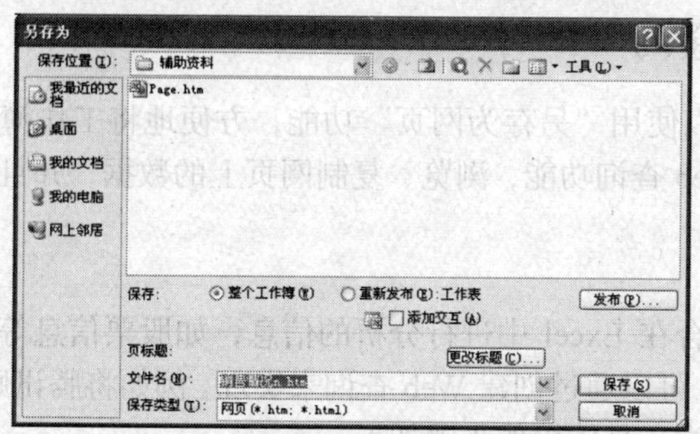

图 13-6　发布静态网页

D:\教材\Excel\Excel实用教程\辅助资料\Page.htm - Tencent Traveler
文件(F)　编辑(E)　查看(V)　收藏(A)　工具(T)　帮助(H)
后退　最近浏览　清除记录
地址　file:///D:/教材/Excel/Excel实用教程/辅助资料/Page.htm　转到
文化用品公司销售情况表
日期 产品代号 产品品牌 订货单位 业务员 单价 数量 销售额
2008-01-02 JD70B5 金达牌 天缘商场 李丽 ￥ 185 18 ￥ 3,330
2008-01-05 JN70B5 佳能牌 白云出版社 杨韬 ￥ 185 19 ￥ 3,515
2008-01-05 SG70A3 三工牌 蓝图公司 王霞 ￥ 230 23 ￥ 5,290
2008-01-07 JD70B5 金达牌 天缘商场 邓云洁 ￥ 185 20 ￥ 3,700
2008-01-10 SY80B5 三一牌 星光出版社 王霞 ￥ 210 40 ￥ 8,400
2008-01-12 JD70A4 金达牌 期望公司 杨韬 ￥ 225 40 ￥ 9,000
2008-01-12 XL70A3 雪莲牌 海天公司 刘恒飞 ￥ 230 50 ￥ 11,500
2008-01-14 JD70B4 金达牌 白云出版社 杨韬 ￥ 195 21 ￥ 4,095
2008-01-14 XL70B5 雪莲牌 蓓蕾商场 邓云洁 ￥ 189 22 ￥ 4,158
2008-01-16 JD70A3 金达牌 开心商场 杨东方 ￥ 220 40 ￥ 8,800
2008-01-16 JN80A3 佳能牌 天缘商场 杨东方 ￥ 245 70 ￥ 17,150
完毕　智能屏蔽模式　缩放100%

图 13-7　静态网页

如果保存为具有交互性的网页，则勾选“添加交互”复选框，然后单击“保存”按钮。具有交互性的网页，就如同 Excel 应用程序窗口放到了浏览器中，用户可以像使用 Excel 一样在浏览器窗口中编辑数据、设置格式，还可以在工作表之间进行切换，如图 13-8 所示。

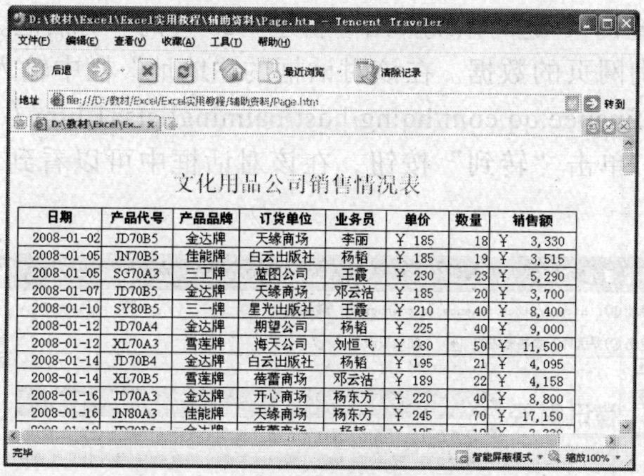

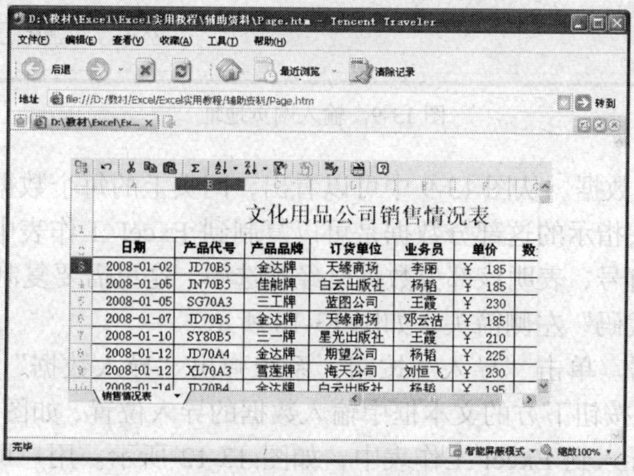

D:\教材\Excel\Excel实用教程\辅助资料\Page.htm - Tencent Traveler
文件(F)　编辑(E)　查看(V)　收藏(A)　工具(T)　帮助(H)
后退　最近浏览　清除记录
地址　file:///D:/教材/Excel/Excel实用教程/辅助资料/Page.htm　转到
文化用品公司销售情况表
日期 产品代号 产品品牌 订货单位 业务员 单价
2008-01-02 JD70B5 金达牌 天缘商场 李丽 ￥ 185
2008-01-05 JN70B5 佳能牌 白云出版社 杨韬 ￥ 185
2008-01-05 SG70A3 三工牌 蓝图公司 王霞 ￥ 230
2008-01-07 JD70B5 金达牌 天缘商场 邓云洁 ￥ 185
2008-01-10 SY80B5 三一牌 星光出版社 王霞 ￥ 210
2008-01-12 JD70A4 金达牌 期望公司 杨韬 ￥ 225
2008-01-12 XL70A3 雪莲牌 海天公司 刘恒飞 ￥ 230
销售情况表
完毕　智能屏蔽模式　缩放100%

图 13-8　具有交互性的网页

如果要查看发布为网页的有关内容，或是在网页上加入一些高级交互功能，如 Excel 图表，就可以单击“发布”按钮，这时弹出“发布为网页”对话框，勾选“添加交互对象”复选框，然后单击“发布”按钮。

13.2.2 Web 查询

Excel 用户不仅可以使用“另存为网页”功能，方便地将工作簿保存为具有交互性的网页，而且还可以使用 Web 查询功能，浏览、复制网页上的数据，并且可以直接对这些数据进行各种操作处理。

1. 创建 Web 查询

网页上常常包含适合在 Excel 中进行分析的信息，如股票信息等。如果需要将这些信息保存到 Excel 工作簿中，可以通过创建 Web 查询来实现。例如将腾讯财经网“深圳 A 股列表”数据保存到当前工作簿中，具体操作步骤如下。

步骤 1：打开“新建 Web 查询”对话框。打开工作簿，单击菜单“数据”→“导入外部数据”→“新建 Web 查询”，这时系统弹出“新建 Web 查询”对话框。

步骤 2：显示查询网页的数据。在该对话框的“地址”栏中输入欲查询的网页地址，此处输入 http://stock.finance.qq.com/hqing/hqst/paiminglistsa1.htm（腾讯财经网“深圳 A 股列表”网页地址）。单击“转到”按钮，在该对话框中可以看到该网页的内容，如图 13-9 所示。

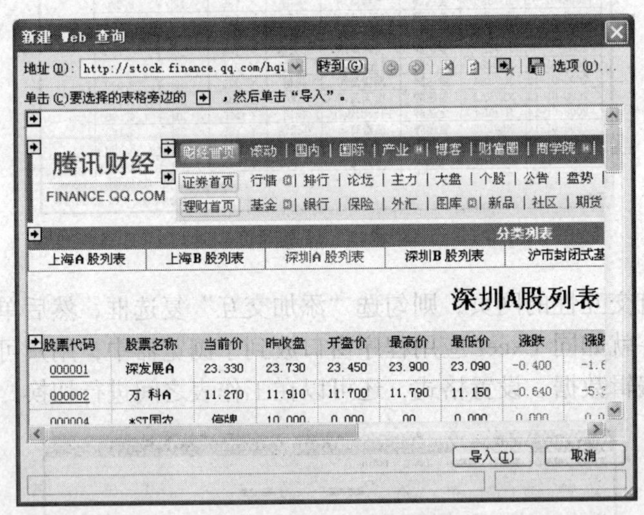

图 13-9 输入网页地址

步骤 3：选择复制数据。从图 13-9 中可以看出，网页上的每个数据左侧均显示一个黄底色的黑箭头，表示箭头指示的这部分数据是可以复制到 Excel 工作表中的。单击该箭头后，箭头变为绿色的勾选符号，表明该部分数据已经被选中。这里需要复制“深圳 A 股列表”数据，因此单击“股票代码”左侧箭头，如图 13-10 所示。

步骤 4：导入数据。单击“导入”按钮，系统弹出“导入数据”对话框，在该对话框的“现有工作表”单选按钮下方的文本框中输入数据的导入位置，如图 13-11 所示。单击“确定”按钮，数据将被导入到 Excel 工作表中，如图 13-12 所示。用户可以对导入后的数据进行排序、筛选、数据透视等各种分析和操作。

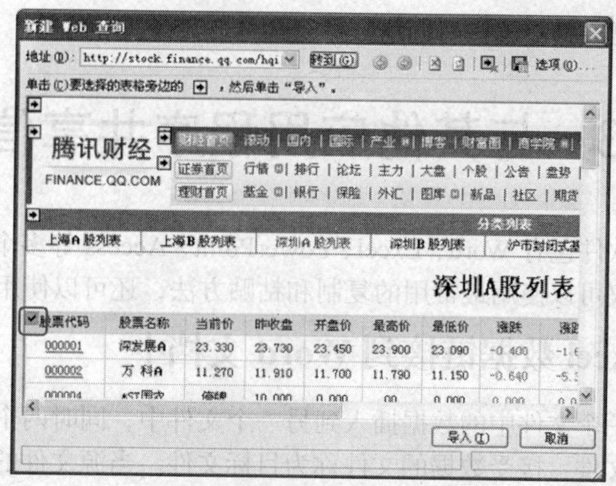

图 13-10　勾选需要复制的数据

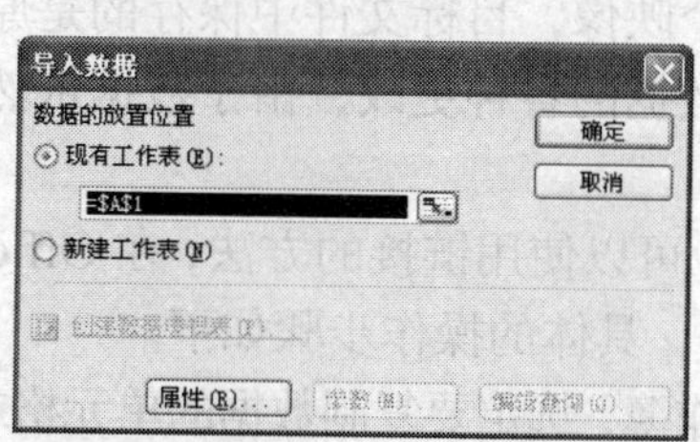

图 13-11　输入数据导入位置

	A	B	C	D	E	F	G	H	I	J	K	L	M
1	股票代码	股票名称	当前价	昨收盘	开盘价	最高价	最低价	涨跌	涨跌幅	成交量	成交额	日期	时间
2	1	深发展A	23.33	23.73	23.45	23.9	23.09	-0.4	-1.69%	38635377	905867649	2009-11-27	15:00:23
3	2	万 科A	11.27	11.91	11.7	11.79	11.15	-0.64	-5.37%	217954263	2147483647	2009-11-27	15:00:23
4	4	*ST国农	停牌	10	0	0	0	0	0.00%	0	0	2009-11-27	15:00:23
5	5	世纪星源	6.2	6.13	6.12	6.7	5.93	0.07	1.14%	255426017	1623659633	2009-11-27	15:00:23
6	6	深振业A	12.48	13.45	12.98	13.14	12.35	-0.97	-7.21%	22114080	281031050	2009-11-27	15:00:23
7	7	ST 达 声	7.41	7.8	7.52	7.72	7.41	-0.39	-5.00%	6625334	49623613	2009-11-27	15:00:23
8	8	ST宝利来	9.39	9.83	9.8	9.8	9.34	-0.44	-4.48%	1881663	17906109	2009-11-27	15:00:23
9	9	中国宝安	12.19	13.24	12.97	12.97	12.07	-1.05	-7.93%	31385545	392556271	2009-11-27	15:00:23
10	10	S ST华新	10.5	11.05	10.8	10.94	10.5	-0.55	-4.98%	4265668	45248385	2009-11-27	15:00:23
11	11	深物业A	11.8	13.11	12.8	12.8	11.8	-1.31	-9.99%	22332308	268079749	2009-11-27	15:00:23
12	12	南 玻A	18.79	18.21	18	19.1	17.71	0.58	3.19%	42425782	792965725	2009-11-27	15:00:23
13	14	沙河股份	18.14	19.97	19.5	19.5	17.97	-1.83	-9.16%	13023431	240365683	2009-11-27	15:00:23
14	16	深康佳A	6.89	7.3	7	7.23	6.7	-0.41	-5.62%	32807981	227911081	2009-11-27	15:00:23
15	17	S ST中华	停牌	3.49	0	0	0	0	0.00%	0	0	2009-11-27	15:00:23
16	18	*ST中冠A	9.08	9.56	9.45	9.45	9.08	-0.48	-5.02%	1251000	11395089	2009-11-27	15:00:23
17	19	深深宝A	9.4	10.44	9.81	10	9.4	-1.04	-9.96%	10833642	104065050	2009-11-27	15:00:23
18	20	深华发A	12.15	11.12	11.99	12.23	11.6	1.03	9.26%	32735260	397680002	2009-11-27	15:00:23
19	21	长城开发	13.13	13.78	13.4	13.82	12.96	-0.65	-4.72%	11340667	151458969	2009-11-27	15:00:23
20	22	深赤湾A	14.08	14.61	14.4	14.49	13.9	-0.53	-3.63%	2592163	36698517	2009-11-27	15:00:23
21	23	深天地A	11.11	12.34	11.78	12.2	11.11	-1.23	-9.97%	21634040	248662406	2009-11-27	15:00:23
22	24	招商地产	29.98	30.41	29.5	30.28	29.21	-0.43	-1.41%	22980618	686044314	2009-11-27	15:00:23
23	25	特 力A	10.51	11	11.41	11.88	10.5	-0.49	-4.46%	8607527	97791626	2009-11-27	15:00:23
24	26	飞亚达A	10.31	11.06	10.75	11.47	10.2	-0.75	-6.78%	10861480	118832090	2009-11-27	15:00:23
25	27	深圳能源	12.99	13.4	13.16	13.5	12.94	-0.41	-3.06%	18280868	240928801	2009-11-27	15:00:23

图 13-12　导入到工作表中的网页数据

注意： Web 查询只能从网页上导入表格形式的数据，而且要求网页结构固定。

2. 刷新查询数据

使用 Web 查询将网页上的数据导入到 Excel 工作表后，如果网页上的数据发生了改变，Excel 并不需要用户重新导入改变后的数据，而只要执行“刷新数据”的操作即可更新通过 Web 查询导入的数据。操作方法是：单击菜单“数据”→“刷新数据”，或者是右键单击数据区域，从弹出的快捷菜单中选择“刷新数据”命令。

13.3 与其他应用程序共享信息

Microsoft Office 软件包有 Word、Excel、PowerPoint、Access 等多个组件。这些组件之间要实现信息共享，不仅可以使用最常用的复制和粘贴方法，还可以使用链接与嵌入的方法。

13.3.1 将 Excel 数据链接到 Word 文档中

所谓链接就是将一个文件中的数据插入到另一个文件中，同时两个文件保持着联系。创建数据的文件称为源文件，接受数据的文件称为目标文件。当源文件的数据发生改变时，目标文件中相应的数据将会自动更新。事实上，数据依然保存在原始文件中，在目标文件中显示的只是原始文件中数据的一个映像，目标文件中保存的是原始数据的位置信息。链接使目标文件的数据能够反映出原始数据的各种更改，由于数据依然保存在源文件中，因此目标文件可以节省空间。

对于经常需要更新的数据，可以使用链接的方法，在 Office 组件之间创建一个动态链接。在 Word 文档中链接 Excel 数据，具体的操作步骤如下。

步骤 1：复制数据。打开工作簿，选定要复制数据的单元格或单元格区域，按【Ctrl】+【C】组合键。

步骤 2：在 Word 中打开“选择性粘贴”对话框。打开 Word 文档，单击菜单“编辑”→“选择性粘贴”。这时系统弹出“选择性粘贴”对话框。

步骤 3：选择粘贴方式。在打开的对话框中单击“粘贴链接”单选按钮，并且根据需要在“形式”列表框中选择一种粘贴格式，单击“确定”按钮。

这样便将 Excel 工作表中的数据插入到 Word 文档中。可以根据需要在 Word 文档中对其进行修改编辑。不仅如此，当 Excel 的源工作表修改时，粘贴链接的内容也会随之改变，自动保持一致。而且每次打开该文档时，都会根据源文件中的数据自动更新。

注意：使用“编辑”菜单中的“选择性粘贴”命令时，如果链接的是工作表中的数据，并且选定“粘贴链接”单选项，在“形式”列表框中选定“Microsoft Excel 工作表对象”或其他格式，则在 Word 文档中不能直接修改链接的内容，而需要在源文件中修改数据，然后再反映到 Word 文档中。

同样，如果需要将数据以粘贴链接的方式从 Word 文档链接到 Excel 工作表中，则操作步骤类似，只不过此时的原始文件是 Word 文档，目标文件是 Excel 工作表。

13.3.2 将 Excel 数据嵌入到 Word 文档中

嵌入是指在原始文件中创建的数据插入到目标文件中并成为目标文件的一部分。在数据被嵌入到目标文件后，嵌入数据与源文件中的原始数据没有链接关系，改变原始数据时并不自动改变目标文件中的相应数据。

由于数据被嵌入到目标文件，目标文件里存放的是数据本身，所以目标文件占用的存储空间比数据链接时占用的存储空间大。但嵌入的优点是：可以在目标文件中直接编辑嵌入的数据。将 Excel 数据嵌入到 Word 文档中的具体操作步骤如下。

步骤 1：复制数据。打开工作簿，选定要复制数据的单元格或单元格区域，按【Ctrl】+【C】组合键。

步骤 2：在 Word 中打开“选择性粘贴”对话框。打开 Word 文档，单击菜单“编辑”→“选择性粘贴”，这时系统弹出“选择性粘贴”对话框。

步骤 3：选择粘贴方式。在打开的对话框中单击“粘贴”单选按钮，并且根据需要在“形式”列表框中选择一种粘贴格式，单击“确定”按钮。

这样，在 Word 文档中就嵌入了这些数据。如果需要，可以对这些数据直接进行修改。

嵌入的内容可以是数据，也可以是 Excel 的图表等对象。如果嵌入的是图表，并且选择了“粘贴”单选按钮，在“形式”列表框中选定了“Microsoft Excel 图表对象”，则双击嵌入的图表，即可打开 Excel 和该图表对象，进行修改；但是如果在“形式”列表框中没有选定“Microsoft Excel 图表对象”，则双击嵌入的图表将不能通过启动 Excel 应用程序编辑修改图表，而只能打开其他相应的源应用程序，将其作为图片或图像进行编辑修改。

从上面的讨论可以看出，链接和嵌入的主要差别在于保存数据的内容以及将其置入目标文件后更新的方式。

13.4　使用 Excel 协同工作

目前在企业和组织中，团队协作正在成为主要的工作模式。在团队协作时，很多时候需要团队中的多名成员共同创建或修订一个文件。Excel 提供的共享工作簿和修订功能，能够帮助用户方便地进行团队的创建和修订。

13.4.1　共享工作簿

通过共享工作簿，可以实现创建、审阅、修订工作簿等操作。共享工作簿给用户带来了许多方便，使他们能够协同工作，共同处理某个工作簿，对其进行修改和查看。但同时也带来了一些麻烦，如不希望某些人查看或修改数据，有些修改可能会引起冲突，等等，因此需要采取一些措施对工作簿进行保护。

1. 创建共享工作簿

以团队协作的方式对工作簿进行操作前，需要先创建共享工作簿。方法是：打开工作簿，然后单击菜单“工具”→“共享工作簿”，在弹出的“共享工作簿”对话框中，勾选“允许多用户同时编辑，同时允许工作簿合并”复选框。单击“确定”按钮。此时工作簿窗口的标题栏出现“共享”标志。

注意：　如果要将共享工作簿复制到一个网络资源上，要确保该工作簿与其他工作簿或其他文档的任何链接都保持完整。可使用“编辑”菜单中的“链接”命令对链接定义进行修正。

建立共享工作簿的同时也启用了冲突日志，使用冲突日志可以查看对共享工作簿的更改数据，以及在有冲突时修改的取舍情况。如果保留了冲突日志，在共享工作簿被更改后，还可以将共享工作簿的不同备份合并在一起。

能够访问保存有共享工作簿的网络资源的所有用户，都可以访问共享工作簿。如果希望阻止对共享工作簿的某些访问，可以通过保护共享工作簿和冲突日志来实现。

2. 设置共享工作簿

在创建共享工作簿时，还可以对其进行一些设置，如设置工作簿的更新频率、保存修订日志等。方法是：先在“共享工作簿”对话框中单击“高级”选项卡，然后根据需要修改或选定相应的选项，如图 13-13 所示。

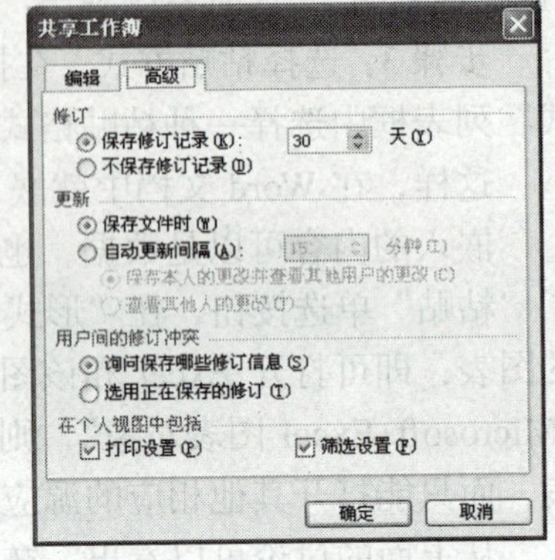

图 13-13　设置共享工作簿

（1）设置更新频率。

每一位用户可以独立地设置从其他用户接受更新的频率。如果单击“更新”标题下的“保存文件时”单选按钮，可使用户在每次保存共享工作簿时查看其他用户的更改。如果单击“更新”标题下的“自动更新间隔”单选按钮，在“分钟”框中输入时间间隔，单击“查看其他人的更改”单选按钮，可以使用户经过一定的时间间隔后就能查看其他用户的修改；如果单击“保存本人的更改并查看其他用户的更改”单选按钮，可以在每次更新时保存共享工作簿，这样其他用户也能看到自己所作的修改。

（2）设置视图和打印。

视图是一组显示和打印设置。每一位用户都可以独立地设置视图和打印选项。如果勾选“在个人视图中包括”标题下的“打印设置”复选框，则可以进行自己的打印设置。打印设置包括分页符、在“视图”菜单中的“分页预览”命令中设置的打印区域，以及在“文件”菜单中“页面设置”对话框里所作的设置。如果勾选“在个人视图中包括”标题下的“筛选设置”复选框，可以进行自己的筛选设置。筛选设置是指在“数据”菜单中“筛选”子菜单里的命令所进行的设置，包括使用“自动筛选”和“高级筛选”命令所作的筛选设置。

（3）设置保存冲突日志。

每个用户都可以为工作簿保存冲突日志。如果在“修订”标题下单击“保存修订记录”单选按钮，并在右侧的微调框中输入天数，就可设置保留冲突日志的时间期限。如果单击“不保存修订记录”单选按钮，就不会保存冲突日志。

（4）设置修订冲突的处理。

每个用户对共享工作簿进行修改后，最终要将这些修改合并，合并时如果各自的修订发生冲突就要进行冲突的处理。如果在“用户间的修订冲突”标题下单击“询问保存哪些修订信息”单选按钮，就可以在修订发生冲突时弹出保存修订的提示，让用户做出选择。如果选择“选用正在保存的修订”单选按钮，将只保留用户自己所做的修订，且不显示冲突提示数据。

13.4.2　追踪修订

当团队多名成员共同审阅和修订某个工作簿文档时，首先应将被审阅和修订的工作簿设置为共享工作簿，然后对其进行修订。修订时可以记录并显示修订的详细信息，然后将修订的工作簿进行合并，最后确认审阅并确认是否接受修订。

1. 建立副本工作簿

修订前，团队成员应先通过网络访问共享的工作簿文件，并建立副本工作簿。方法是，打开共享工作簿，然后单击菜单“文件”→“另存为”，在弹出的“另存为”对话框中，设置文件的保存位置和文件名，最后单击“确定”按钮。这里需要特别指出的是，每名成员保存的副本文件应选择不同的文件名。

2. 修订工作簿

团队成员打开所建共享工作簿的副本，并对其进行修订。如果希望审阅或查看变更的数据，则需要突出显示修订记录。方法是：单击菜单“工具”→“修订”→“突出显示修订”，这时系统弹出“突出显示修订”对话框。在该对话框中勾选“时间”复选框，并在其右侧下拉列表中选择“全部”，如图 13-14 所示。单击“确定”按钮。

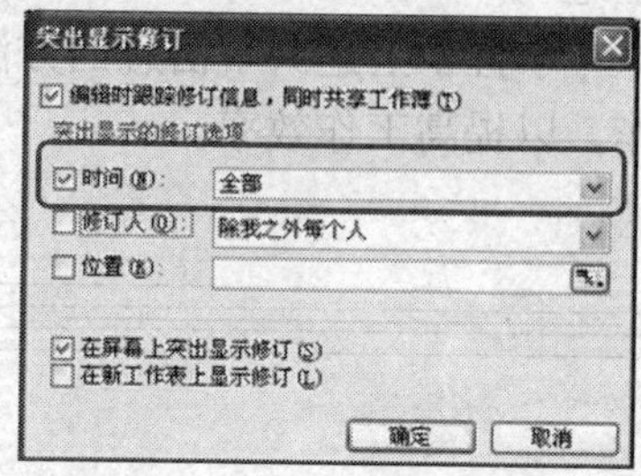

图 13-14　突出显示修订

3. 合并修订的工作簿

在合并修订的工作簿前，应确认合并的工作簿是否符合如下要求。

（1）来自同一个共享工作簿的副本。

（2）具有不同的文件名。

（3）没有设置密码或者具有相同的密码。

如果符合上述 3 个要求，则可按如下步骤进行合并操作。

步骤 1：比较和合并工作簿。打开要合并的一个工作簿，单击菜单“工具”→“比较和合并工作簿，这时系统打开“将选定文件合并到当前工作簿”对话框，选定要合并的工作簿，如图 13-15 所示。单击“确定”按钮。

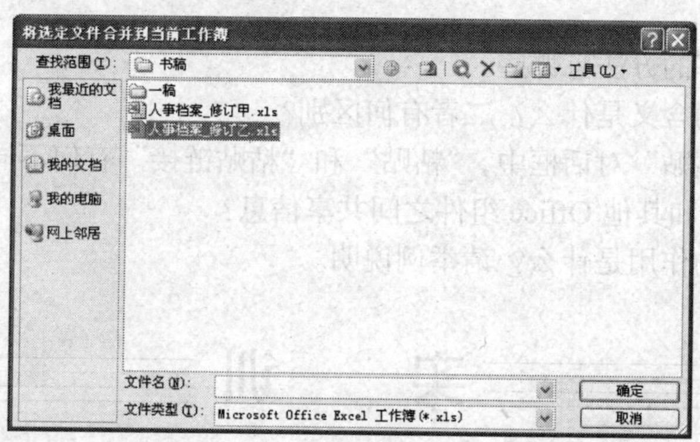

图 13-15　选定要合并的工作簿文件

步骤 2：显示所有修订记录。单击菜单“工具”→“修订”→“突出显示修订”，这时系统弹出“突出显示修订”对话框。在该对话框中勾选“时间”复选框，并在其右侧下拉列表中选择“全部”；勾选“修订”复选框，并在其右侧下拉列表中选择“每个人”，如图 13-16 所示。单击“确定”按钮。

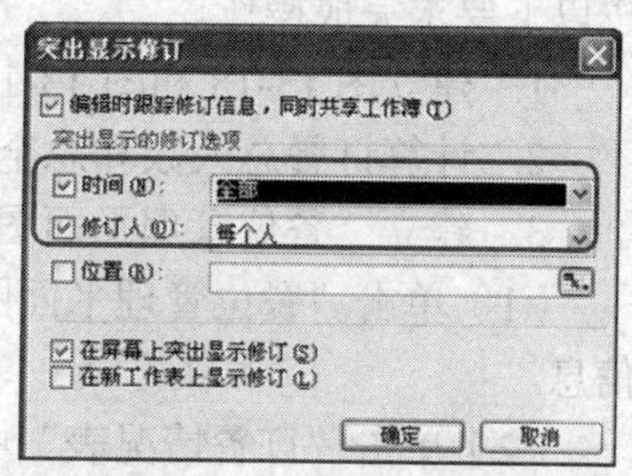

图 13-16　显示每个人的修订信息

此时，在合并后的工作簿中所有变更了数据的单元格会显示出标志。如果将鼠标指向被标注的单元格，将显示出更改的时间和内容。

4. **审阅修订**

用户可以对合并后的工作簿中的修订进行审阅，并逐一确认是否接受修订。接受或拒绝修订的方法是：单击“工具”→“修订”→“接受或拒绝修订”，这时系统打开“接受或拒绝修订”对话框，单击“确定”按钮，系统将依次显示每个单元格的修订信息，如图 13-17 所示。在该对话框中可以按需要选择“接受”、“拒绝”、“全部接受”或者“全部拒绝”。

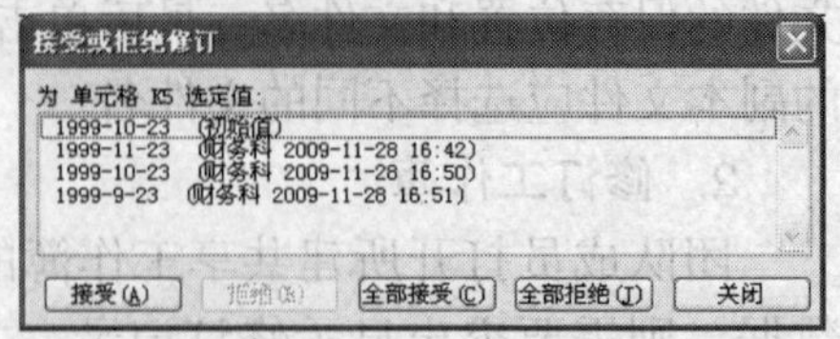

图 13-17 接受或拒绝修订

掌握了上述共享信息的方法，就可以在使用 Excel 的过程中根据工作的需要进行协同操作，以提高工作效率。

本章小结

通过对本章的学习，读者应理解超链接、链接、嵌入等基本概念，理解链接与嵌入的区别。了解网页发布、Web 查询等与 Internet 实现信息交换的方法，掌握超链接的创建方法。能够根据实际需求，通过共享工作簿，实现多人协同工作。

习 题

1. 实现信息共享的方法有哪些？
2. 链接与嵌入的含义是什么？二者有何区别？
3. 在“选择性粘贴”对话框中，“粘贴”和“粘贴链接”有何不同？
4. 如何在 Excel 和其他 Office 组件之间共享信息？
5. 共享工作簿的作用是什么？请举例说明。

实 训

某酒店中餐厅年三十晚宴餐位管理平面图如图 13-18 所示，订餐情况表如图 13-19 所示。按以下要求完成操作。

1. 建立图 13-18 和图 13-19 所示的“餐位管理平面图”和“订餐情况表”工作表。
2. 计算订餐总人数和总金额，将计算结果显示在“订餐情况表”工作表中。
3. 建立“餐位管理平面图”和“订餐情况表”工作表之间超链接。要求：

（1）单击“餐位管理平面图”中的餐桌号图形，可以显示“订餐情况表”中的具体订餐信息。

（2）单击“订餐情况表”中的“餐桌号”，可以显示餐桌的位置。

（3）单击“餐位管理平面图”中“订餐总人数”和“预定总金额”右侧的矩形图形，可以显示“订餐情况表”中的“总人数”和“总金额”。

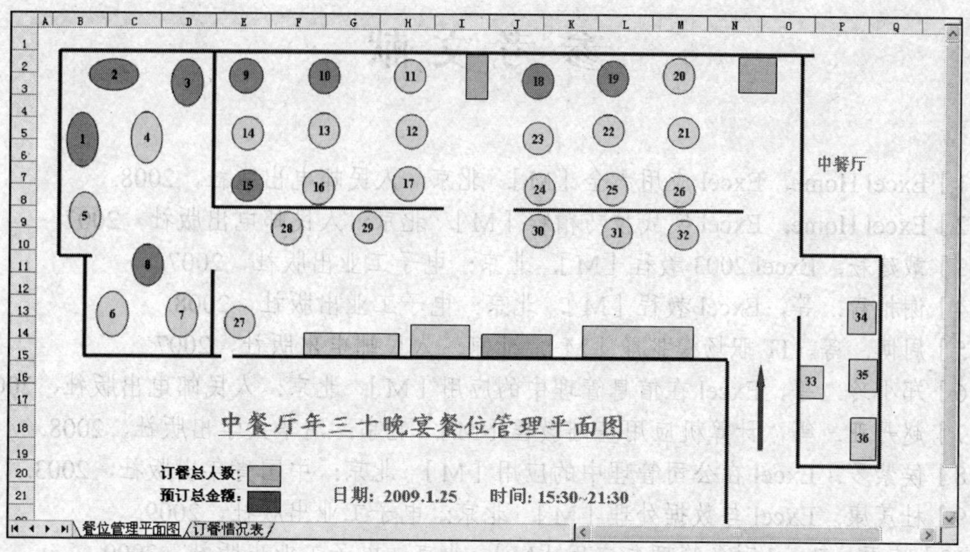

图 13-18　餐位管理平面图

中餐厅年三十晚宴订餐情况表　　时间: 17:30~21:00

餐桌号	订餐者姓名	订餐日期	订餐人数	要求	电话	传真	公司名称	预订金
1	黄金颖	2009-1-4	2	18:30~19:00				100
2	刘丁维	2009-1-5	2	18:30~19:00	65976453			100
3	董纯宜	2009-1-11	3	18:30~19:00				80
4								
5								
6								
7								
8	陈玲幼	2009-1-14	3	17:30~18:00	65976452			300
9	颜旭、	2009-1-8	2	19:00				100
10	黄俊华	2009-1-15	8	20:00				1000
11								
12								
13								
14								
15	谢青	2009-1-15	4	18:00	65976451			400
16								
17								
18	史光荣	2009-1-8	5	17:30以后	65976450			700
19	张小慧	2009-1-7	3	19:00	65976499			800
20								

返回平面图　　总人数: 32　　总金额: 3480

餐位管理平面图　订餐情况表

图 13-19　订餐情况表

参考文献

[1] Excel Home．Excel 应用大全［M］．北京：人民邮电出版社，2008.

[2] Excel Home．Excel 实战技巧精粹［M］．北京：人民邮电出版社，2007.

[3] 戴建耘．Excel 2003 教程［M］．北京：电子工业出版社，2007.

[4] 谢柏青．等，Excel 教程［M］．北京：电子工业出版社，2008.

[5] 周博．等，IT 职场模拟舱［M］．北京：人民邮电出版社，2007.

[6] 郑小玲．等，Excel 在信息管理中的应用［M］．北京：人民邮电出版社，2004.

[7] 赵丹亚．等，计算机应用基础教程［M］．北京：清华大学出版社，2008.

[8] 侯紫罗．Excel 在公司管理中的应用［M］．北京：中国青年出版社，2003.

[9] 杜茂康．Excel 与数据处理［M］．北京：电子工业出版社，2009.

[10] 庄君．Excel 财务管理与应用［M］．北京：电子工业出版社，2009.